Reinhard Hentschke

Statistische Mechanik

Eine Einführung für Physiker, Chemiker
und Materialwissenschaftler

Reinhard Hentschke

Statistische Mechanik

Eine Einführung für Physiker, Chemiker und
Materialwissenschaftler

WILEY-VCH Verlag GmbH & Co. KGaA

Autor
Prof. Dr. Reinhard Hentschke
Institut für Materialwissenschaften
Bergische Universität Wuppertal
Hentschk@uni-wuppertal.de

Bibliografische Information
Der Deutschen Bibliothek
Die Deutsche Bibliothek verzeichnet diese Publikation in der Deutschen Nationalbibliografie; detaillierte bibliografische Daten sind im Internet über http://dnb.ddb.de abrufbar.

ISBN 978-3-527-40450-6

Inhaltsverzeichnis

Vorbemerkungen

Diese einsemestrige, einführende Vorlesung in die klassische Statistische Mechanik richtet sich an Studenten der Physik und der Chemie (mit Schwerpunkt Physikalische Chemie) sowie an Materialwissenschaftler mit starker Orientierung auf diese Fachrichtungen.

Die Vorlesung beschäftigt sich mit der mathematischen Beschreibung von subatomaren, atomaren und molekularen Vielteilchensystemen. In der Mechanik bzw. Quantenmechanik steht ursprünglich das einzelne Teilchen im Vordergrund, d.h. seine Bewegung unter dem Einfluss äußerer Kräfte bzw. seine Energieeigenwerte und Eigenfunktionen. In der Statistischen Mechanik tritt das einzelne Teilchen in den Hintergrund zugunsten einer mathematischen Beschreibung der Gesamtheit bzw. des Ensembles. Beispielsweise ist die Trajektorie eines einzelnen Gasmoleküls bedeutungslos. Interessant dagegen sind die Eigenschaften des Gases insgesamt. Es treten neue, „bisher unbekannte" Größen auf: die Temperatur und, fundamentaler noch, die Entropie. Die Verbindung mit der Mechanik (Hamilton-Funktion) oder der Quantenmechanik (Hamilton-Operator) wird mittels der so genannten Zustandssumme hergestellt. Die Statistische Mechanik erklärt somit die makroskopischen Eigenschaften der Materie auf der Basis der mikroskopischen Wechselwirkung der Moleküle, Atome bzw. auch der subatomaren Teilchen. Materie bedeutet hier Gase, Flüssigkeiten, Festkörper sowie die so genannte weiche Materie im Bereich der Biologie (z.B. Zellmembranen) oder der Technik (z.B. polymere Werkstoffe).

Eine unabhängige theoretische Grundlage für das Verständnis makroskopischer Materie- oder Materialeigenschaften liefert die Thermodynamik. Anders als die Statistische Mechanik ist sie eine phänomenologische Theorie. D.h. sie wurde auf der Basis weniger experimentell gut abgesicherter Postulate, den so genannten Hauptsätzen, entwickelt. Die Thermodynamik erlaubt die mathematische Beschreibung chemischer oder physikalischer Materieeigenschaften makroskopischer Systeme auf der Grundlage makroskopischer Kontrollparameter wie Druck, Temperatur, Zahl der Komponenten oder deren Massenverhältnissen.

Wir werden mit einer Einführung in die Grundlagen der Thermodynamik beginnen [1] und anschließend eine Brücke zur Statistischen Mechanik schlagen. Obwohl die Statistische Mechanik die Thermodynamik beinhaltet und unter Einbeziehung der Quantentheorie weit darüber hinausgeht, ist dieses Vorgehen sinnvoll. Viele grundsätzliche Gleichungen bzw. Bedingungen an das System treten in der Thermodynamik klarer hervor. Dies liegt an dem zusätzlichen mathematischen Apparat der Statistischen Mechanik. Selbst erfahrenen Forschern kann es daher passieren, dass sie Näherungen einführen und damit Resultate erhalten, die bei genauem Hinschauen inkonsistent mit thermodynamischen Beziehungen sind.

Eine einsemestrige Vorlesung erzwingt eine starke Einschränkung der Themengebiete [2]. Was die Statistische Mechanik angeht, so folgt der vorliegende Text in wesentlichen Punkten dem Buch von Chandler [2] [3]. Dies beinhaltet die Einführung statistischer Ensembles, die Behandlung der „üblichen" nicht bzw. schwach wechselwirkenden Modellsysteme im Bereich der Photonen, der Phononen, der Elektronen in Metallen und der atomaren bzw. molekularen Gase. Darüber hinaus werden Aspekte aus den folgenden Themenbereichen behandelt: klassi-

---

[1] Wir folgen dabei weitgehend der Darstellung im Atkins [1].

[2] Ergänzendes Material zu den Grundlagen aus der Mechanik, Elektrodynamik und Quantenmechanik findet der Leser auf der Webseite http://constanze.materials.uni-wuppertal.de/Skripten.html.

[3] Gewisse Anleihen werden auch bei den folgenden Autoren gemacht: [3, 4, 5, 6, 7, 8, 9, 10, 11, 12, 13].

sche Fluide, strukturelle Fluktuationen, Phasenübergänge und kritische Phänomene, Computersimulationen in der Statistischen Mechanik sowie Statistische Mechanik der Konformation von Makromolekülen. Einige Abschnitte hieraus [4] sind nicht gedacht, die in ihnen behandelte Materie im Detail zu präsentieren. Vielmehr sollen begriffliche Grundlagen geschaffen und Querverbindungen aufgezeigt werden, die später anderswo vertieft werden sollten. Beispielsweise erläutert Abschnitt 6.9 Zusammenhänge zwischen den Grundlagen der kritischen Phänomene einerseits und den Themen Perkolation und „Chaos-Theorie" andererseits.

Die meisten der Aufgaben sind Standardaufgaben und dienen zur Vertiefung des Stoffes. Einige Aufgaben sind jedoch umfangreicher und enthalten mehr Hinweise zur Lösung. Sie dienen zur selbstständigen Einführung in Themen, die zwar wichtig sind, die aber die Vorlesung „verzetteln", wenn sie einen zu breiten Raum bekommen. Beispielsweise behandelt die Aufgabe 9 einige der Grundlagen mizellarer Systeme, die ein wichtiges Teilgebiet der modernen Kolloidforschung sind.

Ich möchte an dieser Stelle meinen Dank aussprechen an Herrn Dipl. Phys. Hendrik Kabrede für eine Reihe von wertvollen Hinweisen sowie für seine Simulationsrechnungen zum 3D-Ising-Modell sowie zur Wärmekapazität im Fall des Thermostaten nach Nosé-Hoover und an Frau Susanne Christ für das $T_EX$en meiner Notizen. Mein Dank gilt ebenfalls den Studenten für ihre Mitarbeit und Kommentare in den Vorlesungen.

Reinhard Hentschke

Bergische Universität
Fachbereich Mathematik und Naturwissenschaften
Gauß-Str. 20
42097 Wuppertal
e-mail: hentschk@uni-wuppertal.de
http://constanze.materials.uni-wuppertal.de

---

[4] 6.7-6.9, 7.4-7.6, 8.5-8.6

1 Thermodynamische Grundlagen

Wie in den Vorbemerkungen erwähnt wurde, ist die Thermodynamik eine phänomenologische bzw. auf der Erfahrung aufbauende Theorie, die sich aus Postulaten, den so genannten Hauptsätzen, entwickeln lässt. Dabei sollte der Anfänger insbesondere auf das Resultat der Kombination des ersten mit dem zweiten Hauptsatz achten. Dieses Resultat besteht im Wesentlichen in zwei Ungleichungen. Diese wiederum besagen, dass bei einem spontan ablaufenden Vorgang oder Prozess die so genannte freie Energie bzw. freie Enthalpie erniedrigt werden. Wenn keine Erniedrigung mehr erfolgt, dann ist das Gleichgewicht erreicht, und aus den beiden Ungleichungen sind Gleichungen geworden. Es sind die Konsequenzen dieser beiden Gleichungen, die in diesem Kapitel in erster Linie betrachtet werden. Besonderes Augenmerk verdient auch der letzte Abschnitt des Kapitels. Dort wird die Thermodynamik, die als makroskopische Theorie keine Atome oder Moleküle bzw. andere elementare Bausteine der Materie kennt, mit der Statistischen Mechanik verknüpft.

1.1 Einige Variablen und Begriffe

In diesem Text kommt es vor, wenn auch selten, dass der gleiche Buchstabe mehrfache Bedeutungen hat. Die jeweilige Bedeutung ist allerdings leicht im entsprechenden Kontext erkennbar.

System und Subsystem: Ein „großer Behälter", der gleichförmig mit Materie ausgefüllt ist. Groß bedeutet, dass Randeffekte durch die Behälterwände vernachlässigbar sind (siehe auch thermodynamischer Limes). Subsysteme sind kleinere Teile eines Systems, die aber jedes für sich immer noch die Kriterien eines Systems erfüllen.

Systeme werden häufig danach unterschieden, ob sie isoliert (keinerlei Wechselwirkung mit der Umgebung findet statt), geschlossen (nur Energieaustausch ist möglich) oder offen (Energie und Teilchenaustausch sind möglich) sind.

Phase: Ein Zustand der Materie, in dem sie bezüglich ihrer chemischen Zusammensetzung und ihres physikalischen Zustands vollständig gleichförmig ist.

Komponenten: Die Anzahl der unabhängigen Substanzen im System (die Einfluss auf seinen Makrozustand haben).

Einige häufig vorkommende Größen:

E: Gesamtenergie des Systems (innere Energie)

N: Gesamtteilchenzahl (Edelgasatome, Moleküle, Photonen,...) im System

V: Volumen des Systems

ρ: Teilchenzahldichte im System ($\rho = N/V$)

T: Temperatur

P: Druck

S: Entropie

H: Enthalpie

F: (Helmholtz) freie Energie

n: Anzahl der Mole einer Substanz ($n = N/N_A$; N_A: Avogadro-Konstante)

x_i: Molenbruch ($x_i \equiv n_i/n$; n_i: Mole der Komponente i; $\sum_i n_i = n$)

μ_i: chemisches Potenzial der Komponente i

Makrozustand: Die Größen E, N und V definieren den Makrozustand des isolierten Systems.

Mikrozustand: Auf der Ebene der Teilchen lässt sich ein Makrozustand durch eine große Zahl von Mikrozuständen $\Omega(E, N, V)$ realisieren.

Im Kontext des klassischen N-Teilchensystems ist ein Mikrozustand definiert durch die Angabe des Phasenraumpunktes $(\vec{r}_1(t), \vec{r}_2(t), ..., \vec{r}_N(t); \vec{p}_1(t), \vec{p}_2(t), ..., \vec{p}_N(t))$ zum Zeitpunkt t. Hier sind die $\vec{r}_i$ die Orts- und die $\vec{p}_i$ die Impulsvektoren der Teilchen. D.h. zum Zeitpunkt $t + \delta t$ liegt in der Regel ein anderer Mikrozustand mit der gleichen Gesamtenergie E vor. Beide sind aber gleich wahrscheinlich. Dies ist die Annahme der Gleichheit der *a priori* Wahrscheinlichkeiten. Das quantenmechanische Analogon ist die Lösung der Schrödinger-Gleichung dieses N-Teilchensystems zum Energieeigenwert E. Anders gesagt ist in der Quantenmechanik ein Mikrozustand durch die vollständige Liste der mit E = konstant konsistenten Quantenzustände der Einteilchenwellenfunktionen festgelegt.

Gleichgewicht: Ein System strebt die Maximierung der Anzahl seiner Mikrozustände an und erreicht dieses Maximum im Gleichgewicht.

Thermodynamischer Limes: $N \to \infty$, $V \to \infty$, $\rho \to$ Konstante (unendlich ausgedehntes System).

Thermodynamische Variablen: Thermodynamische Variablen sind messbare makroskopische Größen, die ein System charakterisieren. Beispiele sind Druck, Temperatur, Magnetisierung, elektrische und magnetische Feldstärken etc.

Thermodynamische Potenziale: Ist beispielsweise F als Funktion ihrer Veränderlichen bekannt, d.h. $F = F(T, V, n_1, n_2, \dots)$, so lassen sich alle anderen thermodynamischen Größen mittels Differenziation (bzw. ohne Integration) bestimmen:

$$S = -\left(\frac{\partial F}{\partial T}\right)_{V,n_1,n_2,\dots}$$

$$E = F + TS$$

$$P = -\left(\frac{\partial F}{\partial V}\right)_{T,n_1,n_2,\dots}$$

$$\mu_i = \left(\frac{\partial F}{\partial n_i}\right)_{T,n_1,n_2,\dots(\neq n_i)},$$

wie wir noch zeigen werden. In Analogie zum Potenzial aus der Mechanik wird F als thermodynamisches Potenzial bezeichnet. Andere thermodynamische Potenziale sind möglich. Zum Beispiel lassen sich auch aus S mittels Differenziation alle anderen thermodynamischen Größen bestimmen.

Extensive und intensive Größen: Werden zwei identische Systeme zu einem System zusammengefasst, so ändern sich die extensiven Größen $(E, N, V, n_i, \dots)$ während die intensiven Größen $(\rho, T, x_i, \dots)$ unverändert bleiben.

Adiabatisch: kein Wärmeaustausch.

Isochor: keine Volumenänderung.

Isobar: keine Druckänderung.

Isotherm: keine Temperaturänderung.

Zustandsfunktion: Eine Größe, die nur vom gegenwärtigen (Makro-)Zustand des Systems abhängt (z.B. die innere Energie oder die Entropie). D.h. die Größe hängt nicht vom Weg ab, auf dem der Zustand erreicht wurde.

Mathematisch ist eine Zustandsfunktion A ein vollständiges (bzw. totales oder exaktes) Differenzial ihrer Variablen. Dies bedeutet die Vertauschbarkeit der partiellen Ableitungen bzw. das Verschwinden des Integrals von dA über einen geschlossenen Weg. Letzteres kann im Kontext des Stokesschen Satzes (Formulierung in drei Dimensionen: $\oint_K dA \equiv \oint_K \vec{\nabla}A \cdot d\vec{s} = \int\int_F (\vec{\nabla} \times \vec{\nabla}A) \cdot d\vec{F}$; geht in zwei Dimensionen in Integralformel von Gauß über: $\oint_K dA \equiv \oint_K (\partial A/\partial x)dx + (\partial A/\partial y)dy = \int\int_F (\partial^2 A/\partial y\partial x - \partial^2 A/\partial x\partial y)dxdy)$ gezeigt werden (z.B. [14]).

Irreversibler Prozess: Z.B. die Abkühlung oder die freie Expansion eines Gases sind spontane irreversible Prozesse. Irreversible Prozesse erzeugen Entropie.

Man kann auch sagen, dass der Anfangszustand nicht ohne Arbeit (bzw. Kompensation) vom Endzustand aus erreicht werden kann.

Reversibler Prozess: Reversible Prozesse sind fein ausbalancierte Prozesse, die in praktisch unendlich vielen und kleinen Schritten verlaufen, wobei das System ständig mit seiner Umgebung im Gleichgewicht ist. Reversible Prozesse erzeugen keine Entropie.

1.2   Konstanten, Einheiten, Konventionen und Tabellen

k_B	$= 1.380658 \cdot 10^{-23} \, JK^{-1}$	Boltzmann-Konstante
N_A	$= 6.0221367 \cdot 10^{23} \, mol^{-1}$	Avogadro-Zahl
R	$= N_A k_B = 8.3145112 \, Jmol^{-1}K^{-1}$	Gaskonstante
m_{amu}	$= 1.66054 \cdot 10^{-27} \, kg$	atomare Masseneinheit
$\hbar$	$= h/(2\pi) = 1.054573 \cdot 10^{-34} \, Js$	h: Plancksches Wirkungsquantum

1 *bar*	$= 10^5 \, Pa$
1 *atm*	$= 101325 \, Pa$
1 *cal*	$= 4.1855 \, J$
0 *°C*	$= 273.15 \, K$

Standardzustand einer reinen Substanz: stabiler Zustand bei $P = 1 \, bar$ und $T = 298.15 \, K$

Einige nützliche Tabellenwerke:

HCP: D. R. Lide, *Handbook of Chemistry and Physics*. CRC Press, New York.

D'Ans-Lax: M. D. Lechner (Hrsg.), *D'Ans-Lax - Taschenbuch für Chemiker und Physiker*. Bände 1 bis 3; Springer Verlag, New York, 1992 bis 1998.

HTTD: D. R. Lide, H. V. Kehiaian, *Handbook of Thermophysical and Thermochemical Data*. CRC Press, New York, 1994.

LB: Der LANDOLT-BÖRNSTEIN ist eine umfassende Datensammlung in den Bereichen Physik, Chemie, Biophysik bzw. Biochemie. Die meisten Bibliotheken haben eine gewisse Anzahl der sehr teuren Bände. Zur Zeit gibt es auch einen Internet-Zugang auf den LB (http://link.springer.de/series/lb/).

1.3   Erster Hauptsatz

Die innere Energie E eines Systems beinhaltet die verschiedenen kinetischen und potenziellen Beiträge. Dazu zählen Translations-, Rotations-, Vibrations-, elektronische, Kern-, Orts- (Lage-) oder Massebeiträge. Der Absolutwert für E ist schwer zu bestimmen. Daher betrachten die meisten Rechnungen oder Experimente die Änderung von E: $\Delta E = E_{nachher} - E_{vorher}$.

Verschiedene Formulierungen des 1. Hauptsatzes:

(a) Die (innere) Energie eines isolierten Systems ist konstant.

(b) Verändert sich ein System von einem (Makro-)Zustand in einen anderen auf einem beliebigen adiabatischen Weg, so ist die geleistete Arbeit immer die gleiche, unabhängig von der angewandten Methode.

(c) Mathematische Formulierung:

$$dE = dq + dw \, . \tag{1.1}$$

Dabei ist dE die differenzielle Änderung der inneren Energie, dq die dem System zugeführte Wärme und dw die am System geleistete Arbeit. Vorzeichenkonvention: „+" für in das System hinein und „−" für aus dem System heraus bei positiver Änderung der Variablen. Insbesondere gilt $dw = dw_e - P_{ext} dV$, wobei dw_e irgendeine andere Form der Arbeit außer der Volumenarbeit $-P_{ext} dV$ gegen den externen Druck P_{ext} ist.

Formen der (an dem System geleisteten) Arbeit:

Volumenänderung	$-P_{ext} dV$	äußerer Druck P_{ext}, Volumenänderung dV
Oberflächenänderung	$\gamma d\sigma$	Oberflächenspannung γ, Flächenänderung $d\sigma$
Längenänderung	$f dl$	Spannung f, Dehnung dl
elektrische Arbeit	$q_e d\phi$	elektrische Ladung q_e, Potenzialdifferenz $d\phi$
magnetische Arbeit	$-\vec{M} \cdot d\vec{B}$	Magnetisierung $\vec{M}$, Änderung der magnetischen Feldstärke $d\vec{B}$ (*)

(*) Achtung: Wir verwenden den Buchstaben B für die Feldstärke, die üblicherweise mit H bezeichnet wird, während B sonst die magnetische Induktion bezeichnet!

Anwendungen des 1. Hauptsatzes:

Perpetuum Mobile und 1. Hauptsatz:

Angenommen E ist keine Zustandsfunktion, dann wäre folgendes Experiment möglich. In Abbildung 1.1 durchlaufen wir den Weg 1 von E_A nach E_E und anschließend den Weg 2 von E_E nach E_A'. Dadurch würden wir δE an innerer Energie pro Runde gewinnen – und hätten ein Perpetuum Mobile gebaut!

Innere Energie E und Enthalpie H:

Wir schreiben die innere Energie E als Funktion der Temperatur T und des Volumens V, d.h. $E = E(T, V)$. Daher gilt

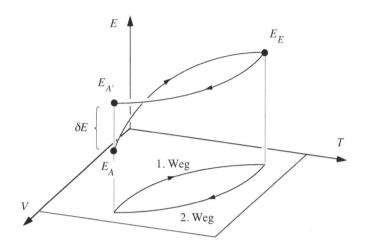

Abbildung 1.1: Mögliches Perpetuum Mobile (aus Referenz [1]).

$$dE = \left(\frac{\partial E}{\partial T}\right)_V dT + \left(\frac{\partial E}{\partial V}\right)_T dV$$

$$\equiv C_V dT + \left(\frac{\partial E}{\partial V}\right)_T dV \ . \tag{1.2}$$

Neben der inneren Energie definieren wir eine zweite nützliche Zustandsfunktion, die Enthalpie $H = H(T,P)$, die statt der thermodynamischen Variable V die thermodynamische Variable P verwendet. Für die Mehrzahl der chemischen Experimente, die bei konstantem Druck ablaufen, sind die Variablen T und P besser geeignet als T und V. Jetzt gilt

$$dH = \left(\frac{\partial H}{\partial T}\right)_P dT + \left(\frac{\partial H}{\partial P}\right)_T dP$$

$$\equiv C_P dT + \left(\frac{\partial H}{\partial P}\right)_T dP \ . \tag{1.3}$$

C_V bzw. C_P sind die Wärmekapazitäten bei konstantem Volumen (isochor) bzw. bei konstantem Druck (isobar). Mit einfachen mathematischen Hilfsmitteln [1] lässt sich zeigen:

---

[1] Mathematische Hilfsmittel: Wir betrachten die Zustandsfunktion $A = A(x,y)$ mit $z = z(x,y)$. Es gilt

$$dA = \left(\frac{\partial A}{\partial x}\right)_y dx + \left(\frac{\partial A}{\partial y}\right)_x dy \ .$$

$$H = E + PV \; . \tag{1.7}$$

Aufgabe 1:   Enthalpie

Leiten Sie von $H = E + PV$ ausgehend die Gl. (1.3) her.

Lösung:

Wir beginnen mit

$$
\begin{aligned}
dH &= dE + d(PV) \\
&= \left(\frac{\partial E}{\partial T}\right)_V dT + \left(\frac{\partial E}{\partial V}\right)_T dV + P\,dV + V\,dP \; .
\end{aligned}
$$

Mit

$$dV = \left(\frac{\partial V}{\partial T}\right)_P dT + \left(\frac{\partial V}{\partial P}\right)_T dP \tag{1.8}$$

folgt

$$
\begin{aligned}
dH &= \Big[\underbrace{\left(\frac{\partial E}{\partial V}\right)_T \left(\frac{\partial V}{\partial T}\right)_P}_{(\partial E/\partial T)_P - (\partial E/\partial T)_V} + P\left(\frac{\partial V}{\partial T}\right)_P + \left(\frac{\partial E}{\partial T}\right)_V \Big] dT \\
&\quad + \Big[\underbrace{\left(\frac{\partial E}{\partial V}\right)_T \left(\frac{\partial V}{\partial P}\right)_T}_{(\partial E/\partial P)_T} + P\left(\frac{\partial V}{\partial P}\right)_T + V \Big] dP \; ,
\end{aligned}
$$

Daher ist

$$\left(\frac{\partial A}{\partial x}\right)_z = \left(\frac{\partial A}{\partial x}\right)_y + \left(\frac{\partial A}{\partial y}\right)_x \left(\frac{\partial y}{\partial x}\right)_z \tag{1.4}$$

bzw.

$$\left(\frac{\partial A}{\partial z}\right)_y = \left(\frac{\partial A}{\partial x}\right)_y \left(\frac{\partial x}{\partial z}\right)_y \; . \tag{1.5}$$

Und durch Ersetzen von A durch z in Gl. (1.4) folgt

$$\left(\frac{\partial x}{\partial y}\right)_z = -\left(\frac{\partial x}{\partial z}\right)_y \left(\frac{\partial z}{\partial y}\right)_x \; . \tag{1.6}$$

wobei $(\partial A/\partial x)_z(\partial x/\partial y)_z = (\partial A/\partial y)_x + (\partial A/\partial x)_y(\partial x/\partial y)_z$ (vgl. (1.4)) verwendet wurde. D.h.

$$dH = \left[\left(\frac{\partial E}{\partial T}\right)_P + P\left(\frac{\partial V}{\partial T}\right)_P\right]dT + \left[\left(\frac{\partial E}{\partial P}\right)_T + V + P\left(\frac{\partial V}{\partial P}\right)_T\right]dP$$

$$= \left(\frac{\partial}{\partial T}[E + PV]\right)_P dT + \left(\frac{\partial}{\partial P}[E + PV]\right)_T dP .$$

Und dies war zu zeigen.

Aufgabe 2:   Elektrische Arbeit

Durch einen Tauchsieder fließt ein Strom I bei einer Spannung ϕ für eine Zeit t. Geben Sie ΔE und ΔH für diesen Prozess an, wenn (a) die Flüssigkeit nicht in Dampf verwandelt wird bzw. (b) die Flüssigkeit vollständig in Dampf (ideales Gas) umgewandelt wird.

Lösung:

(a) $\Delta V = 0$ daher $\Delta E = \Delta q = I\phi t$ und $\Delta H = I\phi t$

(b) $\Delta E = \Delta q - P\Delta V = I\phi t - nRT$ und $\Delta H = I\phi t$

Der Joule-Thompson-Effekt:

Wir betrachten folgendes adiabatisch ablaufende Experiment (vgl. Abbildung 1.2). Zwei Kolben seien durch eine Drossel verbunden. Nun wird Gas aus dem Kolben 1 durch die Drossel in den Kolben 2 „geschoben". Die Änderung der inneren Energie ist $\Delta E = E_2 - E_1 = \Delta w$. Δw ist die Summe der Volumenarbeiten $P_1 V_1$ (am System geleistet) und $-P_2 V_2$ (vom System geleistet). Folglich gilt $E_1 + P_1 V_1 = E_2 + P_2 V_2$ bzw. $\Delta H = 0$, d.h. das Experiment verläuft isenthalpisch.

Interessant bei diesem Experiment ist der Joule-Thompson-Koeffizient

$$\mu_{JT} = \left(\frac{\partial T}{\partial P}\right)_H . \tag{1.9}$$

Für $\mu_{JT} > 0$ würde das Gas beim Expandieren aus einem leckenden Container abkühlen – gewöhnlich keine Gefahr. $\mu_{JT} < 0$ bedeutet jedoch ansteigende Gastemperatur – und somit ggf. Explosionsgefahr (vgl. Abbildung 1.3)!

Bemerkung: Thermodynamik im eigentlichen Sinn liefert Relationen zwischen den thermodynamischen Zustandsfunktionen, deren Variablen und den entsprechenden abgeleiteten Größen. Systembezogene konkrete Berechnungen erfordern darüber hinaus zusätzliche Informationen wie plausible Entwicklungen (Virialentwicklung) oder mikroskopische Modelle (z.B. van der Waals-Gleichung).

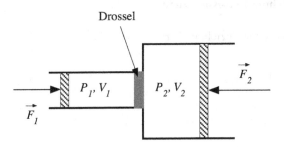

Abbildung 1.2: Schematisches Joule-Thompson-Experiment.

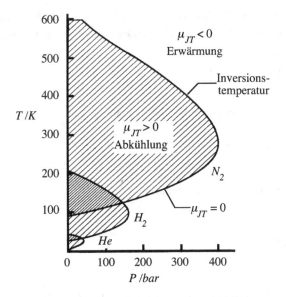

Abbildung 1.3: Joule-Thompson-Koeffizient in der P-T-Ebene für Stickstoff, Wasserstoff und Helium. Inversionstemperatur bedeutet, dass für diese Temperatur $\mu_{JT} = 0$ gilt (Abbildung aus Referenz [1]). Anwendungsbeispiel: Kältemaschine.

Aufgabe 3:   Joule-Thompson-Koeffizient

(a)   Leiten Sie die folgende Beziehung her:

$$\left(\frac{\partial H}{\partial T}\right)_V = \left(1 - \frac{\alpha_P}{\kappa_T}\mu_{JT}\right)C_P \; . \tag{1.10}$$

Hierbei sind

$$\alpha_P = \frac{1}{V}\left(\frac{\partial V}{\partial T}\right)_P \qquad \text{und} \qquad \kappa_T = -\frac{1}{V}\left(\frac{\partial V}{\partial P}\right)_T \tag{1.11}$$

der (isobare) thermische Ausdehnungskoeffizient bzw. die (isotherme) Kompressibilität.

(b)   Zeigen Sie ausgehend von der Zustandsgleichung [2]

$$\frac{PV}{nRT} = 1 + B_2(T)\rho \; , \tag{1.12}$$

die die niedrigste Korrektur zum Idealen-Gas-Gesetz ($PV = nRT$) beschreibt, wobei die Größe $B_2(T)$ der zweite Virialkoeffizient ist, dass in führender Ordnung folgende Beziehung gilt:

$$\mu_{JT} = \frac{T^2}{c_P}\left(\frac{\partial}{\partial T}\frac{B_2(T)}{T}\right)_P \; . \tag{1.13}$$

Hier ist $c_P \equiv C_P/N$. Hinweis: Verwenden Sie die Beziehung

$$\left(\frac{\partial E}{\partial V}\right)_T + P = T\left(\frac{\partial P}{\partial T}\right)_V \; , \tag{1.14}$$

die in Aufgabe 5 noch bewiesen wird, um zunächst

$$\left(\frac{\partial H}{\partial P}\right)_T = -T\left(\frac{\partial V}{\partial T}\right)_P + V \tag{1.15}$$

herzuleiten.

(c)   Mittels Gl. (1.13), den Daten aus Tabelle 1.1 und der Vorabinformation $c_P/R \approx 5/2$ [3] tragen Sie μ_{JT} für Argon graphisch auf, und bestimmen Sie die Inversionstemperatur. Noch

---

[2]Unter Zustandsgleichung versteht man den mathematischen Zusammenhang der Größen P, ρ und T bzw. $P = P(\rho, T)$.

[3]Weiter unten werden wir eine Formel für C_P herleiten. Insbesondere gilt für ein ideales Gas $C_{P,mol} - C_{V,mol} = R$ und $E = (3/2)RT$. Man beachte, dass unter Bedingungen, bei denen C_P stark von der Idealität abweicht, d.h. wenn der 2. Virialkoeffizient zur Beschreibung von C_P nicht mehr ausreicht, die Näherung (1.13) ihre Gültigkeit verliert.

Tabelle 1.1: In Tabellenwerken werden experimentelle Daten oft nicht als „Rohdaten" angegeben, sondern in Form empirischer Anpassfunktionen wie hier für B_2 ($B_2(T) = \sum_{i=1}^{n} A(i)[T_o/T - 1]^{i-1}$ mit $T_o = 298.15\ K$ sowie $A(1) = -0.1598 \cdot 10^2$, $A(2) = -0.5983 \cdot 10^2$, $A(3) = -0.9729 \cdot 10^1$ und $A(4) = -0.1512 \cdot 10^1$). Dazu müssen die Autoren dieser Tabellenwerke die experimentelle Literatur sichten und die Qualität der Daten beurteilen. Die „guten" Datensätze verschiedener Veröffentlichungen werden dann auf diese Weise zusammengefasst. Solche empirischen Anpassfunktionen sollten allerdings nicht außerhalb ihres getesteten Gültigkeitsbereichs – hier 100 K bis 1000 K – verwendet werden.

T/K	$B_2/cm^3\,mol^{-1}$
100	-184
280	-19
460	3
640	13
820	18
1000	21

eine Verständnisfrage: Gl. (1.13) bezieht sich auf konstanten Druck. Bezogen auf unser schematisches Experiment in Abbildung 1.2 – welcher der Drücke P_1 oder P_2 wäre dies?

Lösung:

(a) Mit Gl. (1.3) folgt

$$\left(\frac{\partial H}{\partial T}\right)_V = C_P + \left(\frac{\partial H}{\partial P}\right)_T \left(\frac{\partial P}{\partial T}\right)_V$$

$$= C_P + \left(\frac{\partial H}{\partial P}\right)_T \left(-\frac{1}{V}\frac{\partial V}{\partial T}\right)_P \left(V\frac{\partial P}{\partial V}\right)_T$$

$$= C_P + \frac{\alpha_P}{\kappa_T}\left(\frac{\partial H}{\partial P}\right)_T .$$

Außerdem gilt

$$\left(\frac{\partial H}{\partial P}\right)_T = -\left(\frac{\partial H}{\partial T}\right)_P \left(\frac{\partial T}{\partial P}\right)_H = -C_P \mu_{JT} , \tag{1.16}$$

sodass

$$\left(\frac{\partial H}{\partial T}\right)_V = C_P - \frac{\alpha_P}{\kappa_T} C_P \mu_{JT} .$$

(b)   Aufbauend auf der Lösung zu Aufgabe 1 folgt zunächst

$$
\begin{aligned}
\left(\frac{\partial H}{\partial P}\right)_T &= \left(\frac{\partial E}{\partial V}\right)_T \left(\frac{\partial V}{\partial P}\right)_T + V + P\left(\frac{\partial V}{\partial P}\right)_T \\
&= \left[\left(\frac{\partial E}{\partial V}\right)_T + P\right]\left(\frac{\partial V}{\partial P}\right)_T + V \\
&= T\left(\frac{\partial P}{\partial T}\right)_V \left(\frac{\partial V}{\partial P}\right)_T + V = -T\left(\frac{\partial V}{\partial T}\right)_P + V \ .
\end{aligned}
\tag{1.17}
$$

Mit Gl. (1.12) finden wir in führender Ordnung

$$
\begin{aligned}
\left(\frac{\partial V}{\partial T}\right)_P &= \frac{V}{T} + \frac{nRT}{P}\left[\rho\left(\frac{\partial B_2}{\partial T}\right)_P - B_2\rho\frac{1}{V}\left(\frac{\partial V}{\partial T}\right)_P + ...\right] \\
&= \frac{V}{T} + V\rho\left[\left(\frac{\partial B_2}{\partial T}\right)_P - B_2\frac{1}{T} + ...\right] = \frac{V}{T} + V\rho T\left(\frac{\partial B_2/T}{\partial T}\right)_P \ .
\end{aligned}
\tag{1.18}
$$

Einsetzen in Gl. (1.17) liefert zusammen mit Gl. (1.16) das gesuchte Resultat. Man beachte, dass für ein ideales Gas $\mu_{JT} = 0$ gilt. D.h. der Joule-Thompson-Effekt ist eine Konsequenz der Wechselwirkung der Gasteilchen.

(c)   Die Abbildung 1.4 zeigt die verlangte Auftragung. Wir erhalten eine Inversionstemperatur von ca. $800\,K$. Die Symbole sind experimentelle Daten zum Vergleich. Zur Verständnisfrage: μ_{JT} ist eine differenzielle Größe und bezieht sich auf eine infinitesimale Druckänderung bei einem von uns gewählten Druck! Hier ist dies ein niedriger Druck, bei dem sich Argon fast ideal verhält (z.B. 1 *bar*).

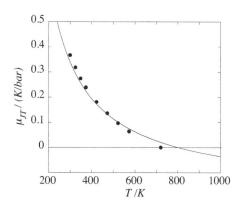

Abbildung 1.4: Auftragung des Joule-Thompson-Koeffizienten im Fall von Argon gegen die Temperatur. Die Inversionstemperatur beträgt ca. $800\,K$. Die Symbole sind experimentelle Daten bei Normaldruck (1 *bar*).

Aufgabe 4: Wirkungsgrad des Otto-Zyklus

Für den Kreisprozess in Abbildung 1.5 berechnen Sie den Wirkungsgrad, definiert als (geleistete Arbeit)/(investierte Wärmemenge). Das Gas soll ideal sein.

Lösung:

Die verschiedenen Teilprozesse im Otto-Zyklus sind

$$
\begin{aligned}
1 \rightarrow 2 \quad &: \quad q_{21} = 0 \quad w_{21} = \Delta E_{21} = C_V(T_2 - T_1) \\
2 \rightarrow 3 \quad &: \quad w_{32} = 0 \quad q_{32} = \Delta E_{32} = C_V(T_3 - T_2) \\
3 \rightarrow 4 \quad &: \quad q_{43} = 0 \quad w_{43} = \Delta E_{43} = C_V(T_4 - T_3) \\
4 \rightarrow 1 \quad &: \quad w_{14} = 0 \quad q_{14} = \Delta E_{14} = C_V(T_1 - T_4) \ .
\end{aligned}
$$

Der Wirkungsgrad ist

$$
\frac{w}{q} = \frac{-\left(\Delta E_{21} + \Delta E_{43}\right)}{q_{32}} = \frac{-C_V(T_2 - T_1) - C_V(T_4 - T_3)}{C_V(T_3 - T_2)} = 1 - \frac{T_4 - T_1}{T_3 - T_2} \ .
$$

Für die Adiabaten gilt (s. u.)

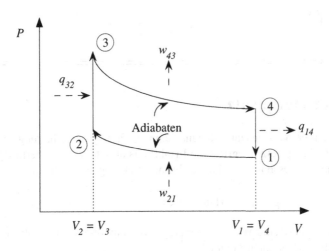

Abbildung 1.5: Der Zyklus des Ottomotors.

$$\frac{T_1}{T_2} = \left(\frac{V_2}{V_1}\right)^{R/C_{V,mol}} \qquad \text{sowie} \qquad \frac{T_4}{T_3} = \left(\frac{V_3}{V_4}\right)^{R/C_{V,mol}} .$$

Mit $V_2 = V_3$ und $V_1 = V_4$ folgt daraus

$$\frac{T_1}{T_2} = \frac{T_4}{T_3} \qquad \text{bzw.} \qquad T_4 = \frac{T_1 T_3}{T_2}$$

und somit

$$\frac{w}{q} = 1 - \frac{T_1}{T_2} . \qquad (1.19)$$

Je größer dieses Temperaturverhältnis wird, desto näher liegt der Wirkungsgrad bei eins!

Nebenrechnung: Adiabatische Expansion ($V \to V'$)

$$C_V dT + \underbrace{\left(\frac{\partial E}{\partial V}\right)_T}_{=0 \text{ (id. Gas)}} dV = \underbrace{-PdV}_{-\frac{nRT}{V}dV}$$

und somit

$$\frac{T'}{T} = \left(\frac{V}{V'}\right)^{R/C_{V,mol}} .$$

1.4   Zweiter Hauptsatz

Die Folgerungen aus dem ersten Hauptsatz machen vom Prinzip der Erhaltung der Energie Gebrauch. Der zweite Hauptsatz integriert die Erfahrungstatsache in die Thermodynamik, dass spontan ablaufende Prozesse immer eine bestimmte Richtung auszeichnen.

Verschiedene Formulierungen des 2. Hauptsatzes:

(a) Ein Prozess, bei dem nur Wärme einem Reservoir entnommen und vollständig in Arbeit umgewandelt wird, ist nicht möglich.

(b) Die Entropie eines isolierten Systems nimmt bei einem spontanen Vorgang zu.

(c) Mathematische Formulierung: Für eine Zustandsänderung gilt die Clausiussche Ungleichung

$$dS^{Syst} \geq \frac{dq^{Syst}}{T^{Syst}} \, , \qquad\qquad (1.20)$$

wobei das =-Zeichen im Gleichgewicht bzw. für reversible Prozesse gilt. Dann ist die Gl. (1.20) gleichzeitig die Definition der Entropie. Für in isolierten Systemen ($dq^{Syst} = 0$) spontan ablaufende Prozesse gilt $dS^{Syst} \geq 0$.

Anwendungen des 2. Hauptsatzes:

Ein nützlicher Kreisprozess:

Wir wollen das Integral von dq/T entlang dem in Abbildung 1.6 gezeigten allgemeinen Kreisprozess betrachten:

$$
\begin{aligned}
\oint \frac{dq}{T} &= \int_A^E \frac{dq}{T} + \int_E^A \frac{dq_{rev}}{T} \qquad\qquad (1.21) \\
&= \int_A^E \frac{dq}{T} - \int_A^E \frac{dq_{rev}}{T} \\
&= \int_A^E \left(\frac{dq}{T} - dS \right) \overset{(1.20)}{\leq} 0 \, .
\end{aligned}
$$

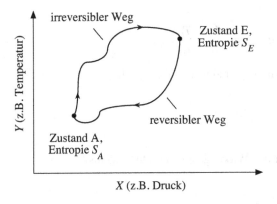

Abbildung 1.6: Integration von dq/T bei einem Kreisprozess. Der Prozess AE ist irreversibel, der Prozess EA ist reversibel.

Insbesondere gilt im Gleichgewicht $\oint dq/T = 0$ und damit ist S eine Zustandsfunktion. Die Größe $1/T$ ist hier ein integrierender Faktor [4], da dq selbst kein vollständiges Differenzial ist.

Der Carnotsche Wirkungsgrad:

Abbildung 1.7 illustriert die thermodynamischen Grundlagen von Wärmekraftmaschinen. Wird einem wärmeren Reservoir die Wärmemenge q entzogen, so nimmt seine Entropie um q/T_w ab. Umgekehrt nimmt bei Zufuhr von q' zum kälteren Reservoir dessen Entropie um q'/T zu. Solange $T_k < T_w$, ist $\Delta S_{gesamt} = q'/T_k - q/T_w > 0$. Die Differenz $q - q'$ kann als Arbeit entnommen werden, da der Prozess spontan abläuft, d.h.

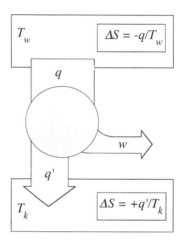

Abbildung 1.7: Die thermodynamischen Grundlagen von Wärmekraftmaschinen.

$$w_{maximal} = q - q' = q\left(1 - \frac{T_k}{T_w}\right) .$$

Der Carnotsche Wirkungsgrad ist definiert durch

$$\frac{w_{maximal}}{q} = 1 - \frac{T_k}{T_w} \tag{1.22}$$

(vgl. Gl. (1.19) für den Wirkungsgrad des Otto-Zyklus).

---

[4]Durch Multiplikation mit einem integrierenden Faktor wird aus einem unvollständigen Differenzial ein vollständiges [14]. So wird die betreffende Größe zur Zustandsfunktion.

Kombination des 1. HS und 2. HS – Fundamentalgleichung:

Mit der Clausiusschen Ungleichung gilt für einen reversiblen Prozess ohne Nicht-Volumenarbeit

$$dE = TdS - PdV \ . \tag{1.23}$$

Da E jedoch eine Zustandsfunktion ist, muss Gl. (1.23) ebenfalls für irreversible Prozesse gelten (im isolierten System). Die Kombination der Gln. (1.23) und (1.7) liefert

$$dH = TdS + VdP \ . \tag{1.24}$$

Freie Energie E und freie Enthalpie G:

Für ein System bei konstantem Volumen und ohne Nicht-Volumenarbeit gilt nach der Clausiusschen Ungleichung

$$dE - TdS \leq 0 \ . \tag{1.25}$$

Ebenso gilt bei konstantem Druck und ohne Nicht-Volumenarbeit

$$dH - TdS \leq 0 \ . \tag{1.26}$$

Dies legt unmittelbar die Definitionen

$$F \equiv E - TS \tag{1.27}$$

und

$$G \equiv H - TS \tag{1.28}$$

nahe, wobei F als Helmholtzsche freie Energie und G als Gibbssche freie Energie oder freie Enthalpie bezeichnet werden [5]. Damit lauten die Gln. (1.25) und (1.26)

$$(dF)_{T,V,...} = (dE - TdS)_{T,V,...} \leq 0 \tag{1.29}$$

sowie

$$(dG)_{T,P,...} = (dH - TdS)_{T,P,...} \leq 0 \ , \tag{1.30}$$

---

[5]Im Folgenden werden wir F als freie Energie bezeichnen. Ebenso werden wir G lediglich freie Enthalpie nennen.

wobei .. an die ausgeschlossene Nicht-Volumenarbeit erinnern soll. Diese beiden Ungleichungen stellen das wichtigste Resultat der Thermodynamik dar!

Die Maxwell-Relationen:

Für vollständige Differenziale bzw. Zustandsfunktionen gilt die Vertauschbarkeit der partiellen Ableitungen. D.h.

$$\left(\frac{\partial}{\partial y}\left(\frac{\partial A}{\partial x}\right)_y\right)_x = \left(\frac{\partial}{\partial x}\left(\frac{\partial A}{\partial y}\right)_x\right)_y .$$

Angewandt auf die Gln. (1.23) und (1.24) erhalten wir die zwei Maxwell-Relationen

$$\left(\frac{\partial T}{\partial V}\right)_S = -\left(\frac{\partial P}{\partial S}\right)_V \tag{1.31}$$

$$\left(\frac{\partial T}{\partial P}\right)_S = \left(\frac{\partial V}{\partial S}\right)_P . \tag{1.32}$$

Die Kombination der Gln. (1.27) und (1.23) liefert

$$dF = -SdT - PdV . \tag{1.33}$$

Entsprechend liefert die Kombination der Gln. (1.28) und (1.24)

$$dG = -SdT + VdP . \tag{1.34}$$

Daraus ergeben sich die zwei weiteren Maxwell-Relationen

$$\left(\frac{\partial P}{\partial T}\right)_V = \left(\frac{\partial S}{\partial V}\right)_T \tag{1.35}$$

$$\left(\frac{\partial V}{\partial T}\right)_P = -\left(\frac{\partial S}{\partial P}\right)_T . \tag{1.36}$$

Aufgabe 5:   Maxwell-Relationen: $(\partial E/\partial V)_T$, $C_P - C_V$ **und** κ_s/κ_T

Zeigen Sie

(a)

$$\left(\frac{\partial E}{\partial V}\right)_T = T\left(\frac{\partial P}{\partial T}\right)_V - P ,$$

und geben Sie $(\partial E/\partial V)_T$ für das ideale Gas an.

(b)

$$C_P - C_V = TV\frac{\alpha_P^2}{\kappa_T} \, ,$$

und geben Sie $C_P - C_V$ für das ideale Gas an.

(c)

$$\frac{\kappa_S}{\kappa_T} = \frac{C_V}{C_P} \, ,$$

wobei

$$\kappa_S = -\frac{1}{V}\left(\frac{\partial V}{\partial P}\right)_S \tag{1.37}$$

die isentropische oder adiabatische Kompressibilität ist.

Lösung:

(a)   Aus Gl. (1.23) folgt direkt

$$\left(\frac{\partial E}{\partial V}\right)_T = T\left(\frac{\partial S}{\partial V}\right)_T - P \overset{(1.32)}{=} T\left(\frac{\partial P}{\partial T}\right)_V - P \, .$$

Und für das ideale Gas gilt damit

$$\left(\frac{\partial E}{\partial V}\right)_T = T\left(\frac{\partial nRT/V}{\partial T}\right)_V - \frac{nRT}{V} = 0 \, .$$

(b)

$$\begin{aligned}
C_P - C_V &= \left(\frac{\partial H}{\partial T}\right)_P - \left(\frac{\partial E}{\partial V}\right)_V \overset{(1.23)(1.24)}{=} T\left[\left(\frac{\partial S}{\partial T}\right)_P - \left(\frac{\partial S}{\partial T}\right)_V\right] \\
&\overset{(1.5)}{=} T\left[\left(\frac{\partial S}{\partial V}\right)_P\left(\frac{\partial V}{\partial T}\right)_P - \left(\frac{\partial S}{\partial P}\right)_V\left(\frac{\partial P}{\partial T}\right)_V\right] \\
&\overset{(1.31)(1.36)(1.6)}{=} TV\alpha_P\left[\left(\frac{\partial P}{\partial T}\right)_S + \left(\frac{\partial V}{\partial T}\right)_S\frac{1}{V\kappa_T}\right] \, .
\end{aligned}$$

Zusammen mit Gl. (1.8) bzw.

$$\left(\frac{\partial V}{\partial T}\right)_S = \left(\frac{\partial V}{\partial T}\right)_P + \left(\frac{\partial V}{\partial P}\right)_T \left(\frac{\partial P}{\partial T}\right)_S$$

folgt

$$C_P - C_V \;=\; TV\alpha_P \left[\left(\frac{\partial P}{\partial T}\right)_S + \frac{1}{V\kappa_T}\left[\underbrace{\frac{V}{V}\left(\frac{\partial V}{\partial T}\right)_P}_{V\alpha_P} + \underbrace{\frac{V}{V}\left(\frac{\partial V}{\partial P}\right)_T}_{-V\kappa_T}\left(\frac{\partial P}{\partial T}\right)_S\right]\right]$$

$$\;=\; TV\frac{\alpha_P^2}{\kappa_T}\;.$$

Für das ideale Gas gilt

$$\alpha_P = \frac{1}{V}\left(\frac{\partial}{\partial T}\frac{nRT}{P}\right)_P = \frac{1}{T} \qquad \text{sowie} \qquad \kappa_T = -\frac{1}{V}\left(\frac{\partial}{\partial P}\frac{nRT}{P}\right)_T = \frac{1}{P}$$

und somit

$$C_P - C_V = \frac{TV}{T^2}P = nR\;. \tag{1.38}$$

(c)

$$\kappa_S = -\frac{1}{V}\left(\frac{\partial V}{\partial P}\right)_S \overset{(1.8)}{=} -\frac{1}{V}\left[\underbrace{\left(\frac{\partial V}{\partial T}\right)_P}_{V\alpha_P}\left(\frac{\partial T}{\partial P}\right)_S + \underbrace{\left(\frac{\partial V}{\partial P}\right)_T}_{-V\kappa_T}\right]\;.$$

Mit

$$\left(\frac{\partial T}{\partial P}\right)_S \overset{(1.6)}{=} -\left(\frac{\partial T}{\partial S}\right)_P\left(\frac{\partial S}{\partial P}\right)_T \overset{(1.24),(1.36)}{=} \left(\frac{1}{T}\left(\frac{\partial H}{\partial T}\right)_P\right)^{-1}\left(\frac{\partial V}{\partial T}\right)_P$$

$$\;=\; VT\frac{\alpha_P}{C_P}$$

und dem Resultat aus Teil (a) folgt

$$\kappa_S - \kappa_T = -TV\frac{\alpha_P^2}{C_P} = -\frac{C_P - C_V}{C_P}\kappa_T\;.$$

Einfaches Auflösen liefert die Behauptung!

Aufgabe 6: **Schallgeschwindigkeit in Gasen und Flüssigkeiten**

Eine Schallwelle verursacht kleine orts- und zeitabhängige Druck- und Dichteschwankungen, $\delta P(\vec{r}, t) \ll P$ und $\delta\rho(\vec{r}, t) \ll \rho$, in einem isotropen Medium, d.h.

$$P(\vec{r}, t) = P + \delta P(\vec{r}, t) \qquad \text{sowie} \qquad \rho(\vec{r}, t) = \rho + \delta\rho(\vec{r}, t) \,,$$

wobei P und ρ zeit- und ortsunabhängige Mittelwerte sind. In dieser Aufgabe ist $\rho = mN/V$, wobei m die Masse der Teilchen ist, aus denen das Medium besteht.

Diese Druck- und Dichteschwankungen sind über die adiabatische Kompressibilität gekoppelt, da sie schnell genug ablaufen, sodass kein Wärmeaustausch mit ihnen verbunden ist. Ferner gelten die Kontinuitätsgleichung

$$\dot{\rho}(\vec{r}, t) + \vec{\nabla}\left[\rho(\vec{r}, t)\vec{u}(\vec{r}, t)\right] = 0 \,,$$

wobei $\vec{u}(\vec{r}, t)$ die Geschwindigkeit eines Massenelements im Medium ist (auch $u(\vec{r}, t)$ soll eine kleine Größe sein), sowie die näherungsweise gültige Bewegungsgleichung

$$\rho(\vec{r}, t)dV\dot{\vec{u}}(\vec{r}, t) \approx -\vec{\nabla}P(\vec{r}, t)dV \,.$$

Die rechte Seite der letzten Gleichung beschreibt die Kraft auf das Volumenelement dV aufgrund der Druckschwankungen. Man beachte, $\dot{\rho}(\vec{r}, t)$ ist die lokale zeitliche Änderung am Ort $\vec{r}$.

(a)   Leiten Sie eine Bewegungsgleichung für $\delta\rho(\vec{r}, t)$ her, wobei Sie nur den führenden Beitrag berücksichtigen sollen. D.h. Produkte kleiner Größen werden gegenüber dem Produkt einer kleinen mit einer großen Größe vernachlässigt.

(b)   Bestimmen Sie daraus einen Ausdruck für die Schallgeschwindigkeit c_s. Wie sieht dieser Ausdruck für ein atomares ideales Gas mit der inneren Energie $E = (3/2)RT$ aus. Vergleichen Sie diesen Ausdruck graphisch mit experimentellen Daten aus Tabelle 1.2.

Lösung:

(a)   Die Kontinuitätsgleichung ergibt

$$\delta\dot{\rho}(\vec{r}, t) + \rho\vec{\nabla}\vec{u}(\vec{r}, t) \approx 0 \qquad \text{bzw.} \qquad \delta\ddot{\rho}(\vec{r}, t) + \rho\vec{\nabla}\dot{\vec{u}}(\vec{r}, t) \approx 0 \,.$$

Aus der Bewegungsgleichung folgt

$$\delta\ddot{\rho}(\vec{r}, t) - \vec{\nabla}^2\delta P(\vec{r}, t) \approx 0 \,.$$

Tabelle 1.2: Schallgeschwindigkeit in Helium (^4He) bei 1 *bar* bzw. 0.1 *MPa* aus HTTD (Seite 434).

T/K	c_s/ms^{-1}
3	222
4	185
5	120
10	185
20	264
50	417
100	589
200	833
300	1020
400	1177
500	1316
600	1441
700	1557
800	1664
900	1765
1000	1861
1500	2279

Jetzt kommt $\kappa_S = -(1/V)(\partial V/\partial P)_S$ ins Spiel. D.h.

$$\kappa_S = -\rho \left(\frac{\partial}{\partial P} \rho^{-1} \right)_S \approx \frac{1}{\rho} \frac{\delta\rho(\vec{r},t)}{\delta P(\vec{r},t)} \; .$$

Und damit folgt das gewünschte Resultat:

$$\delta\ddot{\rho}(\vec{r},t) - \frac{1}{\kappa_S\rho} \vec{\nabla}^2 \delta\rho(\vec{r},t) \approx 0 \; .$$

(b)   Einsetzen des Lösungsansatzes

$$\delta\rho(\vec{r},t) = \delta\rho_o \sin\left(\omega t - \vec{k}\cdot\vec{r}\right)$$

in die Bewegungsgleichung liefert die Schallgeschwindigkeit $c_s \equiv \omega/k$:

$$-\omega^2 + k^2 \frac{1}{\kappa_S\rho} = 0$$

bzw.

$$c_s = \frac{1}{\sqrt{\kappa_S\rho}} \; . \tag{1.39}$$

Für das atomare ideale Gas gilt

$$\rho\kappa_S = \frac{1}{P}\frac{3/2}{5/2}\frac{mN}{V} = \frac{3}{5}\frac{mN_A}{RT}$$

und damit

$$c_s = \sqrt{\frac{5}{3}\frac{RT}{mN_A}} \; . \tag{1.40}$$

Die Abbildung 1.8 zeigt den Vergleich von Gl. (1.40) mit den experimentellen Werten für ^4He bei einem Druck von 1 *bar* aus HTTD. Oberhalb von ca. 10 K ist die Übereinstimmung nahezu perfekt. Darunter weicht die einfache Theorie ab. Was passiert dort?

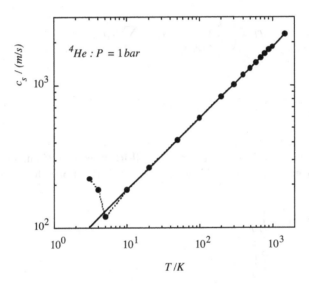

Abbildung 1.8: Schallgeschwindigkeit in Helium. Symbole: Experimentelle Daten; durchgezogene Linie: Gl. (1.40).

Mehrkomponentensysteme und chemisches Potenzial:

Betrachten wir die freie Enthalpie als Funktion nicht nur von T und P, sondern auch als Funktion der stofflichen Zusammensetzung. D.h. $G = G(T, P, n_1, n_2, ...)$, wobei die n_i die Anzahl der Mole des Stoffes i im System sein sollen. Es gilt dann

$$dG = \left(\frac{\partial G}{\partial T}\right)_{P,n_1,n_2,...} dT + \left(\frac{\partial G}{\partial P}\right)_{T,n_1,n_2,...} dP + \sum_i \left(\frac{\partial G}{\partial n_i}\right)_{T,P,n_1,n_2,...(\neq n_i)} dn_i \; .$$

Mit der Definition

$$\mu_i \equiv \left(\frac{\partial G}{\partial n_i}\right)_{T,P,n_1,n_2,\ldots(\neq n_i)} , \tag{1.41}$$

wobei μ_i das (molare) chemische Potenzial der Komponente i genannt wird, folgt

$$dG = \left(\frac{\partial G}{\partial T}\right)_{P,n_1,n_2,\ldots} dT + \left(\frac{\partial G}{\partial P}\right)_{T,n_1,n_2,\ldots} dP + \sum_i \mu_i dn_i . \tag{1.42}$$

Insbesondere ist für ein reines System (d.h. eine Komponente) $\mu \equiv \mu_1$ die molare freie Enthalpie. Die Kombination der Gln. (1.27), (1.28), (1.33) und (1.34) zusammen mit Gl. (1.42) liefert

$$dF = \left(\frac{\partial F}{\partial T}\right)_{V,n_1,n_2,\ldots} dT + \left(\frac{\partial F}{\partial V}\right)_{T,n_1,n_2,\ldots} dV + \sum_i \mu_i dn_i , \tag{1.43}$$

und damit

$$\mu_i \equiv \left(\frac{\partial F}{\partial n_i}\right)_{T,V,n_1,n_2,\ldots(\neq n_i)} . \tag{1.44}$$

Bemerkung: Analog zur Herleitung der Maxwell-Relationen (1.35) und (1.36) aus (1.33) und (1.34), können aus (1.42) und (1.43) weitere Maxwell-Relationen hergeleitet werden:

$$\left(\frac{\partial \mu}{\partial P}\right)_{T,n} = \left(\frac{\partial V}{\partial n}\right)_{T,P} \tag{1.45}$$

$$\left(\frac{\partial \mu}{\partial T}\right)_{P,n} = -\left(\frac{\partial S}{\partial n}\right)_{T,P} \tag{1.46}$$

und

$$\left(\frac{\partial \mu}{\partial V}\right)_{T,n} = -\left(\frac{\partial P}{\partial n}\right)_{T,V} \tag{1.47}$$

$$\left(\frac{\partial \mu}{\partial T}\right)_{V,n} = -\left(\frac{\partial S}{\partial n}\right)_{T,V} \qquad \text{(hier lediglich für ein } n\text{)} . \tag{1.48}$$

Thermodynamische Größen als homogene Funktionen:

• Euler-Theorem – Sei A eine homogene Funktion vom Grade m, d.h.

$$A(kx_1, \ldots, kx_i, \ldots) = k^m A(x_1, \ldots, x_i, \ldots) \tag{1.49}$$

(intensiv: $m = 0$; extensiv: $m = 1$), dann gilt

$$\frac{dA}{dk} = \sum_i \frac{\partial A}{\partial kx_i}\frac{\partial kx_i}{\partial k} = \sum_i \frac{1}{k}\frac{\partial A}{\partial x_i}x_i = mk^{m-1}A(x_1, ..., x_i, ...) \ . \tag{1.50}$$

Für $A = G$ und $x_i = n_i$ folgt mit $m = 1$

$$G = \sum_i n_i\mu_i \ . \tag{1.51}$$

Insbesondere folgt daraus

$$dG = \sum_i \left(n_i d\mu_i + dn_i\mu_i\right) \ .$$

Vergleich mit Gl. (1.42) liefert die Gibbs-Duhem-Gleichung

$$SdT - VdP + \sum_i n_i d\mu_i = 0 \ . \tag{1.52}$$

Chemisches Potenzial konkret:

• Chemisches Potenzial einer reinen Substanz (Gas) – Die Abbildung 1.9 zeigt eine reine Flüssigkeit $A(l)$ im Gleichgewicht mit ihrem Dampf $A(g)$. In der Gasphase gilt

$$\mu_A(T, P_A^*) = \mu_A^\circ(T, P_A^\circ) + \frac{1}{n}\int_{P_A^\circ}^{P_A^*} VdP \tag{1.53}$$

$$\overset{\text{ideal}}{=} \mu_A^\circ(T, P_A^\circ) + RT\ln\frac{P_A^*}{P_A^\circ} \ .$$

Der Index * zeigt an, dass es sich um eine reine Substanz handelt. Der Index $^\circ$ zeigt einen Bezugsstandard an.

• Chemisches Potenzial einer reinen Substanz (Flüssigkeit) – Sind Dampf und Flüssigkeit miteinander im Gleichgewicht, so sind ihre chemischen Potenziale gleich:

$$\mu_A^*(l) \overset{!}{=} \mu_A^*(g) \overset{\text{ideal}}{=} \mu_A^\circ(T, P_A^\circ) + RT\ln\frac{P_A^*}{P_A^\circ} \ . \tag{1.54}$$

Begründung:

$$\mu_A(g) = \frac{\partial G}{\partial n_A(g)} = \frac{\partial n_A}{\partial n_A(g)}\frac{\partial G}{\partial n_A}$$

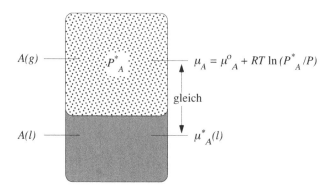

Abbildung 1.9: Eine reine Flüssigkeit $A(l)$ im Gleichgewicht mit ihrem Dampf $A(g)$.

bzw.

$$\mu_A(l) = \frac{\partial G}{\partial n_A(l)} = \frac{\partial n_A}{\partial n_A(l)} \frac{\partial G}{\partial n_A} \ .$$

Es gilt aber $\partial n_A / \partial n_A(g) = \partial n_A / \partial n_A(l) = 1$. Somit erhalten wir das wichtige Resultat $\mu_A(g) = \mu_A(l)$ bzw. $\mu_A^*(g) = \mu_A^*(l)$. Man spricht auch vom chemischen Gleichgewicht. Die verallgemeinerte Form lautet

$$\mu_i^I = \mu_i^{II} \ . \tag{1.55}$$

Hier bedeuten I und II zwei unterschiedliche Phasen (z.B. Flüssigkeit im Kontakt mit Gas) oder auch Regionen [6] (z.B. Gas in Kontakt mit Oberfläche) in einem zusammenhängenden System, das die Komponente i enthält.

• Chemisches Potenzial eines Lösungsmittels – Abbildung 1.10 zeigt eine verdünnte Lösung des Stoffes B im Lösungsmittel A im Gleichgewicht mit ihrem wiederum als ideal angenommenen Dampf. Für diese Situation gibt es zwei nützliche Gesetze:

Daltonsches Gesetz: Der Gesamtgasdruck P eines idealen Gemisches ist gleich der Summe der Partialdrücke der Komponenten P_i; $P = \sum_i P_i$ und $P_i = n_i RT/V$.

Raoultsches Gesetz: $P_A = P_A^* x_A^{(l)}$. D.h. der Partialdruck P_A ist gleich dem Produkt des Dampfdrucks des reinen Lösungsmittels (bei der gleichen Temperatur) multipliziert mit dem Molenbruch des Lösungsmittels der Lösung $x_A^{(l)} = n_A(l)/n(l)$.

---

[6]Man kann auch so argumentieren: Wäre das chemische Potenzial von i an zwei Orten verschieden, $\mu_i^I \neq \mu_i^{II}$, dann würde aufgrund von $dG = (\mu_i^I - \mu_i^{II})dn \neq 0$ ein Stofftransport stattfinden, bis die Gleichheit und damit $dG = 0$ erreicht ist.

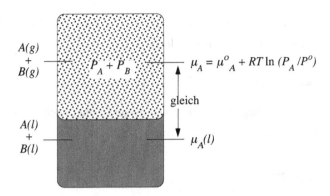

Abbildung 1.10: Eine binäre Mischung im Gleichgewicht mit ihrem Dampf.

In der Gasphase gilt analog zu Gl. (1.53)

$$\mu_A(g) \quad = \quad \mu_A^\circ(g) + \frac{1}{n_A} \int_{P_A^\circ}^{P_A} V\, dP \tag{1.56}$$

$$\overset{\text{Dalton}/dP=dP_A}{=} \quad \mu_A^\circ(g) + RT \ln \frac{P_A}{P_A^\circ} \; .$$

Der Vergleich mit Gl. (1.54) liefert

$$\mu_A(g) \quad = \quad \mu_A^*(l) + RT \ln \frac{P_A}{P_A^*} \tag{1.57}$$

$$\overset{\text{Raoult}}{=} \quad \mu_A^*(l) + RT \ln x_A^{(l)} = \mu_A(l)$$

mit $x_A^{(l)} + x_B^{(l)} = (n_A(l) + n_B(l))/n(l) = 1$.

Exzessgrößen:

Gl. (1.57) erlaubt sofort die Änderung der freien Enthalpie zu berechnen, wenn zwei ursprünglich ideale, reine, flüssige Substanzen A und B gemischt werden. Diese freie Mischungsenthalpie ist

$$
\begin{aligned}
\Delta_M G^{ideal} \quad &= \quad G_{nachher}^{ideal} - G_{vorher}^{ideal} \\
&= \quad n_A(l)\left[\mu_A^*(l) + RT \ln x_A^{(l)}\right] + n_B(l)\left[\mu_B^*(l) + RT \ln x_B^{(l)}\right] \\
&\quad -n_A(l)\mu_A^*(l) - n_B(l)\mu_B^*(l) \\
&= \quad n(l)RT \left[x_A^{(l)} \ln x_A^{(l)} + x_B^{(l)} \ln x_B^{(l)}\right] \; .
\end{aligned}
\tag{1.58}
$$

Die entsprechende ideale Mischungsentropie und ideale Mischungsenthalpie sind

$$\Delta_M S^{ideal} \quad = \quad -n(l)R \left[x_A^{(l)} \ln x_A^{(l)} + x_B^{(l)} \ln x_B^{(l)} \right] \tag{1.59}$$

$$\Delta_M H^{ideal} \quad = \quad 0 \; . \tag{1.60}$$

Zur Beschreibung realer Lösungen verwendet man Exzess-Funktionen G^E bzw. S^E, definiert als

$$G^E = \Delta_M G^{real} - \Delta_M G^{ideal} \tag{1.61}$$

$$S^E = \Delta_M S^{real} - \Delta_M S^{ideal} \; . \tag{1.62}$$

Nichtideale Systeme – Fugazität und Aktivität:

Für reine nichtideale bzw. reale Gase lautet Gl. (1.53)

$$\mu_A(T, P_A^*) = \mu_A^\circ(T, P_A^\circ) + RT \ln \frac{\gamma_A' P_A^*}{P_A^\circ} \; . \tag{1.63}$$

Die Größe γ_A' ist der Fugazitätskoeffizient von A zu diesem Standard (d.h. $\gamma_A' = 1$ für das ideale Gas bei der gegebenen Temperatur). Allgemein definiert man die Fugazität f als

$$f = \gamma' P \; . \tag{1.64}$$

In der Lösung gilt weiterhin Gl. (1.57) in der Form

$$\mu_A(l) \quad = \quad \mu_A^*(l) + RT \ln \frac{P_A}{P_A^*} \equiv \mu_A^*(l) + RT \ln a_A^{(l)} \; .$$

Die Größe $a_A^{(l)}$ ist die Aktivität, und in Analogie mit der Fugazität wird auch hier ein Aktivitätskoeffizient definiert:

$$a_A^{(l)} = \gamma_A x_A^{(l)} \; . \tag{1.65}$$

Für ein ideales System gilt wieder $\gamma_A = 1$.

Betrachten wir nun den gelösten Stoff B. Es gilt wieder

$$\mu_B \quad = \quad \mu_B^* + RT \ln \frac{P_B}{P_B^*}$$

(der reine Zustand von B muss nicht unbedingt flüssig sein!). Bei kleinen Konzentrationen verwenden wir das Gesetz von Henry [7] und schreiben

$$\mu_B = \underbrace{\mu_B^* + RT \ln(K_B/P_B^*)}_{\equiv \bar{\mu}_B} + RT \ln x_B^{(l)} \, .$$

Erhöhte Konzentrationen behandeln wir mit der Gleichung

$$\mu_B = \bar{\mu}_B + RT \ln a_B \, , \tag{1.66}$$

wobei im Grenzfall unendlicher Verdünnung, $x_B^{(l)} \to 0$, der Aktivitätskoeffizient gegen eins strebt. Gl. (1.66) ist allerdings nicht auf Lösungen beschränkt, sondern kann allgemein verwendet werden. Man sollte nur den korrekten Bezugszustand im Auge behalten.

Aufgabe 7:   Bestimmung des Fugazitätskoeffizienten

Wir betrachten ein Gas, dessen Druck durch die Virialentwicklung

$$PV = nRT \left(1 + \sum_{i=2}^{\infty} B_i(T)\rho^{i-1} \right)$$

gegeben ist. Der Fugazitätskoeffizient dieses Gases kann als

$$\gamma' = \exp \left[c_1(P_A - P_A^\circ) + c_2(P_A^2 - P_A^{\circ 2}) + \ldots \right]$$

dargestellt werden. Zeigen Sie dies, und drücken Sie dabei die Koeffizienten c_1 und c_2 durch die B_i aus. Hinweis: $(1 + x)^{-1} = 1 - x + x^2 - \ldots$ für $-1 < x < 1$.

Lösung:

Wir gehen von Gl. (1.53) aus und berechnen zuerst $V = V(P)$ durch Umkehrung der obigen Virialreihe. D.h. wir setzen die Entwicklung

$$\rho = z + A_2 z^2 + A_3 z^3 + A_4 z^4 + \ldots$$

in

$$z \equiv \frac{P}{k_B T} = \rho + B_2 \rho^2 + B_3 \rho^3 + \ldots$$

---

[7]Henrysches Gesetz: $P_B = K_B x_B^{(l)}$. D.h. der Partialdruck P_B ist proportional dem gelösten Molenbruch $x_B^{(l)} = n_B(l)/n(l)$, wobei K_B die so genannte Henry-Konstante für B (in A) ist.

ein und vergleichen die Koeffizienten. Also

$$z = z + A_2 z^2 + A_3 z^3 + \ldots + B_2 \left(z + A_2 z^2 + \ldots\right)^2 + B_3 \left(z + \ldots\right)^3 + \ldots$$

und damit

$$
\begin{aligned}
A_2 &= -B_2 \\
A_3 &= 2B_2^2 - B_3 \\
&\vdots
\end{aligned}
$$

Das Integral in Gl. (1.53) lautet jetzt

$$
\begin{aligned}
\int_{P^\circ}^{P} V \, dP &= N \int_{P^\circ}^{P} \rho^{-1} dP = nRT \int_{P^\circ}^{P} \frac{dz}{z + A_2 z^2 + A_3 z^3 + \ldots} \\
&= nRT \int_{P^\circ}^{P} \frac{dz}{z} \left(1 - A_2 z + (A_2^2 - A_3) z^2 + \ldots\right) \\
&= nRT \ln \left(\frac{P}{P^\circ} \exp\left[-A_2 (P - P^\circ) + \frac{A_2^2 - A_3}{2} \left(P^2 - P^{\circ 2}\right) + \ldots\right]\right).
\end{aligned}
$$

Damit erhalten wir schließlich

$$\gamma' = \exp\left[B_2 (P - P^\circ) + \frac{B_3 - B_2^2}{2} \left(P^2 - P^{\circ 2}\right) + \ldots\right]. \tag{1.67}$$

Anwendungen von $\mu_A^I = \mu_A^{II}$:

Die Systeme in den folgenden Anwendungsbeispielen sind ideal. Die Verallgemeinerung zu realen Systemen sollte aber klar sein.

• Siedepunktserhöhung – Wir betrachten eine Lösung mit $x_A^{(l)} \gg x_B^{(l)}$ bei konstantem Druck. Umformen der Gl. (1.57) ergibt

$$x_B^{(l)} \approx -\frac{\mu_A(g) - \mu_A^*(l)}{RT} = -\frac{\Delta G_{Verd.,mol}}{RT},$$

wobei $\Delta G_{Verd.,mol}$ eine molare freie Verdampfungsenthalpie ist, bzw.

$$\delta x_B^{(l)} \approx -\delta \frac{\Delta G_{Verd.,mol}}{RT} = \frac{\Delta H_{Verd.,mol}}{RT_{Siede}^2} \delta T.$$

Die letzte Gleichung verwendet die Gibbs-Helmholtz-Gleichung [8], d.h.

$$\delta T \approx \frac{RT_{Siede}^2}{\Delta H_{Verd.,mol}} \delta x_B^{(l)} . \tag{1.69}$$

Dies bedeutet, dass am Siedepunkt T_{Siede} der reinen Substanz A (d.h. $\delta x_B^{(l)} = 0$) die Zugabe einer geringen Stoffmenge $\delta x_B^{(l)}$ den Siedepunkt erhöht, $\delta T = T - T_{Siede} > 0$, weil $\Delta H_{Verd.,mol} > 0$.

• Gefrierpunktserniedrigung – Wir betrachten ein Festkörper mit $x_A^{(l)} \gg x_B^{(l)}$ bei konstantem Druck. Umformen der Gl. (1.57) ergibt jetzt

$$x_B^{(l)} \approx -\frac{\mu_A(f) - \mu_A^*(l)}{RT} = \frac{\Delta G_{Schmelz,mol}}{RT} ,$$

und daher

$$\delta T = T - T_{Schmelz} \approx -\frac{RT_{Schmelz}^2}{\Delta H_{Schmelz,mol}} \delta x_B^{(l)} . \tag{1.70}$$

Hier ist $T_{Schmelz}$ die Schmelztemperatur des reinen Festkörpers, und es gilt $\Delta H_{Schmelz,mol} > 0$.

• Osmotischer Druck – Die Messung des osmotischen Drucks Π ist in Abbildung 1.11 illustriert. Ansatzpunkt ist die Gleichheit der chemischen Potenziale des Lösungsmittels A bei konstanter Temperatur, d.h.

$$\begin{aligned}
\mu_A^*(l;P) &= \mu_A(l;P+\Pi, x_A^{(l)}) \tag{1.71} \\
&= \mu_A^*(l;P+\Pi) + RT \ln x_A^{(l)} \\
&= \mu_A^*(l;P) + \int_P^{P+\Pi} \underbrace{\frac{\partial V^*}{\partial n_A}}_{=V_{A,mol}^*} dP + RT \ln x_A^{(l)} \\
&\overset{V_{A,mol}^* \ \text{unabh. v. P}}{\approx} \mu_A^*(l;P) + V_{A,mol}^* \Pi + RT \ln x_A^{(l)} .
\end{aligned}$$

Mit $V = n_A(l)V_{A,mol}^*$ (Wie kommt man darauf?) ergibt sich die van't Hoffsche Gleichung:

$$\Pi V \approx n_B(l)RT . \tag{1.72}$$

---

[8]Gibbs-Helmholtz-Gleichung: Kombination der Gln. (1.28) und (1.34) ergibt $G = H + T(\partial G/\partial T)_P$ und damit $(\partial[G/T]/\partial T)_P = -H/T^2$ bzw.

$$\left(\frac{\partial(\Delta G/T)}{\partial T}\right)_P = -\frac{\Delta H}{T^2} . \tag{1.68}$$

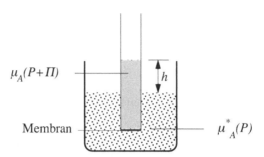

Abbildung 1.11: Schematik zum osmotischen Druck und ein einfaches Messprinzip – Osmotischer Druck Π = Gewichtskraft der Flüssigkeitssäule der Höhe h pro Querschnitt des Rohres. Die Membran ist lediglich für das Lösungsmittel durchlässig, d.h. sie ist semipermeabel. Im Rohr befindet sich somit Lösung, während außerhalb nur das reine Lösungsmittel vorhanden ist.

Die Abbildung 1.12 zeigt den osmotischen Druck einer wässrigen Rohrzuckerlösung (Saccharose) bei 273 K. In dieser besonderen Auftragung ist der Schnittpunkt (der durchgezogenen Linie) mit der y-Achse gleich der inversen Molmasse M_B von Saccharose in kg. Hier erhalten wir $M_B \approx 0.33~kgmol^{-1}$ (tatsächlicher Wert: $M_B \approx 0.34~kgmol^{-1}$). Mithilfe der Osmose lässt sich die mittlere Masse der gelösten Teilchen bestimmen. Die Abweichung vom van't Hoffschen Gesetz tritt auf, wenn die Saccharosemoleküle miteinander wechselwirken. Diese Wechselwirkung haben wir bisher nicht berücksichtigt, d.h. wir verwenden einen Aktivitätskoeffizienten von Eins. Eine Konzentration von 100 g/l entspricht aber einem mittleren Molekülabstand von ca. 18 Å; bei 200 g/l sind es noch ca. 14 Å. Saccharose selbst hat eine Ausdehnung von ca. 8-10 Å. D.h. die Abweichung ist nicht verwunderlich. Ähnlich wie wir es schon bei Gasen gesehen haben, lässt sich die Konzentrationsabhängigkeit des osmotischen Drucks als Virialentwicklung ausdrücken. Der erste Koeffizient dieser Entwicklung liefert beispielsweise Informationen bzgl. des molekularen Volumens des gelösten Stoffes in Lösung.

• Löslichkeit – Die Lösung von B in A soll gesättigt sein. Es gilt daher

$$\mu_B^*(f) = \mu_B(l) = \mu_B^*(l) + RT \ln x_B^{(l)}~. \tag{1.73}$$

D.h.

$$\ln x_B^{(l)} = -\frac{\mu_B^*(l) - \mu_B^*(f)}{RT}$$

$$\overset{\text{Gibbs-Helmholtz}}{\approx} -\frac{\Delta H_{Schmelz,mol}}{R}\left(\frac{1}{T} - \frac{1}{T_{Schmelz}}\right)~. \tag{1.74}$$

$x_B^{(l)}$ ist der gelöste Molenbruch der Substanz B im Gleichgewicht mit ihrem Festkörper (f).

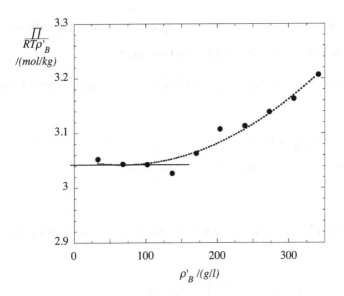

Abbildung 1.12: Osmotischer Druck einer wässrigen Rohrzuckerlösung bei 273 K. Man beachte $n_B/V = \rho'_B/M_B$, wobei M_B die Molmasse des gelösten Stoffes und ρ'_B seine (Massen-)Dichte sind. Die durchgezogene Linie entspricht einer Anpassung nach van't Hoff, während die gestrichelte Linie eine Anpassung durch ein Polynom darstellt.

• Nernstscher Verteilungssatz – Wir betrachten das Verteilungsgleichgewicht eines Stoffes B in zwei nur wenig mischbaren Lösungsmitteln A und C (etwa Benzin und Wasser). Es gilt wieder

$$\mu_B(l_A) = \mu_B(l_C) = \mu_B(g) \overset{(1.56)}{=} \mu_B^\circ(g) + RT \ln \frac{P_B}{P_B^\circ} \ . \tag{1.75}$$

Nach dem Gesetz von Henry ist $P_B = K_B(A)x_B^{(l)}(A) = K_B(C)x_B^{(l)}(C)$ und daher

$$\frac{x_B^{(l)}(A)}{x_B^{(l)}(C)} = \frac{K_B(C)}{K_B(A)} = \text{konstant} \tag{1.76}$$

für T und P konstant. Dies ist ein spezieller Fall des Nernstschen Verteilungssatzes.

Aufgabe 8:   Korrekturen zur van't Hoffschen Gleichung

In einer Referenz [9] stieß ich auf folgende Gleichung für den osmotischen Druck einer realen Lösung:

$$RT \ln a_A^{(l)} = -\Pi V_{A,mol}^* + \Pi^2 V_{A,mol}^* \kappa_T \ .$$

Wie kommt der Autor auf diese Gleichung, und ist sie korrekt?

Lösung:

Wir nehmen hier an, dass $V_{A,mol}^*$ nicht unabhängig vom Druck ist, sondern der linearen Entwicklung

$$V_{A,mol}^*(P) = V_{A,mol}^*(P_o) + \left(\frac{\partial V_{A,mol}^*(P)}{\partial P} \right)_{P=P_o} (P - P_o)$$

genügt, wobei P_o irgendein geeigneter Referenzdruck ist. Die Ableitung kann umgeschrieben werden gemäß

$$\frac{\partial V_{A,mol}^*(P)}{\partial P} = \frac{\partial}{\partial P} \frac{\partial V_A^*(P)}{\partial n_A} = \frac{\partial}{\partial n_A} \frac{\partial V_A^*(P)}{\partial P} = -\kappa_T V_{A,mol}^* \ .$$

κ_T ist hier die Kompressibilität des reinen Lösungsmittels. Integration von

$$V_{A,mol}^*(P) = V_{A,mol}^*(P_o) - \kappa_T(P_o) V_{A,mol}^*(P_o)(P - P_o)$$

liefert

$$
\begin{aligned}
\int_P^{P+\Pi} dP \ & \left[V_{A,mol}^*(P_o) - \kappa_T(P_o) V_{A,mol}^*(P_o)(P - P_o) \right] \\
= \ & V_{A,mol}^*(P_o)\Pi - \kappa_T(P_o) V_{A,mol}^*(P_o) \left[\Pi P + \frac{1}{2}\Pi^2 - P_o \Pi \right] \\
\overset{P_o=P}{=} \ & V_{A,mol}^*(P)\Pi - \frac{1}{2}\kappa_T(P) V_{A,mol}^*(P)\Pi^2
\end{aligned}
$$

und somit

$$RT \ln a_A^{(l)} = -\Pi V_{A,mol}^*(P) + \frac{1}{2}\Pi^2 V_{A,mol}^*(P)\kappa_T(P) \ .$$

---

[9] K. Kubo (1981) *Thermodynamic properties of Poly(γ-benzyl-L-glutamate) solutions over the entire concentration range*. Molecular Crystals Liquid Crystals **74**, 71

Bis auf den Faktor 1/2 können wir so das Ergebnis aus der Literatur nachvollziehen. Zu beachten ist allerdings, dass für Flüssigkeiten die Kompressibilität klein ist (ca. einige $10^{-5}\ bar^{-1}$), sodass in solchen Fällen diese Korrektur bei osmotischen Drücken der Größenordnung 10 *bar* keine Rolle spielt. In Abbildung 1.12 entspricht die höchste Konzentration ca. 25 *bar*.

Massenwirkungsgesetz:

Wir betrachten die folgende mathematische Form einer chemischen Reaktionsgleichung:

$$\sum_j \nu_j S_j = 0 \ .$$

Dabei läuft j über alle beteiligten Edukte und Produkte S_j mit den stöchiometrischen Koeffizienten ν_j (positiv für Produkte; negativ für Edukte). Im Gleichgewicht gilt

$$0 = dG = \sum_j \nu_j \mu_j d\xi \ .$$

$\nu_j d\xi$ ist die jeweilige umgesetzte differenzielle Stoffmenge. Mit Gl. (1.66) für die chemischen Potenziale folgt unmittelbar

$$\Delta_r G \equiv \sum_j \nu_j \left(\bar{\mu}_j + RT \ln a_j \right) = \Delta_r \bar{G} + RT \ln \prod_j a_j^{\nu_j} = 0$$

bzw. das Massenwirkungsgesetz

$$\prod_j a_j^{\nu_j} = \exp\left[-\frac{\Delta_r \bar{G}(T,P)}{RT} \right] \equiv K \ . \tag{1.77}$$

K ist hier die Gleichgewichtskonstante und

$$\Delta_r \bar{G}(T,P) = \bar{G}_{r,Produkte}(T,P) - \bar{G}_{r,Edukte}(T,P) \ .$$

Aufgabe 9:   Mizellenbildung und *CMC*

Die Wirkung von Seifen beruht auf ihrer amphiphilen Molekularstruktur. D.h. ein Teil eines Seifenmoleküls ist sehr gut wasserlöslich (durch polare Gruppen). Der andere Teil löst sich gut in Schmutz bzw. Fett (durch unpolare Gruppen bzw. Kohlenwasserstoffketten). Insgesamt bilden Seifen oder Tenside auf diese Weise eine vermittelnde Grenzschicht zwischen diesen

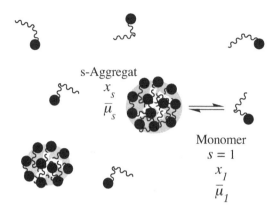

Abbildung 1.13: Gleichgewicht zwischen Monomeren und mizellaren Aggregaten in Lösung. Monomere bestehen aus polaren Köpfen und unpolaren Schwänzen. Die Köpfe liegen an der Aggregatoberfläche zum Wasser hin und verbergen so die wesentlich weniger wasserlöslichen Schwänze. Hier bedeutet s die so genannte Aggregationszahl; x_1 ist der Molenbruch der freien Monomere; x_s ist der Molenbruch derjenigen Monomere, die in Aggregaten der Größe s gebunden sind.

normalerweise nicht mischbaren Komponenten. Hat man nur Tenside in wässriger Lösung ohne Schmutz, so passiert Folgendes: Bei sehr niedrigen Tensidkonzentrationen liegen die Tensidmoleküle einzeln gelöst vor. Bei Erreichen einer in der Regel sehr scharfen Schwellenkonzentration, der *CMC* (*critical micelle concentration*), bilden sich dagegen Aggregate, in deren Inneren die Tensidmoleküle ihre wasserabweisenden Kohlenwasserstoffketten verbergen können (vgl. Abbildung 1.13).

(a)   Betrachten Sie die Bildung einer Mizelle als „chemisches Reaktionsgleichgewicht" und verwenden Sie die Reaktionsgleichung $sM \rightleftharpoons A_s$, wobei $M = A_1$ für Monomer steht und A_s für s-Aggregat bzw. s-Mizelle (Welche Approximation machen Sie hier?). Mit der Annahme $a_1 \approx x_1$ bzw. $a_s \approx x_s/s$ (Warum ist dies gerechtfertigt und warum $a_s \approx x_s/s$ und nicht $a_s \approx x_s$ für $s > 1$?) zeigen Sie, dass

$$x_s = s \left(x_1 e^\alpha \right)^s \qquad\qquad (1.78)$$

gilt. Wofür steht α, und welche physikalische Bedeutung hat es?

In der Regel existiert eine minimale Aggregatgröße $s_{min} = m$, unterhalb der es keine Aggregate gibt (Warum sollte es so ein m geben?). Im Rest dieses Aufgabenteils jedoch betrachten wir keine gewöhnlichen Mizellen, sondern linearer Aggregate oder auch „Gleichgewichtspolymere" [10]. Deren Monomere haben in der Regel Scheibenform, sodass schon der Kontakt von nur zwei Monomeren enthalpisch günstig sein kann. Für diesen Fall, also $m = 2$, berechnen Sie die mittlere Aggregationszahl $\langle s \rangle$ sowie die mittlere Aggregatmasse M_A (Monomermasse = 1). Gehen Sie dabei davon aus, dass $s\alpha$ proportional zur Zahl der Monomer-

---

[10](Engl.: *equilibrium polymer*) Der Begriff Polymer wird in Kapitel 8 eingeführt.

Monomer-Kontakte im Aggregat ist, d.h. $\alpha = \alpha_o(T)(s-1)/s$. Schließen Sie die Monomere bei den Mittelwertbildungen mit ein.

(b)   Es sei x der Monomergesamtmolenbruch gegeben durch $x = x_1 + \sum_{s=m}^{\infty} x_s$ (Welche physikalische Bedeutung hat die Größe $\sum_{s=m}^{\infty} x_s$?). Tragen Sie x_1 und $\sum_{s=m}^{\infty} x_s$ als Funktionen von x auf: (i) für $\alpha = 1$ und $m = 5$; (ii) für $\alpha = 1$ und $m = 50$; (iii) für $\alpha = 4$ und $m = 50$. D.h. hier wird eine eventuelle s-Abhängigkeit von α vernachlässigt. Diskutieren Sie das Resultat. Begründen Sie außerdem, warum

$$x^{CMC} \approx e^{-\alpha} \tag{1.79}$$

eine gute Näherung für die *CMC* (ausgedrückt als Molenbruch x_{CMC}) bei großen m ist. Unter der Annahme, dass α extensiv bezüglich der Zahl n der CH_2-Einheiten im Schwanzteil des amphiphilen Moleküls $SO_4^- Na^+ - C_nH_{2n+1}$ ist, bestimmen Sie α/n aus der Auftragung folgender experimentell bestimmter *CMCs*: $130\ mM$ bei $n = 8$; $33.2\ mM$ bei $n = 10$; $8.1\ mM$ bei $n = 12$ und $2.0\ mM$ bei $n = 14$.

(c)   Skizzieren Sie den osmotischen Druck einer Tensidlösung als Funktion der Tensidkonzentration basierend auf der hier entwickelten Modellvorstellung.

Lösung:

(a)   Nach dem Massenwirkungsgesetz gilt

$$\frac{a_s}{a_1^s} = \exp\left[-\frac{\Delta_r \bar{G}(T,P)}{RT}\right] = (e^\alpha)^s$$

mit $-\alpha \equiv \Delta_r \bar{G}(T,P)/(sRT)$. $-\alpha$ ist somit die freie Mizellbildungsenthalpie pro Monomer. Dies setzt voraus, dass die Gesamtreaktion,

alle Monomere $\rightleftharpoons$ alle Aggregate + freie Monomere ,

in unabhängige Teilreaktionen zerfällt. Bei niedrigen Konzentrationen gilt ferner $a_1 \approx x_1$ bzw. $a_s \approx x_s/s$, womit sofort die gewünschte Gl. (1.78) folgt. Es gilt $a_s \approx x_s/s$ und nicht $a_s \approx x_s$, da sich a_s auf die s-Mizellen bzw. deren Molenbruch und nicht (!) auf den Monomermolenbruch x_s bezieht.

    Für die mittlere Aggregationszahl gilt

$$\langle s \rangle = \frac{\sum_{s=1}^{\infty} s x_s}{\sum_{s=1}^{\infty} x_s} = \frac{\sum_{s=1}^{\infty} s^2 \beta^s}{\sum_{s=1}^{\infty} s \beta^s}$$

mit $\beta = x_1 e^{\alpha_o}$. Mit dem Trick $\sum_{s=1}^{\infty} s\beta^s = (\beta d/d\beta)\sum_{s=1}^{\infty} \beta^s$ lassen sich die Summen in gewöhnliche geometrische Reihen vereinfachen. Es gilt dann

$$\langle s \rangle = \frac{1 + \beta}{1 - \beta} \, .$$

Bei normalen Kopf-Schwanz-Amphiphilen ist die Annahme einer minimalen Aggregations-zahl sinnvoll, da bei zu kleinen s keine geschlossene Mizellenoberfläche aufgebaut werden kann. Solche offenen Aggregate sind wesentlich weniger stabil. Aber hier, wie schon gesagt, bedingt die molekulare Scheibenform der Monomere ein davon abweichendes Aggregations-verhalten. Für die mittlere Aggregatmasse gilt analog

$$M_A = \frac{\sum_{s=1}^{\infty} s x_s / s}{\sum_{s=1}^{\infty} x_s / s} = \frac{\sum_{s=1}^{\infty} s \beta^s}{\sum_{s=1}^{\infty} \beta^s} = \frac{1}{1 - \beta} \, .$$

Man beachte, dass die Masse der Aggregate gemäß x_s / s verteilt ist!

(b)   Die Größe $x_A \equiv \sum_{s=m}^{\infty} x_s$ ist der Monomermolenbruch der in Mizellen aller Größen gebundenen Monomere. Wie eben, aber mit $\beta = x_1 e^{\alpha}$ (!), gilt

$$x_A = \sum_{s=m}^{\infty} x_s = \beta^m \frac{m - (m - 1)\beta}{(1 - \beta)^2} \, .$$

Wir setzen dies in $x = x_1 + x_A$ ein und lösen numerisch nach x_1 bei gegebenen x, α und m. Ein entsprechendes *Mathematica*-Beispiel [11] ist in Abbildung 1.14 zu sehen - zusammen mit den verlangten Auftragungen.

Wir hatten gesehen, dass $x_A \propto \beta^m = (x_1 e^{\alpha})^m$. Für kleine x gilt $x_1 \propto x$, wobei wir die Konstanz von α annehmen. D.h. mit zunehmendem x wächst x_1 und damit β zunächst an. Gleichzeitig gilt $x_A \approx 0$. Dies folgt aus $x_A < x \le 1$, denn damit muss auch $\beta < 1$ gelten und somit ist $\beta^m \ll 1$ für große m. Sobald aber $\beta \ge 1$ wäre, würde x_A unphysikalisch divergieren. D.h. $x_1 \approx e^{-\alpha}$ ist ein Schwellenwert, jenseits dessen zusätzliche Monomere nicht frei sein können – die *CMC* ist erreicht.

Die Abbildung 1.15 zeigt die Auftragung der experimentellen Daten aus Referenz [15]. Hier gilt $CMC \propto x_{CMC}$ und damit $\ln CMC = -(\alpha / n)n +$ Konstante. Die gute Anpassung bestätigt unser bisheriges Modell der Mizellenbildung. Der positive Wert von α / n (negatives $\Delta_r \bar{G}$) zeigt zudem an, dass die CH_2-Einheiten sich innerhalb der Mizelle wohler fühlen als außerhalb.

(c)   Nach der van't Hoffschen Gleichung (Gl. (1.72)) ist der osmotische Druck bei niedrigen Konzentrationen proportional zum Molenbruch des gelösten Stoffes. D.h. er wird proportional zur Tensidkonzentration ansteigen. Jenseits der *CMC* erhöht sich zwar weiterhin die Konzen-tration, aber gemäß unserem Modell bleibt die Zahl der freien Monomere konstant, und es bilden sich stattdessen Aggregate. Dies bedeutet, die relevante Teilchenzahl, und dies sind insbesondere die freien Monomere und nur zu einem geringeren Teil die vergleichsweise we-nigen Aggregate, bleibt jenseits der *CMC* fast konstant – und damit auch der osmotische Druck (vgl. Abbildung 1.16).

---

[11] Ich verwende die Version 4 des algebraischen Computerprogramms *Mathematica* (www.wolfram.com).

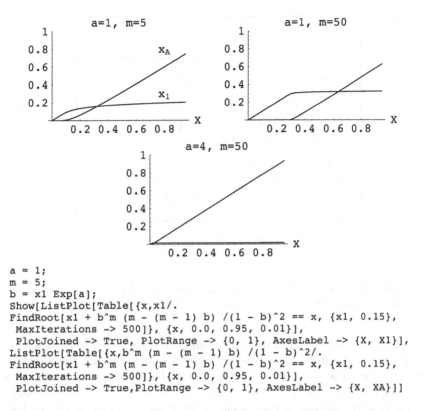

```
a = 1;
m = 5;
b = x1 Exp[a];
Show[ListPlot[Table[{x,x1/.
FindRoot[x1 + b^m (m - (m - 1) b) /(1 - b)^2 == x, {x1, 0.15},
  MaxIterations -> 500]}, {x, 0.0, 0.95, 0.01}],
  PlotJoined -> True, PlotRange -> {0, 1}, AxesLabel -> {X, X1}],
ListPlot[Table[{x,b^m (m - (m - 1) b) /(1 - b)^2/.
FindRoot[x1 + b^m (m - (m - 1) b) /(1 - b)^2 == x, {x1, 0.15},
  MaxIterations -> 500]}, {x, 0.0, 0.95, 0.01}],
  PlotJoined -> True,PlotRange -> {0, 1}, AxesLabel -> {X, XA}]]
```

Abbildung 1.14: Oben: Auftragung von x_1 und x_A gegen x. Man beachte: Mit zunehmendem m wird die *CMC* schärfer. Für $m \leq 5$ dagegen kann man kaum von einer *CMC* sprechen. Typische m-Werte realer Mizellen liegen bei ca. 50 bis 70. Nach der *CMC* bleibt x_1 fast konstant. D.h. zusätzliche Monomere bilden dort fast nur Mizellen. Mit zunehmendem α (hier a) wird die *CMC* stark zu kleineren Konzentrationen hin verschoben. Unten: *Mathematica*-Programm zur Erzeugung der Auftragungen.

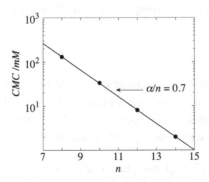

Abbildung 1.15: Experimentelle Daten für die *CMC* von $SO_4^- Na^+ - C_n H_{2n+1}$ vs. n aus Referenz [15].

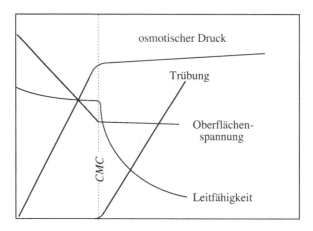

Monomerkonzentration

Abbildung 1.16: Messung der *CMC* mit verschiedenen Methoden. Der Kurvenverlauf reflektiert die Sensibilität der experimentellen Methoden bzgl. der freien Monomere bzw. Aggregate.

Hier endet die Aufgabe – nicht jedoch die Mizellen-Geschichte. Einerseits fehlt uns ein mikroskopisches Modell der Größe α basierend auf der Molekularstruktur des Monomers und des Wassers, denn wir wissen noch fast nichts über die Form und das Wachstum der Mizellen. Einiges dazu findet man in den Referenzen [15] und [16]. Andererseits wechselwirken die jenseits der *CMC* gebildeten Mizellen und bilden je nach Monomerarchitektur komplexe Strukturen und Phasen. Diese sind immer noch Gegenstand der aktuellen Forschung.

Phasenkoexistenz:	12

• Gibbsche Phasenregel – Frage: Welches ist die Zahl Z der frei wählbaren Freiheitsgrade $(P, T, x_i, ...)$, wenn π Phasen, die K Komponenten enthalten, koexistieren? Antwort:

$$Z = K - \pi + 2 \ . \tag{1.80}$$

Begründung: (a) Das System hat insgesamt $\pi(K-1)+2$ Variablen. D.h. die unabhängigen $K-1$ Molenbrüche plus T plus P. (b) Gleichheit der chemischen Potenziale $\mu_i^{Phase1} = \mu_i^{Phase2} = ... = \mu_i^{Phase\pi}$ ergibt $(\pi - 1)$ Gleichungen für jede der $i = 1, .., K$ Komponenten – also insgesamt $(\pi - 1)K$ Gleichungen. Die Differenz ergibt die Phasenregel.

Beispiel: Die Abbildung 1.17 zeigt das schematische Phasendiagramm eines Systems, bestehend aus nur einer Komponente ($K = 1$) als Projektionen auf die *P-T*- und *P-V*-Ebenen. Am

---

[12] Wir werden Phasenübergänge noch im Detail in einem separaten Kapitel besprechen.

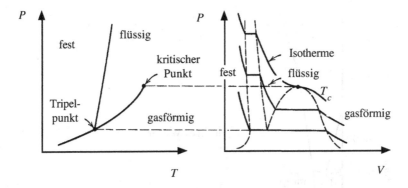

Abbildung 1.17: *P-T-* und *P-V*-Projektionen des Phasendiagramms eines Einkomponentensystems.

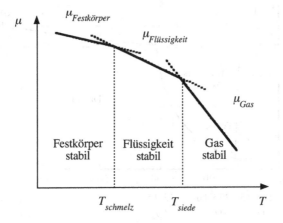

Abbildung 1.18: Temperaturabhängigkeit der chemischen Potenziale der festen, flüssigen und gasförmigen Phase einer Substanz. Stabil ist die Phase mit dem kleinsten chemischen Potenzial.

Tripelpunkt beispielsweise ist $\pi = 3$ und daher für $K = 1$ die Zahl der frei wählbaren Freiheitsgrade $Z = 0$. Der Tripelpunkt ist also ein sehr spezieller Punkt, der nicht durch äußere Einflüsse verschoben werden kann. Anders ist dies ober- oder unterhalb des Tripelpunktes. Dort gilt $Z = 1$, und daher kann der Phasenübergang durch die Wahl von T oder P beeinflusst werden. Stabil ist die Phase mit der jeweils minimalen freien Enthalpie (vgl. Abbildung 1.18). Abbildung 1.19 illustriert außerdem, dass selbst vermeintlich einfache Substanzen komplexe Phasendiagramme haben können.

• Clapeyronsche Gleichung – In einem Punkt auf einer Linie des *P-T*-Phasendiagramms in Abbildung 1.17 gilt $\mu^I = \mu^{II}$. Analog gilt für eine Variation entlang einer Phasengrenzlinie $d\mu^I = d\mu^{II}$. Mit Gl. (1.34) heißt dies

$$-S_{mol}^I dT + V_{mol}^I dP = -S_{mol}^{II} dT + V_{mol}^{II} dP \ .$$

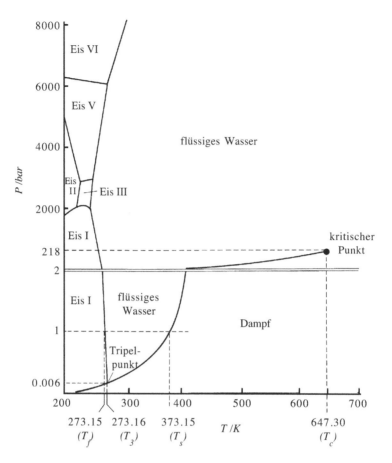

Abbildung 1.19: Phasendiagramm von Wasser mit verschiedenen festen Phasen (aus Referenz [1]). Bei 2 bar ändert sich die Skala!

Auflösen ergibt die Clapeyronsche Gleichung

$$\frac{dP}{dT} = \frac{S^{II} - S^{I}}{V^{II} - V^{I}} = \frac{\Delta H_{I \to II}}{T_{I \to II} \Delta V_{I \to II}} \ . \tag{1.81}$$

• Phasenübergänge 1. und 2. Ordnung – Die Abbildung 1.20 zeigt ein Klassifikationsschema der Phasenübergänge 1. und 2. Ordnung. Bei Phasenübergängen erster Ordnung ändern sich bestimmte thermodynamische Größen sprunghaft, z.B. das Volumen, die Enthalpie oder die Entropie. Kontinuierliche Phasenübergänge, man spricht auch von Phasenübergängen zweiter Ordnung, zeigen kein diskontinuierliches Verhalten in den gleichen Größen [13].

---

[13]Zur Klassifikation von Phasenübergängen siehe auch J. J. Binney, N. J. Dowrick, A. J. Fischer, and M. E. J. Newman (1993) *The Theory of Critical Phenomena*. Oxford.

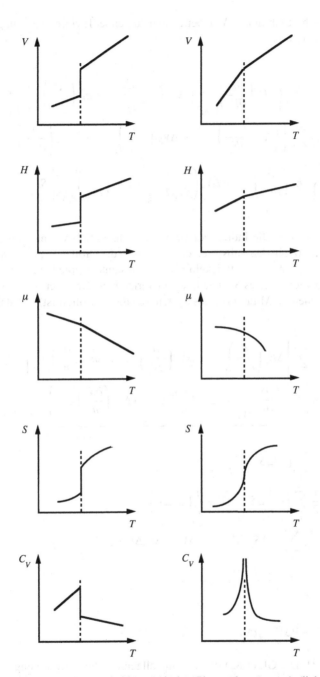

Abbildung 1.20: Schematische Unterscheidung zwischen Phasenübergängen 1. (links) und 2. Ordnung (rechts) in der Nähe des Übergangs (gestrichelte Linie).

• Thermodynamische Stabilität – Wir betrachten folgende Taylorentwicklung der Entropie eines isolierten Systems:

$$
\begin{aligned}
S \;=\;& S^o + \sum_\nu \left\{ \Delta E_\nu \left(\frac{\partial}{\partial E_\nu}\right)^o_{V_\nu,n_\nu} + \Delta V_\nu \left(\frac{\partial}{\partial V_\nu}\right)^o_{E_\nu,n_\nu} + \Delta n_\nu \left(\frac{\partial}{\partial n_\nu}\right)^o_{E_\nu,V_\nu} \right\} S \\
&+ \frac{1}{2} \sum_{\nu',\nu} \left\{ \left(\Delta E_{\nu'} \frac{\partial}{\partial E_{\nu'}}\right)^o_{V_{\nu'},n_{\nu'}} + \Delta V_{\nu'}\left(\frac{\partial}{\partial V_{\nu'}}\right)^o_{E_{\nu'},n_{\nu'}} + \Delta n_{\nu'}\left(\frac{\partial}{\partial n_{\nu'}}\right)^o_{E_{\nu'},V_{\nu'}} \right\} \\
&\times \left\{ \Delta E_\nu \left(\frac{\partial}{\partial E_\nu}\right)^o_{V_\nu,n_\nu} + \Delta V_\nu \left(\frac{\partial}{\partial V_\nu}\right)^o_{E_\nu,n_\nu} + \Delta n_\nu \left(\frac{\partial}{\partial n_\nu}\right)^o_{E_\nu,V_\nu} \right\} S
\end{aligned}
$$

mit $S = \sum_\nu S_\nu(E_\nu, V_\nu, n_\nu)$. Die Indizes ν bzw. ν' bezeichnen Subsysteme, aus denen sich das System zusammensetzt. In den Subsystemen schwanken die Größen E_ν, V_ν, n_ν um ihre Gleichgewichtswerte $E^o_\nu, V^o_\nu, n^o_\nu$. Wir entwickeln also die Gesamtentropie bis zur zweiten Ordnung bzgl. des Gleichgewichtswertes S^o. Die linearen Terme bzw. Kreuzterme verschiedener Subsysteme verschwinden im Mittel über das System (da dieses isoliert ist) und daher folgt

$$
\begin{aligned}
\Delta S \;=\;& \frac{1}{2}\sum_\nu \left[\Delta E_\nu \left(\frac{\partial}{\partial E_\nu}\right)^o_{V_\nu,n_\nu} + \Delta V_\nu \left(\frac{\partial}{\partial V_\nu}\right)^o_{E_\nu,n_\nu} + \Delta n_\nu \left(\frac{\partial}{\partial n_\nu}\right)^o_{E_\nu,V_\nu} \right] \\
&\times \Big\{ \Delta E_\nu \underbrace{\left(\frac{\partial S_\nu}{\partial E_\nu}\right)^o_{V_\nu,n_\nu}}_{1/T} + \Delta V_\nu \underbrace{\left(\frac{\partial S_\nu}{\partial V_\nu}\right)^o_{E_\nu,n_\nu}}_{P/T} + \Delta n_\nu \underbrace{\left(\frac{\partial S_\nu}{\partial n_\nu}\right)^o_{E_\nu,V_\nu}}_{-\mu/T} \Big\} \\
=\;& \frac{1}{2}\sum_\nu [\dots] \Delta S_\nu \\
=\;& \frac{1}{2}\sum_\nu \left(-\frac{1}{T}\Delta S_\nu [\dots] T + \frac{1}{T}[\dots]\Delta S_\nu \right) \\
=\;& \frac{1}{2T}\sum_\nu \left(-\Delta S_\nu \Delta T_\nu + \Delta P_\nu \Delta V_\nu - \Delta \mu_\nu \Delta n_\nu \right)\,,
\end{aligned}
\tag{1.82}
$$

wobei wir

$$
T\Delta S = \Delta E + P\Delta V - \mu \Delta n
\tag{1.83}
$$

verwendet haben [14]. Die Gl. (1.82) drückt ganz allgemein die Schwankung von S durch die Schwankungen in den Subsystemen aus. Wir wählen jetzt die Variablen T, V und n und schreiben

---

[14]Dies folgt aus der Kombination von Gl. (1.27) mit Gl. (1.43).

$$
\begin{aligned}
(\ldots) = \ & - \left[\left(\frac{\partial S_v}{\partial T_v}\right)^o_{V_v,n_v} \Delta T_v + \left(\frac{\partial S_v}{\partial V_v}\right)^o_{T_v,n_v} \Delta V_v + \left(\frac{\partial S_v}{\partial n_v}\right)^o_{T_v,V_v} \Delta n_v \right] \Delta T_v \\
& + \left[\left(\frac{\partial P_v}{\partial T_v}\right)^o_{V_v,n_v} \Delta T_v + \left(\frac{\partial P_v}{\partial V_v}\right)^o_{T_v,n_v} \Delta V_v + \left(\frac{\partial P_v}{\partial n_v}\right)^o_{T_v,V_v} \Delta n_v \right] \Delta V_v \\
& - \left[\left(\frac{\partial \mu_v}{\partial T_v}\right)^o_{V_v,n_v} \Delta T_v + \left(\frac{\partial \mu_v}{\partial V_v}\right)^o_{T_v,n_v} \Delta V_v + \left(\frac{\partial \mu_v}{\partial n_v}\right)^o_{T_v,V_v} \Delta n_v \right] \Delta n_v \\
= \ & + \left[-\frac{C_V}{T}\Delta T_v - \left(\frac{\partial P_v}{\partial T_v}\right)^o_{V_v,n_v} \Delta V_v + \left(\frac{\partial \mu_v}{\partial T_v}\right)^o_{V_v,n_v} \Delta n_v \right] \Delta T_v \\
& + \left[\left(\frac{\partial P_v}{\partial T_v}\right)^o_{V_v,n_v} \Delta T_v - \frac{1}{V^o \kappa_T^o}\Delta V_v - \left(\frac{\partial \mu_v}{\partial V_v}\right)^o_{T_v,n_v} \Delta n_v \right] \Delta V_v \\
& + \left[-\left(\frac{\partial \mu_v}{\partial T_v}\right)^o_{V_v,n_v} \Delta T_v - \left(\frac{\partial \mu_v}{\partial V_v}\right)^o_{T_v,n_v} \Delta V_v - \left(\frac{\partial \mu_v}{\partial n_v}\right)^o_{T_v,V_v} \Delta n_v \right] \Delta n_v \\
= \ & - \frac{C_V}{T}\Delta T_v^2 - \frac{1}{V\kappa_T}\Delta V_v^2 - \left(\frac{\partial \mu_v}{\partial n_v}\right)^o_{T_v,V_v} \Delta n_v^2 - 2\left(\frac{\partial \mu_v}{\partial V_v}\right)^o_{T_v,n_v} \Delta n_v \Delta V_v \ ,
\end{aligned}
$$

wobei beim Zusammenfassen der Terme insbesondere die Maxwell-Relationen (Gl. (1.45) bis Gl. (1.48)) nützlich sind. Die letzte Gleichung muss ein letztes Mal umgeformt werden. Dazu verwenden wir

$$
\begin{aligned}
\Delta V_v &= \left(\frac{\partial V_v}{\partial T_v}\right)^o_{P_v,n_v} \Delta T_v + \left(\frac{\partial V_v}{\partial P_v}\right)^o_{T_v,n_v} \Delta P_v + \left(\frac{\partial V_v}{\partial n_v}\right)^o_{T_v,P_v} \Delta n_v \\
&\equiv \Delta V_{n,v} + \left(\frac{\partial V_v}{\partial n_v}\right)^o_{T_v,P_v} \Delta n_v \ .
\end{aligned}
$$

Die Größe $\Delta V_{n,v}$ ist die Volumenschwankung bei konstanter Teilchenzahl. Wiederum mittels der oben genannten Maxwell-Relationen erhalten wir

$$
(\ldots) = -\frac{C_V}{T}\Delta T_v^2 - \frac{1}{V\kappa_T}\Delta V_{n,v}^2 - \left(\frac{\partial \mu_v}{\partial n_v}\right)^o_{T_v,P_v} \Delta n_v^2 \ . \tag{1.84}
$$

Nach dem 2. Hauptsatz muss ΔS aber negativ sein, da sonst das System der Schwankung spontan folgen würde, um seine Entropie zu vergrößern. Aus diesem Grund muss

$$
C_V \geq 0 \qquad \kappa_T \geq 0 \qquad \left(\frac{\partial \mu_v}{\partial n_v}\right)^o_{T_v,P_v} \geq 0 \tag{1.85}
$$

gelten. Man spricht auch von thermischer bzw. mechanischer bzw. chemischer Stabilität. Man beachte, dass daher ebenfalls

$$\left(\frac{\partial^2 G}{\partial T^2}\right)_{P,n} = -\frac{1}{T}C_P \leq 0 \qquad \left(\frac{\partial^2 G}{\partial P^2}\right)_{T,n} = -V\kappa_T \leq 0 \tag{1.86}$$

$$\left(\frac{\partial^2 F}{\partial T^2}\right)_{V,n} = -\frac{1}{T}C_V \leq 0 \qquad \left(\frac{\partial^2 F}{\partial V^2}\right)_{T,n} = \frac{1}{V\kappa_T} \geq 0 \tag{1.87}$$

gelten muss ($0 \leq C_V \leq C_P$!).

Zur Illustration betrachten wir die reduzierte freie Enthalpie einer binären Mischung gegeben durch

$$\begin{aligned} g \;=\; & x_A^{(l)} g_A + (1 - x_A^{(l)})g_B \\ & + x_A^{(l)} \ln x_A^{(l)} + (1 - x_A^{(l)}) \ln(1 - x_A^{(l)}) \\ & + \chi x_A^{(l)}(1 - x_A^{(l)}) . \end{aligned} \tag{1.88}$$

Hier ist $g_A = \mu_A^*(l)/RT$ und $g_B = \mu_B^*(l)/RT$. Die Gleichung ergibt sich aus $g = g_{misch} + g_{WW}$, wobei $g_{misch} \equiv G_{nachher}^{ideal}/(nRT)$ aus Gl. (1.58) stammt, und g_{WW} ist ein einfacher Wechselwirkungsterm [15]. χ ist ein Parameter.

Für kleine χ-Werte erhalten wir qualitativ das in Abbildung 1.21 (links oben) gezeigte Bild. Mischung der beiden Komponenten ist entropisch begünstigt. Wird χ vergrößert, d.h. die Mischung wird enthalpisch ungünstiger, dann erhalten wir jenseits eines kritischen Wertes χ_c qualitativ das rechte obere Bild. In diesem Fall verletzt g in dem Bereich zwischen den hohlen Vierecken die chemische Stabilität. Das System kann dem entgehen, indem es sich entmischt in eine A-reiche und eine A-arme Phase. Die Molenbrüche $x_{A,reich}$ und $x_{A,arm}$ ergeben sich aus der Tangente an g. Diese Tangente ist das kleinste mit der Stabilität konforme g in diesem Bereich. Für Molenbrüche x_A im Bereich der Tangente besteht das System aus zwei koexistierenden Phasen. Der Anteil der A-reichen Phase an der gesamten Stoffmenge ist dabei $(x_A - x_{A,arm})/(x_{A,reich} - x_{A,arm})$. Man beachte, dass die Tangente zwei Bereiche links und rechts der Instabilität überspannt, in denen die chemische Stabilität nicht verletzt ist – man spricht von Metastabilität.

Die Breite der Koexistenzregion, d.h. $x_{A,reich} - x_{A,arm}$, verändert sich mit der Temperatur – in unserem Modell z.B. durch die Temperaturabhängigkeit von χ ($\propto 1/T$). Die jeweiligen Werte $x_{A,arm}(T)$ und $x_{A,reich}(T)$ bilden die Binodale (vgl. Abbildung 1.21 unten rechts). Die Spinodale ist die Kurve für $(\partial^2 g/\partial x_A^2)_{T,P} = 0$. Die Spinodale und die Binodale treffen im kritischen Punkt $(\partial^3 g/\partial x_A^3)_{T,P} = 0$ zusammen.

• Hebelgesetz – Stofftrennung ist eine wichtige Anwendung der unterschiedlichen Anreicherung von Komponenten in den Phasen. Abbildung 1.22 zeigt das T-x_A-Diagramm einer binären Mischung im Gleichgewicht mit ihrem Dampf [16]. Im gezeigten Fall reichert sich die

---

[15] Dies wird eingehender im Kapitel 8 diskutiert.

[16] Diese Situation ist anders als die des eben diskutierten Modells. Dort gibt es keine Koexistenz von Flüssigkeit und Dampf aufgrund der einfachen Annahmen. Lediglich die Mischung bzw. Entmischung des Gesamtsystems tritt auf.

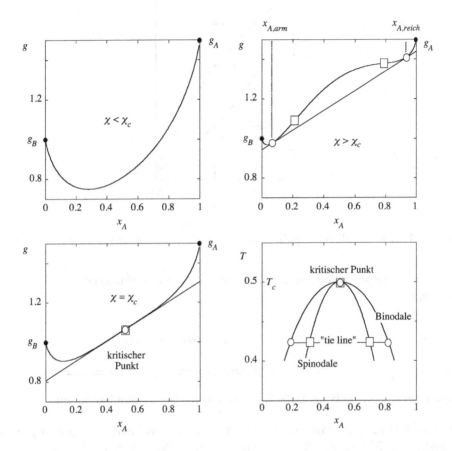

Abbildung 1.21: Schematik der x_A-Abhängigkeit von g für unterschiedliche Werte des Wechselwirkungsparameters χ. Die hier gezeigten Kurven entsprechen den Fällen $\chi = 1$ (oben links), $\chi = 2$ (unten links) und $\chi = 3$ (oben rechts) gemäß Gl. (1.88) mit $g_A = 1.5$ und $g_B = 1.0$. Unten rechts: Entsprechendes T-x_A-Phasendiagramm einer binären Mischung (hier für $T = 1/\chi$). Die *tie line* (dt.: Verbindungslinie) ist die waagerechte Verbindung der Phasengrenzen.

Komponente A im Dampf gegenüber der Flüssigkeit an. Man kann diesen A-reichen Dampf kondensieren und den Prozess wiederholen, um mehr und mehr A aus dem System zu gewinnen (Destillation).

Aus Abbildung 1.22 kann man das so genannte Hebelgesetz entnehmen:

$$\frac{x_A^{(g)} - x_A}{x_A - x_A^{(l)}} = \frac{n(l)}{n(g)} \ . \tag{1.89}$$

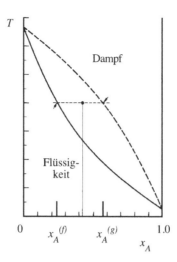

Abbildung 1.22: Binäre Mischung im Gleichgewicht mit ihrem Dampf. Illustration zum Hebelgesetz.

Beweis: Das Hebelgesetz folgt aus $n = n(l) + n(g)$ und der Kombination der offensichtlichen Gleichungen

$$nx_A = n(l)x_A^{(l)} + n(g)x_A^{(g)} \qquad \text{bzw.} \qquad nx_A = n(l)x_A + n(g)x_A \,.$$

Aufgabe 10:   Thermodynamische Konsistenz einfacher Phasendiagramme

Abbildung 1.23 zeigt drei Phasendiagramme. Es soll sich dabei um einkomponentige Systeme handeln. Die 3 Phasendiagramme sind in insgesamt 3 Punkten mit der Thermodynamik in Konflikt. Finden und diskutieren Sie diese Konflikte.

Lösung:

○ Phasendiagramm 1: Die Abbildung 1.24 diskutiert diesen Fall. Die gestrichelte Linie zeigt die Fortsetzung der Stabilitätsgrenze vom Festkörper zum Gas. Durchquert man entlang dem gezeigten Pfeil das Phasendiagramm, so gelangt man beispielsweise vom stabilen Festkörper über die stabile Flüssigkeit zum stabilen Gas – und durchquert ein Gebiet im Gas, wo dieses gegenüber dem Festkörper instabil ist! Fazit – Verlängerungen der Phasengrenzlinien müssen immer in ein drittes Phasengebiet hineinlaufen, wie dies korrekt in Bild 3 der Fall ist.

Der in Bild 1 dargestellte zweite kritische Punkt (fest-flüssig) wird nicht gesehen, thermodynamisch unmöglich ist er jedoch nicht!

○ Phasendiagramm 2: Die experimentelle Bestimmung von Phasendiagrammen ist meistens aufwendig. In solchen Fällen werden X-Y-Phasendiagramme aufgrund von punktuellen Beobachtungen bestimmt und mithilfe der Thermodynamik ergänzt. Wäre beispielsweise das

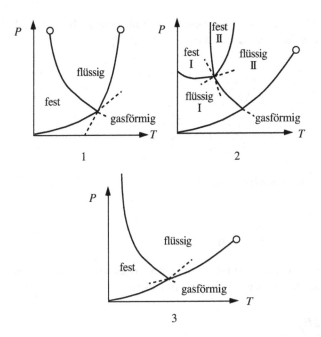

Abbildung 1.23: Bei den durchgezogenen Linien soll es sich um Phasenübergänge 1. Ordnung handeln. Fortsetzungen dieser Linien sind gestrichelt gezeichnet. Offene Kreise markieren kritische Punkte.

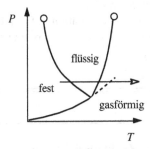

Abbildung 1.24: Skizze zur thermodynamischen Inkonsistenz von Phasendiagramm 1.

eben diskutierte Phasendiagramm 1 so ein experimentell bestimmtes Phasendiagramm, dann würde die Neigung der flüssig-gasförmig-Linie, falls man sich ihrer sicher ist, auf eine weitere Phase zwischen Flüssigkeit und dem Gas hinweisen, die übersehen wurde. Diese kann aber nicht direkt im Tripelpunkt ansetzen, da sonst die Phasenregel verletzt ist. Genau dies ist aber in dem 4-Phasen-Punkt des Phasendiagramms 2 der Fall!

Es gibt aber noch einen zweiten Fehler. Die Grenzlinie zur Gasphase ändert in dem gezeigten Tripelpunkt ihre Neigung nicht. Dies führt zu einem Konflikt mit der Clapeyronschen

Gleichung.

Im Folgenden soll gelten: g steht für Gas; f_I steht für flüssig I bzw. f_{II} steht für flüssig II. Gemäß der Clapeyronsche Gleichung gilt im Tripelpunkt T_t

$$T_t \frac{dP}{dT} = \frac{\Delta H_{f_I \to f_{II}}}{\Delta V_{f_I \to f_{II}}} = \frac{\Delta H_{g \to f_{II}} - \Delta H_{g \to f_I}}{\Delta V_{g \to f_{II}} - \Delta V_{g \to f_I}}$$

$$= \frac{\Delta H_{g \to f_{II}}}{\Delta V_{g \to f_{II}}} \left(\frac{1 - \frac{\Delta H_{g \to f_I}}{\Delta H_{g \to f_{II}}}}{1 - \frac{\Delta V_{g \to f_I}}{\Delta V_{g \to f_{II}}}} \right) \cdot$$

Das zweite Gleichheitszeichen folgt aus

$$\Delta H_{g \to f_I} + \Delta H_{f_I \to f_{II}} - \Delta H_{g \to f_{II}} = 0$$
$$\Delta V_{g \to f_I} + \Delta V_{f_I \to f_{II}} - \Delta V_{g \to f_{II}} = 0 \; ,$$

entsprechend einer (infinitesimalen) Umrundung des Tripelpunktes. Da sich aber die Steigung der Phasengrenzlinien zum Gas nicht ändert, gilt außerdem

$$\frac{\Delta H_{g \to f_{II}}}{\Delta V_{g \to f_{II}}} = \frac{\Delta H_{g \to f_I}}{\Delta V_{g \to f_I}} \; ,$$

basierend wiederum auf der Clapeyronsche Gleichung, und damit (...) = 1 in der ersten Gleichung. Dies heißt, die Grenzlinie $f_I - f_{II}$ liegt entlang der Grenzlinie $g - f_{II}$. Ein klarer Widerspruch zu dem gezeigten Phasendiagramm.

Man beachte jedoch, dass diese Argumentation auf der Existenz nichtverschwindender ΔH und ΔV basiert. D.h. für einen möglicherweise kontinuierlichen Phasenübergang f_I-f_{II} ergäbe sich kein Widerspruch!

∘ Phasendiagramm 3: ist OK!

Aufgabe 11:   Die van der Waals-Zustandsgleichung

Die van der Waals- bzw. vdW-Zustandsgleichung hat die Form

$$P = \frac{Nk_B T}{V - Nb} - \frac{a}{V^2} \; . \tag{1.90}$$

Die Größen b und a sind Materialkonstanten. b ist das effektive Volumen eines Gasteilchens. D.h. $V - Nb$ beschreibt die Reduktion des zugänglichen Volumens aufgrund des Eigenvolumens des Gases. Der letzte Term dagegen beschreibt attraktive Paarwechselwirkungen zwischen den Gasteilchen. Für $a = b = 0$ geht die vdW-Gl. in das Ideale-Gas-Gesetz über. Diese

Ingredienzien machen die vdW-Gl. auch heute noch zu einem brauchbaren Kompromiss zwischen Einfachheit und qualitativ (weitgehend) korrekter Beschreibung des Phasenverhaltens von Gasen und Flüssigkeiten [17].

(a)   Lokalisieren Sie den kritischen Punkt, d.h. P_c, T_c und V_c, der vdW-Gl. Anschließend drücken Sie die vdW-Gl. in den reduzierten Einheiten $p = P/P_c$, $t = T/T_c$ und $v = V/V_c$ aus. Die resultierende universelle vdW-Gl. hängt nicht mehr von b und a ab. Stellen Sie die universellen Isothermen für $t = 0.9, 1.0$ und 1.1 graphisch dar. Vermeiden Sie dabei die kleinen Volumina, bei denen die universelle vdW-Gl. offensichtlich unsinnig ist ($V < Nb$) oder der attraktive Term, der auf Zweiteilchenwechselwirkungen basiert, nicht mehr sinnvoll sein kann. Eine andere Frage ist jedoch folgende: Die subkritischen Isothermen ($t < 1$) zeigen Bereiche, in denen p bei zunehmendem v ansteigt. Offensichtlich verletzt dies die mechanische Stabilität in Gl. (1.85). Überlegen Sie, welcher wichtige Effekt, der in der vdW-Gleichung völlig unberücksichtigt bleibt, dieses Artefakt in der Realität verhindert.

(b)   Bestimmen Sie numerisch die gas-flüssig-Koexistenzkurve in der T/T_c-ρ/ρ_c-Ebene der universellen vdW-Gl. Stellen Sie diese zusammen mit den reduzierten experimentellen Daten aus Tabelle 1.3 graphisch dar. Hinweise: Entlang der Koexistenzkurve gilt $p_I = p_{II}$ und $\mu_I = \mu_{II}$, wobei das chemische Potenzial aus der thermodynamischen Beziehung $G = F + PV$ (ergibt sich durch Subtraktion der Gln. (1.27) und (1.28)) mit $P = -(\partial F/\partial V)_T$ berechnet werden kann.

Lösung:

(a)   Am kritischen Punkt gilt

$$\left(\frac{\partial P}{\partial V}\right)_T = \left(\frac{\partial^2 P}{\partial V^2}\right)_T = 0$$

[17]. Aus der vdW-Gl. zusammen mit diesen beiden Gleichungen folgt durch elementare Rechnung:

$$P_c = \frac{1}{27}\frac{a}{(Nb)^2} \qquad RT_c = \frac{8}{27}\frac{a}{Nb} \qquad V_c = 3Nb\,. \tag{1.91}$$

Einsetzen von (1.91) in die vdW-Gl. ergibt die universelle vdW-Gl.

$$p = \frac{8t}{3v - 1} - \frac{3}{v^2} \tag{1.92}$$

(ideales Gas: $p = 8t/3v$). Die drei gewünschten Isothermen der universellen vdW-Gl. zeigt Abbildung 1.25.

---

[17]Vgl. hierzu später die Diskussion in Abschnitt 6.2 – insbesondere in Bezug auf die Gl. (6.11).

Tabelle 1.3: Experimentelle Daten für die bei gegebener Temperatur (T/T_c) koexistierenden Dichten (ρ/ρ_c) des Gases und der Flüssigkeit aus Referenz [18].

ρ/ρ_c^{Ne}	T/T_c^{Ne}	$\rho/\rho_c^{N_2}$	$T/T_c^{N_2}$	$\rho/\rho_c^{CH_4}$	$T/T_c^{CH_4}$	$\rho/\rho_c^{O_2}$	$T/T_c^{O_2}$
0.0119	0.566	0.0028	0.581	0.256	0.907	0.0148	0.593
0.0172	0.611	0.0150	0.619	0.324	0.933	0.0765	0.770
0.0368	0.675	0.0397	0.717	0.356	0.940	0.181	0.861
0.0183	0.847	0.0896	0.789	0.417	0.959	0.303	0.930
0.230	0.875	0.216	0.888	0.619	0.986	0.478	0.971
0.335	0.920	0.371	0.947	0.678	0.997	1.41	0.989
0.492	0.963	0.592	0.987	1.34	0.997	1.58	0.971
1.55	0.961	0.638	0.993	1.42	0.985	1.81	0.929
1.76	0.918	1.38	0.992	1.47	0.978	2.03	0.861
1.92	0.873	1.44	0.987	1.74	0.938	2.27	0.770
2.00	0.845	1.54	0.978	1.77	0.934	2.65	0.592
2.10	0.806	1.71	0.946	2.00	0.870		
2.38	0.672	1.95	0.887				
2.49	0.609	2.22	0.787				
2.52	0.585	2.39	0.716				
2.56	0.566	2.58	0.618				
		2.66	0.580				

ρ/ρ_c^{Xe}	T/T_c^{Xe}	ρ/ρ_c^{Co}	T/T_c^{Co}	ρ/ρ_c^{Kr}	T/T_c^{Kr}
0.05	0.724	0.00978	0.574	0.00753	0.577
0.836	0.775	0.0229	0.646	0.0151	0.605
0.110	0.808	0.0448	0.697	0.0227	0.640
0.148	0.840	0.0761	0.749	0.0303	0.669
0.199	0.874	0.102	0.767	0.0353	0.689
0.267	0.909	0.116	0.798	0.0595	0.733
0.319	0.924	0.269	0.898	0.0953	0.781
0.370	0.942	0.386	0.935	0.131	0.808
0.436	0.961	0.452	0.951	0.192	0.864
0.517	0.975	0.545	0.964	0.246	0.900
0.640	0.987	0.589	0.970	0.289	0.924
0.678	0.992	0.615	0.973	0.415	0.955
0.734	0.996	1.44	0.971	0.459	0.964
1.27	0.995	1.47	0.967	0.534	0.979
1.38	0.988	1.52	0.963	0.594	0.982
1.51	0.976	1.64	0.950	0.720	0.993
1.62	0.959	1.73	0.933	1.45	0.982
1.71	0.941	1.87	0.897	1.60	0.963
1.87	0.907	2.20	0.797	1.67	0.953
1.99	0.875	2.28	0.766	1.89	0.898
2.08	0.838	2.32	0.748	2.02	0.863
2.17	0.806	2.44	0.696	2.16	0.816
2.25	0.773	2.50	0.669	2.24	0.779
2.33	0.738	2.55	0.645	2.35	0.732
2.38	0.724	2.62	0.608	2.44	0.688
		2.68	0.575	2.54	0.640
				2.61	0.602

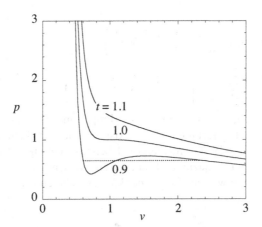

Abbildung 1.25: Isothermen der universellen vdW-Gl. Die gestrichelte Linie entspricht der stabilen subkritischen Isotherme.

Zur Frage: Die vdW-Gl. ist eine so genannte *mean field*-Näherung (dt.: soviel wie mittleres Feld). Beispielsweise ist in der Realität die Dichte eine Funktion des Ortes, d.h. $\rho(\vec{r}) = \rho + \delta\rho(\vec{r})$. Hier ist $\rho = N/V$ die mittlere Dichte, die in der vdW-Theorie verwendet wird, und $\delta\rho(\vec{r})$ beschreibt ortsabhängige Schwankungen, die als vergleichsweise klein betrachtet werden. Die vdW-Gl. beschreibt also ein homogenes Fluid, das insbesondere in der Koexistenzregion nicht in Gas- bzw. Flüssigkeitströpfchen separieren kann. Daher resultiert die so genannte vdW-Schleife (engl.: *vdW-loop*). Insbesondere nahe dem kritischen Punkt wachsen die Fluktuationen aber stark an und beherrschen das Geschehen. Wir werden darauf später noch zurückkommen (Stichwort: kritische Phänomene). Neben den örtlichen Fluktuationen gibt es natürlich auch zeitliche Fluktuationen. Auch die Systemgröße spielt eine Rolle (sind drei Moleküle eine Flüssigkeit – oder zehn – oder erst hundert oder mehr?); insbesondere in Computersimulationen, auf die wir noch zu sprechen kommen, ist der Einfluss der Systemgröße wichtig.

(b) Die Gleichheit der Drücke und der chemischen Potenziale an den gegenüberliegenden Phasengrenzen (hier *I* und *II*) bedingt die beiden Gleichungen

$$\underbrace{p(v_I)}_{p_I} = \underbrace{p(v_{II})}_{p_{II}} \quad \text{und} \quad 0 = -\int_{v_I}^{v_{II}} p\,dv + p_I(v_{II} - v_I)$$

für die Unbekannten v_I und v_{II}. Die letzte Gleichung folgt aus der angegebenen thermodynamischen Beziehung, wobei die freie Energie als Integral über den Druck ausgedrückt wird [18]. Einsetzen der universellen vdW-Gl. ergibt

---

[18]Diese Gleichung ist die mathematische Formulierung der so genannten Maxwell-Konstruktion. Letztere besagt, dass die vdW-Schleife durch ein Plateau derart ersetzt wird, dass die Fläche zwischen dem unteren Bogen der Schleife und dem Plateau gleich der Fläche zwischen dem oberen Bogen der Schleife und dem Plateau ist (vgl. die gestrichelte Linie in Abbildung 1.25). Machen Sie sich dies klar!

$$0 = \frac{8t}{3}\left(\frac{1}{3v_{II} - 1} - \frac{1}{3v_I - 1}\right) - \left(\frac{1}{v_{II}^2} - \frac{1}{v_I^2}\right)$$

$$0 = \frac{8t}{3}\left(-\frac{1}{3}\ln\left[\frac{3v_{II} - 1}{3v_I - 1}\right] + \frac{v_{II} - v_I}{3v_I - 1}\right) - \left(\frac{v_{II} - v_I}{v_I}\right)^2\frac{1}{v_{II}}\ .$$

Das in Abbildung 1.26 angegebene *Mathematica*-Programm löst diese Gleichungen numerisch nach $v_I(t)$ und $v_{II}(t)$. Die resultierende Koexistenzregion ist ebenfalls dargestellt. Trotz
ihrer Einfachkeit liefert die vdW-Gl. rechte gute Übereinstimmung mit den experimentellen
Daten. Letztere kollabieren in reduzierten Einheiten (im Wesentlichen) auf eine Kurve. Diese
bemerkenswerte Eigenschaft wird als Gesetz der korrespondierenden Zustände bezeichnet.

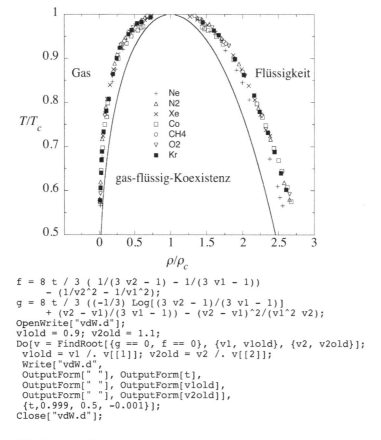

```
f = 8 t / 3 ( 1/(3 v2 - 1) - 1/(3 v1 - 1))
      - (1/v2^2 - 1/v1^2);
g = 8 t / 3 ((-1/3) Log[(3 v2 - 1)/(3 v1 - 1)]
      + (v2 - v1)/(3 v1 - 1)) - (v2 - v1)^2/(v1^2 v2);
OpenWrite["vdW.d"];
v1old = 0.9; v2old = 1.1;
Do[v = FindRoot[{g == 0, f == 0}, {v1, v1old}, {v2, v2old}];
  v1old = v1 /. v[[1]]; v2old = v2 /. v[[2]];
  Write["vdW.d",
  OutputForm[" "], OutputForm[t],
  OutputForm[" "], OutputForm[v1old],
  OutputForm[" "], OutputForm[v2old]],
  {t,0.999, 0.5, -0.001}];
Close["vdW.d"];
```

Abbildung 1.26: Oben: gas-flüssig-Koexistenzkurve der universellen vdW-Gl. (durchgezogene Linie).
Hier gilt $\rho/\rho_c = 1/v_I$ bzw. $= 1/v_{II}$. Die Symbole sind experimentelle Daten aus Referenz [18]. Unten:
Mathematica-Programm zur Berechnung der v_I (hier $v1$) und v_{II} (hier $v2$).

1.5 Dritter Hauptsatz

Im Gegensatz zum 1. und 2. Hauptsatz formuliert der 3. Hauptsatz keine neuen Zustandsfunktionen. Stattdessen beschreibt er ein universelles Verhalten der Entropie bei tiefen Temperaturen.

Verschiedene Formulierungen des 1. Hauptsatzes:

(a) Setzt man die Entropie jedes Elementes in seinem stabilen Zustand bei $T = 0$ gleich null, so hat jede Verbindung eine positive Entropie. Sie kann bei $T = 0$ den Wert null annehmen und tut dies, wenn die Verbindung als perfekter Kristall vorliegt.

(b) Der absolute Nullpunkt ist unerreichbar.

Eine enge Verbindung [19] besteht zum Nernstschen Wärmesatz: Die mit einem Übergang zwischen kondensierten Phasen im Gleichgewicht verbundene Entropieänderung geht gegen null, wenn die Temperatur gegen null geht.

Anwendungen des 3. Hauptsatzes:

Berechnung der Standardentropie einer reinen Substanz:

Die Enthalpie einer gasförmigen reinen Substanz (Schmelzpunkt: $T_{Schmelz}$; Siedepunkt: T_{Siede}) bei der Temperatur T ist gegeben durch die Summe der Enthalpien [20] der Phasendurchquerungen bzw. der Phasenumwandlungen (f: Festkörper; l: Flüssigkeit; g: Gas):

$$H(T) = \int_0^{T_{Schmelz}} C_P^f dT + \Delta H_{f \to l} + \int_{T_{Schmelz}}^{T_{Siede}} C_P^l dT + \Delta H_{l \to g} + \int_{T_{Siede}}^{T} C_P^g dT \tag{1.93}$$

für P = konstant. Entsprechend gilt für $S(T)$ gemäß Gl. (1.24)

$$S(T) = \underbrace{S(0)}_{=0} + \int_0^{T_{Schmelz}} \frac{C_P^f}{T} dT \quad + \quad \frac{\Delta H_{f \to l}}{T_{Schmelz}} + \int_{T_{Schmelz}}^{T_{Siede}} \frac{C_P^l}{T} dT \tag{1.94}$$

$$+ \quad \frac{\Delta H_{l \to g}}{T_{Siede}} + \int_{T_{Siede}}^{T} \frac{C_P^g}{T} dT \; .$$

Diese Gleichung wird verwendet, um Standardentropien zu tabellieren.

---

[19]Formulierung (b) folgt aus dem Nernstschen Wärmesatz – nicht aber die Umkehrung (vgl. [19]).

[20]Derartige Summen über Teilprozesse können im Kontext chemischer Reaktionen auch als Zyklen (Born-Haber-Zyklen) formuliert werden. D.h. die Gesamtenthalpie einer Reaktion/Umwandlung wird auf unterschiedlichen (Reaktions-)Pfaden berechnet, sodass die Gesamtsumme null ergibt. Eine unbekannte Teilenthalpie kann so berechnet werden.

1.6   Eine Brücke zur Statistischen Mechanik

S und $\Omega(E, N, V)$:

Zwischen zwei geschlossenen Subsystemen, (E_1, N_1, V_1) und (E_2, N_2, V_2), wird Kontakt hergestellt. Dabei ist lediglich Energieaustausch zwischen den beiden Systemen möglich. N_i und V_i ($i = 1, 2$) ändern sich nicht.

• Thermodynamik – Die Entropieänderung aufgrund des Energieaustausches ist

$$
\begin{aligned}
\Delta S \quad &= \quad \Delta S_1 + \Delta S_2 \\[2mm]
&= \quad \left(\frac{\partial S_1}{\partial E_1}\right)_{N_1, V_1} (+\Delta E) + \left(\frac{\partial S_2}{\partial E_2}\right)_{N_2, V_2} (-\Delta E) \\[2mm]
&= \quad \Delta E \left[\left(\frac{\partial S_1}{\partial E_1}\right)_{N_1, V_1} - \left(\frac{\partial S_2}{\partial E_2}\right)_{N_2, V_2} \right] \\[2mm]
\overset{(\partial S / \partial E)_{N,V} = 1/T \quad \text{(s. Gl. (1.23))}}{=} \quad & \Delta E \left[\frac{1}{T_1} - \frac{1}{T_2} \right] ,
\end{aligned}
\tag{1.95}
$$

und somit

$$T_1 < T_2$$

basierend auf dem 2. Hauptsatz ($\Delta S > 0$). Im (thermodynamischen) Gleichgewicht gilt $\Delta S = 0$ und daher

$$T_1 = T_2 .$$

• Statistische Mechanik – Die Zahl der Mikrozustände Ω im kombinierten System ist

$$\Omega(E, N, V) = \Omega_1(E_1, N_1, V_1) \Omega_2(E_2, N_2, V_2) . \tag{1.96}$$

Im Gleichgewicht gilt dann

$$\left(\frac{\partial \Omega_1(E_1)}{\partial E_1}\right)_{E_1 = \bar{E}_1} \Omega_2(\bar{E}_2) + \Omega_1(\bar{E}_1) \left(\frac{\partial \Omega_2(E_2)}{\partial E_2}\right)_{E_2 = \bar{E}_2} \frac{\partial E_2}{\partial E_1} = 0$$

bzw.

$$\left(\frac{\partial \ln \Omega_1(E_1)}{\partial E_1}\right)_{E_1 = \bar{E}_1} = \left(\frac{\partial \ln \Omega_2(E_2)}{\partial E_2}\right)_{E_2 = \bar{E}_2} \tag{1.97}$$

(mit $\partial E_2/\partial E_1 = -1$ da $E_1 + E_2 = E =$ konstant). Oder mit

$$\beta \equiv \frac{\partial \ln \Omega(E)}{\partial E} \tag{1.98}$$

gilt

$$\beta_1 = \beta_2 \ .$$

Aufgrund des Vergleichs der beiden Ansätze, Thermodynamik und Statistische Mechanik, schließen wir

$$S = k_B \ln \Omega \ . \tag{1.99}$$

k_B ist die Boltzmann-Konstante (insbesondere $\beta = 1/(k_B T)$).

| Weitere Konsequenzen: |

Analog zu den E_i können die N_i bzw. V_i der Subsysteme als Variablen bei der Kombination betrachtet werden. Anstelle von Gl. (1.97) erhalten wir entsprechend die Gleichheit der

$$\zeta = \left(\frac{\partial \ln \Omega(E, N, V)}{\partial N} \right)_{E,V} \tag{1.100}$$

sowie

$$\eta = \left(\frac{\partial \ln \Omega(E, N, V)}{\partial V} \right)_{E,N} \ . \tag{1.101}$$

Insbesondere gilt

$$d \ln \Omega = \beta dE + \zeta dN + \eta dV \tag{1.102}$$

bzw.

$$dE = TdS - (\zeta k_B T)dN - (\eta k_B T)dV \ . \tag{1.103}$$

Durch Vergleich mit der thermodynamischen Beziehung

$$dE = TdS + \mu dN - PdV \tag{1.104}$$

(vgl. Gl. (1.83)) folgt

$$\zeta = -\frac{\mu}{k_B T} \tag{1.105}$$

und

$$\eta = \frac{P}{k_B T} \; . \tag{1.106}$$

Wir erhalten daher die folgenden Gleichgewichtsbedingungen

$$
\begin{aligned}
T_1 &= T_2 & \text{(1.107)} \\
\mu_1 &= \mu_2 & \text{(1.108)} \\
P_1 &= P_2 \, , & \text{(1.109)}
\end{aligned}
$$

wenn alle drei Größen E, N und V ausgetauscht werden (sonst entsprechend weniger).

2 Ensembles der Statistischen Mechanik

Die Thermodynamik liefert Beziehungen zwischen den makroskopischen Größen $E, H, F, G,$ S, T, V, P und n_i sowie ihren Ableitungen. Sie beinhaltet keine Verbindung dieser Größen mit der molekularen oder submolekularen Ebene. Gleichungen wie $E = (3/2)RT$ (vgl. die Aufgaben zum Joule-Thompson-Koeffizient oder zur Schallgeschwindigkeit) oder die van der Waals-Zustandsgleichung sind im Rahmen der reinen Thermodynamik nicht herleitbar bzw. begründbar. Die Thermodynamik stellt zwar bestimmte Bedingungen an ein Phasendiagramm; sie erlaubt jedoch nicht dessen konkrete Berechnung. Die Statistische Mechanik bzw. Statistische Physik stellt die Verbindung her zwischen den Gesetzen der mikroskopischen Wechselwirkungen, gemeint sind hier die Wechselwirkungen auf der molekularen Ebene und darunter, und den oben genannten makroskopischen Größen. Das reicht aber noch nicht. Sie soll darüber hinaus auch eine Verbindung zwischen den bekannten Gesetzmäßigkeiten der molekularen bzw. submolekularen Teilchen und der Basis der Thermodynamik, den Hauptsätzen, herstellen.

In Kapitel 1 wurde der Mikrozustand eingeführt. Angenommen, wir führen in einem solchen System M Messungen der Größe A durch. Aus diesen Messwerten A_i, die jeweils nur auf einem Mikrozustand basieren sollen, bilden wir den Mittelwert

$$\bar{A} = \frac{1}{M} \sum_{i=1}^{M} A_i \,.$$

Im Grenzfall $M \to \infty$ erhalten wir $\bar{A} \to \langle A \rangle$. Die Klammern $\langle ... \rangle$ bezeichnen einen so genannten Ensemblemittelwert. Ensemblemittelwerte lassen sich gemäß

$$\langle A \rangle = \sum_v p_v A_v \tag{2.1}$$

ausdrücken. Der Index v läuft über alle unterschiedlichen (Mess-)Werte, die A annehmen kann, und p_v ist deren relative Häufigkeit oder ihre Verteilungsfunktion (es gilt $\sum_v p_v = 1$).

Konzeptionell gibt es zwei Möglichkeiten, einen derartigen Ensemblemittelwert zu erhalten. Entweder führt ein Experimentator unendlich viele Messungen an einem System durch – eine nach der anderen –, oder unendlich viele Experimentatoren machen gleichzeitig eine Messung, wobei die jeweiligen Systeme, an denen sie ihre Messung durchführen, exakte aber unabhängige Kopien voneinander sind. Diese repräsentieren im eigentlichen Sinn das Ensemble. Die mathematische Formulierung der Äquivalenz von Ensemble- und zeitlicher Mittelung lautet

$$\langle A \rangle \overset{!}{=} \lim_{t \to \infty} \frac{1}{t} \int_0^t A(t') dt' \ . \tag{2.2}$$

Dem liegt die so genannte Quasiergodenhypothese zugrunde. Diese besagt, dass jede noch so kleine Umgebung eines beliebig möglichen [1] Phasenraumpunktes $(\vec{r}_1(t), \vec{r}_2(t), ..., \vec{r}_N(t); \vec{p}_1(t), \vec{p}_2(t), ..., \vec{p}_N(t))$ von der Trajektorie getroffen wird, wenn man nur lange genug wartet [2]. Im quantenmechanischen Fall gilt selbstverständlich das Entsprechende. D.h. jeder Zustand muss mit einer Wahrscheinlichkeit, die größer als null ist, erreichbar sein.

In der Statistischen Mechanik sind verschiedene Ensembles gebräuchlich. Die Wichtigsten unterscheiden sich danach, ob die zugrunde liegenden Systeme isoliert, geschlossen oder offen sind. Gemeinsam ist ihnen, dass ihre Mittelwerte im thermodynamischen Limes identisch sind.

Der Leser mag sich fragen, wo hier die klassische Mechanik geblieben ist. Eine Schnittstelle zwischen klassischer Mechanik und klassischer Statistischer Mechanik bildet das Liouvillesche Theorem: $\partial \rho / \partial t = -\{\mathcal{H}, \rho\}$ [3], wobei $\mathcal{H}$ die Hamilton-Funktion des Systems ist. Das Liouvillesche Theorem liefert Information über die zeitliche Entwicklung der Phasenraumdichte $\rho = \rho(q_1, ..., q_{3N}, p_1, ..., p_{3N}, t)$, ausgehend von den Hamiltonschen Bewegungsgleichungen. Diese Punktdichte von Mikrozuständen zum Zeitpunkt t repräsentiert die oben erwähnten unendlich vielen identischen, aber unabhängigen Systeme zum gleichen Zeitpunkt. Im Gleichgewicht gilt $\rho \propto p$ der oben erwähnten Verteilungsfunktion. Das Liouvillesche Theorem bestimmt jedoch ρ nicht eindeutig. Z.B. beschreibt $\rho = \rho(\mathcal{H}(q_1, ..., q_{3N}, p_1, ..., p_{3N}))$, eine ganze Klasse von Gleichgewichtslösungen $\partial \rho / \partial t = 0$. Das quantenmechanische Pendant zum klassischen ρ ist der Dichteoperator ρ (siehe Abschnitt 2.1). In der Quantenmechanik wird gezeigt, dass $\partial \rho / \partial t = -i/\hbar[\mathcal{H}, \rho]$ gilt. Hier bezeichnet $\mathcal{H}$ den Hamilton-Operator des Systems und $[.., ..]$ den Kommutator [4]. Im Gleichgewicht gilt $0 = [\mathcal{H}, \rho]$, und wieder ergibt sich $\rho = \rho(\mathcal{H})$, wobei $\mathcal{H}$ zeitlich konstant ist. In diesem Kapitel werden wir aus einem plausiblen Ansatz mit dem Liouvilleschen Theorem konsistente Lösungen erhalten, die den oben erwähnten Ensembles entsprechen. Außerdem werden wir uns das Liouvillesche Theorem in Abschnitt 2.4 zunutze machen, um im Kontext von Molekulardynamik-Computersimulationen einen Algorithmus zu entwerfen, der Mittelwerte im so genannten kanonischen Ensemble (siehe nächster Abschnitt) erzeugt.

Eine andere Vorgehensweise auf der Basis der klassischen Mechanik, die wir hier nicht weiter verfolgen [5], obwohl sie im Sinn der zu Beginn dieses Kapitels aufgestellten Forderungen an die Statistische Mechanik befriedigender ist [6], sei nur kurz erwähnt. Im Rahmen der kinetischen Gastheorie kann man folgende Gleichung aufstellen:

---

[1] Ein reales System befindet sich in einem Behälter - ergo kann es nicht außerhalb angetroffen werden.

[2] Dies ist eine leicht korrigierte Form der von L. Boltzmann ursprünglich formulierten Ergodenhypothese [3] (§2.3; sowie die darin erwähnten Referenzen).

[3] Hier ist $\{.., ..\}$ die Poisson-Klammer, definiert durch $\{f, g\} = \sum_i \left((\partial f/\partial p_i)(\partial g/\partial q_i) - (\partial f/\partial q_i)(\partial g/\partial p_i) \right)$ für zwei beliebige Funktionen f und g der Koordinaten und Impulse.

[4] Für zwei quantenmechanische Operatoren a und b gilt $[a, b] = ab - ba$.

[5] Eine detaillierte Diskussion findet man in Referenz [11].

[6] Vgl. W. Pauli (1973) *Statistical Mechanics – Pauli Lectures on Physics*. Dover; Sec. 9 - Boltzmann's vs. Gibb's point of view.

$$\left(\partial_t + \vec{v} \cdot \vec{\nabla}_{\vec{r}} + \vec{a} \cdot \vec{\nabla}_{\vec{v}}\right) f(\vec{r}, \vec{v}, t) = (\partial_t f)_{Koll} \; . \tag{2.3}$$

Hierin ist $f(\vec{r}, \vec{v}, t)$ die Wahrscheinlichkeitsdichte, zum Zeitpunkt t ein Gasmolekül am Ort $\vec{r}$ mit der Geschwindigkeit $\vec{v}$ anzutreffen. Die rechte Seite der Gleichung beschreibt den Effekt molekularer Kollisionen auf die Verteilung, wobei $\vec{a}$ die Beschleunigung durch Einwirkung einer externen Kraft ist. Die Lösung dieser Gleichung im Grenzfall niedriger Dichte ist unter weiteren vereinfachenden Annahmen möglich (Boltzmann-Transportgleichung). Man erhält einerseits die Maxwellsche Geschwindigkeitsverteilung als Gleichgewichtslösung und andererseits das so genannte H-Theorem, das eine molekulare Interpretation des zweiten Hauptsatzes ermöglicht (insbesondere die Auszeichnung einer Zeitrichtung, die es in der Mechanik so nicht gibt!). Beiden werden wir im Rahmen der schon erwähnten Molekulardynamik-Computersimulationen exemplarisch begegnen (vgl. Abschnitt 2.4).

An dieser Stelle noch ein paar Worte zur erwähnten Ergodizität von Systemen. Das eigentliche Ziel der so genannten Ergodentheorie [7] ist es, die Irreversibilität makroskopischer Vorgänge auf der Basis der zeitlichen Entwicklung von Phasenraumtrajetorien zu verstehen. Wichtig dabei ist, dass diese Flüsse mischend sind. Mischend bedeutet, dass zwei Trajektorien, die sich ursprünglich nur infinitesimal unterscheiden, mit der Zeit immer mehr voneinander abweichen. Quantifizieren kann man dies über den Phasenraumabstand $d(t)$, wobei d der $6N$-dimensionale Abstand zweier Phasenraumpunkte, des ursprünglichen sowie des gestörten, zur Zeit t ist. Mischend bedeutet dann beispielsweise $d(t) \propto \exp[\lambda t]$ mit $\lambda > 0$ bzw. $d(t) \propto t^x$ mit $x > 0$. Ergodizität allein (im obigen Sinn) reicht nicht aus, um ins Gleichgewicht zu kommen; lediglich das Gleichgewicht zu erhalten ist garantiert [8]. Ergodizität (sowie mischendes Verhalten) von realen Systemen kann man im Allgemeinen nicht beweisen. Man geht vielmehr davon aus, dass sie ergodisch sind [9]. Besondere Bedeutung hat die Ergodizität für Computersimulationen in der Statistischen Mechanik [20], weil man in der Regel stark vereinfachte Wechselwirkungen verwendet. Trotzdem – auch hier gibt es nur wenige Modellsysteme, für die Ergodizität überprüfbar ist. Wir behandeln zwei Typen von Simulationsalgorithmen: Molekulardynamik-Simulationen (insbesondere Abschnitt 2.4) sowie Monte Carlo-Algorithmen (Kapitel 7).

Die Durchmusterung des Phasen- bzw. Zustandsraums als Funktion der Zeit verdient ebenfalls ein paar Worte. In den Aufgaben 25 und 26 untersuchen wir klassische Spinsysteme. Die Systeme bestehen aus zwischen 20 bis 256 Spins mit jeweils zwei möglichen Orientierungen. Offensichtlich gibt es zwischen $2^{20} \approx 10^6$ und $2^{256} \approx 10^{77}$ Spinkonfigurationen. D.h. die Zahl der Zustände ist schnell extrem groß, sodass sich die Frage stellt: Erübrigt sich die Diskussion der Ergodizität nicht schon dadurch, dass es in endlicher Zeit unmöglich ist, einen signifikanten Teil der Zustände zu erzeugen? Dies gilt natürlich in noch extremeren Maß für den Phasen- bzw. Zustandsraum realer, makroskopischer Systeme. Im Fall der genannten Aufgaben erzeugt der verwendete Monte Carlo-Algorithmus insbesondere die Systemkonfigurationen, die den dominanten Beitrag zu den interessierenden Größen liefern. In realen Systemen ist dies ähnlich. Hier kommt noch hinzu, dass das System in nahezu unkorrelierte Regionen zerfällt, d.h. ein System besteht aus unabhängigen, kleinen Teilen. Erst wenn die

---

[7] I. E. Farquhar (1964) *Ergodic Theory in Statistical Mechanics.* Interscience
[8] Ein sehr schön einfaches Beispiel dazu findet man in Referenz [4] (Kapitel 8B).
[9] Ausnahmen gibt es natürlich – beispielsweise Gläser.

Korrelationen, ob zeitlich oder räumlich, anwachsen und/oder wichtige Teile des Phasen- bzw. Zustandsraums durch Barrieren geringer (Aufenthalts-)Wahrscheinlichkeit getrennt sind, wird eine ausreichende Durchmusterung in der Simulation und auch in der Realität schwierig oder gar unmöglich [10].

2.1 Kanonisches Ensemble

Dieses Ensemble wird durch Subsysteme eines isolierten Systems realisiert. Das Subsystem selbst ist ein geschlossenes System. D.h. N und V des Subsystems sind Konstanten, aber $E \equiv E_{Subsyst}$ kann variieren. Insbesondere sind die möglichen Energiewerte im Gleichgewicht durch die Eigenwerte E_ν des Subsystem-Hamilton-Operators gegeben. Wie aber sieht die zugehörige Verteilungsfunktion aus?

Ohne Verlust an Allgemeinheit sei $E_{Umgebung} \gg E_\nu$ angenommen, wobei $E_{Syst} = E_{Umgebung} + E_\nu$ = konstant ist. Für festes E_ν gilt

$$p_\nu \propto \Omega(E_{Syst} - E_\nu) \, . \tag{2.4}$$

D.h. ein Energiewert E_ν ist um so wahrscheinlicher, je mehr Mikrozustände die Umgebung einnehmen kann, ohne dabei die Konstanz von E_{Syst} zu verletzen. Insbesondere können wir $\Omega(E_{Syst} - E_\nu)$ um E_{Syst} entwickeln. D.h.

$$p_\nu \propto e^{\ln \Omega(E_{Syst} - E_\nu)} = \exp\left[\ln \Omega(E_{Syst}) - E_\nu \underbrace{\frac{d \ln \Omega(E_{Syst})}{dE}}_{=\beta \text{ (vgl. Gl. (1.98))}} + \dots \right] \, . \tag{2.5}$$

Die vernachlässigten Terme sind verschwindend klein [11], sodass in sehr guter Näherung $p_\nu \propto \exp\left[-\beta E_\nu\right]$ gilt. Aufgrund der Normierung heißt dies

$$p_\nu = \frac{\exp\left[-\beta E_\nu\right]}{\sum_\nu \exp\left[-\beta E_\nu\right]} \, . \tag{2.6}$$

Der Nenner,

---

[10]Dies wird noch auf der Basis der folgenden Abschnitte sowie des Kapitels 6 deutlich werden.

[11]Betrachten wir den folgenden Term:

$$\frac{1}{2}E_\nu^2\left(\frac{d^2}{dE^2}\ln\Omega(E)\right)_{E=E_{Syst}} = \frac{1}{2}E_\nu^2\left(\frac{dE}{d\beta}\right)_{E=E_{Syst}}^{-1} = -\frac{1}{2}E_\nu^2\left(k_B T^2 C_V^{Syst}\right)^{-1} \, .$$

Wir haben aber

$$E_\nu^2\left(k_B T^2 C_V^{Syst}\right)^{-1} \propto \beta E_\nu N/N^{Syst} \, .$$

Daher ist dieser Term verschwindend klein gegenüber dem führenden.

$$Q_{NVT} \equiv \sum_{\nu} \exp\left[-\beta E_\nu\right] , \tag{2.7}$$

ist die so genannte kanonische Zustandssumme (engl.: *canonical partition function*).

$\langle E \rangle$, F und $\langle \delta E^2 \rangle$ im kanonischen Ensemble: [12]

• Freie Energie:

$$\langle E \rangle = \sum_{\nu} E_\nu p_\nu \quad = \quad -\left(\frac{\partial \ln Q_{NVT}}{\partial \beta}\right)_{N,V} = -\frac{\partial T}{\partial \beta}\frac{\partial}{\partial T}\frac{k_B T}{k_B T}\ln Q_{NVT}$$

bzw.

$$\langle E \rangle = -k_B T \ln Q_{NVT} - T\frac{\partial}{\partial T}\left(-k_B T \ln Q_{NVT}\right) .$$

Der Vergleich mit Gl. (1.27) legt nahe, dass

$$F = -k_B T \ln Q_{NVT} \tag{2.8}$$

die freie Energie ist.

• Schwankungen und Bezug zum mikrokanonischen Ensemble:

$$\begin{aligned}
\langle \delta E^2 \rangle &= \langle (E - \langle E \rangle)^2 \rangle = \langle E^2 \rangle - \langle E \rangle^2 \\
&= \sum_{\nu} p_\nu E_\nu^2 - \left(\sum_{\nu} p_\nu E_\nu\right)^2 \\
&= \frac{1}{Q_{NVT}}\left(\frac{\partial^2 Q_{NVT}}{\partial \beta^2}\right)_{N,V} - \frac{1}{Q_{NVT}^2}\left(\frac{\partial Q_{NVT}}{\partial \beta}\right)_{N,V}^2 \\
&= \left(\frac{\partial^2 \ln Q_{NVT}}{\partial \beta^2}\right)_{N,V} = -\left(\frac{\partial \langle E \rangle}{\partial \beta}\right)_{N,V} .
\end{aligned}$$

D.h.

$$\langle \delta E^2 \rangle = k_B T^2 C_V . \tag{2.9}$$

Betrachten wir die relative Schwankung $(\langle \delta E^2 \rangle)^{1/2}/\langle E \rangle$. Mit Gl. (2.9) und $\langle E \rangle \propto k_B T N$ folgt

---

[12]Die Größe $\langle E \rangle$ ist natürlich identisch mit E aus der Thermodynamik.

$$\frac{\sqrt{\langle \delta E^2 \rangle}}{\langle E \rangle} \propto \frac{1}{\sqrt{N}} \ . \tag{2.10}$$

Für reale Systeme mit $N \approx N_A$ sind diese relativen Schwankungen verschwindend gering. Insbesondere erhalten wir, wie oben angekündigt, im thermodynamischen Limes das mikrokanonische Ensemble, in dem außer N und V auch E konstant ist, und auf das wir im nächsten Abschnitt eingehen werden.

• Verbindung zwischen $\langle E \rangle$ und dem Hamilton-Operator $\mathcal{H}$:

Es ist nahe liegend, die E_ν als die Energieeigenwerte des Hamilton-Operators $\mathcal{H}$ des Subsystems aufzufassen. Gl. (2.7) lässt sich daher mithilfe der Energieeigenzustände $|\nu>$ [13] ausdrücken:

$$\begin{aligned} Q_{NVT} &= \sum_\nu \exp\left[-\beta E_\nu\right] \tag{2.11} \\ &= \sum_\nu <\nu| \exp\left[-\beta \mathcal{H}\right]|\nu> = Sp\left(\exp\left[-\beta \mathcal{H}\right]\right) \ . \end{aligned}$$

Hier ist Sp die Spur (engl.: Tr für *trace*) des quantenmechanischen Operators $\exp\left[-\beta\mathcal{H}\right]$. Insbesondere gilt

$$\langle E \rangle = \frac{-\frac{\partial}{\partial \beta} \sum_\nu <\nu| \exp\left[-\beta\mathcal{H}\right]|\nu>}{\sum_\nu <\nu| \exp\left[-\beta\mathcal{H}\right]|\nu>} = \frac{Sp(\mathcal{H}e^{-\beta\mathcal{H}})}{Sp(e^{-\beta\mathcal{H}})} \equiv <\mathcal{H}>, \tag{2.12}$$

wobei $<\mathcal{H}>$ den quantenmechanischen Erwartungswert von $\mathcal{H}$ bezeichnet. Bemerkenswert an Gl. (2.11) ist, dass das Subsystem zwar mit seiner Umgebung in Verbindung steht, die Berechnung der Zustandssumme verlangt aber lediglich die Kenntnis der Subsystemzustände. Zum besseren Verständnis der Gln. (2.11) und (2.12) wollen wir im Folgenden an einige Grundlagen aus der Quantenmechanik erinnern [14].

==

Aufgabe 12:   Schwankungen der Energie

Die Wahrscheinlichkeit, in einem geschlossenen, thermisch im Gleichgewicht befindlichen System die Energie E zu beobachten, ist $p(E) \propto \Omega(E) \exp[-\beta E] = \exp[\ln \Omega(E) - \beta E]$ [15]. Entwickeln Sie $\ln p(E)$ in Potenzen von $\delta E = E - \langle E \rangle$ bis einschließlich $O((\delta E)^2)$. Schätzen Sie

---

[13] Wir verwenden hier die die so genannte *bra − ket*-Schreibweise, die wir gleich noch näher erläutern.

[14] Siehe auch http://constanze.materials.uni-wuppertal.de/Skripten/Skript_Quantentheorie /QuantumTheory.pdf.

[15] In Gl. (2.6) können zum gleichen E verschiedene ν gehören. Statt $Q_{NVT} = \sum_{\nu(\text{Zustände})} e^{-\beta E_\nu}$ können wir schreiben $Q_{NVT} = \sum_{l(\text{Niveaus})} \Omega'(E_l)e^{-\beta E_l}$, wobei $\Omega'(E_l)$ der Entartungsgrad des l-ten Energieniveaus ist. In einem großen Volumen sind die Energieniveaus sehr dicht beieinander, und es ist sinnvoll, den Kontinuumsgrenzfall

damit das Verhältnis $p(E)/p(\langle E \rangle)$ für den Fall ab, dass in 0.001 Mol eines Gases eine Energie-schwankung der Größe $10^{-6}\langle E \rangle$ auftritt.

Lösung:

Die Entwicklung lautet

$$
\begin{aligned}
\ln p(E) &= \ln \Omega(\langle E \rangle) + \frac{1}{\Omega(\langle E \rangle)} \frac{d}{dE} \Omega(\langle E \rangle) \delta E \\
&\quad + \frac{1}{2} \frac{d}{dE} \left(\frac{1}{\Omega(E)} \frac{d\Omega(E)}{dE} \right)_{E=\langle E \rangle} \delta E^2 - \beta \langle E \rangle - \beta \delta E + \dots \\
&= \ln \Omega(\langle E \rangle) - \beta \langle E \rangle + \frac{1}{2} \frac{d}{dE} \left(\frac{1}{\Omega(E)} \frac{d\Omega(E)}{dE} \right)_{E=\langle E \rangle} \delta E^2 + \dots \\
&= \ln \Omega(\langle E \rangle) - \beta \langle E \rangle - \frac{1}{2} \frac{\delta E^2}{k_B T^2 C_V} + \dots \,.
\end{aligned}
$$

Die letzte Gleichung folgt analog der Rechnung in der Fußnote zu Gl. (2.5). Die gesuchte Abschätzung lautet

$$
\frac{p(E)}{p(\langle E \rangle)} = \exp \left[-\frac{1}{2} \frac{\delta E^2}{k_B T^2 C_V} \right] . \tag{2.13}
$$

Mit $\delta E = 10^{-6} \langle E \rangle$ und $\langle E \rangle \approx N k_B T$ sowie $C_V \approx k_B N$ folgt

$$
\frac{p(E)}{p(\langle E \rangle)} \approx \exp \left[-10^{-12} N \right] = \exp \left[-10^{-12} 0.001 N_A \right] \approx \exp[-10^8] \, .
$$

Grundbegriffe aus der formalen Quantenmechanik:

• Zustände und Darstellung:

Wir bezeichnen mit $\phi(\vec{r}, t)$ die so genannte Wellenfunktion eines einzelnen, strukturlosen Teil-chens, wie wir sie als Lösung der Schrödinger-Gleichung

$$
\left(\mathcal{H} - i\hbar \frac{\partial}{\partial t} \right) \phi(\vec{r}, t) = 0 \tag{2.14}
$$

erhalten. Für $\phi(\vec{r}, t)$ führen wir die Notation

$$
Q_{NVT} = \int_0^\infty dE \, \Omega(E) \, e^{-\beta E}
$$

zu verwenden. Hierin ist $\Omega(E)$ die Zustandsdichte.

$$\phi(\vec{r}, t) \equiv\; < \vec{r}|\phi(t) > \tag{2.15}$$

ein. Die Fouriertransformierte von $\phi(\vec{r}, t)$ sei

$$\tilde{\phi}(\vec{k}, t) \equiv\; < \vec{k}|\phi(t) > , \tag{2.16}$$

wobei wir die zu Gl. (2.15) analoge Notation einführen. Die hier verwendete *bra − ket* bzw.
$< \ldots |\cdot| \cdots >$-Notation hebt hervor, dass $\phi(\vec{r}, t)$ die $\vec{r}$- und $\tilde{\phi}(\vec{k}, t)$ die $\vec{k}$-Darstellung eines ab-
strakten oder besser darstellungsunabhängigen Teilchenzustandes $|\phi(t) >$ sind. Die $\vec{r}$-Darstel-
lung heißt auch Ortsdarstellung. Die Größe $\vec{k}$ nennt man Wellenvektor. Sie hängt über die
deBroglie-Beziehung

$$\vec{p} = \hbar\vec{k} \tag{2.17}$$

mit dem Teilchenimpuls $\vec{p}$ zusammen, wobei $\lambda = 2\pi/|\vec{k}|$ die deBroglie-Wellenlänge ist. Man
kann statt $\tilde{\phi}(\vec{k}, t) \equiv\; < \vec{k}|\phi(t) >$ auch $\tilde{\phi}(\vec{p}, t) \equiv\; < \vec{p}|\phi(t) >$ einführen und spricht dann von der
Impulsdarstellung. Eine dritte Darstellungsvariante haben wir in Gl. (2.11) verwendet. Der In-
dex ν nummeriert Energieeigenwerte von $\mathcal{H}$. Die Spur wird dort also in der Energiedarstellung
berechnet.

Unterschiedliche Darstellungen kann man ineinander umrechnen. Formal wird dies durch
„Einschieben von Einsen" erreicht wie z.B.

$$1 = \int d^3 r\; |\vec{r} > < \vec{r}| \tag{2.18}$$

und

$$1 = \int d^3 k\; |\vec{k} > < \vec{k}| \tag{2.19}$$

[16]. Die Bedeutung dieser Vollständigkeitsrelationen erkennen wir aus

$$
\begin{aligned}
\phi(\vec{r}, t) \;&=\; < \vec{r}|\phi(t) > \\
&=\; < \vec{r}|1|\phi(t) > \\
&\overset{(2.19)}{=}\; < \vec{r}| \int d^3 k |\vec{k} > < \vec{k}|\phi(t) > \\
&=\; \int d^3 k\, < \vec{r}|\vec{k} > < \vec{k}|\phi(t) > \\
&\overset{(2.16)}{=}\; \int d^3 k\, < \vec{r}|\vec{k} > \tilde{\phi}(\vec{k}, t) \,.
\end{aligned}
\tag{2.20}
$$

---

[16]Hier ist die Eins in Wirklichkeit ein Einheits- oder Identitätsoperator.

Damit dies einen Sinn ergibt, muss gemäß den Regeln der Fouriertransformation

$$< \vec{r}|\vec{k} > = \frac{1}{(2\pi)^{3/2}} e^{i\vec{k}\cdot\vec{r}} \tag{2.21}$$

und

$$< \vec{k}|\vec{r} > = \frac{1}{(2\pi)^{3/2}} e^{-i\vec{k}\cdot\vec{r}} \tag{2.22}$$

gelten. Die letzte Beziehung erhalten wir aus der Rücktransformation.

Beim Darstellungswechsel sind wir nicht auf Fouriertransformationen beschränkt. Eines der wichtigsten Rechenwerkzeuge der Quantenmechanik ist die Entwicklung nach Eigenzuständen von hermiteschen Operatoren Λ [17]. Man geht davon aus, dass die Eigenzustände eines hermiteschen Operators ein vollständiges System bilden, sodass sich ein beliebiger Systemzustand, wie beispielsweise hier $|\phi(t) >$, als Entwicklung in diesen Eigenzuständen $|\psi_n(t) >$ darstellen lässt:

$$|\phi(t) > = \sum_n |\psi_n(t) > < \psi_n(t)|\phi(t) > = \sum_n c_n |\psi_n(t) > \quad . \tag{2.23}$$

Wir erkennen unschwer die Vollständigkeitsrelation

$$1 = \sum_n |\psi_n(t) > < \psi_n(t)| \quad . \tag{2.24}$$

Falls alle außer einem der Koeffizienten c_n verschwinden, so ist das System in einem reinen Zustand; anderenfalls spricht man von einem Zustandsgemisch. Die c_n können beispielsweise im $\vec{r}$-Raum berechnet werden:

$$\begin{aligned} c_n &= < \psi_n(t)|\phi(t) > = < \psi_n(t)|1|\phi(t) > \\ &= \int d^3r < \psi_n(t)|\vec{r} > < \vec{r}|\phi(t) > = \int d^3r \psi_n^*(\vec{r},t)\phi(\vec{r},t) \quad . \end{aligned}$$

Hier bedeutet $*$ die konjugiert komplexe Größe. Insbesondere ist $< \psi_n(t)|\vec{r} >$ konjugiert komplex zu $< \vec{r}|\psi_n(t) >$, wie wir schon am Beispiel von $< \vec{r}|\vec{k} >$ gesehen hatten. Wir bemerken noch, dass die Eigenzustände $|\psi_n(t) >$ zu unterschiedlichen Eigenwerten eines hermiteschen Operators orthogonal sind. Hier werden wir zusätzlich von orthonormalen Eigenzuständen ausgehen, d.h. $< \psi_m(t)|\psi_n(t) > = \delta_{mn}$. Die Eigenzustände zu einem entarteten Eigenwert sind nicht notwendig orthogonal. Wir können aber aus diesen orthonormale Eigenzustände aufbauen. Und schließlich erwähnen wir noch, dass $|c_n|^2$ die Wahrscheinlichkeit dafür ist, das System im Zustand $|\psi_n(t) >$ zu finden, wenn es zur Zeit $t = 0$ im Zustand $|\phi(0) >$ war. Insbesondere

---

[17]Hermitesch heißt $\Lambda = \Lambda^+$. Hermitesche Operatoren besitzen reelle und damit messbare Eigenwerte. Insbesondere ist $\mathcal{H}$ hermitesch.

gilt $|\phi(t)> = \exp[-i\mathcal{H}t/\hbar]\,|\phi(0)>$, wie wir durch formale Integration der Schrödinger-Gleichung leicht sehen.

• Der Dichteoperator:

Der quantenmechanische Erwartungswert eines Operators Λ im Systemzustand $|\phi(t)>$ ist gegeben durch

$$< \Lambda > \,=\, < \phi(t)\,|\,\Lambda\,|\,\phi(t)> \;. \tag{2.25}$$

Durch Einsetzen von Gl. (2.23) und mit $p_n \equiv |c_n|^2$ erhalten wir

$$
\begin{aligned}
< \Lambda > \;&=\; \sum_n p_n < \psi_n(t)\,|\Lambda|\psi_n(t)> \\
&=\; \sum_{n,n'} p_n < \psi_n(t)\,|\psi_{n'}(t)> < \psi_{n'}(t)\,|\Lambda|\psi_n(t)> \\
&=\; \sum_n < \psi_n(t)\,|\, \sum_{n'} |\psi_{n'}(t)> \, p_{n'} < \psi_{n'}(t)\,|\Lambda|\psi_n(t)> \\
&=\; \sum_n < \psi_n(t)\,|\rho\Lambda|\psi_n(t)> \\
< \Lambda > \;&=\; Sp\,(\rho\Lambda) \;.
\end{aligned}
\tag{2.26}
$$

Der Operator

$$\rho \equiv \sum_n |\psi_n(t)> \, p_n < \psi_n(t)| \tag{2.27}$$

ist der Dichteoperator. Die Spur

$$Sp\,(...) \equiv \sum_n < \psi_n(t)\,|...|\psi_n(t)> \tag{2.28}$$

hatten wir schon kennen gelernt. Für den Fall einer Funktion $g(\Lambda)$ lautet Gl. (2.26)

$$< g(\Lambda) > \,=\, Sp\,(\rho g(\Lambda)) \;. \tag{2.29}$$

Eine wichtige Eigenschaft der Spur ist ihre Invarianz bei zyklischer Vertauschung der Operatoren:

$$Sp\,(\boldsymbol{ABC}) = Sp\,(\boldsymbol{BCA}) = Sp\,(\boldsymbol{CAB}) \;. \tag{2.30}$$

Beweis: $Sp(ABC) = \sum_{v,a,b,c} <v|a> a <a|b> b <b|c> c <c|v> = \sum_{a,b,c} a <a|b> b < b|c> c <c|a> = \sum_{abc} b <b|c> c <c|a> a <a|b> = Sp(BCA)$. Daher ist $Sp(\Lambda)$ invariant bei einer beliebigen unitären Transformation von Λ, d.h.

$$Sp(\Lambda) = Tr\left(\underbrace{SS^{-1}}_{=\mathbf{I}} \Lambda\right) = Sp\left(S^{-1}\Lambda S\right) .$$

Insbesondere ist die Spur unabhängig von der Wahl der Darstellung:

$$\sum_v <v|\Lambda|v> = \sum_{v,n,n'} <v|\psi_n><\psi_n|\Lambda|\psi_{n'}><\psi_{n'}|v>$$

$$= \sum_{n,n'} <\psi_n|\Lambda|\psi_{n'}> \underbrace{\sum_v <\psi_{n'}|v><v|\psi_n>}_{=\delta_{nn'}} = \sum_n <\psi_n|\Lambda|\psi_n> .$$

Hier sind die $|\psi_n>$ orthonormale Eigenkets von Λ, wohingegen dies für die $|v>$ nicht der Fall sein muss!

Durch Vergleich von Gl. (2.26) mit Gl. (2.12) sehen wir, dass der Dichteoperator im Fall des kanonischen Ensembles durch

$$\rho = \frac{e^{-\beta\mathcal{H}}}{Sp\left(e^{-\beta\mathcal{H}}\right)} \tag{2.31}$$

gegeben ist. Wenn wir statt der Eigenfunktionen eines beliebigen hermiteschen Operators Λ wie in Gl. (2.27) Energieeigenzuände $|v>$ verwenden, dann kann ρ auch durch

$$\rho \equiv \sum_v |v> p_v <v| \tag{2.32}$$

mit

$$p_v = \frac{e^{-\beta E_v}}{Sp\left(e^{-\beta\mathcal{H}}\right)} \tag{2.33}$$

ausgedrückt werden.

Klassischer Grenzfall:

Die quantenmechanische Berechnung der Zustandssumme gemäß Gl. (2.11) ist in der Regel sehr aufwendig. Für die meisten der hier betrachteten Systeme ist die klassische Näherung aber sehr gut. Wie man ausgehend von Gl. (2.11) zu einer entsprechenden klassischen Formel kommt, wollen wir hier an einem einfachen Beispiel zunächst skizzieren, bevor wir anschließend den klassischen Grenzfall genauer betrachten.

• Ein Teilchen im Potenzialtopf:

Ein quantenmechanisches Teilchen mit der Masse m in einem Potenzialtopf mit dem Volumen L^3 besitzt die Energieeigenwerte

$$\epsilon_{hkl} = \frac{\hbar^2 \vec{k}^2}{2m} = \frac{\pi^2 \hbar^2}{2mL^2}(h^2 + k^2 + l^2)\,, \tag{2.34}$$

($h, k, l = 1, 2, ...$). Dementsprechend ist die Einteilchenzustandssumme

$$Q^{(1)} = \sum_{h,k,l=1}^{\infty} \exp\left[-\pi\left(\frac{\Lambda_T}{2L}\right)^2 (h^2 + k^2 + l^2)\right]\,.$$

Die Größe

$$\Lambda_T = \sqrt{\frac{2\pi\hbar^2}{mk_BT}} \tag{2.35}$$

heißt thermische Wellenlänge. Man beachte, Λ_T ist im Wesentlichen die deBroglie-Wellenlänge des Teilchens mit der Energie k_BT. Insbesondere ist Λ_T verschwindend klein [18] verglichen mit den linearen Dimensionen makroskopischer Volumina, sodass in sehr guter Näherung

$$\sum_{h,k,l=1}^{\infty} \to \rho_{\vec{p}} \int d^3p = \frac{1}{(2\pi\hbar)^3} \int d^3p\, d^3r \tag{2.36}$$

gilt. Hier ist $\rho_{\vec{p}} = V(2\pi\hbar)^{-3}$ die Dichte im $\vec{p}$-Raum. Man beachte, dass alle $\vec{k}$-Vektoren ($\vec{k} = \vec{p}/\hbar$) auf einem kubischen Gitter liegen, dessen Gitterkonstante $2\pi/L$ ($L^3 = V$) ist, und damit ist das Volumen pro Gitterpunkt $(2\pi)^3/V$.

Die klassische N-Teilchenzustandssumme für Teilchen [19] ohne Wechselwirkung wäre folglich

$$Q_{NVT}^{(ideal)} = \frac{1}{N!} \frac{1}{(2\pi\hbar)^{3N}} \int d^{3N}p\, d^{3N}r \exp\left[-\frac{1}{k_BT}\sum_{i=1}^{N}\frac{p_i^2}{2m}\right]\,. \tag{2.37}$$

---

[18] $\Lambda_T \approx 17.46\text{Å}/\sqrt{mT}$, wobei m in atomaren Einheiten und T in Kelvin sind.

[19] In diesem Abschnitt sprechen wir von Teilchen ohne innere Struktur.

Man beachte, dass es zu jeder Zeit $N!$ ununterscheidbare Konfigurationen gibt, die durch Vertauschung von Teilchen untereinander erzeugt werden. Der Faktor $1/N!$ bewirkt, dass diese nicht als separate Konfigurationen gezählt werden [20].

Analog zur Gl. (2.37) erwartet man für ein klassisches System wechselwirkender Teilchen

$$Q_{NVT} = \frac{1}{N!} \frac{1}{(2\pi\hbar)^{3N}} \int d^{3N}p\, d^{3N}r \exp\left[-\frac{1}{k_B T}\left(\sum_{i=1}^{N} \frac{p_i^2}{2m} + \mathcal{U}\right)\right] . \tag{2.38}$$

Hier ist $\mathcal{U}$ die gesamte potenzielle Energie.

Wir wollen jetzt über diese Plausibilitätsüberlegungen hinausgehen, wobei wir uns an die Darstellung im Huang [11] (Abschnitt 10.2) anlehnen [21]. Allerdings benötigen wir zunächst eine einführende Diskussion der Quantenmechanik von Vielteilchensystemen. Bisher haben wir nämlich nicht berücksichtigt, dass die Ununterscheidbarkeit der Teilchen besondere Symmetrieanforderungen an die Wellenfunktion des Systems stellt. Neben dem Faktor $1/N!$ ergeben sich bei Berücksichtigung dieser Symmetrieeigenschaften weitere Quantenkorrekturen, und wir wollen wissen, wann diese wichtig werden.

Quantenmechanik von Vielteilchensystemen:

• Zwei Arten von Statistik:

Wir betrachten ein System, bestehend aus N identischen Teilchen. Identisch bedeutet hier, dass der Hamilton-Operator $\mathcal{H}$ invariant unter der Vertauschung zweier Teilchen sein soll. Wir nehmen an, dass der quantenmechanische Zustand dieses Systems als geordnetes Produkt von Einteilchenzuständen geschrieben werden kann:

$$|\phi_\alpha> \equiv |\phi_{\alpha_1,\alpha_2,...,\alpha_N}> = \left(|\phi_{\alpha_1}> |\phi_{\alpha_2}> \ldots |\phi_{\alpha_N}>\right) . \tag{2.39}$$

Die Indizes α_i subsummieren alle Quantenzahlen, die diese Einteilchenzustände charakterisieren. Allerdings sind diese nicht notwendig durch $\mathcal{H}$ bestimmt. Insbesondere bedeutet identisch im hier definierten Sinn nicht notwendig die Gleichheit der betreffenden α_i!

Mathematisch ausgedrückt wird die obige Invarianz durch

$$\sigma_{ij}^{-1} \mathcal{H} \sigma_{ij} = \mathcal{H} \tag{2.40}$$

definiert. Der Permutationsoperator σ_{ij} vertauscht dabei zwei Teilchen i und j, d.h.

$$\sigma_{ij}|\phi_{...,\alpha_i,...,\alpha_j,...}> = |\phi_{...,\alpha_j,...,\alpha_i,...}> . \tag{2.41}$$

---

[20]Klassisch ist der Faktor $1/N!$ eigentlich nicht verständlich. Allerdings würde sein Fehlen auch klassisch bemerkt werden – beispielsweise als Gibbs-Paradox. Das Gibbs-Paradox tritt auf, wenn ein Behälter mit Gas durch eine Trennwand in zwei Hälften geteilt wird. Wenn die Gasteilchen ununterscheidbar sind, dann sollte die Gesamtentropie vor der Teilung gleich der Summe der Entropien nach der Teilung sein. Fehlt der Faktor $1/N!$, so ist dies nicht der Fall!

[21]Andere Referenzen sind beispielsweise [10] (insbesondere §31 und §33) oder [21].

Falls $|\phi_\alpha >$ ein Eigenzustand von $\mathcal{H}$ zum Eigenwert E_α ist, so folgt aus Gl. (2.40), dass dies ebenso für $\sigma_{ij}|\phi_\alpha >$ gilt:

$$\mathcal{H}\left(\sigma_{ij}|\phi_\alpha >\right) = E_\alpha \left(\sigma_{ij}|\phi_\alpha >\right) . \tag{2.42}$$

Diese Gleichung lässt zwei unterschiedliche Schlüsse zu. (a) $\sigma_{ij}|\phi_\alpha > = c|\phi_\alpha >$, worin c eine Konstante ist. Mit $\sigma_{ij}^2|\phi_\alpha > = |\phi_\alpha >$ folgt daraus

$$\sigma_{ij}|\phi_\alpha > = \pm|\phi_\alpha > . \tag{2.43}$$

(b) Andererseits könnte $\sigma|\phi_\alpha >$ eine Linearkombination der Eigenzustände $|\phi_\alpha^{(1)} >$, $|\phi_\alpha^{(2)} >$, $\ldots, |\phi_\alpha^{(s)} >$ sein, die alle den gleichen Eigenwert E_α besitzen. In diesem Fall besitzt der Eigenwert eine intrinsische Entartung. Diese wird von einer Störung $\mathcal{U}$, für die natürlich ebenfalls $\sigma_{ij}^{-1}\mathcal{U}\sigma_{ij} = \mathcal{U}$ gilt, nicht aufgehoben. Alle bisherigen Experimente unterstützen jedoch Variante (a).

Als unmittelbare Folge von Gl. (2.43) separiert der Zustandsraum in zwei komplett disjunkte Teilräume im Sinn der folgenden Gleichung

$$< \phi_{\alpha'}^{(+)}|\Lambda|\phi_\alpha^{(-)} > = 0 ,$$

wobei Λ wiederum die Invarianz unter Teilchenvertauschung erfüllt. Beweisen lässt sich dies wie folgt: $< \phi_{\alpha'}^{(+)}|\Lambda|\phi_\alpha^{(-)} > = < \phi_{\alpha'}^{(+)}|\sigma^{-1}\Lambda\sigma|\phi_\alpha^{(-)} > = < \phi_{\alpha'}^{(+)}|\sigma^+\Lambda\sigma|\phi_\alpha^{(-)} > = - < \phi_{\alpha'}^{(+)}|\Lambda|\phi_\alpha^{(-)} >$, wobei $\sigma^+ = \sigma^{-1}$ verwendet wurde [22]. Aus diesem Grund werden (+)- und (−)-Zustände, man spricht auch von geraden oder symmetrischen bzw. von ungeraden oder antisymmetrischen Zuständen, jeweils nur in die entsprechend gleichartigen Zustände überführt.

Die besondere Bedeutung der bisherigen Betrachtung liegt darin, dass (−)-Zustände mit identischen Indexpaaren, d.h. $\alpha_i = \alpha_j$, nicht existieren können, ohne im Widerspruch zu Gl. (2.43) zu stehen, während dieses Verbot für (+)-Zustände nicht gilt! Da α_i für die Quantenzahlen des Einteilchenzustands steht, können in einem (−)-System keine zwei Teilchen den gleichen Einteilchenzustand besetzen. In diesem Fall nennt man die Teilchen Fermionen. Bosonen sind Teilchen, für die dieses Verbot nicht gilt. Die Größe n_α, die Zahl der Teilchen im Einteilchenzustand α, wird als Besetzungszahl bezeichnet. Dabei gilt

$$\sum_\alpha n_\alpha = N \tag{2.44}$$

und

---

[22] Beweis: Hier und im Folgenden erweitern wir die Definition des ursprünglichen Paarpermutationsoperators σ_{ij}. Der Permutationsoperator σ permutiert jetzt die geordnete Sequenz $\alpha_1, \alpha_2, ..., \alpha_N$ in die neue geordnete Sequenz $\sigma\alpha_1, \sigma\alpha_2, ..., \sigma\alpha_N$, die sich aus der Reihe nach ausgeführten Anwendungen des alten Paarvertauschungsoperators σ_{ij} ergibt. Damit haben wir $< \phi_{\alpha'}|\sigma|\phi_\alpha > = < \phi_{\alpha'_1, \alpha'_2, ..., \alpha'_N}|\phi_{\sigma\alpha_1, \sigma\alpha_2, ..., \sigma\alpha_N} > = < \phi_{\sigma^{-1}\alpha'_1, \sigma^{-1}\alpha'_2, ..., \sigma^{-1}\alpha'_N}|\phi_{\alpha_1, \alpha_2, ..., \alpha_N} >$. Daher gilt $\sigma^+ = \sigma^{-1}$, und mit $\sigma^2 = \sigma^{-1}\sigma = 1$ gilt ebenfalls $\sigma^+ = \sigma$.

$$
n_\alpha = \begin{cases} 0, 1, ..., N & \text{Bosonen} \\ 0, 1 & \text{Fermionen} \end{cases} . \tag{2.45}
$$

Auf diese Weise liefert Gl. (2.43) zwei unterschiedliche Statistiken – Bose-Einstein für Bosonen und Fermi-Dirac für Fermionen.

1940 zeigte W. Pauli [23], dass Teilchen, die einen ganzzahligen Spin besitzen, Bosonen sind, während die Fermionen Teilchen mit halbzahligem Spin entsprechen. Dies ist das so genannte Spin-Statistik-Theorem, das im Rahmen der relativistischen Quantenfeldtheorie bewiesen werden kann. Das Verbot der Doppelbesetzung für Fermionen nennt man Pauli-Ausschließungsprinzip.

• Die Konstruktion von N-Teilchenwellenfunktionen:

Wir wollen die normierten N-Teilchenzustände $|\phi_\alpha^{(\pm)}>$ konstruieren, die die Symmetrieanforderungen für Bosonen (+) bzw. für Fermionen (–) erfüllen, und machen den Ansatz

$$
|\phi_\alpha^{(\pm)}> = K_\pm \sum_\sigma {}^{(\pm)} \delta_\sigma |\phi_{\sigma\alpha_1, \sigma\alpha_2, ..., \sigma\alpha_N}> . \tag{2.46}
$$

Wie oben erwähnt bezeichnet $\sigma\alpha_1, \sigma\alpha_2, ..., \sigma\alpha_N$ eine bestimmte Permutation der ursprünglichen Sequenz $\alpha_1, \alpha_2, ..., \alpha_N$, die sich aus einer geradzahligen (+) oder aus einer ungeradzahligen (–) Anwendung der Paarvertauschung ergibt. Die jeweiligen Summen $\sum_\sigma {}^{(\pm)}$ umfassen alle unterschiedlichen Permutationen für die beiden Fälle inklusive der Identität. Außerdem gilt

$$
\delta_\sigma = \begin{cases} 1 & \text{Bosonen} \\ (-1)^P & \text{Fermionen} \end{cases} , \tag{2.47}
$$

wobei P die Zahl der Paarvertauschungen ist, die die Sequenz $\sigma\alpha_1, \sigma\alpha_2, ..., \sigma\alpha_N$ aus $\alpha_1, \alpha_2, ..., \alpha_N$ erzeugen. Die Normierungskonstante $K_\pm$ folgt aus der üblichen Bedingung:

$$
\delta_{\alpha\beta} = <\phi_\alpha^{(\pm)}|\phi_\beta^{(\pm)}> = |K_\pm|^2 \sum_{\sigma, \sigma'} {}^{(\pm)} \delta_\sigma \delta_{\sigma'} <\phi_{\sigma\alpha_1, \sigma\alpha_2, ..., \sigma\alpha_N}|\phi_{\sigma'\beta_1, \sigma'\beta_2, ..., \sigma'\beta_N}> .
$$

Fermionen verlangen $\sigma = \sigma'$, da alle α_i verschieden sind. Die verbleibende Summe enthält $N!$ Terme [24] der Form $|K_-|^2 \Pi_i <\phi_{\sigma\alpha_i}|\phi_{\sigma\alpha_i}> = |K_-|^2$. Daher gilt $K_- = \frac{1}{\sqrt{N!}}$. Bosonen verlangen nicht $\sigma = \sigma'$, da diesmal die α_i nicht verschieden sein müssen. Angenommen, in der Reihe $\alpha_1, ..., \alpha_N$ sind n_α der $\alpha_i(= \alpha)$ identisch. In diesem Fall gilt

$$
1 = <\phi_\alpha^{(+)}|\phi_\alpha^{(+)}> = |K_+|^2 N! n_\alpha! .
$$

---

[23] W. Pauli (1940) *The connection between spin and statistics*. Phys. Rev. **58**, 716.
[24] $N!$ ist die Anzahl der möglichen Reihenfolgen, in denen N verschiedene Objekte angeordnet werden können.

Die allgemeine Form dieser Gleichung ist

$$1 = <\phi_\alpha^{(+)}|\phi_\alpha^{(+)}> = |K_+|^2 N! \Pi_\alpha n_\alpha! \,,$$

und es folgt $K_+ = (\sqrt{N! \Pi_\alpha n_\alpha!})^{-1}$. Damit gilt einheitlich

$$K = K_+ = K_- = \frac{1}{\sqrt{N! \Pi_\alpha n_\alpha!}} \,, \tag{2.48}$$

wobei das Produkt für Fermionen natürlich immer eins ergibt.

Wir überprüfen die beiden Normierungen explizit für $N = 2$. In diesem Fall ist

$$|\phi_\alpha^{(\pm)}> = \frac{1}{\sqrt{2! \Pi_\alpha n_\alpha!}} \left(|\phi_{\alpha_1,\alpha_2}> \pm |\phi_{\alpha_2,\alpha_1}> \right)$$

und

$$<\phi_\alpha^{(\pm)}|\phi_\alpha^{(\pm)}> = \frac{1}{2\Pi_\alpha n_\alpha!} \Big(<\phi_{\alpha_1,\alpha_2}|\phi_{\alpha_1,\alpha_2}> \pm <\phi_{\alpha_1,\alpha_2}|\phi_{\alpha_2,\alpha_1}>$$
$$\pm <\phi_{\alpha_2,\alpha_1}|\phi_{\alpha_1,\alpha_2}> + <\phi_{\alpha_2,\alpha_1}|\phi_{\alpha_2,\alpha_1}> \Big).$$

Für $\alpha_1 \neq \alpha_2$ gilt $\Pi_\alpha n_\alpha! = 1!1! = 1$ und somit

$$<\phi_\alpha^{(\pm)}|\phi_\alpha^{(\pm)}> = \frac{1}{2} \Big(\underbrace{<\phi_{\alpha_1,\alpha_2}|\phi_{\alpha_1,\alpha_2}>}_{=1} + \underbrace{<\phi_{\alpha_2,\alpha_1}|\phi_{\alpha_2,\alpha_1}>}_{=1} \Big) = 1 \,.$$

Für Bosonen ist zusätzlich $\alpha_1 = \alpha_2$ erlaubt. Dann gilt $\Pi_\alpha n_\alpha! = 2!0! = 2$ und

$$<\phi_\alpha^{(+)}|\phi_\alpha^{(+)}> = \frac{1}{4}(1 + 1 + 1 + 1) = 1 \,.$$

Im nächsten Abschnitt werden wir die zu Gl. (2.24) analoge Vollständigkeitsrelation benötigen, die jeweils in den ($\pm$)-Unterräumen gilt. Sie lautet

$$1^{(\pm)} = \frac{1}{N!} \sum_{\alpha_1,\ldots,\alpha_N} |\phi_\alpha^{(\pm)}> <\phi_\alpha^{(\pm)}| \tag{2.49}$$

[25].

---

[25] Der Leser sollte den Beweis selbst versuchen.

Noch einmal der klassische Grenzfall:

• Das (nicht so) ideale Quantengas:

Wir wollen nochmals den klassischen Grenzfall der kanonischen Zustandssumme untersuchen. Das Resultat der Gl. (2.37) wird wieder der führende Beitrag sein, aber diesmal wird es auch Quantenkorrekturen geben. Damit die Rechnung übersichtlicher ist, werden wir zunächst nur zwei Teilchen betrachten, d.h. $N = 2$. Die Teilchen sind wieder vollkommen strukturlos und besitzen keinen Wechselwirkungsterm im Hamilton-Operator, der daher durch

$$\mathcal{H} = \frac{\hbar^2}{2m} \left(\vec{k}_1^2 + \vec{k}_2^2 \right) \tag{2.50}$$

gegeben ist. Hier ist $\hbar\vec{k}_i$ der Impulsoperator zum Teilchen i. Entsprechend schreiben wir für die Zweiteilchenzustände

$$|\phi_{\vec{k}}^{(\pm)}> = K_\pm \left(|\vec{k}_1, \vec{k}_2 > \pm |\vec{k}_2, \vec{k}_1 > \right) . \tag{2.51}$$

Mit diesen berechnen wir nun die Spur in Gl. (2.11), d.h.

$$
\begin{aligned}
Q_{NVT}^{(ideal)} &= Sp\left(\exp\left[-\beta\mathcal{H}\right]\right) = \sum_{\nu} < \nu| \exp\left[-\beta\mathcal{H}\right] |\nu > \\
&= \sum_{\nu} < \nu| 1^{(\pm)} \exp\left[-\beta\mathcal{H}\right] |\nu > \\
&\overset{(*)}{=} \frac{1}{2!} \sum_{\nu} \left(\frac{V}{(2\pi)^3}\right)^2 \int d^3k_1 d^3k_2 < \nu|\phi_{\vec{k}}^{(\pm)} >< \phi_{\vec{k}}^{(\pm)}| \exp\left[-\beta\mathcal{H}\right]|\nu > \\
&= \frac{1}{2} \left(\frac{V}{(2\pi)^3}\right)^2 \int d^3k_1 d^3k_2 < \phi_{\vec{k}}^{(\pm)}| \exp\left[-\beta\mathcal{H}\right] |\phi_{\vec{k}}^{(\pm)} > \\
&= \frac{1}{2} \left(\frac{V}{(2\pi)^3}\right)^2 \int d^3k_1 d^3k_2 \exp\left[-\beta\frac{\hbar^2}{2m}\left(k_1^2 + k_2^2\right)\right] < \phi_{\vec{k}}^{(\pm)}|\phi_{\vec{k}}^{(\pm)} > .
\end{aligned}
$$

(*) bedeutet, dass an dieser Stelle die Vollständigkeitsrelation der Gl. (2.49) in der Form

$$1^{(\pm)} = \frac{1}{2!} \sum_{\vec{k}_1, \vec{k}_2} |\phi_{\vec{k}}^{(\pm)} >< \phi_{\vec{k}}^{(\pm)}|$$

verwendet wird. Der Index $\vec{k}$ steht stellvertretend für $\vec{k}_1, \vec{k}_2$. Wie schon in Gl. (2.36) werden außerdem die Summationen durch entsprechende Integrationen ersetzt, sodass die Vollständigkeitsrelation als

$$1^{(\pm)} = \frac{1}{2!} \left(\frac{V}{(2\pi)^3}\right)^2 \int d^3k_1 d^3k_2 \, | \phi_{\vec{k}}^{(\pm)} >< \phi_{\vec{k}}^{(\pm)} |$$

geschrieben werden kann. Schließlich verwenden wir noch $1 = \sum_\nu |\nu><\nu|$.

Wir wollen jetzt die obige Gleichung für $Q_{NVT}^{(ideal)}$ in eine für uns nützlich Form bringen und betrachten zunächst die Ortsdarstellung von $<\phi_{\hat{k}}^{(\pm)}|\phi_{\hat{k}}^{(\pm)}>$:

$$
\begin{aligned}
<\phi_{\hat{k}}^{(\pm)}|\phi_{\hat{k}}^{(\pm)}> \; &= \; K_\pm^2 \Big(<\vec{k}_1,\vec{k}_2|\vec{k}_1,\vec{k}_2> \; \pm \; <\vec{k}_1,\vec{k}_2|\vec{k}_2,\vec{k}_1> \\
&\quad \pm <\vec{k}_2,\vec{k}_1|\vec{k}_1,\vec{k}_2> \; + \; <\vec{k}_2,\vec{k}_1|\vec{k}_2,\vec{k}_1> \; \Big) \\
&= \; K_\pm^2 \int d^3r_1 d^3r_2 \Big(<\vec{k}_1,\vec{k}_2|\vec{r}_1,\vec{r}_2> <\vec{r}_1,\vec{r}_2|\vec{k}_1,\vec{k}_2> \\
&\quad \pm <\vec{k}_1,\vec{k}_2|\vec{r}_1,\vec{r}_2> <\vec{r}_1,\vec{r}_2|\vec{k}_2,\vec{k}_1> \\
&\quad \pm <\vec{k}_2,\vec{k}_1|\vec{r}_1,\vec{r}_2> <\vec{r}_1,\vec{r}_2|\vec{k}_1,\vec{k}_2> \\
&\quad + <\vec{k}_2,\vec{k}_1|\vec{r}_1,\vec{r}_2> <\vec{r}_1,\vec{r}_2|\vec{k}_2,\vec{k}_1> \; \Big) .
\end{aligned}
$$

Hier haben wir zweimal die Beziehung der Gl. (2.18) verwendet und $|\vec{r}_1>|\vec{r}_2> \equiv |\vec{r}_1,\vec{r}_2>$ benutzt.

Vielleicht sind wir jetzt versucht, die Gl. (2.21), d.h. $<\vec{r}_i|\vec{k}_j> = (2\pi)^{-3/2} \exp[i\vec{k}_j \cdot \vec{r}_i]$, zu verwenden. Diese $\vec{r}$-Darstellung eines $|\vec{k}>$-Zustandes repräsentiert ein freies Teilchen mit dem Impuls $\hbar\vec{k}$. Allerdings ist das Teilchen nicht auf einen begrenzten Raumbereich beschränkt, und seine Wellenfunktion ist deshalb nicht normierbar. Die Gasteilchen sind jedoch im Volumen V eingeschlossen. Wir finden $<\vec{r}_i|\vec{k}_j>$ für diesen Fall, indem wir die Normierungsbedingung auf $|\vec{k}>$-Zustände im Volumen V in $\vec{r}$-Darstellung hinschreiben, d.h.

$$
\delta_{\hat{k}',\hat{k}} = <\vec{k}'|\vec{k}> = \int d^3r <\vec{k}' | \vec{r}> <\vec{r}|\vec{k}> \; .
$$

Mit $\int_V d^3r e^{i(\vec{k}-\vec{k}')\cdot\vec{r}} = V\delta_{\hat{k},\hat{k}'}$ erkennen wir:

$$
<\vec{r}|\vec{k}> = \frac{1}{\sqrt{V}} e^{i\vec{k}\cdot\vec{r}} \; . \tag{2.52}
$$

Mittels Gl. (2.52) folgt nun nach Zusammenfassen der entsprechenden Terme

$$
<\phi_k^{(\pm)}|\phi_k^{(\pm)}> = K_\pm^2 \int \frac{d^3r_1}{V} \frac{d^3r_2}{V} \Big[2 \pm e^{i(\vec{k}_1-\vec{k}_2)\cdot(\vec{r}_1-\vec{r}_2)} \pm e^{-i(\vec{k}_1-\vec{k}_2)\cdot(\vec{r}_1-\vec{r}_2)} \Big] .
$$

Dies setzen wir in den obigen Ausdruck für $Q_{NVT}^{(ideal)}$ ein und erhalten

$$
\begin{aligned}
Q_{NVT}^{(ideal)} &= \frac{K_\pm^2}{2!} 2 \int \frac{d^3r_1}{(2\pi)^3} \frac{d^3r_2}{(2\pi)^3} d^3k_1 d^3k_2 e^{-\beta\frac{\hbar^2}{2m}(k_1^2+k_2^2)} \Big[1 \pm e^{i(\vec{k}_1-\vec{k}_2)\cdot(\vec{r}_1-\vec{r}_2)} \Big] \\
&= \frac{1}{2!} \int \frac{d^3r_1}{(2\pi)^3} \frac{d^3r_2}{(2\pi)^3} d^3k_1 d^3k_2 e^{-\beta\frac{\hbar^2}{2m}(k_1^2+k_2^2)} \Big[1 \pm f^2(r_{12}) \Big] \tag{2.53}
\end{aligned}
$$

Tabelle 2.1: Die Größe $\Lambda_T^3 N/V$ für verschiedene Flüssigkeiten an ihrem Siedepunkt.

He	4.2	1.5
H_2	20.4	0.44
Ne	27.2	0.015
Ar	87.4	0.00054

mit $r_{12} = |\vec{r}_1 - \vec{r}_2|$ sowie

$$f(r_{12}) = \frac{\int d^3k \exp\left[-\frac{\beta\hbar^2 k^2}{2m} + i\vec{k}\cdot\vec{r}_{12}\right]}{\int d^3k \exp\left[-\frac{\beta\hbar^2 k^2}{2m}\right]} = \exp\left[-\frac{\pi r_{12}^2}{\Lambda_T^2}\right]. \tag{2.54}$$

Für $N > 2$ ist die Rechnung analog und liefert das Resultat

$$Q_{NVT}^{(ideal)} = \frac{1}{N!} \int \frac{d^3r_1...d^3r_N d^3p_1...d^3p_N}{(2\pi\hbar)^{3N}} \exp\left[-\beta \sum_{i=1}^{N} \frac{p_i^2}{2m}\right] \tag{2.55}$$

$$\times \left[1 \pm \sum_{i<j} f^2(r_{ij}) + \sum_{i,j,k} f(r_{ij})f(r_{ik})f(r_{kj}) \pm ...\right],$$

wobei die Quantenkorrekturen in Form einer Entwicklung in der Zahl der Teilchenvertauschungen ausgedrückt sind (vgl. Referenz [11]). Die führende Korrektur entspricht dabei unserem bisherigen Ergebnis. Wieder steht (+) für Bosonen und (−) für Fermionen.

Offensichtlich erhalten wir im Grenzfall $f(r) \to 0$ die Gl. (2.37). Für $f(r) > 0$ treten Quantenkorrekturen auf. Diese Korrekturen werden dann wichtig, wenn sich die Teilchen im Mittel bis auf Distanzen von der Größe der thermischen Wellenlänge Λ_T annähern (vgl. Gl. (2.54)). Umgekehrt ist für

$$\Lambda_T \ll (V/N)^{1/3} \tag{2.56}$$

die klassische Näherung sehr gut. D.h. der mittlere Teilchenabstand muss sehr viel größer sein als die thermische Wellenlänge. Dies hätten wir auch aufgrund unseres intuitiven Verständnisses der deBroglie-Wellenlänge erwartet! Tabelle 2.1 enthält einige konkrete Zahlenbeispiele für verschiedene Flüssigkeiten am Siedepunkt. Lediglich bei kleinen Massen, repräsentiert durch *He* und H_2, ist Vorsicht geboten! Das Gleiche gilt natürlich für niedrige Temperaturen, denn für $T \to 0$ folgt $\Lambda_T \to \infty$.

• Das Quantengas mit Wechselwirkungspotenzial:

Wir schreiben

$$\mathcal{H} = \mathcal{K} + \mathcal{U}. \tag{2.57}$$

Hier steht $\mathcal{K} = \sum_{i=1}^{N} \hbar^2 \vec{k}^2/(2m)$ für den kinetischen Anteil und $\mathcal{U} = \mathcal{U}(\vec{r}_1, ..., \vec{r}_N)$ für den potenziellen Anteil von $\mathcal{H}$. Dieses $\mathcal{H}$ ist in der für das ideale Gas gewählten Darstellung nicht diagonal. Die Diagonalität kann aber für genügend große Temperaturen näherungsweise wieder hergestellt werden. Dazu betrachten wir die Entwicklung

$$\exp[-\beta\mathcal{H}] = \exp[-\beta\mathcal{K}] \exp[-\beta\mathcal{U}] \exp[C_0] \exp[\beta C_1] \exp[\beta^2 C_2] \ldots \tag{2.58}$$

in β. Die Operatoren C_i erhalten wir durch $n$faches Differenzieren ($n = 1, 2, ...$) der Gl. (2.58) nach β, wobei anschließend β gleich null gesetzt wird. Das Resultat lautet

$$
\begin{aligned}
C_0 &= 0 \\
C_1 &= 0 \\
C_2 &= -\frac{1}{2}[\mathcal{K}, \mathcal{U}] \\
&\vdots
\end{aligned}
\tag{2.59}
$$

Bei genügend hohen Temperaturen sollte daher

$$
\begin{aligned}
Q_{NVT} &= \frac{1}{N!} \int d^3k_1 ... d^3k_N < \phi_k^{(\pm)} | \exp[-\beta\mathcal{H}] | \phi_k^{(\pm)} > \\
&\approx \frac{1}{N!} \int d^3k_1 ... d^3k_N < \phi_k^{(\pm)} | \exp[-\beta\mathcal{K}] \exp[-\beta\mathcal{U}] \\
&\quad \times \exp\left[-\frac{\beta^2}{2}[\mathcal{K}, \mathcal{U}]\right] | \phi_k^{(\pm)} >
\end{aligned}
\tag{2.60}
$$

eine gute Näherung ergeben. Mit $\vec{k} = -i\vec{\nabla}$ sowie $\mathcal{K} = \sum_{i=1}^{N} \hbar^2 \vec{k}^2/(2m)$ und $\mathcal{U} = \mathcal{U}(\vec{r}_1, ..., \vec{r}_N)$ kann der Kommutator geschrieben werden als

$$[\mathcal{K}, \mathcal{U}] = -\frac{\hbar^2}{2m} \sum_{i=1}^{N} \vec{\nabla}_i^2 \mathcal{U}(\vec{r}_1, ..., \vec{r}_N) + i\frac{\hbar^2}{m} \sum_{i=1}^{N} \vec{\mathcal{F}}_i(\vec{r}_1, ..., \vec{r}_N) \cdot \vec{k}_i \tag{2.61}$$

mit $\vec{\mathcal{F}}_i(\vec{r}_1, ..., \vec{r}_N) = -\vec{\nabla}_i \mathcal{U}(\vec{r}_1, ..., \vec{r}_N)$. Durch Einschieben von Vollständigkeitsrelationen $1 = \int d^3r_1 ... d^3r_N |\vec{r}_1, ..., \vec{r}_N > < \vec{r}_1, ..., \vec{r}_N|$ vor, zwischen und hinter die Exponentialoperatoren in Gl. (2.60), wobei diese in der Ortsdarstellung ausgedrückt werden (insbesondere wird $\vec{k}_i$ durch $-i\vec{\nabla}_i$ ersetzt), sowie mithilfe von $< \vec{r}_i|\vec{r}_i' > = \delta(\vec{r}_i - \vec{r}_i')$ erkennt man, dass Gl. (2.60) in die zum idealen Gas analoge Form

$$Q_{NVT} \approx \frac{1}{N!} \int d^3 r_1 ... d^3 r_N d^3 k_1 ... d^3 k_N$$

$$\times \exp\left[-\beta\left(\mathcal{K}(\vec{k}_1^2, ..., \vec{k}_N^2) + \mathcal{U}(\vec{r}_1, ..., \vec{r}_N)\right)\right]$$

$$\times \exp\left[\frac{\beta^2 \hbar^2}{4m} \sum_{i=1}^{N} \vec{\nabla}_i^2 \mathcal{U}(\vec{r}_1, ..., \vec{r}_N) - i\frac{\beta^2 \hbar^2}{2m} \sum_{i=1}^{N} \vec{\mathcal{F}}_i(\vec{r}_1, ..., \vec{r}_N) \cdot \vec{k}_i\right]$$

$$\times <\phi_k^{(\pm)} | \vec{r}_1, ..., \vec{r}_N >< \vec{r}_1, ..., \vec{r}_N | \phi_k^{(\pm)} >$$

geschrieben werden kann. Dabei ist die Ortsdarstellung der Impulszustände, d.h. $< \vec{r}_1, ..., \vec{r}_N | \phi_k^{(\pm)} >$, die gleiche wie beim idealen Gas. Durch direkten Vergleich mit dem Resultat Gl. (2.37) für das ideale Gas erhalten wir daraus

$$Q_{NVT} \approx \frac{1}{N!} \int \frac{d^3 r_1 ... d^3 r_N d^3 p_1 ... d^3 p_N}{(2\pi\hbar)^{3N}} \exp\left[-\beta\mathcal{H}\right] \tag{2.62}$$

$$\times \exp\left[\frac{\beta^2 \hbar^2}{4m} \sum_{i=1}^{N} \vec{\nabla}_i^2 \mathcal{U}(\vec{r}_1, ..., \vec{r}_N)\right]$$

$$\times \left[1 \pm \sum_{i<j} f^2(r_{ij}) + \sum_{i,j,k} f(r_{ij}) f(r_{ik}) f(r_{kj}) \pm ...\right]$$

mit

$$f(r_{ij}) = \frac{\int d^3 k \exp\left[-\frac{\beta\hbar^2 k^2}{2m} + i\vec{k} \cdot \left(\vec{r}_{ij} - \frac{\beta^2\hbar^2}{2m}\vec{\mathcal{F}}_i\right)\right]}{\int d^3 k \exp\left[-\frac{\beta\hbar^2 k^2}{2m}\right]}$$

$$= \exp\left[-\frac{\pi}{\Lambda_T^2}\left(\vec{r}_{ij} - \frac{\beta^2\hbar^2}{2m}\vec{\mathcal{F}}_i\right)^2\right] . \tag{2.63}$$

Es sollte bemerkt werden, dass mittels der Umformung

$$\left[1 \pm \sum_{i<j} f^2(r_{ij})\right] \approx \prod_{i<j} \left[1 \pm f^2(r_{ij})\right] = \exp\left[-\beta \sum_{i<j} u_{ij}^{(\pm)}\right],$$

wobei $u_{ij}^{(\pm)}$ durch

$$u_{ij}^{(\pm)} = -k_B T \ln\left[1 \pm f^2(r_{ij})\right] \tag{2.64}$$

gegeben ist, die gesamten Quantenkorrekturen (zumindest in führender Ordnung) als zusätzliches Potenzial betrachtet werden können. Daher lassen sie sich durch die effektive Hamilton-Funktion

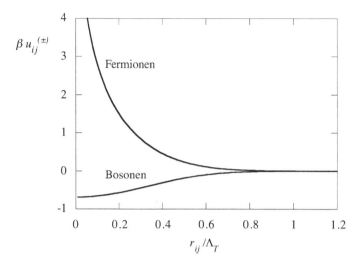

Abbildung 2.1: Die quantenmechanische Wechselwirkung $\beta u_{ij}^{(\pm)}$ als Funktion von r_{ij}/Λ_T aufgrund der Symmetrieeigenschaft der Wellenfunktion im Fall des idealen Gases.

$$\mathcal{H}_{eff} = \mathcal{H} - \frac{\beta\hbar^2}{4m} \sum_{i=1}^{N} \vec{\nabla}_i^2 \mathcal{U} + \sum_{i<j} u_{ij}^{(\pm)} \tag{2.65}$$

in die klassische Zustandssumme integrieren. Diese effektive Hamilton-Funktion bzw. die effektive Wechselwirkung ist jedoch temperaturabhängig! Die Abbildung 2.1 zeigt die Form von $\beta u_{ij}^{(\pm)}$ für das ideale Gas. Die quantenmechanische Wechselwirkung ist für Bosonen anziehend, während sie für Fermionen abstoßend wirkt.

Das ideale (Punktteilchen-)Gas in klassischer Näherung:	26

Wir betrachten Gl. (2.37). Eine einfache Rechnung [27] ergibt

$$\begin{aligned}
Q_{NVT}^{(ideal)} &= \frac{1}{N!}\left(\frac{V}{(2\pi\hbar)^3}\right)^N \left(\int_{-\infty}^{\infty} dp\, \exp\left[-\frac{p^2}{2mk_BT}\right]\right)^{3N} \\
&= \frac{1}{N!}\left(\frac{V}{\Lambda_T^3}\right)^N .
\end{aligned}$$

Für große N gilt die Stirling-Approximation [14]

$$N! \approx \sqrt{2\pi N}\, N^N \exp[-N] . \tag{2.66}$$

---

[26] Der Zusatz Punktteilchen weist hier auf die nicht vorhandene innere Struktur hin.

[27] Nützlich: $\int_{-\infty}^{\infty} dx\, \exp[-ax^2] = \sqrt{\pi a^{-1}}$.

Mit der Stirling-Approximation folgt für die freie Energie

$$F = -Nk_BT \ln\left[\frac{Ve}{N\Lambda_T^3}\right] .$$ (2.67)

Man beachte, nur Terme $\propto N$ werden mitgenommen!

Prinzipiell lassen sich nun alle interessanten Größen aus F ableiten. So gilt für den Druck,

$$P = -\left(\frac{\partial F}{\partial V}\right)_T = \frac{Nk_BT}{V} ,$$ (2.68)

wie erwartet das Ideale-Gas-Gesetz.

Interessanter aber ist die Entropie. Gemäß den Gln. (1.33) und (1.43) gilt

$$S = -\left(\frac{\partial F}{\partial T}\right)_V = k_B \ln\left(\frac{Ve^{5/2}}{N\Lambda_T^3}\right)^N .$$ (2.69)

Dies ist die so genannte Sackur-Tetrode-Gleichung. Dem Ausdruck in der Klammer können wir eine physikalische Bedeutung zuordnen. Dazu stellen wir uns ein Gitter mit $M = Ve^{5/2}\Lambda_T^{-3}$ Gitterplätzen vor und stellen uns die Frage: Wie groß ist die Anzahl der Möglichkeiten N, ununterscheidbare Teilchen auf M Gitterplätze zu verteilen. Die Antwort lautet

$$\frac{M(M-1)(M-2)...(M-(N-1))}{N!} = \frac{M!}{N!(M-N)!} .$$

Für $M \gg N$ gilt in führender Ordnung (vgl. Aufgabe 15)

$$\ln\left(\frac{M!}{N!(M-N)!}\right) \approx \ln\left(\frac{M}{N}\right)^N .$$ (2.70)

Wären die N Teilchen unterscheidbar, so müssten wir, um ein Teilchen auf seinem Gitterplatz zu lokalisieren, $\sim \log_2 M$ ja/nein-Fragen stellen (Bisektion). Bei N Teilchen bedeutet dies $\sim N \log_2 M$ Fragen. So gesehen ist die Entropie ein Maß für das Informationsdefizit, wobei die Ununterscheidbarkeit dieses Informationsdefizit um $\sim N \log_2 N$ reduziert.

Das wechselwirkende (Punktteilchen-)Gas in klassischer Näherung:

Wir betrachten Gl. (2.38) bzw.

$$Q_{NVT} = Q_{NVT}^{(ideal)} \frac{1}{V^N} \int d^{3N}r \exp\left[-\frac{\mathcal{U}}{k_BT}\right] .$$ (2.71)

Leider ist das Raumintegral unlösbar, und wir müssen uns etwas Besonderes einfallen lassen.

Wir nehmen an, dass sich die potenzielle Energie $\mathcal{U}$ additiv aus den Paarwechselwirkungen der Teilchen [28] zusammensetzt:

$$\mathcal{U} = \sum_{i<j}^{N} u_{ij} \,. \tag{2.72}$$

Der Exponentialterm im Integranden lässt sich wie folgt entwickeln:

$$
\begin{aligned}
\exp\left[-\beta \sum_{i<j} u_{ij}\right] &= \prod_{i<j}\left[1 + \underbrace{\left(\exp[-\beta u_{ij}] - 1\right)}_{\equiv \Phi_{ij}}\right] \\
&= 1 + \sum_{i<j} \Phi_{ij} + \sum_{i<j}\sum_{k<l} \Phi_{ij}\Phi_{kl} + \dots \,.
\end{aligned}
\tag{2.73}
$$

Man beachte, dass Φ für Abstände, die größer sind als die Reichweite von u, verschwindet. Physikalisch ist diese Entwicklung eine Entwicklung nach größer werdenden Wechselwirkungsgruppen. Die Eins bedeutet keine Wechselwirkung. Danach folgen Zweierstöße. Die Doppelsumme umfasst gleichzeitige Zweierstöße in zwei voneinander weit entfernten Paaren sowie Dreierstöße [29] usw. Die Zahl der wichtigen Terme wächst also mit zunehmender Dichte. Wir wollen jetzt nur noch die Zweierstöße explizit mitnehmen [30].

Einsetzen der Entwicklung in das Integral liefert

$$
\begin{aligned}
\int d^{3N}r \exp\left[-\beta \sum_{i<j}^{N} u(r_{ij})\right] &= V^N + \int d^3r_1 d^3r_2 \dots d^3r_N \sum_{i<j} \Phi_{ij} + \dots \\
&= V^N + \frac{N^2}{2} V^{N-2} \int d^3r_1 d^3r_2 \Phi_{12} + \dots \,.
\end{aligned}
$$

Wir nehmen weiter an, dass die Wechselwirkungen lediglich von $\vec{r}_1 - \vec{r}_2$ abhängen und transformieren zur Vereinfachung des Integrals auf Relativkoordinaten, $\vec{r} = \vec{r}_1 - \vec{r}_2$ und $\vec{r}_s = (\vec{r}_1 + \vec{r}_2)/2$ [31]. Wir erhalten

---

[28] Diese werden hier wieder als identisch angenommen.

[29] Terme mit $i = k$ und gleichzeitig $j = l$ gibt es in der Doppelsumme nicht!

[30] Die Mitnahme weiterer Terme wird schnell schwierig. Details dazu finden sich unter dem Stichwort *cluster expansion* (dt.: Haufen- bzw. Klumpenentwicklung; da sich das nicht gut anhört, sagen auch wir Clusterentwicklung.). Für die Clusterentwicklung werden die Wechselwirkungsgruppen als Graphen dargestellt, und es wird versucht, über diese Graphen zu summieren. Dies gelingt nicht vollständig und führt letztlich auf unterschiedlich gute Zustandsgleichungen für Gase. Mehr zur Clusterentwicklung findet man in den angegebenen Lehrbüchern aber insbesondere in [22].

[31] Bei derartigen Wechseln der Integrationsvariablen sollte die Jacobi-Determinate J nicht vergessen werden, d.h.

$$
d^3r_1 d^3r_2 = |J| d^3r\, d^3r_s \qquad \text{mit} \qquad J = \frac{(\partial x_1, \partial y_1, \partial z_1, \partial x_2, \partial y_2, \partial z_2)}{(\partial x, \partial y, \partial z, \partial x_s, \partial y_s, \partial z_s)} \,.
$$

Hier ist $J = 1$.

$$\int d^3r_1 d^3r_2 \Phi_{12} = V \int d^3r \left(\exp[-\beta u(\vec{r})] - 1\right) \tag{2.74}$$

und damit

$$Q_{NVT} = Q_{NVT}^{(ideal)} \left\{1 - V B_2(T)\rho^2 + ...\right\} . \tag{2.75}$$

Die Größe

$$B_2(T) = -\frac{1}{2} \int d^3r \left(\exp[-\beta u(\vec{r})] - 1\right) \tag{2.76}$$

ist der zweite Virialkoeffizient. Die Mitnahme weiterer Terme in der obigen Entwicklung nach Wechselwirkungsgruppen bzw. nach der Dichte liefert entsprechend höhere Virialkoeffizienten [32].

Durch einfaches Ableiten erhalten wir den Druck ($P = \beta^{-1} \partial \ln Q_{NVT}/\partial V$) in Übereinstimmung mit Gl. (1.12) [33]. Aber hier haben wir noch mehr – nämlich einen Ausdruck für $B_2(T)$, basierend auf der mikroskopischen Wechselwirkung u!

Eine gewisse Alternative zur systematischen Clusterentwicklung sind so genannte Gittermodelle von Gasen (Gittergas) und Flüssigkeiten. Dort repräsentiert eine meist kubische Gitterzelle ein ganzes Molekül bzw. ein Segment eines Moleküls. Ein Pfad entlang benachbarter Segmente kann so beispielsweise ein lineares Makromolekül aufbauen (vgl. Abschnitt 8.2). Man berechnet dann, in der Regel näherungsweise, die Zahl der unterscheidbaren Möglichkeiten N, Moleküle auf dem Gitter zu platzieren. Der Logarithmus dieser Zahl liefert die so genannte Konfigurationsentropie. Die Konfigurationsentropie enthält somit einen Teil der abstoßenden Teilchenwechselwirkung bei kleinen Abständen als ausgeschlossenes Volumen.

Betrachten wir als einfaches Beispiel $B_2(T)$ für harte Kugeln mit Radius R. Es gilt also

$$u_{Kugel} = \begin{cases} \infty & \text{wenn} \quad r \le 2R \\ 0 & \text{wenn} \quad r > 2R \end{cases} .$$

D.h.

$$B_2(T) = \frac{4\pi}{2} \int_0^{2R} dr r^2 = \frac{1}{2} V_a \quad \text{mit} \quad V_a = \frac{4\pi}{3}(2R)^3 .$$

---

[32]Z.B.

$$B_3(T) = -\frac{1}{3} \int d^3r d^3r' \left[e^{-\beta u(\vec{r})} - 1\right]\left[e^{-\beta u(\vec{r}')} - 1\right]\left[e^{-\beta u(\vec{r}-\vec{r}')} - 1\right] . \tag{2.77}$$

Die Berechnung der Virialkoeffizienten für beliebige Wechselwirkungspotenziale wird beliebig schwierig. Numerische Verfahren sind hilfreich, aber auch sie sind bald am Ende. Konzentriert hat man sich insbesondere auf einfache harte, konvexe Teilchen wie Kugeln, Stäbe oder Rotationsellipsoide [23].

[33]Vgl. auch Aufgabe 7. Der dort erstmals erwähnte Ausdruck Virialentwicklung bezieht sich auf die direkte, aber konzeptionell analoge Entwicklung der Gl. (2.86) bzw. der Gl. (2.87).

Die Größe V_a ist das ausgeschlossene Volumen (engl.: *excluded volume*). Dieses Volumen ist dem Mittelpunkt einer zweiten Kugel unzugänglich aufgrund der Anwesenheit der ersten Kugel.

Aufgabe 13:   Klassisches Gasgemisch mit Wechselwirkung

Wir betrachten ein Gasgemisch aus insgesamt N klassisch wechselwirkenden (Punkt-)Teilchen bei kleinen Dichten ρ ($= N/V$). Jede Teilchensorte s umfasst N_s Teilchen, sodass $N = \sum_s N_s$. Zwei Teilchen i und j der Sorten s und s' wechselwirken über das radialsymmetrische Paarpotenzial $u_{ss'}(r_{ij})$ und haben die Massen m_s bzw. $m_{s'}$.

(a)   Analog zu der Vorgehensweise in den beiden vorangegangenen Abschnitten leiten Sie die klassische freie Energie dieses Gasgemisches bei niedrigen Dichten her. D.h. nehmen Sie ebenfalls nur Zweierstöße mit. Hinweis: Hier sind nur Teilchen der gleichen Sorte ununterscheidbar. Der Faktor $N!^{-1}$ wird daher durch $(\prod_s N_s!)^{-1}$ ersetzt. Für die einzelnen N_s gilt aber immer noch die Stirling-Näherung. Nach Anwendung dieser Näherung drücken Sie bitte N_s durch $x_s = N_s/N$ aus.

(b)   Berechnen Sie den zugehörigen Druck und das chemische Potenzial für die Teilchen der Sorte s.

Lösung:

(a)   Betrachten wir zunächst $Q_{NVT}^{(ideal)}$, d.h.

$$Q_{NVT}^{(ideal)} = \frac{1}{\prod_s N_s!} \prod_s \left(\frac{V}{(2\pi\hbar)^3} \right)^{N_s} \left(\int_{-\infty}^{\infty} dp \exp\left[-\frac{p^2}{2m_s k_B T} \right] \right)^{3N_s} .$$

Mit der Stirling-Näherung gilt

$$\ln \prod_s N_s! \approx \sum_s N_s(\ln N_s - 1) = N \sum_s x_s \ln x_s + N \ln N - N .$$

Also gilt insgesamt

$$\frac{F^{(ideal)}}{N k_B T} = \sum_s x_s \ln\left[x_s \Lambda_{T,s}^3 \right] + \ln\rho - 1 .$$

Betrachten wir nun den Wechselwirkungsanteil, d.h.

$$\frac{1}{V^N} \int d^3r_1 ... d^3r_N \exp\left[-\beta \sum_{i<j} u_{ij} \right] = 1 + \frac{1}{V^N} \int d^3r_1 ... d^3r_N \sum_{i<j} \left(\exp\left[-\beta u_{ij} \right] - 1 \right) + ...$$

$$= 1 + \frac{1}{V^N} \frac{N^2}{2} V^{N-2} \sum_{s,s'} x_s x_{s'} \int d^3 r_s d^3 r_{s'} \left(\exp\left[-\beta u_{ss'}\right] - 1 \right) + \dots$$

$$= 1 - \frac{N^2}{V} \sum_{s,s'} x_s x_{s'} B_{2,ss'}(T) + \dots$$

mit

$$B_{2,ss'}(T) = -\frac{1}{2} \int d^3 r \left(\exp\left[-\beta u_{ss'}(r)\right] - 1 \right) .$$

Damit erhalten wir für die gesamte freie Energie

$$\frac{F}{Nk_BT} = \frac{F^{(ideal)}}{Nk_BT} - \frac{1}{N} \ln\left(1 - \frac{N^2}{V} \sum_{s,s'} x_s x_{s'} B_{2,ss'}(T) + \dots \right)$$

$$= \ln\rho - 1 + \sum_s x_s \ln\left[\Lambda_{T,s}^3 x_s \right] + \rho \sum_{s,s'} x_s x_{s'} B_{2,ss'}(T) + \dots \quad (2.78)$$

(b) Die Ableitungen sind elementar. Für den Druck gilt

$$P = -\left(\frac{\partial F}{\partial V} \right)_{T,N_s} = \frac{Nk_BT}{V} \left(1 + \rho \sum_{s,s'} x_s x_{s'} B_{2,ss'}(T) + \dots \right) \quad (2.79)$$

und für das chemische Potenzial

$$\beta\mu_s = \beta\left(\frac{\partial F}{\partial N_s} \right)_{T,V,N_{s'}(s' \neq s)} = \ln\left[\rho \Lambda_{T,s}^3 \right] + \ln x_s + 2\rho \sum_{s'} x_{s'} B_{2,ss'}(T) + \dots . \quad (2.80)$$

Aufgabe 14: $B_2(T)$ für Argon

Wir nehmen an, dass sich die Wechselwirkungen in gasförmigem Argon gut mit dem Lennard-Jones-Potenzial,

$$u_{LJ}(r) = 4\epsilon\left[\left(\frac{\sigma}{r}\right)^{12} - \left(\frac{\sigma}{r}\right)^6 \right] , \quad (2.81)$$

beschreiben lassen. Mit den experimentellen Daten aus Aufgabe 3 bestimmen Sie die Lennard-Jones-Parameter, ϵ/k_B (in Kelvin) und σ (in Å), für Argon. Stellen Sie B_2^{theo} zusammen mit B_2^{exp} graphisch dar. Hinweis: Sie können das Integral in Gl. (2.76) nicht analytisch lösen – zumindest nicht in geschlossener Form. Versuchen Sie es mit einer numerischen Anpassung (beispielsweise mit *Mathematica*).

Lösung:

Prinzipiell könnten wir eine numerische *least squares*-Anpassung verwenden. Aber das hieße mit Kanonen auf Spatzen schießen. Der wahrscheinlich effizienteste Weg ist der Wechsel zu den dimensionslosen Einheiten

$$T^* = \frac{T}{\epsilon/k_B} \qquad \text{und} \qquad r^* = \frac{r}{\sigma} \, .$$

Der zweite Virialkoeffizient ist dann

$$B_2(T) = \sigma^3 B_2^*(T^*) \qquad \text{mit} \qquad B_2^*(T^*) = -2\pi \int_0^\infty dr^* r^{*2} \left(\exp\left[4\frac{r^{*-6} - r^{*-12}}{T^*} \right] - 1 \right) .$$

Die Abbildung 2.2 zeigt $B_2^*(T^*)$ aufgetragen gegen T^*, wobei $B_2^*(T^*)$ numerisch mit dem gezeigten *Mathematica*-Programm ausgewertet wurde. Ebenfalls numerisch oder auch graphisch lässt sich die so genannte reduzierte Boyle-Temperatur T_B^* bestimmen, die gemäß $B_2^*(T_B^*) = 0$ definiert ist ($T_B^* = 3.418$). Analog lässt sich aus der in Tabelle 1.1 gegebenen empirischen Formel für $B_2(T)$ die Boyle-Temperatur $T_B^{(Ar)}$ von Argon bestimmen ($T_B^{(Ar)} = 413.7\ K$). D.h. $\epsilon/k_B = T_B^{(Ar)}/T_B^* = 121\ K$ ist der erste gesuchte Parameter.

Jetzt kann man eine recht gute Näherung für σ aus $\sigma = (B_2(T^*\epsilon/k_B)/B_2^*(T^*))^{1/3}$ erhalten, wobei T^* ein gutes Stück von T_B^* entfernt sein sollte. Mit $T^* = 8$ ergibt sich hier der Wert $\sigma = 3.44$ Å [34]. Die resultierende Umrechnung der experimentellen Kurve auf die reduzierten Einheiten zeigt ebenfalls Abbildung 2.2.

Bemerkung: Die gute Übereinstimmung täuscht leicht über die Tatsache hinweg, dass schon der dritte Virialkoeffizient nicht mehr gut mit dem Lennard-Jones-Potenzial beschrieben wird [21].

Der verallgemeinerte Gleichverteilungssatz:

Wir betrachten die Größe

$$\left\langle x_i \frac{\partial \mathcal{H}}{\partial x_j} \right\rangle = \frac{\int_\Gamma d\Gamma\, x_i \frac{\partial \mathcal{H}}{\partial x_j} \exp[-\beta\mathcal{H}]}{\int_\Gamma d\Gamma \exp[-\beta\mathcal{H}]} \, .$$

Hier steht x_i entweder für eine verallgemeinerte Koordinate oder eine verallgemeinerte Impulskomponente. $d\Gamma = d^{3N}q\, d^{3N}p/(2\pi\hbar)^{3N}$ bezeichnet ein Phasenraumelement, und $\mathcal{H}$ ist die

---

[34]Man sollte immer in dem T-Bereich besonders gut anpassen, in dem die Parameter verwendet werden sollen.

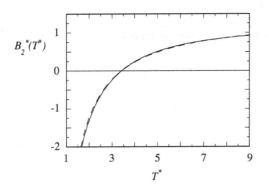

```
u=4*(1/r^12-1/r^6);
in[T_]:=NIntegrate[-2 Pi (Exp[-u/T]-1) r^2,{r,0,Infinity}];
OpenWrite["B2_math.d"];
Do[Write["B2_math.d",
  OutputForm[" "],OutputForm[T],
  OutputForm[" "],OutputForm[in[T]]],
{T,1,10,1}];
Close["B2_math.d"];
```

Abbildung 2.2: Oben: Der zweite reduzierte Virialkoeffizient $B_2^*(T^*)$ gegen die reduzierte Temperatur T^*. Durchgezogene Linie: Lennard-Jones-System; gestrichelte Linie: Argon. Unten: *Mathematica*-Programm zur Berechnung von $B_2^*(T^*)$ für Lennard-Jones-Teilchen.

klassische Hamilton-Funktion der verallgemeinerten Impulse und Koordinaten. Partielle Integration der rechten Seite liefert

$$\frac{\int_\Gamma d\Gamma' \left[\left(-\frac{1}{\beta}x_i \exp[-\beta\mathcal{H}]\right)^{x_j^{max}}_{x_j^{min}} + \frac{1}{\beta}\int \frac{\partial x_i}{\partial x_j} \exp[-\beta\mathcal{H}]dx_j\right]}{\int_\Gamma d\Gamma \exp[-\beta\mathcal{H}]} .$$

Der Index $'$ deutet an, dass die Variable x_j ausgenommen ist. Der erste Term in der eckigen Klammer des Zählers verschwindet aus folgenden Gründen. Wenn x_j eine Koordinate ist, dann liegen ihre Extremwerte auf den Behälterwänden. Dort wird die potenzielle Energie unendlich. Wenn x_j eine Impulskomponente ist, dann sind ihre Extremwerte selbst unendlich. In beiden Fällen verschwindet der Boltzmann-Faktor. Daher gilt

$$\left\langle x_i \frac{\partial\mathcal{H}}{\partial x_j}\right\rangle = k_B T \delta_{ij} . \tag{2.82}$$

Man spricht vom verallgemeinerten Gleichverteilungssatz.

Verschiedene Konsequenzen der Gl. (2.82):

• Verbindung von Temperatur und Teilchengeschwindigkeit – Mit $i = j$ und $x_i = p_i$, wobei p_i eine Impulskomponente ist, folgt [35]

$$\left\langle p_i \frac{\partial \mathcal{H}}{\partial p_i} \right\rangle = \langle p_i \dot{q}_i \rangle = k_B T$$

bzw.

$$\langle \mathcal{K} \rangle = \frac{3}{2} N k_B T \; . \tag{2.83}$$

Hier ist $\langle \mathcal{K} \rangle$ die mittlere kinetische Energie der N Teilchen. Im Fall eines idealen Systems ohne Wechselwirkungen gilt $\langle \mathcal{K} \rangle = \langle E \rangle$ und daher

$$C_V^{klassisch+ideal} = \frac{3}{2} N k_B \; . \tag{2.84}$$

Außerdem erlaubt die Gl. (2.83) die Berechnung der Temperatur in Molekulardynamik-Simulationen [36], basierend auf den Teilchengeschwindigkeiten. D.h. die Gleichung verbindet die mikroskopischen Teilchengeschwindigkeiten mit der makroskopischen Größe Temperatur.

• Verbindung von Druck und Teilchenposition/-wechselwirkung (Virialsatz) – Der zweite Spezialfall des verallgemeinerten Gleichverteilungssatzes, $i = j$ und $x_i = q_j$, liefert den Druck. Es gilt

$$\left\langle \sum_{i=1}^{3N} q_i \dot{p}_j \right\rangle = -3 N k_B T \tag{2.85}$$

bzw. in kartesischen Koordinaten

$$\upsilon \equiv \left\langle \sum_{i=1}^{N} \vec{r}_i \cdot \vec{\mathcal{F}}_i \right\rangle = -3 N k_B T \; .$$

---

[35]Zur Erinnerung: Die Hamiltonschen Bewegungsgleichungen lauten

$$\frac{\partial \mathcal{H}}{\partial p_i} = \frac{dq_i}{dt} \equiv \dot{q}_i \qquad \text{und} \qquad \frac{\partial \mathcal{H}}{\partial q_i} = -\frac{dp_i}{dt} \equiv -\dot{p}_i \; ,$$

wobei q_i und p_i Koordinaten und Impulskomponenten sind.

[36]Molekulardynamik-Simulation bedeutet die numerische Lösung der gekoppelten Newtonschen Bewegungsgleichungen der Teilchen, $m_i \ddot{\vec{r}}_i = \vec{\mathcal{F}}_i$. Hier ist $\vec{\mathcal{F}}_i$ die Nettokraft auf Teilchen i. Mittels $\vec{r}_i(t + \Delta t) = 2 \vec{r}_i(t) - \vec{r}_i(t - \Delta t) + m_i^{-1} \Delta t^2 \vec{\mathcal{F}}_i$ beispielsweise erhält man die Koordinaten und Impulse bzw. Geschwindigkeiten der Teilchen als Funktion der Zeit t, wobei Δt ein Zeitschritt ist, der für tatsächliche Moleküle im Bereich 10^{-15} s liegt [24] (siehe Abschnitt 2.4).

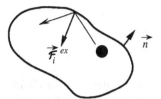

Abbildung 2.3: Ein Teilchen kollidiert mit der Wand seines Behälters, in deren unmittelbarer Nähe die Kraft $\vec{\mathcal{F}}_i^{ex}$ wirkt.

Die Größe v nennt sich Virial. Um den Druck ins Spiel zu bringen, schreiben wir $v = v_{intern} + v_{extern}$. Hier ist v_{intern} das interne Virial der Wechselwirkungskräfte zwischen den N Teilchen im Volumen V, und v_{extern} ist das externe Virial der Kräfte, die von außen durch die Oberfläche von V auf die N Teilchen wirken.

Angenommen, wir betrachten ein homogenes, isotropes System (Gas oder Flüssigkeit) [37], so kann die Summe im Ausdruck für das externe Virial in ein Integral über die Oberfläche A des Volumens umgewandelt werden. Damit gilt

$$v_{extern} = \Big\langle \sum_{i=1}^{N} \vec{r}_i \cdot \vec{\mathcal{F}}_i^{ex} \Big\rangle = -P \int_A dA(\hat{n} \cdot \vec{r}) \, .$$

$\hat{n}$ ist ein nach außen weisender Einheitsvektor senkrecht zum Flächenelement dA (vgl. Abbildung 2.3). In der letzten Gleichung wurde benutzt, dass im Mittel nur die zur A senkrechte Komponente der Kraft eine Rolle spielt. Parallele Komponeten verschieben die Teilchen entsprechend und tragen nicht zum Druck bei. Mit dem Satz von Gauß folgt dann

$$v_{extern} = -P \int_V dV \vec{\nabla} \cdot \vec{r} = -3PV \, .$$

Insgesamt erhalten wir

$$P = \frac{Nk_B T}{V} + \frac{1}{3V} \Big\langle \sum_{i=1}^{N} \vec{r}_i \cdot \vec{\mathcal{F}}_i^{intern} \Big\rangle \, . \tag{2.86}$$

Bis zum ersten Term auf der rechten Seite ist dies offensichtlich das Ideale-Gas-Gesetz. Der nächste Term umfasst die Wechselwirkungsbeiträge zum Druck, die wir im Zusammenhang mit der so genannten Virialentwicklung schon erwähnt haben (vgl. Gl. (1.12) bzw. Aufgabe 7), und die wir noch genauer betrachten werden. Für zentro- bzw. radialsymmetrische Paarwechselwirkungen lässt sich leicht zeigen (vgl. Aufgabe 15)

---

[37]Ohne diese Annahme wird es schwieriger. Der skalare Druck wird durch den Drucktensor ersetzt (engl.: *pressure tensor* bzw. oft auch dessen Negatives, der *stress tensor* (siehe z.B. [24, 25])).

$$P = \frac{Nk_BT}{V} - \frac{1}{3V}\Big\langle \sum_{i<j}^{N} r_{ij} \frac{\partial u(r_{ij})}{\partial r_{ij}} \Big\rangle , \tag{2.87}$$

wobei r_{ij} der Teilchenabstand und $u(r_{ij})$ deren Wechselwirkungspotenzial ist. Abschließend sei bemerkt, dass die Gl. (2.86) eine Verbindung liefert zwischen der makroskopischen Größe Druck und den mikroskopischen Teilchenpositionen, wie sie wiederum in Moleklardynamik-Simulationen erhalten werden.

• Woher der Name Gleichverteilungssatz kommt – Betrachten wir eine Hamilton-Funktion $\mathcal{H}$, die durch eine kanonische Transformation in die Form

$$\mathcal{H} = \sum_{i=1}^{3N} \big[A_i P_i^2 + B_i Q_i^2 \big] \tag{2.88}$$

gebracht werden kann [38]. Die A_i und B_i sollen Konstanten sein. Es gilt dann die wichtige Gleichung

$$\langle \mathcal{H} \rangle = \frac{1}{2} N_f k_B T , \tag{2.89}$$

wobei N_f die Zahl der Freiheitsgrade im System ist, d.h. die Zahl der nichtverschwindenden Koeffizienten A_i und B_i.

Jeder Freiheitsgrad trägt also mit $k_B T/2$ zur Gesamtenergie des Systems bei. Ein ideales Gas aus N Teilchen hat beispielsweise $N_f = 3N$ kinetische Freiheitsgrade (da alle B_i verschwinden), und somit besitzt es eine (mittlere) innere Energie von $3Nk_BT/2$. Ein einzelner eindimensionaler Oszillator hat $N_f = 2$ Freiheitsgrade ($1 \times$ kinetisch und $1 \times$ potenziell). Seine mittlere innere Energie ist daher $k_B T$.

Gl. (2.89) lässt sich wie folgt begründen. Differenziation von $\mathcal{H}$ nach den Koordinaten und Impulsen liefert

$$\sum_{i=1}^{3N} P_i \frac{\partial \mathcal{H}}{\partial P_i} = \sum_{i=1}^{3N} 2A_i P_i^2 \qquad \text{und} \qquad \sum_{i=1}^{3N} Q_i \frac{\partial \mathcal{H}}{\partial Q_i} = \sum_{i=1}^{3N} 2B_i Q_i^2 .$$

Addieren wir jeweils die linken und rechten Seiten der Gleichungen und nutzen den verallgemeinerten Gleichverteilungssatz auf der linken Seite sowie die Definition von $\mathcal{H}$ auf der rechten Seite der neuen Gleichung, dann folgt unmittelbar die Behauptung.

---

[38] Eine kanonische Transformationen der alten Koordinaten q_i und Impulse p_i in die neuen Koordinaten Q_i und Impulse P_i bedeutet, dass die Form der Hamiltonschen Bewegungsgleichungen erhalten bleibt.

Aufgabe 15: **Herleitung der Gln. (2.87) und (2.70)**

(a) Leiten Sie ausgehend von Gl. (2.86) die Gl. (2.87) her. Hinweis: Die Kräfte sollen paarweise additiv sein, d.h. $\vec{\mathcal{F}}_i^{intern} = \sum_{j=1(j \neq i)}^{N} \vec{F}_{ij}$.

(b) Zeigen Sie, dass in führender Ordnung die Gl. (2.70) gilt. Bitte detaillierte Handarbeit – keine *Mathematica* oder *Maple*-Entwicklungen!

Lösung:

(a) Gemäß der Annahme paarweiser Additivität gilt

$$
\begin{aligned}
\sum_{i=1}^{N} \vec{r}_i \cdot \vec{\mathcal{F}}_i^{intern} &= \sum_{i=1}^{N} \vec{r}_i \cdot \sum_{j(\neq i)}^{N} \vec{\mathcal{F}}_{ij} = \frac{1}{2} \sum_{i=1}^{N} \sum_{j(\neq i)}^{n} \left[\vec{r}_i \cdot \vec{\mathcal{F}}_{ij} - \vec{r}_i \cdot \vec{\mathcal{F}}_{ji} \right] \\
&= \frac{1}{2} \sum_{i=1}^{N} \sum_{j(\neq i)}^{N} \vec{r}_{ij} \cdot \vec{\mathcal{F}}_{ij} \equiv \sum_{i<j}^{N} \vec{r}_{ij} \cdot \vec{\mathcal{F}}_{ij} ,
\end{aligned}
$$

wobei $\vec{r}_{ij} \equiv \vec{r}_i - \vec{r}_j$. Mit $\vec{\mathcal{F}}_{ij} = -\vec{\nabla}_{\vec{r}_{ij}} u(r_{ij})$ $(r_{ij} \equiv |\vec{r}_{ij}|)$ folgt

$$
\left\langle \sum_{i=1}^{N} \vec{r}_i \cdot \vec{\mathcal{F}}_i^{intern} \right\rangle = -\left\langle \sum_{i<j}^{N} \vec{r}_{ij} \cdot \vec{\nabla}_{\vec{r}_{ij}} u_{ij} \right\rangle .
$$

Und mit

$$
\frac{\partial}{\partial x} u(r) = \frac{\partial r}{\partial x} \frac{\partial}{\partial r} u(r) = \frac{x}{r} \frac{\partial}{\partial r} u(r)
$$

folgt unmittelbar die Gl. (2.86).

Bemerkung: Die Annahme der paarweisen Additivität funktioniert beispielsweise bei Edelgasen recht gut. Für Moleküle, die leicht polarisierbar sind, ist diese Näherung weniger geeignet. Eine Diskussion der Zwei- und Mehrkörperwechselwirkungen in atomaren und molekularen Systemen findet man z.B. in [21] oder speziell in [26].

(b) Mithilfe der Stirling-Approximation folgt

$$
\frac{M!}{N!(M-N)!} \approx \frac{1}{\sqrt{2\pi}} \sqrt{\frac{M}{N(M-N)}} \frac{M^M}{N^N (M-N)^{M-N}}
$$

$$
\overset{x \equiv N/M}{=} \frac{1}{\sqrt{2\pi N}} \frac{1}{x^{xM}(1-x)^{(1-x)M+1/2}}
$$

und damit

$$\ln\left(\frac{M!}{N!(M-N)!}\right) \approx -\frac{1}{2}\ln(2\pi N) - Mx\ln x - \left(M(1-x) + \frac{1}{2}\right)\underbrace{\ln(1-x)}_{=-x+O(x^2)}$$

$$= -N\ln x + O(Mx) \approx \ln\left(\frac{M}{N}\right)^N .$$

2.2   Mikrokanonisches Ensemble

Dieses Ensemble wird durch isolierte Systeme realisiert. Die Größen E, N und V sind Konstanten. Praktische Rechnungen sind in der Regel komplizierter als im kanonischen Ensemble, das wir daher vorgezogen haben. Aufgrund seiner direkten Verbindung zur Mechanik ist dieses Ensemble aber von besonderer Bedeutung, wenn es um Computerexperimente in der Statistischen Mechanik geht. Beide Aspekte, Rechnen im mikrokanonischen Ensemble sowie den Bezug zu Computersimulationen, wollen wir im Folgenden illustrieren.

Im mikrokanonischen Ensemble ist die Energie E zwar fest, wir können aber dennoch mithilfe von Gl. (2.26) schreiben

$$E \equiv \langle E \rangle = Sp\left(\rho\mathcal{H}\right) . \tag{2.90}$$

Der Dichteoperator gemäß Gl. (2.32) erfüllt diese Gleichung mit

$$p_\nu = \frac{\delta(E - E_\nu)}{Sp\left(\delta(E - \mathcal{H})\right)} . \tag{2.91}$$

Entsprechend Gl. (2.11) schreiben wir für die mikrokanonische Zustandssumme

$$Q_{NVE} = Sp\left(\delta(E - \mathcal{H})\right) . \tag{2.92}$$

Wiederum durch Vergleich mit unserem Ergebnis der Gl. (2.38) im Fall des kanonischen Ensembles folgt daraus die klassische Näherung

$$Q_{NVE} = \frac{1}{N!} \frac{1}{(2\pi\hbar)^{3N}} \int d^{3N}p\, d^{3N}r\, \delta\left(E - \mathcal{H}\right) . \tag{2.93}$$

Eine etwas freundlichere Form der klassischen Zustandssumme erhält man durch den folgenden Trick. Zunächst wird die Laplacetransformierte von Q_{NVE} berechnet (vgl. Tabelle 2.2), d.h.

Tabelle 2.2: Laplacetransformation: $L[F(t)] = \int_0^\infty \exp[-st]F(t)dt = f(s)$; inverse Transformation: $L^{-1}[f(s)] = F(t)$ [27]. Hier ist $\theta(t-k)$ die Stufen- und $\Gamma(\mu)$ die Gammafunktion.

$\delta(t-a)$	$\exp[-as]$
$\frac{(t-k)^{\mu-1}}{\Gamma(\mu)}\theta(t-k)$	$s^{-\mu}\exp[-ks]$ $\quad(\mu > 0)$

$$L\left[Q_{NVE}\right] = \frac{1}{N!}\frac{1}{(2\pi\hbar)^{3N}}\int d^{3N}p\, d^{3N}r\, \underbrace{L\left[\delta\left(E - \mathcal{H}\right)\right]}_{=\exp[-s\mathcal{H}]}. \tag{2.94}$$

In dieser Form entspricht die rechte Seite der Gl. (2.38) mit β ersetzt durch s (vgl. unten). Wie im Fall der kanonischen Zustandssumme erhalten wir hier durch Integration über die Impulse

$$L\left[Q_{NVE}\right] = \frac{1}{N!}\frac{1}{\lambda^{3N}}\int d^{3N}r\, \frac{\exp[-s\mathcal{U}]}{s^{3N/2}}$$

mit $\lambda = \sqrt{2\pi\hbar^2/m}$ und $\mathcal{U} = \mathcal{U}(\vec{r}_1,...,\vec{r}_N)$. Jetzt wenden wir die inverse Transformation an und erhalten

$$\begin{aligned}
Q_{NVE} &= L^{-1}\left[L\left[Q_{NVE}\right]\right] = \frac{1}{N!}\frac{1}{\lambda^{3N}}\int d^{3N}r\, L^{-1}\left[\frac{\exp[-s\mathcal{U}]}{s^{3N/2}}\right] \\
&\overset{\text{Tab. 2.2}}{=} \frac{1}{N!\Gamma(3N/2)\lambda^{3N}}\int d^{3N}r\, \theta(E-\mathcal{U})(E-\mathcal{U})^{3N/2-1}
\end{aligned} \tag{2.95}$$

mit $\theta(E-\mathcal{U}) = 1$ für $E > \mathcal{U}$ und null sonst. Anhand von zwei Beispielen wollen wir zeigen, wie man mit dieser Zustandssumme rechnet.

Zusammenhang zwischen T und $\langle\mathcal{K}\rangle$ im mikrokanonischen Ensemble:

Gemäß den Gln. (1.23) und (1.99) gilt

$$\frac{1}{k_B T} = \frac{1}{k_B}\frac{\partial S}{\partial E}\bigg|_{N,V} = \frac{\partial \ln Q_{NVE}}{\partial E}\bigg|_{N,V} = \frac{\partial Q_{NVE}/\partial E}{Q_{NVE}}\bigg|_{N,V}. \tag{2.96}$$

Mittels Gl. (2.95) ergibt dies

$$\begin{aligned}
\frac{1}{k_B T} &= \frac{\left(\frac{3N}{2}-1\right)\int d^{3N}r\,\theta(E-\mathcal{U})(E-\mathcal{U})^{3N/2-1}\frac{1}{(E-\mathcal{U})}}{\int d^{3N}r\,\theta(E-\mathcal{U})(E-\mathcal{U})^{3N/2-1}} \\
&= \left(\frac{3N}{2}-1\right)\left\langle\frac{1}{E-\mathcal{U}}\right\rangle = \left(\frac{3N}{2}-1\right)\left\langle\frac{1}{\mathcal{K}}\right\rangle.
\end{aligned} \tag{2.97}$$

Hier wurde ausgenutzt, dass die Größe

$$p_{NVE}(\vec{r}_1, ..., \vec{r}_N) = \frac{\theta(E - \mathcal{U})(E - \mathcal{U})^{3N/2-1}}{\int d^{3N}r\,\theta(E - \mathcal{U})(E - \mathcal{U})^{3N/2-1}} \qquad (2.98)$$

die Wahrscheinlichkeitsdichte dafür ist, eine bestimmte Systemkonfiguration, definiert durch $\vec{r}_1, ..., \vec{r}_N$, vorzufinden. Entsprechend ist

$$\langle A \rangle_{NVE} = \int d^{3N}r\,A(\vec{r}_1, ..., \vec{r}_N)\,p_{NVE}(\vec{r}_1, ..., \vec{r}_N) \qquad (2.99)$$

der mikrokanonische Ensemblemittelwert der Größe $A(\vec{r}_1, ..., \vec{r}_N)$, die nur von den Koordinaten abhängt. Im kanonischen Ensemble ist $\theta(E - \mathcal{U})(E - \mathcal{U})^{3N/2-1}$ durch $\exp[-\beta\mathcal{U}]$ zu ersetzen , d.h.

$$p_{NVT}(\vec{r}_1, ..., \vec{r}_N) = \frac{\exp[-\beta\mathcal{U}]}{\int d^{3N}r \exp[-\beta\mathcal{U}]} \; . \qquad (2.100)$$

Um nun Gl. (2.97) in die gewünschte Form bringen zu können, verwenden wir die Entwicklung

$$\left\langle \frac{1}{\mathcal{K}} \right\rangle \overset{\mathcal{K}=\langle\mathcal{K}\rangle+\delta\mathcal{K}}{=} \frac{1}{\langle\mathcal{K}\rangle}\left(1 - \underbrace{\frac{\langle\delta\mathcal{K}\rangle}{\langle\mathcal{K}\rangle}}_{=0} + \frac{\langle\delta\mathcal{K}^2\rangle}{\langle\mathcal{K}\rangle^2} - ... \right) \; .$$

Damit erhalten wir

$$\frac{3}{2}Nk_BT = \langle\mathcal{K}\rangle \underbrace{\left[\left(1 - \frac{2}{3N}\right)\left(1 + \frac{\langle\delta\mathcal{K}^2\rangle}{\langle\mathcal{K}\rangle^2} ... \right)\right]^{-1}}_{=1+O(N^{-1})} \qquad (2.101)$$

[39]. Für große N stimmt Gl. (2.101) mit Gl. (2.83) überein.

Wärmekapazität C_V im mikrokanonischen Ensemble:

Offensichtlich ist die Gl. (2.9), die im kanonischen Ensemble hergeleitet wurde, im mikrokanonischen Ensemble nicht anwendbar, da die Schwankung der Gesamtenergie verschwindet. Zur Herleitung einer entsprechenden Beziehung im mikrokanonischen Fall greifen wir auf die thermodynamischen Beziehungen $C_V = \partial E/\partial T\,|_{N,V}$ (vgl. Gl. (1.2)) sowie $T^{-1} = \partial S/\partial E\,|_{N,V}$ (vgl. Gl. (1.23)) zurück. D.h.

---

[39]Hier gehen wir von $\langle\delta K^2\rangle \propto N$ aus (siehe dazu beispielsweise die allgemeine Diskussion zur Fehleranalyse in Abschnitt 2.4).

$$-\frac{1}{T^2 C_V} = -\frac{1}{T^2}\left(\frac{\partial T}{\partial E}\right)_{N,V} = k_B \frac{\partial}{\partial E} \frac{1}{Q_{NVE}}\left(\frac{\partial Q_{NVE}}{\partial E}\right)_{N,V} \tag{2.102}$$

$$= k_B\left(\frac{3N}{2} - 1\right)\frac{\partial}{\partial E}\frac{\int d^{3N}r\theta(E - \mathcal{U})(E - \mathcal{U})^{3N/2-2}}{\int d^{3N}r\theta(E - \mathcal{U})(E - \mathcal{U})^{3N/2-1}}$$

$$= k_B\left(\frac{3N}{2} - 1\right)\left\{\left\langle\frac{1}{\mathcal{K}^2}\right\rangle\left(\frac{3N}{2} - 2\right) - \left\langle\frac{1}{\mathcal{K}}\right\rangle^2\left(\frac{3N}{2} - 1\right)\right\}.$$

Wiederum mithilfe der Entwicklung

$$\left\langle\frac{1}{\mathcal{K}^2}\right\rangle \stackrel{\mathcal{K}=\langle\mathcal{K}\rangle+\delta\mathcal{K}}{=} \frac{1}{\langle\mathcal{K}\rangle^2}\left(1 + 3\frac{\langle\delta\mathcal{K}^2\rangle}{\langle\mathcal{K}\rangle^2}\cdots\right)$$

und dem Resultat der Gl. (2.101) erhalten wir in führender Ordnung, also für große N, die Formel

$$\frac{C_V}{Nk_B} = \frac{3}{2}\left(1 - \frac{2}{3N}\frac{\langle\delta\mathcal{K}^2\rangle}{(k_BT)^2}\right)^{-1}, \tag{2.103}$$

die zuerst von Lebowitz et al. [40] hergeleitet wurde. Man beachte, dass hier die Schwankung der kinetischen Energie und nicht der Gesamtenergie auftritt. Die hier verwendete Technik zur Berechnung von thermodynamischen Größen im mikrokanonischen Ensemble mithilfe der Laplacetransformation ist im Detail in einem Papier von Pearson et al. [41] beschrieben.

2.3 Verknüpfung verschiedener Ensembles

Die Kontinuumversion der Gl. (2.7) lautete gemäß Aufgabe 12

$$Q_{NVT} = \int_0^\infty dE\,\Omega(E)\,e^{-\beta E}. \tag{2.104}$$

Die Zustandsdichte $\Omega(E)$ oder genauer gesagt $\Delta E\,\Omega(E)$, wobei ΔE ein schmales Energieintervall sein soll, ist die mikrokanonische Zustandssumme Q_{NVE}. So gesehen liefert die Laplacetransformierte von Q_{NVE} die kanonische Zustandssumme. Die Gl. (2.104) erlaubt somit die direkte Umrechnung zwischen diesen beiden Ensembles.

Aus Aufgabe 12 übernehmen wir die Entwicklung des Integranden um $\langle E\rangle$:

$$\ln\left(\Omega(E)\,e^{-\beta E}\right) \approx \ln\Omega(\langle E\rangle) - \beta\langle E\rangle - \frac{1}{2}\frac{\delta E^2}{k_BT^2 C_V}. \tag{2.105}$$

[40] J.L. Lebowitz, J.K. Percus, L. Verlet (1967) *Ensemble dependence of fluctuations with application to machine computations*. Phys. Rev. **153**, 250

[41] E.M. Pearson, T. Halicioglu, W.A. Tiller (1985) *Laplace-transform technique for deriving thermodynamic equations from the classical microcanonical ensemble*. Phys. Rev. A **32**, 3030

Einsetzen dieser Entwicklung in Gl. (2.104) liefert

$$Q_{NVT} \approx \underbrace{\Delta E \, \Omega \left(\langle E \rangle \right) e^{-\beta \langle E \rangle}}_{=Q_{NV\langle E \rangle}} \frac{1}{\Delta E} \int_0^\infty dE \exp\left[-\frac{1}{2} \frac{(E - \langle E \rangle)^2}{k_B T^2 C_V} \right] . \tag{2.106}$$

Der Integrand hat, wie wir in Aufgabe 12 untersucht haben, ein scharfes Maximum bei $\langle E \rangle$ (für genügend großes N). Außerdem wählen wir ΔE so, dass es der Breite dieses Maximums entspricht [42]. Somit gilt

$$\frac{1}{\Delta E} \int_0^\infty dE \dots = O(1) .$$

Logarithmieren beider Seiten der Gl. (2.106) sowie Multiplikation mit $-(N\beta)^{-1}$ liefern letztlich

$$\frac{1}{N} F(T) \overset{(2.8)}{\underset{(1.99)}{=}} \frac{1}{N} \langle E \rangle - \frac{1}{N} T S \left(\langle E \rangle \right) + O\left(\frac{1}{N} \right) . \tag{2.107}$$

Offensichtlich verknüpft diese Gleichung die freie Energie im NVT-Ensemble mit der gleichen Größe, $F(\langle E \rangle)$, im $NV\langle E \rangle$-Ensemble (vgl. Gl. (1.27)). Man beachte, dass sowohl F als auch E und S extensive Größen sind. Aus diesem Grund ist der $O(1/N)$-Term für große N vernachlässigbar [43].

Betrachten wir noch ein zweites Beispiel für die Umrechnung zwischen Ensembles. Und zwar wollen wir das NVT-Ensemble mit dem NPT-Ensemble verknüpfen. Im NPT-Ensemble wird der Druck konstant gehalten. Analog zu Gl. (2.104) schreiben wir

$$Q_{NPT} = \int_0^\infty dV \frac{1}{\Delta V} Q_{NVT} e^{-\beta PV} . \tag{2.108}$$

Wie im Fall von ΔE ist ΔV ein Volumenintervall, dessen Breite den Volumenschwankungen im NPT-System entspricht. Ebenfalls entsprechend dem so genannten konjugierten Paar (T, E) bzw. (β, E) wählen wir hier das konjugierte Paar $(\beta P, V)$. Wieder lässt sich zeigen (Übung [44]!), dass der Integrand für ausreichend große N ein scharfes Maximum bei $\langle V \rangle$ aufweist. Damit folgt sofort

$$\frac{1}{N} G(P) = \frac{1}{N} F\left(\langle V \rangle \right) + \frac{1}{N} P \langle V \rangle + O\left(\frac{1}{N} \right) . \tag{2.109}$$

Diese Gleichung verknüpft die freie Enthalpie im NPT-Ensemble mit der gleichen Größe, $G(\langle V \rangle)$, im $N\langle V \rangle T$-Ensemble (vgl. Gln. (1.27) und (1.28)).

---

[42] Aus $C_V \propto N$ folgt in diesem Fall, wie man sich überlegen sollte, $\Delta E \propto N^{1/2}$.

[43] Bezogen auf Computersimulationen (vgl. nächster Abschnitt) muss dies nicht immer so sein, da N nicht immer „groß" ist.

[44] Orientieren Sie sich am Vorgehen in Aufgabe 12.

Ein weiteres wichtiges konjugiertes Paar ist $(-\beta\mu, N)$. Das μVT-Ensemble, in dem die Teilchenzahl N fluktuieren kann, wollen wir momentan aber nicht weiter diskutieren (siehe Abschnitt 2.5).

Die Gln. (2.104) und (2.107) sowie (2.108) und (2.109) sind Anwendungen der allgemeinen Verknüpfung des λ-Ensembles mit dem Λ-Ensemble, beschrieben durch

$$Q_\lambda = \int d\Lambda \frac{Q_\Lambda}{\Delta\Lambda} \exp\left[-\lambda\Lambda\right] \tag{2.110}$$

und

$$\Psi_\lambda = \Psi_\Lambda + \lambda\Lambda . \tag{2.111}$$

In Gl. (2.111) ist λ der Wert am Maximum des Integranden in Gl. (2.110). Insbesondere ist hier Λ die extensive Variable und λ die im λ-Ensemble konstante intensive Variable. Diese beiden Gleichungen erlauben den Wechsel von den alten thermodynamischen Potenzialen Q_Λ und Ψ_Λ zu den neuen Potenzialen Q_λ und Ψ_λ.

Es ist von Interesse, insbesondere im Kontext von Computersimulationen, wie die Mittelwerte einer thermodynamischen Größe A, die in unterschiedlichen Ensembles berechnet werden, miteinander vergleichen. Mithilfe von Gl. (2.110) schreiben wir

$$\langle A\rangle_\lambda = \frac{\int d\Lambda \langle A\rangle_\Lambda \frac{Q_\Lambda}{\Delta\Lambda} e^{-\lambda\Lambda}}{\int d\Lambda \frac{Q_\Lambda}{\Delta\Lambda} e^{-\lambda\Lambda}} \overset{(2.111)}{=} e^{\Psi_\lambda} \int \frac{d\Lambda}{\Delta\Lambda} \langle A\rangle_\Lambda e^{-\Psi_\Lambda - \lambda\Lambda} . \tag{2.112}$$

Hier ist $\langle A\rangle_\Lambda$ der Mittelwert im Λ-Ensemble, und $\langle A\rangle_\lambda$ ist der Mittelwert im λ-Ensemble. Aufgrund des scharfen Maximums bei $\langle\Lambda\rangle_\lambda$ entwickeln wir $\langle A\rangle_\lambda$ ebenfalls bei $\langle\Lambda\rangle_\lambda$ und erhalten aus Gl. (2.112)

$$\langle A\rangle_\lambda = \langle A\rangle_{\Lambda=\langle\Lambda\rangle_\lambda} + \frac{1}{2}\left[\frac{\partial^2}{\partial\Lambda^2}\langle A\rangle_\Lambda\right]_{\Lambda=\langle\Lambda\rangle_\lambda} \langle\delta\Lambda^2\rangle_\lambda + \dots . \tag{2.113}$$

Der lineare Term verschwindet wegen $\langle\delta\Lambda\rangle_\lambda = 0$. Der Korrekturterm ist proportional zum mittleren Abweichungsquadrat der Größe Λ im λ-Ensemble. Aus $\Psi_\lambda = -\ln Q_\lambda$ (vgl. oben) folgt sofort

$$\frac{\partial\Psi_\lambda}{\partial\lambda} = \langle\Lambda\rangle_\lambda \overset{(2.111)}{=} \Lambda \tag{2.114}$$

sowie

$$\langle\delta\Lambda^2\rangle_\lambda = \langle\Lambda^2\rangle_\lambda - \langle\Lambda\rangle_\lambda^2 = -\frac{\partial^2\Psi_\lambda}{\partial\lambda^2} = -\frac{\partial}{\partial\lambda}\langle\Lambda\rangle_\lambda . \tag{2.115}$$

Einsetzen der Bedingungen der Gln. (2.114) und (2.115), die übrigens für das konjugierte Paar (β, E) schon in Abschnitt 2.1 hergeleitet wurden, in die Entwicklung der Gl. (2.114) liefert

$$\langle A \rangle_\Lambda \approx \langle A \rangle_\lambda + \frac{1}{2} \frac{\partial \Lambda}{\partial \lambda} \frac{\partial^2}{\partial \Lambda^2} \langle A \rangle_\lambda$$

$$= \langle A \rangle_\lambda + \frac{1}{2} \frac{\partial^2}{\partial \lambda \partial \Lambda} \langle A \rangle_\lambda$$

$$= \langle A \rangle_\lambda + \frac{1}{2} \frac{\partial}{\partial \lambda} \Big(\frac{\partial \lambda}{\partial \Lambda} \Big) \frac{\partial}{\partial \lambda} \langle A \rangle_\lambda \ . \tag{2.116}$$

Dabei haben wir den zweiten Term auf der rechten Seite von Gl. (2.113) auf die andere Seite gebracht und $\langle A \rangle_\Lambda$ durch $\langle A \rangle_\lambda$ ersetzt, was in dieser Ordnung nichts ändert. Ohne Gl. (2.116) weiter zu bearbeiten fällt auf, dass die Korrektur $O(1/N)$ sein muss, da λ intensiv aber Λ extensiv ist. D.h.

$$\langle A \rangle_\Lambda = \langle A \rangle_\lambda + O\Big(\frac{1}{N} \Big) \ . \tag{2.117}$$

Was für die Mittelwerte gilt, gilt allgemein jedoch nicht für Fluktuationskorrelationen wie $\langle \delta A \delta B \rangle$. So ist $\langle \delta E^2 \rangle_{NVE} \equiv 0$, während $\langle \delta E^2 \rangle_{NVT} = k_B T^2 C_V$ (vgl. Gl. (2.9)) gilt. Siehe dazu wieder J. L. Lebowitz, J. K. Percus, L. Verlet (1967) *Ensemble dependence of fluctuations with application to machine computations.* Phys. Rev. **153**, 250.

Bemerkung zum Abschluss: Wegen Gl. (2.114) kann Gl. (2.111) als Legendretransformation bzgl. λ und Λ aufgefasst werden. Betrachten wir beispielsweise eine Funktion $f(x, y)$. Das totale Differenzial von $f(x, y)$ ist

$$df = u\,dx + v\,dy$$

mit

$$u = \frac{\partial f}{\partial x} \qquad \text{und} \qquad v = \frac{\partial f}{\partial y} \ .$$

Jetzt betrachten wir die neue Funktion

$$g = f - ux \ . \tag{2.118}$$

Das totale Differenzial von g ist

$$dg = df - x\,du - u\,dx = -x\,du + v\,dy \ .$$

D.h. g ist eine Funktion von u und y mit

$$x = -\frac{\partial g}{\partial u} \qquad \text{und} \qquad v = \frac{\partial g}{\partial y} \ .$$

Die Gl. (2.118) vermittelt also eine Transformation von den alten Variablen x, y zu den neuen Variablen u, y. Die Legendretransformation der Gl. (2.118) ist ein in der Thermodynamik und Statistischen Mechanik häufig verwendetes Werkzeug. Wir haben sie schon früher kennen gelernt, z.B. in Form der Beziehung $G = F + PV$, die $F(T, V)$ in $G(T, P)$ transformiert, wobei $P = -\partial F / \partial V \mid_T$ ist.

2.4 Molekulardynamik-Simulation

Mit heutigen PCs ist es auch für Studenten relativ einfach geworden, die Resultate der Statistischen Mechanik, angewandt auf einfache Gase oder Flüssigkeiten, direkt zu überprüfen bzw. sich anschaulich zu machen. Die Methode der Wahl ist die Molekulardynamik-Simulation oder MD, die wir oben schon mehrfach kurz erwähnt haben. Hier wollen wir sie eingehender besprechen. Wir tun dies direkt im Anschluss an das mikrokanonische Ensemble, da dieses Ensemble sich am einfachsten mit MD realisieren lässt.

Unter klassischen Molekulardynamik-Simulationen versteht man die numerische Lösung der Newtonschen Bewegungsgleichungen,

$$\ddot{\vec{r}}_i(t) = \frac{1}{m_i} \vec{\mathcal{F}}_i(t) \, , \tag{2.119}$$

eines Systems aus $i = 1, ..., N$ Teilchen bzw. effektiven Wechselwirkungszentren der Masse m_i. Die Kraft $\vec{\mathcal{F}}_i = -\vec{\nabla}_i \mathcal{U}$ auf das i-te Teilchen ist dabei durch die Potenzialfunktion $\mathcal{U}(\vec{r}_1, ..., \vec{r}_i, ..., \vec{r}_N)$ an alle übrigen Teilchen bzw. Wechselwirkungszentren des Systems gekoppelt. Das Ziel der Methode ist die Durchmusterung des Phasenraums des Systems. Die Phasenraumtrajektorien $\{\vec{r}_i(t_n), \vec{v}_i(t_n)\}_{i,n}$ werden gespeichert, um daraus die interessierenden mikroskopischen bzw. makroskopischen (thermodynamischen) Größen, wie beispielsweise Selbstdiffusionskoeffizienten oder Wärmekapazitäten zu berechnen. Anschließend können diese Ergebnisse mit Experimenten an realen Systemen verglichen werden, um ggf. die Eigenschaften eines Systems (z.B. ein Material) auf der Basis seiner mikroskopischen Wechselwirkungen zu verstehen oder gezielt zu beeinflussen (Struktur-Eigenschaft-Beziehung).

Grundsätzliche Bemerkungen zur Systemgröße und zur Zeitskala:

• Systemgröße – Naiv betrachtet skaliert der Rechenaufwand der MD mit N^2, verursacht durch die Zahl der nichtbindenden Wechselwirkungen (WW) in der potenziellen Energie

$$\mathcal{U}(\vec{r}_1, ..., \vec{r}_N) = \underbrace{\mathcal{U}_{Valenz}}_{\substack{\text{lokale WW,} \\ \text{chemische} \\ \text{Bindungen}}} + \underbrace{\mathcal{U}_{nb}}_{\substack{\text{LJ,} \\ \text{Coulomb}}} \, ,$$

die in die Kraftberechnung bei jedem Zeitschritt eingehen. Hier steht $\mathcal{U}_{Valenz}$ für das so genannte Valenzpotenzial in einem molekularen System. $\mathcal{U}_{Valenz}$ beschreibt die Änderung der potenziellen Energie aufgrund lokaler Verzerrungen der Gleichgewichtsgeometrie der Moleküle (z.B. Dehnung oder Stauchung von chemischen Bindungen oder Valenzwinkel). Die Zahl der hier zu berechnenden Terme ist $O(N)$. Die so genannten nichtbindenden Wechselwirkungen, in den meisten Fällen werden diese durch Lennard-Jones- (LJ) und Coulomb-Potenziale zwischen den Wechselwirkungszentren [45] ausgedrückt, koppeln im Prinzip alle Teilchen, sodass der Rechenaufwand $O(N^2)$ ist. Durch spezielle Näherungen bzw. Tricks gelingt jedoch

---

[45]Diese sind in der Regel die Atome.

eine Reduktion des Rechenaufwands auf $O(N)$ für kurzreichweitige Wechselwirkungen bzw. auf $O(N \ln N)$ für langreichweitige [46] Wechselwirkungen.

• Zeitskala – Die der MD-Simulation zugängliche Zeitskala wird durch die Länge des elementaren Zeitschritts Δt bei der Lösung der Bewegungsgleichungen bestimmt [47]. Der Zeitschritt wiederum sollte so gewählt sein, dass er viel kleiner ist als das Inverse der höchsten Frequenz im System. So sollte sich die Kraft auf ein Teilchen während eines Zeitschritts nur geringfügig ändern.

Betrachten wir ein System aus Lennard-Jones-Teilchen, deren paarweise Wechselwirkung durch die potenzielle Energie (Gl. (2.81)) beschrieben wird. In die Newtonschen Bewegungsgleichungen,

$$m\frac{d^2\vec{r}_i}{dt^2} = -\frac{d}{d\vec{r}_i}\sum_{i<j}^{N} u_{LJ}(r_{ij}) \,,$$

führen wir die dimensionslosen Größen $\vec{r}_i' = \vec{r}_i/\sigma$ und $t' = t/\tau$ ein, d.h.

$$\frac{m\sigma}{\tau^2}\frac{d^2\vec{r}_i'}{dt'^2} = -\frac{\epsilon}{\sigma}\frac{d}{d\vec{r}_i'}\sum_{i<j}^{N} u_{LJ}'(\sigma r_{ij}')$$

mit $u_{LJ}' = u_{LJ}/\epsilon$. Wir erhalten die charakteristische dimensionslose Größe $m\sigma^2/(\epsilon\tau^2)$ oder die charakteristische LJ-Zeit

$$\tau_{LJ} = \sqrt{\frac{m\sigma^2}{\epsilon}} \,. \tag{2.120}$$

Typische LJ-Zeiten einiger Atome bzw. Moleküle sind in der Tabelle 2.3 zusammengestellt. Alle bewegen sie sich im Bereich von Picosekunden (10^{-12} s). In praktischen Rechnungen mit LJ-Systemen verwendet man Zeitschritte von $10^{-3}\tau_{LJ}$. Bei molekularen Systemen gilt wie gesagt $\Delta t \ll \nu_{max}^{-1}$, wobei ν_{max} die höchste Frequenz im System ist (in der Regel die Frequenz einer Bindungs- bzw. Valenzwinkelschwingung). Meistens ist auch hier ein Zeitschritt von um 1fs (10^{-15} s) angebracht [48].

Bemerkung: In LJ-Systemen werden in der Regel die so genannten LJ-Einheiten verwendet. Tabelle 2.4 enthält die wichtigsten Umrechnungen.

---

[46] In der Regel sind dies die Coulomb-Wechselwirkungen.

[47] Dies ist ein fundamentaler Unterschied zu den noch zu diskutierenden Monte Carlo-Methoden, die keine explizite Zeitskala besitzen und daher (in der Regel) keine dynamische Information liefern. Dieser Nachteil birgt aber auch einen großen Vorteil, denn man ist nicht an eine bestimmte Zeitskala gebunden!

[48] Da diese Schwingungen häufig nur schwach an die molekulare Struktur oder Dynamik eines Gases oder einer Flüssigkeit koppeln, wird in solchen Fällen häufig das *united atom*-Modell verwendet. D.h. CH-, CH_2- und CH_3-Gruppen werden zu effektiven Atomen zusammengefasst. Dadurch entfallen die hochfrequenten Schwingungen dieser Gruppen. Dieses Vergröbern, man spricht von *coarse graining*, der Moleküldarstellung kann in der Regel aber nicht für andere Atomgruppen angewandt werden (z.B. wenn diese Wasserstoffbrücken bilden oder ähnlich anisotrope Wechselwirkungen ausüben).

Tabelle 2.3: Typische LJ-Zeiten einiger Atome bzw. Moleküle.

	m /amu	$\epsilon/k_B T$	σ / Å	τ_{LJ} /ps
Ne	20.2	34.9	2.78	2.3
Xe	13.3	221.0	4.10	3.5
N_2	28.0	95.1	3.70	2.2
CH_4	44.0	189.0	4.49	2.4

Tabelle 2.4: Wichtige Größen in LJ-Einheiten.

LJ-Einheiten		
Länge	l^*	$= l/\sigma$
Zeit	t^*	$= t/\sqrt{m\sigma^2/\epsilon}$
Dichte	ρ^*	$= \sigma^3 N/V$
Energie	E^*	$= E/\epsilon$
Temperatur	T^*	$= k_B T/\epsilon$
Druck	P^*	$= P\sigma^3/\epsilon$

In der Regel werden momentan Systeme mit $N \sim 1000$ Wechselwirkungszentren simuliert, wobei im Fall speziell vereinfachter Systemen (wie z.B. LJ-Systeme) auch bis zu $\sim 10^6$ Zentren sinnvoll behandelbar sind. Während es eine Reihe von Näherungen und Tricks gibt, mit denen N vergrößert werden kann, ist Ähnliches für den Zeitschritt Δt schwierig. Momentan sind daher Simulationszeiten von einigen Nanosekunden für molekulare Systeme mit realistischen Wechselwirkungen üblich. Die Wechselwirkungspotenziale sind dabei klassische Repräsentationen der quantenmechanischen Wechselwirkungen (wie z.B. im Fall des LJ-Potenzials).

Integration der Bewegungsgleichungen:

Je nach der Größe von N und der Reichweite der Wechselwirkung zwischen den Teilchen kann die Integration eines MD-Systems sehr aufwendig werden. So ist beispielsweise die Anwendung der Runge-Kutta-Methode auf das System der Gl. (2.119) leicht möglich, allerdings ist dieses Vorgehen nicht effizient, da zu viele Kraftberechnungen ausgeführt werden müssen [49].

Ein häufig verwendeter Algorithmus, der Einfachheit und Genauigkeit verbindet, ist in der Literatur als Verlet-Algorithmus [50] bekannt. Er ergibt sich durch Addition der Taylorentwicklungen

$$\vec{r}_i(t + \Delta t) = \vec{r}_i(t) + \Delta t \vec{v}_i(t) + \frac{1}{2}\Delta t^2 \vec{a}_i(t) + \dots$$

$$\vec{r}_i(t - \Delta t) = \vec{r}_i(t) - \Delta t \vec{v}_i(t) + \frac{1}{2}\Delta t^2 \vec{a}_i(t) + \dots .$$

---

[49]Die Komplexität hängt natürlich mit der Genauigkeit zusammen.

[50]L. Verlet (1967) *Computer 'experiments' on classical fluids. I. Thermodynamical properties of Lennard-Jones molecules*. Phys. Rev. **159**, 98

D.h.

$$\vec{r}_i(t + \Delta t) = 2\vec{r}_i(t) - \vec{r}_i(t - \Delta t) + \Delta t^2 \frac{\vec{F}_i(t)}{m_i} + O\left(\Delta t^4\right) \ . \tag{2.121}$$

Hier ist $\vec{a}_i = \vec{F}_i/m_i$ die Beschleunigung. Zu den Vorteilen des Verlet-Algorithmus zählen: nur eine Kraftberechnung pro Zeitschritt; Fehlerordnung ist $O(\Delta t^4)$; Stabilität; Zeitreversibilität. Nachteile sind: ein kleiner Term, $O(\Delta t^2)$, wird zur Differenz zweier großer Zahlen, $O(\Delta t^0)$, addiert; Geschwindigkeit wird extra berechnet [51]. Diese Nachteile werden in der *leap frog*-Version, gegeben durch

$$\vec{v}_i\left(t + \frac{\Delta t}{2}\right) = \vec{v}_i\left(t - \frac{\Delta t}{2}\right) + \Delta t \vec{a}_i(t) + O\left(\Delta t^3\right) \tag{2.122}$$

und

$$\vec{r}_i(t + \Delta t) = \vec{r}_i(t) + \Delta t \vec{v}_i\left(t + \frac{\Delta t}{2}\right) + O\left(\Delta t^3\right) \ , \tag{2.123}$$

weitgehend beseitigt [52]. Die Geschwindigkeitsgleichung folgt direkt durch Subtraktion der Entwicklungen

$$\vec{v}_i\left(t + \frac{\Delta t}{2}\right) = \vec{v}_i(t) + \frac{\Delta t}{2}\vec{a}_i + O\left(\Delta t^2\right)$$
$$\vec{v}_i\left(t - \frac{\Delta t}{2}\right) = \vec{v}_i(t) - \frac{\Delta t}{2}\vec{a}_i + O\left(\Delta t^2\right) \ .$$

Die Positionsgleichung folgt gemäß

$$\vec{r}_i(t + \Delta t) = \vec{r}_i(t) + \Delta t \vec{v}_i(t) + \frac{1}{2}\Delta t^2 \vec{a}_i(t) + \frac{1}{6}\Delta t^3 \dot{\vec{a}}_i(t) + O\left(\Delta t^4\right)$$
$$= \vec{r}_i(t) + \Delta t \vec{v}_i\left(t + \frac{\Delta t}{2}\right) + O\left(\Delta t^3\right) \ ,$$

wobei

$$\vec{v}_i(t) = \vec{v}_i\left(t + \frac{\Delta t}{2}\right) - \frac{\Delta t}{2}\vec{a}_i(t) - \frac{\Delta t^2}{8}\dot{\vec{a}}_i(t) + O\left(\Delta t^3\right)$$

---

[51] Subtrahieren der obigen Taylorentwicklungen liefert

$$\vec{v}_i(t) = \frac{1}{2\Delta t}\left[\vec{r}_i(t + \Delta t) - \vec{r}_i(t - \Delta t)\right] + O\left(\Delta t^2\right) \ .$$

Dazu muss aber $\vec{r}_i(t + \Delta t)$ bekannt sein!

[52] Offensichtlich erfolgt die Berechnung von Ort und Geschwindigkeit abwechselnd im Abstand $\Delta t/2$ entlang der Zeitachse. Daher hat der Algorithmus seinen Namen.

eingesetzt wurde.

Ein gewisser Nachteil der *leap frog*-Variante wiederum ist, dass die Geschwindigkeiten nicht zu den gleichen Zeiten wie die Orte berechnet werden (vgl. beispielsweise die Temperaturberechnung in Molekulardynamik-Simulationen). Dieser Nachteil wiederum wird vom Geschwindigkeits- bzw. *velocity*-Verlet-Algorithmus behoben:

$$
\begin{aligned}
\vec{r}_i(t + \Delta t) &= \vec{r}_i(t) + \Delta t \vec{v}_i(t) + \frac{1}{2}\Delta t^2 \vec{a}_i(t) \\
\vec{v}_i\left(t + \frac{1}{2}\Delta t\right) &= \vec{v}_i(t) + \frac{1}{2}\Delta t \vec{a}_i(t) \\
\vec{v}_i(t + \Delta t) &= \vec{v}_i\left(t + \frac{1}{2}\Delta t\right) + \frac{1}{2}\Delta t \vec{a}_i(t + \Delta t) \ .
\end{aligned}
\tag{2.124}
$$

Prinzip der klassischen MD:

Eine klassische MD-Simulation besteht im Wesentlichen aus der folgenden Schleife [53]:

> ... erzeuge Startkonfiguration ...
> DO STEP = 1, NSTEP
> FORCE (Berechnung der Kraft auf i für $i = 1, ..., N$ sowie der neuen Geschwindigkeiten)
> MOVE (Berechnung der neuen Positionen)
> ENDDO
> ... gib Ergebnis aus ...

NSTEP ist die Gesamtzahl der auszuführenden Zeitschritte.

Den Bezug zur Thermodynamik und damit zu makroskopischen Größen erhält die MD über den Gleichverteilungssatz (Gl. (2.82)), den wir zwar im kanonischen Ensemble diskutiert haben, der aber auch im mikrokanonischen Fall gültig ist. Der Gleichverteilungssatz erlaubt die Berechnung der Größen Temperatur T und Druck P aus den mikroskopischen Geschwindigkeiten $\vec{v}_i$ und Positionen $\vec{r}_i$ (vgl. Gln. (2.83) und (2.86)). In der Praxis sind dies Mittelwerte über alle Teilchen in der Simulation und zu verschiedenen Zeitpunkten.

Im Fall des Drucks bemerken wir (für isotrope Systeme), dass die aufwendige Summe in Gl. (2.87) nicht wirklich für alle r_{ij} explizit berechnet werden muss. Wir zerlegen vielmehr die Summe in Beiträge mit $r_{ij} < r_{cut}$ bzw. solche mit $r_{ij} > r_{cut}$. Hier ist r_{cut} ein sinnvoll gewählter Abschneideradius (engl.: *cutoff distance*). D.h.

$$
P = \frac{Nk_BT}{V} - \frac{1}{3V}\Big\langle \sum_{\substack{i<j \\ r_{ij}<r_{cut}}}^{N} r_{ij}\frac{\partial u}{\partial r_{ij}} \Big\rangle - \frac{1}{3V}\Big\langle \sum_{\substack{i<j \\ r_{ij}>r_{cut}}}^{N} r_{ij}\frac{\partial u}{\partial r_{ij}} \Big\rangle \ .
\tag{2.125}
$$

Mithilfe der Formel (vgl. Gl. (2.99))

$$
\langle f(r_{ij}) \rangle = \frac{1}{V}\int d^3 r_{ij} f(r_{ij}) g_2(r_{ij}) \ ,
$$

---
[53]Wir verwenden hier FORTRAN-Terminologie.

worin $f(r_{ij})$ eine beliebige Funktion des Abstands r_{ij} und $g_2(r_{ij})$ die radiale Paarkorrelations-funktion [54] sind, sowie der Approximation

$$g_2(r_{ij}) \approx 1 \qquad \text{für} \qquad r_{ij} > r_{cut}$$

(siehe Abschnitt 4.1) [55] wird $\langle \ldots \rangle$ im letzten Term der Gl. (2.125) zu

$$\sum_{i<j} \frac{1}{V} \int_{r_{ij}>r_{cut}} d^3 r_{ij} r_{ij} \frac{\partial u}{\partial r_{ij}} = \frac{N(N-1)}{2V} \int_{r>r_{cut}} d^3 r r \frac{\partial u}{\partial r} \simeq \frac{N^2}{2V} \int_{r>r_{cut}} d^3 r r \frac{\partial u}{\partial r} \; .$$

Diese so genannte Kontinuumskorrektur ergibt den Druck

$$P = \frac{N k_B T}{V} - \frac{1}{3V} \Big\langle \sum_{\substack{i<j \\ r_{ij}<r_{cut}}}^{N} r_{ij} \frac{\partial u}{\partial r_{ij}} \Big\rangle - \frac{1}{6} \rho^2 \int_{r>r_{cut}} d^3 r r \frac{\partial u}{\partial r} \; .$$

Ein weiterer wichtiger, wenn auch unscheinbarer, Aspekt ist der folgende: Wie wird in MD (oder auch Monte Carlo)-Simulationen das Volumen V bzw. die Anzahldichte der Teilchen ρ konstant gehalten? Integrieren wir nämlich die Bewegungsgleichungen von freien Gasteil-chen (bei großem T), so verschwinden die Teilchen im Unendlichen, und die Anzahldichte $\rho = N/V \to 0$! Die Einführung harter Wände zur Abgrenzung eines Simulationsvolumens ist aber nicht sinnvoll [56]. Harte Wände induzieren eine Nahordnung von einigen Teilchendurch-messern, die nicht der Bulkstruktur [57] des Systems entspricht. Dies ist zu viel für die kleinen Systeme in Simulationen (Beispiel: Bei $N = 1000$ haben wir im Mittel 10 Teilchen entlang einer Würfelkante!). Stattdessen werden in der Regel periodische Randbedingungen einge-setzt und die Teilchen-Teilchen-Wechselwirkungen mit der so genannten *minimum image*-Konvention berechnet. Ein Beispiel zeigt die Abbildung 2.4. Dort ist die eigentliche Simula-tionsschachtel (dick) eingebettet in ein Gitter ihrer periodischen Abbilder. r_{cut} ist dabei der oben schon erwähnte Abschneideradius. Das Kugelteilchen wechselwirkt nach der *minimum image*-Konvention nicht mit dem realen Kreuzteilchen in der eigentlichen Simulationsschach-tel, sondern mit dem nächstgelegenen Bild des Kreuzteilchens. Der x-Abstand zu diesem Bild ergibt sich gemäß

$$x_{\bullet\times}^{min} \; = \; |x_{\bullet\times} - \text{ANINT}(x_{\bullet\times})| \; = \; |\,0.7 - \text{ANINT}\,(0.7)\,| \; = \; |\,0.7 - 1.0\,| \; = \; 0.3 \; .$$

ANINT(*Argument*) rundet zur nächstgelegenen ganze Zahl. D.h. ANINT (2.6) = 3 bzw. ANINT (−0.7) = −1. Allgemein lautet obige Gleichung

---

[54] $g_2(r)$ ist ein Maß für die Wahrscheinlichkeit, zwei Gas- oder Flüssigkeitsteilchen im Abstand r voneinander anzutreffen.

[55] Physikalisch bedeutet dies, dass Gas- bzw. Flüssigkeitsteilchen i und j, für die $r_{ij} > r_{cut}$ ist, nur geringfügig oder gar nicht korreliert sind.

[56] Es sei denn, die Wechselwirkung mit der Oberfläche soll untersucht werden (vgl. Abbildung 7.2 in Kapitel 7).

[57] Der englische Ausdruck *bulk*(-Eigenschaft) steht für Volumen(-Eigenschaft).

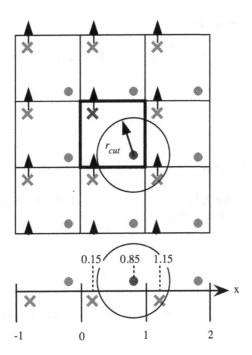

Abbildung 2.4: Periodische Randbedingungen, Abschneideradius r_{cut} und *minimum image*-Konvention. Der untere Teil der Abbildung zeigt ein eindimensionales Beispiel für die Berechnung des kleinsten Abstandes $x_{\bullet\times}$ zwischen $\bullet$ und $\times$.

$$r_{\alpha,ij}^{min} = \left| r_{\alpha,ij} - L_\alpha \mathrm{ANINT} \left(\frac{r_{\alpha,ij}}{L_\alpha} \right) \right| . \tag{2.126}$$

Hier ist $r_{\alpha,ij}$ die α-Komponente des Abstandsvektors $\vec{r}_{ij}$.

Bemerkung: Periodische Randbedingungen führen zur Translationssymmetrie bzgl. des Gitters aus Bildschachteln. Dies bedingt die Erhaltung des Systemimpulses. D.h. ein Punkt im Phasenraum ist beschränkt auf den Schnitt der Flächen konstanter Energie mit den Flächen konstanten Gesamtimpulses. Daher folgt

$$T = \frac{2}{(3N-3)\,k_B} \langle \mathcal{K} \rangle . \tag{2.127}$$

Diese Korrektur ist für große N natürlich vernachlässigbar.

MD-Programm für NVE-Simulationen:

NVE-Simulationen bedeuten, dass die Teilchenzahl N, das Volumen V sowie die Energie E konstant sein sollen. Dieser Typ von MD reproduziert das mikrokanonische Ensemble. Die

Programmstruktur ist die folgende:

...erzeuge $\vec{v}_i(t_0 - \Delta/2)$ und $\vec{r}_i(t_0)$ für alle $i = 1, ..., N$ Teilchen [58]
DO STEP = 1, NSTEP
FORCE
MOVE
ENDO
...gib Ergebnis aus..

Die Ergebnisse sind die Mittelwerte für $E, \mathcal{K}, E_{pot}, P, T$ sowie $(\langle \Delta E^2 \rangle)^{-1/2}, ...$.

Das Unterprogramm FORCE besteht aus einer Doppelschleife über alle $N(N-1)/2$ unterschiedlichen Teilchenpaare und sieht etwa so aus:

DO i=1, N-1
$\cdots$
DO j=i+1, N
$\cdots$

berechne den kleinsten Abstand r_{ij}^{min} zwischen dem Teilchen i und den Teilchen j bzw. den Bildern von j

wenn $r_{ij}^{min} < r_{cut}$, dann addiere ...
$\cdots - \partial u_{LJ}(\vec{r}_{ij})/\partial \vec{r}_{ij} |_{r_{ij}^{min}}$ zur Gesamtkraft auf das Teilchen i
$... u_{LJ}(\vec{r}_{ij}^{min})$ zur gesamten potenziellen Energie des Systems
$...$ den Term $r_{ij}\partial u_{LJ}(r_{ij})/\partial r_{ij} |_{r_{ij}^{min}}$ zum Virial

END DO
berechne die neue Geschwindigkeit des Teilchens i gemäß Gleichung (2.122)
END DO

In einem FORTRAN-Beispielprogramm wird der Teil ... berechne den kleinsten Abstand r_{ij}^{min} zwischen den Teilchen i und j bzw. den Bildern von j (wenn $r_{ij}^{min} < r_{cut}$) ... wie folgt realisiert:

```
...
RXIJ = RX (I) - RX (J)
RXIJ = RXIJ - ANINT ( RXIJ )

   IF ( ABS ( RXIJ ) .LT. RCUT ) THEN

   RYIJ = RY(I) - RY(J)
   RYIJ = RYIJ - ANINT ( RYIJ )
```

---

[58]Wir verwenden *leap frog*-Verlet.

RIJSQ = RXIJ ** 2 + RYIJ ** 2

IF (RIJSQ .LT. RCUTSQ) THEN

RZIJ = RZ (I) - RZ (J)
RZIJ = RZIJ - ANINT (RZIJ)
RIJSQ = RIJSQ + RZIJ ** 2

IF (RIJSQ .LT. RCUTSQ) THEN

. . .

Dabei sind RX(..), RY(..) und RZ(..) die Komponenten der Ortskoordinaten in Einheiten von L (=1) .

Das Unterprogramm MOVE besitzt folgende einfache Form:

DO I = 1, N
    RX(I) = RX(I) + VX(I) * DT
    RY (I) = $\cdots$
    RZ (I) = $\cdots$
END DO

(vgl. Gl. (2.123)).

Die Annäherung an das Gleichgewicht:

Die Abbildung 2.5 illustriert das typische Zeitverhalten einer Größe A während einer *NVE*-Simulation eines einfachen Gases bzw. einer einfachen Flüssigkeit. Für kleine Zeiten (Regime I) findet eine Annäherung von $A(t)$ an einen Plateauwert $\langle A \rangle_S$ in Regime II statt. Diese kann wie hier gezeigt von unten oder von oben erfolgen; je nach Startkonfiguration. Die typische Zeitskala wird von der Relaxationszeit τ_A' definiert. Sie bestimmt das Zeitverhalten der Annäherung an den Gleichgewichtszustand fern ab vom Gleichgewicht. Der Plateauwert $\langle A \rangle_S$ kann aus unterschiedlichen Gründen vom physikalischen Erwartungswert $\langle A \rangle_M$ abweichen (nach unten, wie hier gezeigt, oder auch nach oben). Zum einen gibt es Fehler in der Parametrisierung der Wechselwirkungen, sodass das Modell von der Realität abweicht. Auch die Größe des simulierten Systems hat einen Einfluss; man spricht von so genannten *finite size effects*. Ein dritter Grund sind metastabile Zustände. Und schließlich gibt es noch Programmfehler. In all diesen Fällen spricht man von systematischen Fehlern.

Aber selbst bei vernachlässigbaren systematischen Fehlern gibt es eine wesentliche Voraussetzung für einen verlässlichen Wert $\langle A \rangle_S$. Der Bereich II muss genügend unkorrelierte Werte $A(t)$ enthalten. D.h. der statistische Fehler des Mittelwerts über den Bereich II, $\langle A \rangle_{II}$, gegeben durch

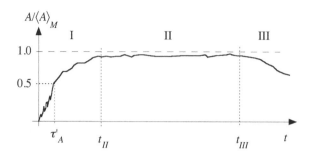

Abbildung 2.5: Illustration des Zeitverhaltens der Größe A.

$$\langle A \rangle_S = \langle A \rangle_{II} \pm \frac{\sigma_A}{\sqrt{m}} \tag{2.128}$$

mit

$$\sigma_A^2 = \left\langle \left(A - \langle A \rangle_{II} \right)^2 \right\rangle \tag{2.129}$$

sollte möglichst klein sein. Hier ist m die Zahl der unkorrelierten Werte $A(t)$ im Bereich II (vgl. Fehleranalyse).

Der Bereich III in Abbildung 2.5 markiert den Beginn signifikanter numerischer Ungenauigkeiten, die zur Abweichung vom Plateauwert führen. Auch diese Abweichung kann in beide Richtungen erfolgen.

Aufgabe 16:   Molekulardynamik-*NVE*-Simulationen

Für diese Aufgabe benötigen Sie Kopien der beiden FORTRAN-Programme INIT_LJ.f und NVE_LJ.f [59]. Das Programm INIT_LJ.f erzeugt die Startkoordinaten RX(I), RY(I), RZ(I) und Anfangsgeschwindigkeiten VX(I), VY(I), VZ(I) für I = 1, ..., 108. RX(I), RY(I), RZ(I) sind Gitterkoordinaten eines fcc-Gitters im Einheitswürfel. VX(I), VY(I), VZ(I) sind gleichverteilte Zahlen im Intervall (-VSCALE, VSCALE), wobei VSCALE der *velocity scale factor* ist (5 eingeben). Mit den so erzeugten Anfangswerten führen Sie die folgenden MD-*NVE*-Simulationen und Auswertungen durch:

(a)   Verwenden Sie $NSTEP = 20000, \rho^* = 0.05, r_{cut}^* = 3, \Delta t^* = 0.001$ als Eingabewerte und tragen Sie die Temperatur, die potenzielle Energie pro Teilchen, den Druck und die Größe

$$m_{fcc}(t) = \frac{2}{N(N-1)} \sum_{i<j}^{N} \cos\left[\vec{g}_{fcc} \cdot \vec{r}_{ij} \right] \tag{2.130}$$

---

[59]Bitte per e-mail anfordern (hentschk@uni-wuppertal.de)!

mit $\vec{g}_{fcc} = 2\pi d^{-1}(1,1,1)$, wobei d die fcc-Gitterkonstante ist, als Funktion der Zeit (in Zeitschritten /1000) auf. Tragen Sie auch die Gleichgewichtswerte dieser Größen in Ihren Graphen ein. Verwenden Sie dazu den Zeitschrittebereich bis 10^5. Wo liegt eine vernünftige untere Grenze?

Hinweis: $m_{fcc}(t)$ ist ein so genannter Ordnungsparameter, mit dem Sie den Zerfall des fcc-Gitters verfolgen können. Für ein perfektes fcc-Gitter gilt $\vec{g}_{fcc} \cdot \vec{r}_{ij} = 2\pi \cdot$ (ganze Zahl) und somit $m_{fcc}(0) = 1$. Für das ungeordnete Gas im Gleichgewicht schwankt $m_{fcc}(t)$ dagegen in der Nähe von null.

(b)   Basierend auf Daten aus Gleichgewichtssimulationen tragen Sie die mittleren Verteilungen der x-, y- und z-Komponenten der Teilchengeschwindigkeit auf. Was würden Sie theoretisch erwarten? Tragen Sie diese theoretische Kurve ebenfalls ein.

Lösung:

(a)   Ausgehend von der Startkonfiguration, die durch INIT_LJ.f erzeugt wurde, zeigt Abbildung 2.6 das Zeitverhalten der Temperatur, des Drucks, der potenziellen Energie sowie der unten diskutierten Größen $m_{fcc}(t)$ und $H(t)$ für ein Lennard-Jones-System mit $N = 108$ Teilchen. Hier setzen wir $\epsilon = \sigma = m = 1$. Die Temperatur steigt zunächst an und schwankt anschließend um einen Plateauwert von $T^* = 2.381 \pm 0.003$ [60]. Dieser Mittelwert ist gestrichelt eingezeichnet und wurde basierend auf dem hier nicht dargestellten Zeitschrittebereich zwischen $2 \cdot 10^4$ und 10^5 berechnet [61]. Gleiches gilt für die Mittelwerte $\mathcal{U}^*/N = -0.316 \pm 0.005$, $P^* = 0.115 \pm 0.0003$ [62] und $H^* = -5.516 \pm 0.005$. Aber machen die Werte Sinn? Wir können dies direkt überprüfen, da die Simulationsbedingungen denen eines verdünnten Gases entsprechen. Daher ist, wie wir noch sehen werden, die theoretische Berechnung der obigen Mittelwerte basierend auf T^* leicht möglich. Wir erhalten $\mathcal{U}^*/N = -0.320$, $P^* = 0.114$ und $H^* = -5.558$ [63]. Die Übereinstimmung ist also sehr gut.

Die Größe $m_{fcc}(t)$ gemäß Gl. (2.130) ist ein Maß für die strukturelle Übereinstimmung der momentanen mit der Anfangskonfiguration. $\vec{g}_{fcc}$ ist ein reziproker Gittervektor des fcc-Gitters (hier: $\vec{g}_{fcc} = 2\pi d^{-1}(1,1,1)$ mit der fcc-Gitterkonstanten d). Für ein perfektes fcc-Gitter gilt daher $\vec{g}_{fcc} \cdot \vec{r}_{ij} = 2\pi \cdot$ (ganze Zahl) und somit $m_{fcc}(0) = 1$. Für ein vollkommen ungeordnetes Gas dagegen schwankt m_{fcc} um null. Eine solche Größe, deren Mittelwert zwischen 1 und 0 liegt, wobei 1 die Struktur (bzw. Phase) mit der geringeren Symmetrie bedeutet, nennt man einen (skalaren) Ordnungsparameter. Gemäß Abbildung 2.6 zerfällt das fcc-Gitter sehr schnell. Kurzzeitig aber kann es in Bereichen der Simulationsschachtel zu „fcc-Schwankungen" kommen (siehe Einsatz), beispielsweise durch kurzlebige Cluster.

Die Verteilungsfunktion $f(\vec{v}, t)$ der Geschwindigkeiten $\vec{v}$ ist hier zum Zeitpunkt $t = 0$ durch

---

[60] Die Berechnung der hier und unten angegebenen Fehler wird in Anschluss an diese Aufgabe diskutiert.

[61] Frage: Wie groß ist in diesem Fall die Strecke in Einheiten des mittleren Teilchenabstands, die ein Teilchen in $2 \cdot 10^4$ Zeitschritten zurücklegt, das sich gleichförmig mit der mittleren thermischen Geschwindigkeit bewegt?

[62] Es sei erwähnt, dass unser NVE-Programm die Kontinuumskorrekturen für $r_{ij} > r_{cut}$ berücksichtigt, die wir oben erwähnt haben.

[63] Wir verwenden die Virialentwicklung aus Aufgabe 7 zusammen mit der Gl. (2.76) für den Druck. Die potenzielle Energie folgt aus $\mathcal{U} \equiv \langle \mathcal{U} \rangle = N(N-1)(2V)^{-1} \int d^3 r\, u(r)\, g_2(r)$ (vgl. die obige Berechnung der Kontinuumskorrekturen für den Druck) mit $g_2(r) \approx \exp[-\beta u(r)]$ für niedrige Dichten. Die letzte Beziehung wird in Abschnitt 4.1 gezeigt (vgl. die Gln. (4.10) und (4.11)).

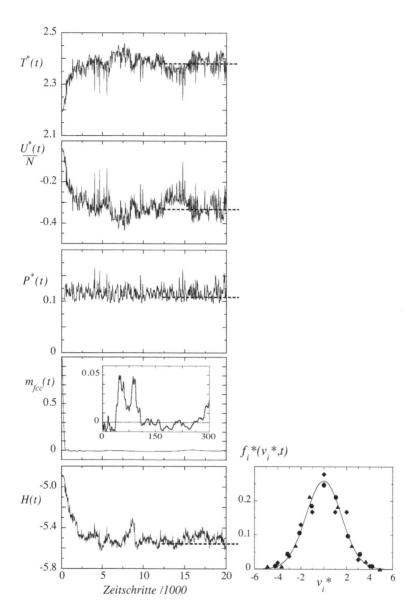

Abbildung 2.6: *NVE*-Simulation mit $N = 108$ Teilchen und folgenden Parameterwerten: $r^*_{cut} = 3, \Delta t^* = 0.001, \rho^* = 0.05$. Ausgangskonfiguration wie oben beschrieben mit VSCALE = 5, d.h. Gleichverteilung der v^*_i auf $(-2.5, 2.5)$. Die dick gestrichelten Linien markieren die Mittelwerte der jeweiligen Größen wie im Text beschrieben.

eine Gleichverteilung gegeben. Wir wissen aber, dass sich $f(\vec{v}, t)$ für $t \to \infty$ der Maxwellschen Geschwindigkeitsverteilung annähert (vgl. Gl. (2.3)), d.h.

$$f(\vec{v}, \infty) = \left(\frac{m}{2\pi k_B T} \right)^{3/2} \exp\left[-\frac{1}{2} \frac{m\vec{v}^2}{k_B T} \right] , \tag{2.131}$$

wobei die Normierung $\int d^3 v f(\vec{v}, t) = 1$ gilt.

Die Form der Gl. (2.131) für $f(\vec{v}, \infty)$ ist evident im Fall eines idealen Gases im kanonischen Ensemble (vgl. Gl. (2.6)). Aber sie ist nicht auf ideale Gase beschränkt. Betrachten wir dazu im mikrokanonischen Ensemble die Größe $p(E, (v, v + \delta v))\, dv$. Sie ist die Wahrscheinlichkeit dafür, im N-Teilchensystem eine bestimmte Geschwindigkeitskomponente v im Intervall $(v, v + \delta v)$ zu finden:

$$p(E, (v, v + \delta v)) = \frac{\Omega(E, (v, v + \delta v))}{\Omega(E)} .$$

Hierin ist $\Omega(E)$ die Zahl aller Mikrozustände zur Energie E, während $\Omega(E, (...))$ die Zahl aller Mikrozustände bezeichnet, die außerdem die zusätzliche Bedingung an die Geschwindigkeitskomponente erfüllen. Mit Gl. (1.99) gilt

$$p(E, (...)) = \frac{1}{\Omega(E)} \exp\left[S(E, (...))/k_B \right] .$$

Die Entropie $S(E, (...))$ entwickeln wir um $\langle v \rangle$, den Ensemblemittelwert von v:

$$S(E, (...)) = S(E, \langle v \rangle) + (v - \langle v \rangle) \left. \frac{\partial S}{\partial v} \right|_{\langle v \rangle} + \frac{1}{2} (v - \langle v \rangle)^2 \underbrace{\left. \frac{\partial^2 S}{\partial v^2} \right|_{\langle v \rangle}}_{=-c} + \dots .$$

Damit S maximal ist, muss $\partial S/\partial v \,|_{\langle v \rangle} = 0$ sowie $c > 0$ gelten. Unter Vernachlässigung der höheren Terme und mit $\langle v \rangle = 0$ folgt

$$p(E, (...)) \propto \exp\left[-\frac{c}{2} \frac{v^2}{k_B} \right] .$$

Diese Rechnung kann für jede beliebige Geschwindigkeitskomponente durchgeführt werden. Außerdem ist plausibel, dass die verschiedenen Komponenten für große Zeiten unabhängig voneinander sind.

Als ein Maß für die Zeit, die die Simulation benötigt, um $f(\vec{v}, \infty)$ zu entwickeln, wollen wir hier die so genannte H-Funktion,

$$H(t) = \int d^3 v f(\vec{v}, t) \ln\left[f(\vec{v}, t) \right] , \tag{2.132}$$

betrachten. Man kann zeigen, dass im Mittel, abgesehen von kurzzeitigen Fluktuationen, $dH(t)/dt \leq 0$ gelten muss (*H*-Theorem), wobei die Gleichheit eintritt, wenn $f(\vec{v}, t)$ durch Gl. (2.131) gegeben ist. Die wichtige Bedeutung der *H*-Funktion an der Bindestelle zwischen mikroskopischer Gasphasenmechanik und dem zweiten Hauptsatz wird eingehend in der Referenz [11] diskutiert. Es ist nicht schwierig, $H(\infty)$ explizit auszurechnen. Wir erhalten

$$H(\infty) = \frac{3}{2}\left(\ln\left[\frac{m}{2\pi k_B T}\right] - 1\right) \tag{2.133}$$

und damit $H^*(\infty) = -3(\ln[2\pi T^*] + 1)/2$, d.h. den oben verwendeten theoretischen Ausdruck. Für die numerische Berechnung von $H(t)$ wollen wir annehmen, dass $f(\vec{v}) = \Pi_{i=1}^{3} f_i(v_i)$ gilt. D.h. wir nehmen an, dass die Verteilungsfunktion als Produkt der Verteilungen der einzelnen Geschwindigkeitskomponenten geschrieben werden kann. Für die Maxwellsche Verteilung stimmt dies natürlich exakt. Und da wir uns im Prinzip nur für den Wert von H im Gleichgewicht interessieren, können wir

$$H(t) \approx \sum_{i=1}^{3} \sum_{\Delta v_{i,n}} \frac{N_{\Delta v_{i,n}}(t)}{N} \ln\left[\frac{N_{\Delta v_{i,n}}(t)}{\Delta v_{i,n} N}\right] \tag{2.134}$$

schreiben, wobei

$$f_i(v_i, t) = \lim_{\substack{\Delta v_{i,n} n \to v_i \\ N,n \to \infty \\ \Delta v_{i,n} \to 0}} \frac{N_{\Delta v_{i,n}}(t)}{\Delta v_{i,n} N} \tag{2.135}$$

gilt. Hier ist $N_{\Delta v_{i,n}}(t)$ die Anzahl der Teilchen im Geschwindigkeitsintervall $(v_{i,n}, v_{i,n} + \Delta v_i)$ zum Zeitpunkt t. Die beiden untersten Graphen in Abbildung 2.6 illustrieren das Resultat, wobei die hier gezeigten $f_i(v_i, t)$ (die verschiedenen Symbole bezeichnen die drei Komponenten) einem einzelnen Zeitpunkt nach 10^5 Zeitschritten entsprechen. Auch hier ist die Übereinstimmung mit der theoretischen Kurve (durchgezogene Linie) – gemessen an der kleinen Teilchenzahl – recht gut.

Fehleranalyse:

In der Aufgabe 16 wurden Fehlerabschätzungen der verschiedenen Mittelwerte aus der Simulation angegeben. Wie diese statistischen Fehler berechnet werden, betrachten wir jetzt.

Statistischer Fehler des Gleichgewichtsmittelwerts der Größe A: Wir setzen $A(t_i) = A_i$. Folglich gilt für den Stichprobenmittelwert

$$\bar{A} = \frac{1}{M}\sum_{i=1}^{M} A_i .$$

Jedes A_i kann als unabhängige Zufallsvariable betrachtet werden. Z.B. kann die Stichprobe $A_1, A_2, ..., A_M$ wiederholt (unabhängig!) gezogen werden, wobei der i-te Wert in der jeweiligen Stichprobe einen Wert der Zufallsvariablen A_i darstellt. In diesem Sinn ist es statthaft, die Variation von $\bar{A}$ hinzuschreiben:

$$\delta\bar{A} = \sum_{i=1}^{M} \frac{d\bar{A}}{dA_i} \delta A_i = \frac{1}{M} \sum_{i=1}^{M} \delta A_i \, .$$

Somit gilt für den Ensemblemittelwert von $(\delta\bar{A})^2$

$$\langle(\delta\bar{A})^2\rangle = \frac{1}{M^2} \sum_{i=1}^{M} \langle(\delta A_i)^2\rangle \, ,$$

wobei $\langle\delta A_i \delta A_j\rangle = \langle\delta A_i\rangle\langle\delta A_j\rangle = 0$ für $i \neq j$ ausgenutzt wurde (Unabhängigkeit der Stichprobenwerte!). Außerdem gilt $\langle(\delta A_i)^2\rangle = \langle(\delta A_j)^2\rangle \equiv \langle(\delta A)^2\rangle \; \forall \, i, j$. Folglich ist

$$\sigma_{\bar{A}}^2 = \frac{1}{M}\sigma_A^2$$

mit $\sigma_{\bar{A}}^2 = \langle(\delta\bar{A})^2\rangle$, $\sigma_A^2 = \langle(\delta A)^2\rangle$ und $\langle(\delta A)^2\rangle = \langle(A - \langle A\rangle)^2\rangle = \langle A^2\rangle - \langle A\rangle^2 \approx \bar{A^2} - \bar{A}^2$. Konventionell schreibt man

$$\langle A\rangle = \bar{A} \pm \frac{\sigma_A}{\sqrt{M}} \, .$$

Ist der Messfehler annähernd normalverteilt, so liegen bei hinreichend großem M ungefähr 2/3 aller Messwerte A_i zwischen $\bar{A} - \sigma_A M^{-1/2}$ und $\bar{A} + \sigma_A M^{-1/2}$ [28]. Die Größe $\sigma_A M^{-1/2}$ ist der Standardfehler des Mittelwerts $\bar{A}$ und wird häufig in Form des so genannten Fehlerbalkens zusammen mit den Werten für $\bar{A}$ aufgetragen.

Wie aber wird M bzw. hier m, die Zahl der unabhängigen Messungen in einer Simulation, bestimmt? Betrachten wir die Formel

$$m = \frac{n\,\Delta t}{\tau_A} \, .$$

Hier ist Δt der Simulationszeitschritt, und n ist die Zahl der Zeitschritte im Gleichgewichtsbereich ($t_{II} < t < t_{III}$). Die Größe τ_A ist die Korrelationszeit, die mithilfe der Korrelationsfunktion

$$C_A(t) = \frac{\sum_i \left(A(t_i) - \bar{A}\right)\left(A(t_i + t) - \bar{A}\right)}{\sum_i \left(A(t_i) - \bar{A}\right)^2}$$

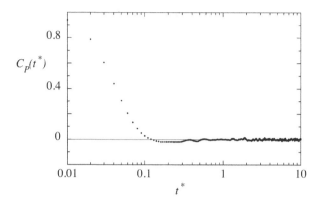

Abbildung 2.7: Berechnung von $C_p(t^*)$ aus einer MD-*NVE*-Simulation mit 108 LJ-Teilchen bei einer Dichte von $\rho^* = 0.15$ und einer Temperatur von $T^* = 2.59$. Die Zeit ist $t^* = t/\tau_{LJ}$.

bestimmt wird. Für perfekte Korrelation bei $t = 0$ gilt $C_A(0) = 1$. Für $t \to \infty$ dagegen schwankt $C_A(t)$ um Null. D.h. $C_A(\tau_A) \approx 0$ liefert einen Wert für τ_A [64].

Ein Beispiel für $C_A(t)$ zeigt Abbildung 2.7. Hier ist $A = P(t)$ der Druck zur Zeit t während einer *NVE*-MD mit 108 Lennard-Jones-Teilchen. In diesem speziellen Fall wäre $\tau_P \approx 1$ angebracht [65]. Bei der hier verwendeten Schrittweite von $\Delta t = 0.001\tau_{LJ}$ sind dies ca. 1000 Zeitschritte.

Temperaturkontrolle:

Die Gln. (2.83) bzw. (2.101) erlauben die Temperaturmessung. Wie aber lässt sich die Temperatur gezielt einstellen? [66] Zunächst bemerken wir, dass durch die Skalierung der Geschwindigkeiten $\dot{\vec{r}}_i$,

$$\dot{\vec{r}}_i \to \lambda \dot{\vec{r}}_i \begin{cases} \lambda > 1 & \Rightarrow & T^{(inst)} \nearrow \\ \lambda < 1 & \Rightarrow & T^{(inst)} \searrow \end{cases} , \tag{2.136}$$

die momentane Temperatur $T^{(inst)}$ ansteigt bzw. reduziert wird. Dabei ändert sich die momentane kinetische Energie um

$$\Delta \mathcal{K}^{(inst)} = \sum_{i=1}^{N} \frac{1}{2} m_i \dot{\vec{r}}_i^2 \left(\lambda^2 - 1\right) = \frac{3}{2} N k_B T^{(inst)} \left(\lambda^2 - 1\right) . \tag{2.137}$$

In diesem Sinn ist der Faktor $\lambda = (T_B/T^{(inst)})^{1/2}$, wobei T_B die Solltemperatur ist, optimal. Diese Skalierung muss allerdings oft wiederholt werden, da sich nicht nur die kinetische Energie ändert, sondern im Mittel auch die potenzielle Energie.

---

[64]Diese Vorgehensweise bleibt vom Prinzip her auch bei Monte Carlo-Simulationen anwendbar, in denen es keinen expliziten Zeitschritt gibt.

[65]Die Relaxationszeiten τ_A' und τ_A sind natürlich verwandt, aber sie sind nicht unbedingt gleich.

[66]Wir verlassen damit natürlich das mikrokanonische Ensemble.

Eleganter ist die Integration der Skalierung in die Bewegungsgleichungen. Man beachte, dass die Skalierung $\vec{r}_i \rightarrow \lambda \vec{r}_i$ formal zu einer zusätzlichen Beschleunigung $\ddot{\vec{r}}_i \rightarrow \ddot{\vec{r}}_i + [(\lambda - 1)/\Delta t]\dot{\vec{r}}_i$ führt. D.h.

$$\ddot{\vec{r}}_i = \frac{1}{m_i}\vec{F}_i - \zeta\dot{\vec{r}}_i \quad \text{mit} \quad \zeta = \frac{1 - \lambda}{\Delta t} . \tag{2.138}$$

Dem Term $-\zeta\dot{\vec{r}}_i$ kommt dabei die Bedeutung einer Reibungskraft zu.

Die Gl. (2.138) bedingt den folgenden zeitlichen Verlauf der Temperaturanpassung. Aus Gl. (2.137) folgt $\Delta T^{(inst)} = T^{(inst)}\left(\lambda^2 - 1\right)$, und mit $\lambda^2 \cong 1 - 2\Delta t\zeta$ ergibt sich

$$\frac{\Delta T^{(inst)}}{\Delta t} \cong -2T^{(inst)}\zeta . \tag{2.139}$$

Im Folgenden diskutieren wir zwei der gängigen Thermostaten:

• Berendsen-Methode der Anpassung [67]: Es sei J_Q ein Wärmestrom, den das System mit seiner Umgebung austauscht. Dabei gehen wir von dem Ansatz

$$J_Q = \alpha_T \left(T_B - T^{(inst)}\right)$$

aus. Hier ist α_T eine Konstante, und T_B ist wieder die angestrebte Solltemperatur. Andererseits gilt

$$J_Q = \frac{\Delta Q}{\Delta t} = Nc_V \frac{\Delta T^{(inst)}}{\Delta t} .$$

Hier ist c_V die Wärmekapazität pro Teilchen bei konstantem Volumen. Dies ergibt

$$\frac{\Delta T^{(inst)}}{\Delta t} = \frac{\alpha_T}{Nc_V}\left(T_B - T^{(inst)}\right) . \tag{2.140}$$

Die Kombination der Gln. (2.137) und (2.140) liefert,

$$\frac{\Delta T^{(inst)}}{\Delta t} = \frac{T^{(inst)}}{\Delta t}\left(\lambda^2 - 1\right) = \frac{\alpha_T}{Nc_V}\left(T_B - T^{(inst)}\right) .$$

Mit $\lambda^2 = 1 + \Delta t\alpha_T(Nc_V)^{-1}\left(T_B/T^{(inst)} - 1\right)$ gilt näherungsweise

$$\lambda \cong 1 + \frac{1}{2}\frac{\Delta t}{\tau_T}\left(\frac{T_B}{T^{(inst)}} - 1\right) \quad \text{mit} \quad \tau_T = \frac{Nc_V}{\alpha_T}$$

[67]H. J. C. Berendsen, J. P. M. Postma, W. F. van Gunsteren, A. DiNola, J. R. Haak (1984) *Molecular dynamics with coupling to an external bath.* J. Chem. Phys. **81**, 3684

und somit

$$\zeta \cong -\frac{1}{2\tau_T}\left(\frac{T_B}{T^{(inst)}} - 1\right) . \tag{2.141}$$

Daraus resultiert folgendes exponentielle Zeitverhalten des Berendsen-Thermostaten:

$$\frac{\Delta T^{(inst)}}{\Delta t} \cong \frac{1}{\tau_T}\left(T_B - T^{(inst)}\right)$$

$$\frac{\Delta T^{(inst)}}{T_B - T^{(inst)}} \cong \frac{\Delta t}{\tau_T}$$

$$\ln\frac{T_B - T^{(inst)}}{T_B - T_0} \cong -\frac{t}{\tau_T}$$

oder

$$T^{(inst)} = T_B - \left(T_B - T_0\right)e^{-t/\tau_T} . \tag{2.142}$$

Hier ist τ_T die Relaxationszeit der Temperaturanpassung. T_0 ist irgendeine Anfangstemperatur zum Zeitpunkt null.

• Nosé-Hoover-Methode der Temperaturanpassung [68]: Wir suchen wieder eine Bestimmungsgleichung für ζ bzw. in diesem Fall für $\dot\zeta$. Der Ansatz kommt diesmal aus der klassischen Mechanik [69]. Dort wird das Liouvillesche Theorem bewiesen:

$$\frac{d\rho}{dt} = \frac{\partial\rho}{\partial t} + \sum_{j=1}^{3N}\left(\dot q_j\frac{\partial\rho}{\partial q_j} + \dot p_j\frac{\partial\rho}{\partial p_j}\right) = 0 \tag{2.143}$$

Hier ist

$$\rho = \rho\left(q_1, ..., q_{3N}, p_1, ..., p_{3N}, t\right) \tag{2.144}$$

die Phasenraumdichte eines Systems, das mittels $3N$ verallgemeinerten Koordinaten q_j und Impulsen p_j beschrieben wird. Eine weitere wichtige Beziehung, die in diesem Kontext auftaucht, ist die Kontinuitätsgleichung

$$\sum_{j=1}^{3N}\left[\frac{\partial}{\partial q_j}\left(\rho\dot q_j\right) + \frac{\partial}{\partial p_j}\left(\rho\dot p_j\right)\right] + \frac{\partial\rho}{\partial t} = 0 . \tag{2.145}$$

---

[68]W. G. Hoover (1985) *Canonical dynamics: equilibrium phase-space distributions.* Phys. Rev. A **31**, 1695; siehe auch [25].

[69]Siehe beispielsweise Kapitel 9 in Referenz [29]; siehe auch http://constanze.materials.uni-wuppertal.de/Skripten/Skript_Mechanik/Mechanik.pdf.

Insbesondere folgt Gl. (2.143) direkt aus Gl. (2.145) mithilfe der Hamiltonschen Gleichungen (vgl. Fußnote zu Gl. (2.83)).

Der Trick besteht jetzt darin, den Phasenraum um eine Koordinate zu erweitern. Zusätzlich zu q_j ($j = 1, ..., 3N$) ist dies die Größe ζ! Aus Gl. (2.145) wird nun

$$\sum_{j=1}^{3N} [...] + \frac{\partial}{\partial \zeta} (\rho \dot{\zeta}) + \frac{\partial \rho}{\partial t} = 0 \,,$$

worin die Dichte ρ das Produkt der kanonischen Dichte (Gl. (2.144)) mit einer unbekannten Funktion $g(\zeta)$ ist, die nur von ζ abhängt. Damit die neue kanonische Dichte

$$\rho = \rho\left(q_1, ..., q_{3N}, \zeta, p_1, ..., p_{3N}\right)$$

stationär wird ($\partial \rho / \partial t = 0$), muss

$$
\begin{aligned}
0 &= \sum_{j=1}^{3N} \left[\frac{\partial}{\partial q_j} (\rho \dot{q}_j) + \frac{\partial}{\partial p_j} (\rho \dot{p}_j) \right] + \frac{\partial}{\partial \zeta} (\rho \dot{\zeta}) \\
&\stackrel{(*)}{=} \sum_{j=1}^{3N} \left[\frac{\partial}{\partial q_j} \left(\rho \frac{p_j}{m_j} \right) + \frac{\partial}{\partial p_j} \left(\rho \left[\mathcal{F}_j - \zeta p_j \right] \right) \right] + \zeta \frac{\partial \rho}{\partial \zeta}
\end{aligned}
\tag{2.146}
$$

gelten. Die Gleichung ($*$) folgt aus Gl. (2.138). Dort ist $\dot{p}_j = \mathcal{F}_j - \zeta p_j$ und $\dot{q}_j = p_j / m_j$. Mit $\rho \propto g(\zeta) \exp[-\beta \mathcal{H}(q, p)]$ sowie $\partial \mathcal{H} / \partial p_j = \dot{q}_j$ und $\partial \mathcal{H} / \partial q_j = -\dot{p}_j$ folgt

$$0 = \sum_{j=1}^{3N} \left(\beta \frac{p_j^2}{m_j} - 1 \right) \rho \zeta + \frac{\partial \ln g}{\partial \zeta} \rho \dot{\zeta} \,. \tag{2.147}$$

Damit diese Gleichung eine stationäre Lösung hat, muss

$$g \propto \exp\left[-\beta \frac{Q_T}{2} \zeta^2 \right] \tag{2.148}$$

gelten. Hier ist Q_T eine Konstante. Die stationäre Phasenraumdichte im erweiterten System ist somit die kanonische Dichte multipliziert mit einer Gaußfunktion in ζ. ζ muss dabei mittels

$$\dot{\zeta} = \frac{1}{Q_T} \left[\sum_{i=1}^{N} m_i \dot{r}_i^2 - \frac{N_f}{2} k_B T \right] \approx \frac{3N k_B T^{(inst)}}{Q_T} \left(1 - \frac{T_B}{T^{(inst)}} \right)$$

bestimmt werden.

Das Zeitverhalten der Nosé-Hoover-Methode folgt ebenfalls aus Gl. (2.139) bzw. aus

$$\frac{d^2 \ln T^{(inst)}}{dt^2} \approx -2\zeta \,.$$

Mittels

$$\frac{d^2 \ln T^{(inst)}}{dt^2} \approx -\frac{6Nk_B}{Q_T} \left(T^{(inst)} - T_B \right)$$

folgt für kleine Abweichungen $\delta T^{(inst)} = T^{(inst)} - T_B$

$$
\begin{aligned}
\frac{d^2}{dt^2} \ln \left(T_B + \delta T^{(inst)} \right) &= \frac{d^2}{dt^2} \left[\ln T_B + \ln \left(1 + \frac{\delta T^{(inst)}}{T_B} \right) \right] \\
&\approx \frac{1}{T_B} \frac{d^2}{dt^2} \delta T^{(inst)} \\
&\approx -\frac{6Nk_B}{Q_T} \delta T^{(inst)}
\end{aligned}
$$

und somit

$$\delta T^{(inst)} = \delta T_0 \sin \left[\sqrt{\frac{6Nk_B T_B}{Q_T}} t + \gamma_T \right] . \tag{2.149}$$

$T^{(inst)}$ oszilliert also um T_B, wobei die Frequenz durch das im Prinzip frei wählbare Q_T bestimmt ist.

• Implementierung der Methoden von Berendsen et al. sowie Nosé-Hoover im *leap frog*-Verlet-Algorithmus: Die Geschwindigkeitsgleichung (2.122) lautet nun

$$\vec{v}_i \left(t + \frac{1}{2} \Delta t \right) = \vec{v}_i \left(t - \frac{1}{2} \Delta t \right) + \Delta t \left[\vec{a}_i(t) - \zeta(t) \vec{v}_i(t) \right] + O\left(\Delta t^3 \right) .$$

Mit

$$\vec{v}_i(t) = \frac{1}{2} \left[\vec{v}_i \left(t - \frac{\Delta t}{2} \right) + \vec{v}_i \left(t + \frac{\Delta t}{2} \right) \right] + O\left(\Delta t^2 \right)$$

folgt

$$
\begin{aligned}
\vec{v}_i \left(t + \frac{\Delta t}{2} \right) &= \vec{v}_i \left(t - \frac{\Delta t}{2} \right) \left[1 - \zeta(t) \Delta t + \frac{1}{2} \zeta^2(t) \Delta t^2 \right] \\
&\quad + \vec{a}_i(t) \left[\Delta t - \frac{1}{2} \zeta(t) \Delta t^2 \right] + O\left(\Delta t^3 \right)
\end{aligned}
$$

und

$$\zeta(t) = \begin{cases} \frac{1}{2\tau_T} \left[1 - \frac{3Nk_B T_B}{2\mathcal{K}(t)} \right] & \text{(B)} \\[2ex] \zeta(t - \Delta t) + \frac{2}{Q_T} \left[\mathcal{K}(t - \Delta t) - \frac{3Nk_B T_B}{2} \right] \Delta t + O\left(\Delta t^2 \right) & \text{(NH)} . \end{cases} \tag{2.150}$$

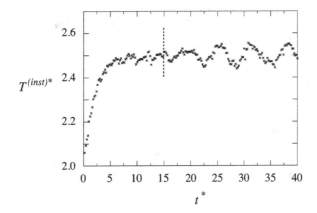

Abbildung 2.8: Aufheizen eines LJ-Systems von $T^* = 2.0$ auf $T^* = 2.5$ mit den Thermostaten von Berendsen (links von der gestrichelten Linie) und Nosé-Hoover (rechts von der gestrichelten Linie). Die Simulationsparameter sind $N = 108, r_{cut}^* = 3, \rho^* = 0.01, \Delta t^* = 0.001, \tau_T^* = 2$ und $Q_T^* = 6NT_B^*$.

Näherungsweise verwenden wir für $\mathcal{K}(t)$ bzw. $\mathcal{K}(t - \Delta t)$ die kinetische Energie $\mathcal{K}(t - \Delta t/2)$ (Wir machen einen kleinen Fehler für Berendsen.).

Eine Illustration der beiden Thermostaten zeigt Abbildung 2.8. Dabei wurde das Programm NVE_LJ.f aus der Aufgabe entsprechend erweitert. Zunächst erkennen wir den exponentiellen Zeitverlauf des Berendsenschen Algorithmus, der anschließend mit der Nosé-Hoover-Methode fortgesetzt wird.

Worin aber unterscheiden sich diese Methoden zur Temperaturanpassung? Die Antwort lautet: Die Berendsen-Methode produziert im Prinzip keine bekannten Ensemblemittelwerte, während die Nosé-Hoover-Methode Mittelwerte im kanonischen Ensemble liefert. Dazu ein Beispiel: Die Wärmekapazität C_V eines Systems aus N Teilchen lässt sich im kanonischen Ensemble mit der Formel (2.9) berechnen. Eine Alternative zu dieser Formel ist Gl. (2.103) im mikrokanonischen Ensemble. Die Abbildung 2.9 zeigt beide Wärmekapazitäten, berechnet mit dem Berendsen-Algorithmus in Abhängigkeit von der Temperaturrelaxationszeit τ_T. Wie man sieht, liefert die Berendsen-Methode nur im Grenzfall $\tau_T \to \infty$ das gewünschte Resultat. In diesem Grenzfall nämlich ist die Kopplung an den Thermostaten so schwach, dass ein mikrokanonisches Ensemble simuliert wird. Die entsprechende Rechnung mit dem Nosé-Hoover-Thermostaten zeigt Abbildung 2.10. Die Abbildung demonstriert einerseits, dass der Thermostat nach Nosé-Hoover tatsächlich kanonische Mittelwerte erzeugt. Außerdem erkennt man die Unabhängigkeit des Ergebnisses von dem Parameter Q_T über einen weiten Bereich. Man beachte aber, dass die einzelnen Simulationsläufe sehr lang sein müssen.

Dieses Beispiel ist allerdings etwas extrem. Einfache räumliche oder zeitliche Mittelwerte, wie z.B. die Paarverteilungsfunktion oder der Diffusionskoeffizient (vgl. unten), werden von der Berendsen-Methode auch bei nicht so schwacher Kopplung noch gut reproduziert. Beispielsweise liefert so auch die direkte Anwendung der Gl. (1.2), $C_V = \partial E/\partial T\,|_V$, vernünftige Werte. Die Berendsen-Methode ist außerdem numerisch sehr robust und daher beliebt.

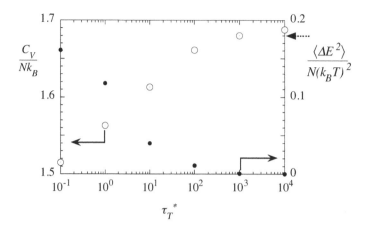

Abbildung 2.9: Mikrokanonische Wärmekapazität (linke Achse) sowie die rechte Seite der Gl. (2.9) (rechte Achse) als Funktion der Kopplung τ_T^* an den Thermostaten nach Berendsen et al. Der Pfeil markiert den Wert für $C_V/(Nk_B) \approx 1.68$, berechnet aus einer Virialentwicklung bis einschließlich dem dritten Virialkoeffizienten. Die Daten der Simulation sind: $T^* = 0.9, N = 108, r_{cut}^* = 3, \rho^* = 0.02$ und $\Delta t^* = 0.001$.

Druckkontrolle:

Intuitiv kann die Druckkontrolle durch Reskalierung des Volumens erfolgen, d.h.

$$L \to \mu L \left(V = L^3\right) \begin{cases} \mu < 1 & \Rightarrow & P^{(inst)} \nearrow \\ \mu > 1 & \Rightarrow & P^{(inst)} \searrow \end{cases} .$$

Wir schreiben $\Delta L/\Delta t = (\mu - 1) L/\Delta t = \eta L$ bzw.

$$\frac{\dot{L}}{L} = \frac{1}{3}\frac{\dot{V}}{V} = \eta . \tag{2.151}$$

Gleichzeitig werden die Positionen skaliert, d.h. $\vec{r}_i \to \mu \vec{r}_i$. Für die zeitliche Änderung von $\vec{r}_i$ gilt

$$\dot{\vec{r}}_i = \vec{v}_i + \eta \vec{r}_i . \tag{2.152}$$

Hier ist $\vec{v}_i = \vec{p}_i/m$ die rein kinetische Teilchengeschwindigkeit. Allgemein kann man die Differenzialgleichung

$$\dot{\vec{v}}_i = \frac{1}{m_i}\vec{F}_i - \left(\zeta + \eta'\right)\vec{v}_i \tag{2.153}$$

verwenden, wobei die Ankopplung der Temperatur an den Thermostaten wie zuvor über $\zeta = \zeta(T^{(inst)})$ geschieht, und zusätzlich die Ankopplung an den Barostaten über

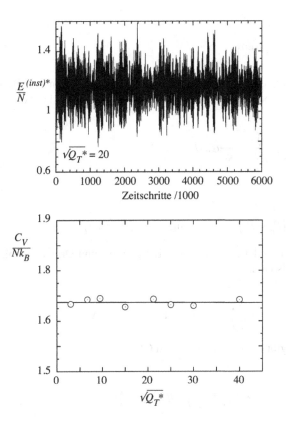

Abbildung 2.10: Oben: Verlauf der momentanen Gesamtenergie pro LJ-Teilchen in einer mit dem Thermostaten nach Nosé-Hoover kontrollierten NVT-Simulation ($T^* = 0.9$, $N = 108$, $r^*_{cut} = 3$, $\rho^* = 0.02$, $\Delta t^* = 0.001$ und $Q^*_T = 400$). Unten: Mittlere Werte der kanonischen Wärmekapazität als Funktion von $\sqrt{Q^*_T}$. Die zugrunde liegenden Simulationsläufe hatten jeweils eine Länge von 10^9 LJ-Zeitschritten! Die durchgezogene Linie ist eine Anpassung mit $C_V/(Nk_B) = 1.683$ in exzellenter Übereinstimmung mit dem Resultat der Virialentwicklung.

$$\eta' = \begin{cases} 0 & \text{für Berendsen} \\ \eta & \text{für Nosé-Hoover} \end{cases}$$

geregelt wird. Betrachten wollen wir hier lediglich die Methode von Berendsen et al. Eine eingehende Diskussion zu Simulationen im NPT-Ensemble findet man in den unten angegebenen Referenzen.

• Berendsen-Methode der Anpassung: Diese macht den Ansatz eines „spezifischen Volumenstroms" $J_V \equiv \dot{V}/V = -\alpha_P \left(P_B - P^{(inst)} \right)$, wobei P_B der Solldruck ist. Daraus folgt

$$\eta = -\frac{1}{3}\alpha_P\left(P_B - P^{(inst)}\right) .\tag{2.154}$$

Wir interessieren uns wieder für das Zeitverhalten des Barostaten von Berendsen et al. und erhalten mit der isothermen Kompressibilität $\kappa_T = -V^{-1}\partial V/\partial P\,|_T$ bei konstanter Temperatur

$$\frac{dP^{(inst)}}{dt} = -\frac{1}{\kappa_T V}\frac{dV}{dt} = \frac{1}{\kappa_T}\alpha_P\left(P_B - P^{(inst)}\right)$$

bzw.

$$P^{(inst)} = P_B - \left(P_B - P_0\right)e^{-t/\tau_P} \qquad \text{mit} \qquad \tau_P = \kappa_T/\alpha_P .$$

Die Implementierung der gleichzeitigen Temperatur- und Druckkontrolle für die Berendsen-Methode lautet bis $O(\Delta t^2)$

$$\vec{v}_i\left(t + \frac{\Delta t}{2}\right) = \vec{v}_i\left(t - \frac{\Delta t}{2}\right)[1 - \zeta(t)\Delta t] + \vec{a}_i\Delta t + O\left(\Delta t^2\right) .\tag{2.155}$$

Für die Positionen ergibt die Entwicklung von Gl. (2.152)

$$\vec{r}_i(t + \Delta t) = \vec{r}_i(t) + \Delta t\vec{v}_i\left(t + \frac{\Delta t}{2}\right) + \eta(t)\vec{r}_i(t)\Delta t .\tag{2.156}$$

Entsprechend gilt für die Volumenänderung

$$L(t + \Delta t) \quad = \quad (1 + \eta(t))L(t) .\tag{2.157}$$

η wird dabei mittels Gl. (2.154) berechnet.

Die Abbildung 2.11 zeigt die Druckanpassung nach Berendsen für ein LJ-System aus 108 Teilchen. Gestartet wurde von einer *NVT*-Simulation bei $T^* = 2.0$ ($\tau_T^* = 1, r_{cut}^* = 3, \Delta t^* = 0.001$); anschließend wurde auf *NPT* mit $P_B^* = 1.0$ ($\alpha_P^* = 0.1$) umgeschaltet. Wir beobachten eine signifikante Streuung der Druckwerte – nicht zuletzt aufgrund der geringen Systemgröße. Trotzdem zeigt die Anpassung, die auf dem erwarteten exponentiellen Zeitverlauf basiert, dass der Solldruck im Mittel korrekt eingestellt wird.

Bemerkungen: Wie schon ausgeführt erzeugt die Berendsen-Methode keines der gängigen Ensembles! Man kann allerdings auch im Fall des Barostaten die Kopplung so schwach machen, dass näherungsweise das mikrokanonische Ensemble erzeugt wird. Dagegen erzeugt der Nosé-Hoover-Barostat das kanonische *NPT*-Ensemble [70].

---

[70] Man beachte allerdings die Korrektur in S. Melchionna, G. Ciccotti, B. L. Holian (1993) *Hoover NPT dynamics for systems varying in shape and size.* Mol. Phys. **78**, 533; G.J. Martyna, D.J. Tobias, M.L. Klein (1994) *Constant pressure molecular dynamics algorithms.* Mol. Phys. **101**, 4177.

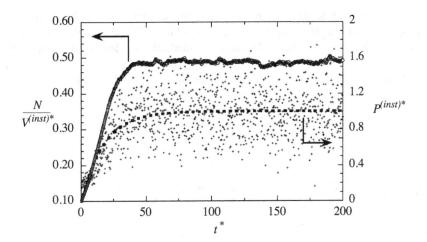

Abbildung 2.11: Dichte und Druckanpassung in einem LJ-System. Die Kreise sind momentane Dichtewerte (linke Achse), während die Kreuze momentane Druckwerte (rechte Achse) markieren. Die zeitliche Entwicklung des Drucks ist mit dem erwarteten exponentiellen Verlauf angepasst (gestrichelte Linie).

Analyse:

Die Analyse einer Simulation kann natürlich alle nur denkbaren Größen umfassen. Beispiele dazu finden sich in Kapitel 4, sodass wir hier nicht weiter auf diesen (wichtigen!) Teilschritt der Simulation eingehen müssen.

Kraftfelder für Moleküle:

Bei der Konstruktion eines Kraftfeldes bzw. eines Ausdrucks für die potenzielle Energie eines molekularen Systems müssen die quantenmechanischen Wechselwirkungen auf einen möglichst einfachen klassischen Ausdruck abgebildet werden. Dabei hilft uns das so genannte Hellmann-Feynman-Elektrostatik-Theorem [71], das sich mithilfe der Born-Oppenheimer-Näherung ableiten lässt:

$$\vec{\mathcal{F}}_i \;=\; -\vec{\nabla}_i\Big[\sum_{j(\neq i)}\frac{q_i q_j}{r_{ij}} + \int \rho_E(\vec{\tau};l)\frac{q_i}{|\,\vec{\tau}-\vec{r}_i\,|}d^3\tau\Big]. \tag{2.158}$$

Hier ist q_i die Ladung auf dem Atomkern i und $\rho_E(\vec{\tau};l)$ die quantenmechanische Elektronen(wahrscheinlichkeits)dichte im elektronischen Zustand l. Man beachte, dass die rechte

---

[71]H. Hellmann war ein deutscher Chemiker, der dieses Resultat 1937 in dem Lehrbuch „Einführung in die Quantenchemie" veröffentlichte. R. P. Feynman war ein 21-jähriger Student, als 1939 seine Veröffentlichung zu diesem Thema erschien (*Forces in Molecules*. Phys. Rev. **56**, 340). Siehe dazu I.N. Levine (1991) *Quantum Chemistry*. Prentice-Hall (Abschnitt 14.4) sowie [21] (Abschnitt 13.1.d).

Seite der Gl. (2.158) die Kraft auf den Kern i ist, wie sie sich aus der klassischen Elektrodynamik bei bekanntem $\rho_E(\vec{\tau}; l)$ ergibt. Für uns bildet Gl. (2.158) die theoretische Rechtfertigung für die Beschreibung der Wechselwirkungen innerhalb von Molekülen durch empirische Kraftfelder.

Die potenzielle Energie empirischer Kraftfelder hat in der Regel die Form

$$\mathcal{U} = \mathcal{U}_{Valenz} + \mathcal{U}_{nichtbindend} \, . \tag{2.159}$$

Hierbei ist

$$\mathcal{U}_{Valenz} = \sum_{\langle ij \rangle} u_{ij}^{Bindung} + \sum_{\langle ijk \rangle} u_{ijk}^{Valenzwinkel} + \sum_{\langle ijkl \rangle} u_{ijkl}^{Torsion}$$
$$+ \sum_{\substack{\langle ij \rangle \\ \langle ijk \rangle}} u_{ij,ijk}^{Bindung \times Valenzwinkel} + \dots$$

der durch das Hellmann-Feynman-Elektrostatik-Theorem motivierte Beitrag. Die einzelnen Summen enthalten die potenziellen Energiebeiträge kleiner Atomgruppen aus in der Regel 2 bis 4 Atomen (angezeigt durch die Konvention $\langle .. \rangle$) sowie ggf. Kopplungen entsprechender Terme. Die genannten Terme beschreiben die Änderung der potenziellen Energie aufgrund lokaler Änderung der molekularen Geometrie (z.B. durch harmonische Potenziale im Fall der Änderung von Bindungslängen bzw. Valenzwinkeln; ein Beispiel für ein Torsionspotenzial werden wir in Aufgabe 27 kennen lernen). Der zweite Term in Gl. (2.159) ist

$$\mathcal{U}_{nichtbindend} = \sum_{i<j} \left(u_{ij}^{\ddot{U}berlapp} + u_{ij}^{Dispersion} + u_{ij}^{Coulomb} \right) .$$

Hier enthalten die ersten beiden Summen Beiträge von paarweisen Atom-Atom-Wechselwirkungen aufgrund der Abstoßung im Grenzfall kleiner Abstände bzw. der Dispersionsanziehung bei großen Abständen. Letztere folgt aus einer störungstheoretischen Entwicklung, die die Fluktuationen von $\rho_E(\vec{\tau}; l)$ berücksichtigt (siehe z.B. Kapitel IV in [30] sowie die dort angegeben Referenzen). Das Lennard-Jones-Potenzial ist eine häufig verwendete Näherung dieser Beiträge. Der letzte Term beschreibt Monopol-Monopol-Wechselwirkungen zwischen atomaren Partialladungen aufgrund der unterschiedlichen Elektronenaffinität der Elemente. Die hier genannten nichtbindenden Wechselwirkungen entsprechen der Annahme paarweise additiver Kräfte. Diese Annahme vernachlässigt dynamische Polarisationseffekte.

Mehr zu empirischen Kraftfeldern bzw. zu deren Parametrisierung findet man in den Kapiteln V und VI der Referenz [30]. Ein Beispiel zur Parametrisierung einfacher Systeme, die durch reine Lennard-Jones-Potenziale beschrieben werden können, ist die Aufgabe 14.

Tricks zur Beschleunigung von Simulationen:

• Radiale Unterteilung – Die Idee lautet wie folgt: Für Abstände $r_{ij} \leq r'_{cut}$ werden die Wechselwirkungen normal berechnet. Für $r'_{cut} < r_{ij} \leq r_{cut}$ werden die Wechselwirkungen nur alle

n'_c Zeitschritte neu berechnet, da für große Abstände eine kleine Verrückung δr_j der Atome j während n'_c Zeitschritten wenig ausmacht. Wie groß n'_c sein kann, muss ausprobiert werden! Für Abstände $r_{cut} < r_{ij}$ schließlich werden die besprochenen Kontinuumskorrekturen (d.h. $g_2 = 1$) verwendet. Diese Idee wird auch als Doppelradienmethode bezeichnet. Sie ist nur sinnvoll bei Verwendung einer Nachbarliste für große Systeme, da jede Überprüfung der Bedingung $r_{ij} \le r'_{cut}$ (bzw. $\le r_{cut}$) eine Operation der Ordnung $O(N^2)$ ist!

• Nachbarliste – Eine Nachbarliste *NL* kann nach folgendem Schema konstruiert werden.

1. Die N Teilchen werden auf M Zellen der Dimension l_c^3 verteilt. Hierbei sollte l_c geringfügig größer sein als r_{cut}. Dies ist eine Operation der Ordnung N.

2. Für jedes Teilchen i wird anschließend eine Liste seiner Nachbarn j z.B. gemäß $r_{ij} \le r_{cut}$ erstellt. Dabei werden aber nur die Teilchen j in der gleichen Zelle bzw. in den unmittelbaren Nachbarzellen berücksichtigt. Damit ist der entsprechende Rechenaufwand lediglich quadratisch in der Zahl der Teilchen in diesen insgesamt 27 Zellen [72].

Die Nachbarliste könnte dann so aussehen:

$$NL = \begin{array}{|c|c|c|c|c|c|c|c|c|}
\hline
1 & 1 & 1 & \cdots & 2 & 2 & 2 & \cdots & p_{max} \\
\hline
3 & 6 & 14 & \cdots & 4 & 12 & 18 & \cdots & \cdots \\
\hline
\end{array}$$

Die erste Reihe enthält die Indizes i der Teilchen, während die zweite Reihe deren Nachbarn enthält. Dabei wird die doppelte Zählung von Paaren vermieden (daher die Grenze p_{max}). Die Doppelschleife in der Kraftberechnung,

$$DO \quad i = 1, N - 1$$

$$\cdots$$

$$DO \quad j = i + 1, N \,,$$

wird so zur einfachen Schleife

$$DO \quad p = 1, p_{max}$$
$$i = NL(1, p)$$
$$j = NL(2, p)$$
$$\cdots \,.$$

Die Nachbarliste wird nur alle n_c Zeitschritte erneuert. In molekularen Simulationen umfasst n_c ca. 50 Zeitschritte!

Bemerkung: Es wird nicht r_{cut} direkt verwendet, sondern $r_{cut} + \delta r_{cut}$, wobei δr_{cut} eine Sicherheitshülle ist, deren Dicke von n_c abhängt!

---

[72]Umgekehrt kann man sagen, dass sich die Einführung der Nachbarliste erst ab einer Systemgröße auszahlt, die diese 27 Zellen überschreitet!

• Zellmultipol-Methode (für Coulomb-Wechselwirkungen) – Die eben diskutierten Methoden eignen sich für Systeme mit kurzreichweitigen Wechselwirkungen. Im Fall von langreichweitigen Wechselwirkungen muss anders vorgegangen werden. Hier illustrieren wir dies am Beispiel der Zellmultipol-Methode [73] für die Berechnung von Coulomb-Wechselwirkungen.

Prinzip der Zellmultipol-Methode:

1. Sortiere die Teilchen bzw. die Ladungen in die in Abbildung 2.12 gezeigten Zellen ein. Jedes Teilchen liegt somit genau in einer C-, einer B- und einer A-Zelle [74].

2. Berechne den Coulomb-Teil der potenziellen Energie von Ladung q_i am Ort $\vec{r}_i$ in Zelle C_0 (siehe Abbildung 2.12) gemäß

$$\mathcal{U}(\vec{r}_i) = \mathcal{U}^{nah}(\vec{r}_i) + \mathcal{U}^{fern}(\vec{r}_i) \, .$$

Der Index *nah* bezieht sich dabei auf die expliziten Wechselwirkungen mit den Ladungen in den C_n-Zellen. Dagegen gilt für $\mathcal{U}^{fern}$:

$$\mathcal{U}^{fern}(\vec{r}_i) = q_i \sum_z \left[\frac{Q_z}{R_{iz}^n} + \frac{n\vec{R}_{iz} \cdot \vec{p}_z}{R_{iz}^{n+2}} + ... \right] \, .$$

Für $n = 1$ ist dies die aus der Elektrostatik bekannte Multipolentwicklung. Der Index z läuft hier über die in der Abbildung 2.12 explizit gezeichneten C_f-, B- und A-Zellen. $Q_z, p_z, ...$ sind die Momente (Monopol, Dipol, ...) dieser Zellen, bezogen auf ihre Mittelpunkte bei $\vec{R}_{iz}$ (bezogen auf den Ursprung in Ladung i).

Die genannten Momente lassen sich in der Praxis effizient mittels Rekursionsformeln berechnen. Außerdem muss $\mathcal{U}^{fern}$ nicht für alle Ladungen in C_0 individuell berechnet werden. Vielmehr wird eine Taylorentwicklung von $\mathcal{U}^{fern}(\vec{r})$ um einen festen Punkt in der Zelle C_0 verwendet.

Wie skaliert der Aufwand dieser Methode? Das Einsortieren der Ladungen im ersten Schritt ist $O(N)$. Im zweiten Schritt ist die Zahl der Zellen in der z-Summe $O(\ln N)$ [75], sodass die gesamte Berechnung von $\mathcal{U}^{fern}(\vec{r}_i)$ den Aufwand $O(N \ln N)$ besitzt – eine klare Verbesserung gegenüber $O(N^2)$.

Bemerkung: Wir sind hier davon ausgegangen, dass Coulomb-Wechselwirkungen immer langreichweitig sind. Dies ist nicht grundsätzlich der Fall. Wie wir aus der Multipolentwicklung sehen können, fallen Wechselwirkungen der höheren Momente schneller ab. Die Dipol-

---

[73]H.-Q. Ding, N. Karasawa, W. A. Goddard III (1992) *The reduced cell multipole method for Coulomb interactions in periodic systems with million-atom unit cells*. J. Chem. Phys. **97**, 4309; vgl. auch [30].

[74]Die Hierarchietiefe (hier ist sie drei – A, B, C) hängt von der Gesamtgröße des Systems ab. Wenn z.B. die C-Schachteln jeweils 4 Teilchen enthalten, dann enthält das gesamte $3D$-System für diese Hierarchietiefe schon $2^{14} = 16384$ Teilchen.

[75]Die Zahl der Teilchen pro Zelle als Funktion der Hierarchiestufe wächst exponentiell, während die Zahl der Zellen pro Hierarchiestufe, die in der Summe mitgenommen werden, konstant bleibt.

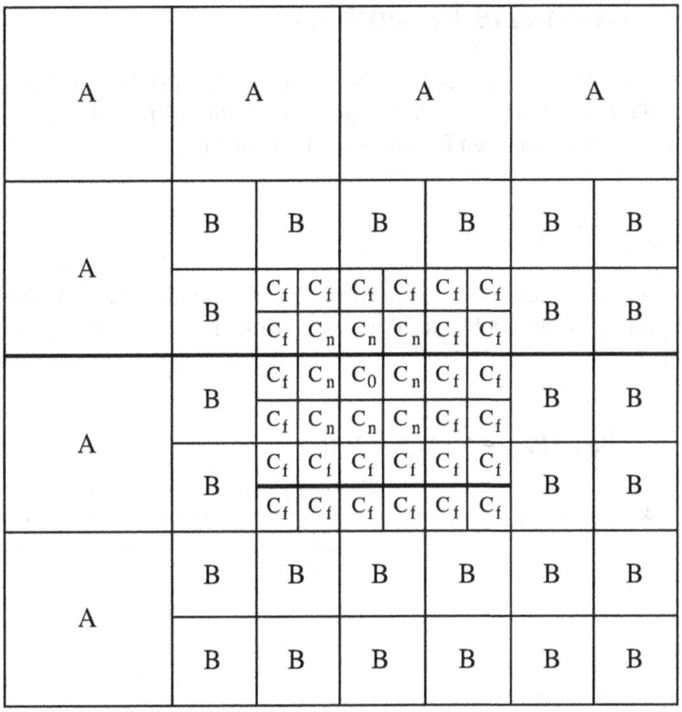

A	A	A	A
A	B B	B B	B B
	B C_f C_f C_f C_f C_f C_f / C_f C_n C_n C_n C_f C_f	B	B
A	B C_f C_n C_0 C_n C_f C_f / C_f C_n C_n C_n C_f C_f	B	B
	B C_f C_f C_f C_f C_f C_f / C_f C_f C_f C_f C_f C_f	B	B
A	B B	B B	B B
	B B	B B	B B

Abbildung 2.12: Hierarchie der Zellen in der Zellmultipol-Methode in einer 2D-Darstellung. Die C-Zellen sind hier die kleinsten. Darüber liegt eine Lage der doppelt so großen B-Zellen. Über dieser wiederum befindet sich die Schicht der wiederum verdoppelten A-Zellen.

Dipol-WW z.B. verschwindet mit $\sim r^{-3}$ [76]. Es ist daher oft günstig, die Ladungen zu neutralen Gruppen zusammenzufassen, sodass erst gar keine Monopol-Monopol-WW auftreten.

Eine weitere und wahrscheinlich die momentan am häufigsten angewandte Methode zur Berechnung von Coulomb-Wechselwirkungen ist die Ewald-Summation mit der *particel mesh*-Erweiterung. Wir besprechen diese hier nicht, da sie recht längliche mathematische Ableitungen nötig macht, und verweisen auf die Referenz [30] und die darin angegebenen weiteren Referenzen. Auch der Aufwand dieser Methode skaliert mit $O(N \ln N)$.

Literaturhinweise:

Spezielle Literaturhinweise zur MD-Simulation inklusive einigen, die schon genannt wurden, sind in Referenz [31] zusammengefasst. Weitere nach Methoden und Anwendungsgebieten sortierte Literaturhinweise enthält der Anhang I.A in [30].

---

[76]Thermische Bewegung kann dies sogar auf $\sim r^{-6}$ reduzieren (siehe z.B. [30]; Abschnitt IV.c.i).

2.5   Verallgemeinerte Ensembles

Wir betrachten Subsysteme im Gleichgewicht, die mit ihrer Umgebung neben der Energie E die extensive Größe X austauschen können. D.h. E und X fluktuieren um ihre Gleichgewichtswerte. Wie im Fall des kanonischen Ensembles schreiben wir

$$p_\nu \propto \Omega\left(E_{Syst} - E_\nu, X_{Syst} - X_\nu\right) \ . \tag{2.160}$$

Wieder ist die Wahrscheinlichkeit p_ν proportional zur Anzahl der Mikrozustände der Umgebung, die mit E_ν und X_ν verträglich sind. Wie zuvor wird Gl. (2.160) um E_{Syst} und X_{Syst} herum entwickelt. D.h.

$$\begin{aligned}
p_\nu \quad &\propto \quad \exp\left[\ln\Omega\left(E_{Syst} - E_\nu, X_{Syst} - X_\nu\right)\right] \\
&= \quad \exp\left[\ln\Omega\left(E_{Syst}, X_{Syst}\right) - E_\nu \underbrace{\frac{d\ln\Omega(E_{Syst}, X_{Syst})}{dE}}_{=\beta} - X_\nu \underbrace{\frac{d\ln\Omega(E_{Syst}, X_{Syst})}{dX}}_{=\xi} + \dots\right]
\end{aligned}$$

und daher

$$p_\nu = \frac{\exp\left[-\beta E_\nu - \xi X_\nu\right]}{\Xi} \tag{2.161}$$

mit

$$\Xi = \sum_\nu \exp[-\beta E_\nu - \xi X_\nu] \ . \tag{2.162}$$

Die thermodynamischen Größen E und X sind durch die Mittelwerte

$$\langle E\rangle = \sum_\nu p_\nu E_\nu = \left(\frac{\partial\ln\Xi}{\partial(-\beta)}\right)_{\xi,Y} \tag{2.163}$$

und

$$\langle X\rangle = \sum_\nu p_\nu X_\nu = \left(\frac{\partial\ln\Xi}{\partial(-\xi)}\right)_{\beta,Y} \tag{2.164}$$

gegeben, wobei Y alle nichtfluktuierenden (extensiven) Variablen umfasst. Somit gilt auch

$$d\ln\Xi = -\langle E\rangle d\beta - \langle X\rangle d\xi \ . \tag{2.165}$$

Wenden wir unsere Aufmerksamkeit momentan der Größe

$$
\begin{aligned}
\frac{\varphi}{k_B} &= -\sum_{\nu} p_{\nu} \ln p_{\nu} \\
&\overset{\text{Gl. (2.161)}}{=} -\sum_{\nu} p_{\nu} \left[-\ln \Xi - \beta E_{\nu} - \xi X_{\nu} \right] \\
&= \ln \Xi + \beta \langle E \rangle + \xi \langle X \rangle
\end{aligned}
\tag{2.166}
$$

zu. Das Differenzial $d(\varphi/k_B)$ lautet

$$
d(\varphi/k_B) = -\langle E \rangle d\beta - \langle X \rangle d\xi + \beta d\langle E \rangle + \langle E \rangle d\beta + \xi d\langle X \rangle + \langle X \rangle d\xi \,,
\tag{2.167}
$$

und daher ist

$$
d\varphi = k_B \beta d\langle E \rangle + k_B \xi d\langle X \rangle \,.
\tag{2.168}
$$

D.h. mit Gl. (2.166) wird aus $\ln \Xi(\beta, \xi)$ die Funktion $\varphi(\langle E \rangle, \langle X \rangle)$. Gl. (2.166) ist wieder eine Legendretransformation. Insbesondere legt der Vergleich mit Gl. (1.103) nahe, dass φ die Entropie ist:

$$
S = -k_B \sum_{\nu} p_{\nu} \ln p_{\nu} \,.
\tag{2.169}
$$

Gl. (2.169) ist die Gibbs-Entropie-Gleichung.

Die Gibbs-Entropie-Gleichung ist konsistent mit der bisherigen Definition, ausgedrückt in Gl. (1.99). Wir sehen dies, indem wir $p_{\nu} = 1/\Omega$, die Wahrscheinlichkeit des (hier) Mikrostandes ν, einsetzen. D.h.

$$
S = k_B \sum_{\nu} \frac{1}{\Omega} \ln \Omega = k_B \ln \Omega \underbrace{\sum_{\nu} \frac{1}{\Omega}}_{=1} \,.
\tag{2.170}
$$

Schwankungen der Größe X:

$$
\begin{aligned}
\langle (\delta X)^2 \rangle &= \langle (X - \langle X \rangle)^2 \rangle = \langle X^2 \rangle - \langle X \rangle^2 \\
&= \sum_{\nu} X_{\nu}^2 p_{\nu} - \sum_{\nu, \nu'} X_{\nu} X_{\nu'} p_{\nu} p_{\nu'} \\
&= \left(\frac{\partial^2}{\partial(-\xi)^2} \ln \Xi \right)_{\beta, Y} = \frac{\partial}{\partial(-\xi)} \langle X \rangle \,.
\end{aligned}
$$

D.h.

$$\frac{\partial}{\partial(-\xi)}\langle X \rangle = \langle(\delta X^2)\rangle \ . \tag{2.171}$$

Großkanonisches Ensemble:

Wir betrachten den Spezialfall $X = N$, d.h. das großkanonische Ensemble. Mit $\xi \overset{\text{Gl. (1.100)}}{=} \zeta \overset{\text{Gl. (1.105)}}{=} -\beta\mu$ folgt

$$p_v = \frac{\exp\left[-\beta\left(E_v - \mu N_v\right)\right]}{Q_{\mu VT}} \tag{2.172}$$

und

$$Q_{\mu VT} = \sum_v \exp\left[-\beta\left(E_v - \mu N_v\right)\right] \ . \tag{2.173}$$

• Druck – Einsetzen von Gl. (2.172) in die Gibbs-Entropie-Gleichung ergibt

$$\begin{aligned}
TS &= -\beta^{-1}\sum_v p_v\left(-\ln Q_{\mu VT} - \beta E_v + \beta\mu N_v\right) \\
&= \beta^{-1}\ln Q_{\mu VT} + \langle E \rangle - \underbrace{\mu\langle N \rangle}_{=G}
\end{aligned}$$

Mit $G = H - TS$ (vgl. Gl. (1.28)) bzw. $TS = E + PV - G$ folgt

$$PV = \beta^{-1}\ln Q_{\mu VT} \ . \tag{2.174}$$

• Schwankungen der Teilchenzahl und Energie – Gl. (2.171) liefert

$$\langle(\delta N)^2\rangle = \left(\frac{\partial\langle N \rangle}{\partial(\beta\mu)}\right)_{\beta,V} \ ,$$

und mit Gl. (2.80) im Spezialfall einer Komponente, d.h. $\partial\beta\mu/\partial N = N^{-1}(1+2B_2(T)\rho+O(\rho^2))$, erhalten wir

$$\frac{\sqrt{\langle(\delta N)^2\rangle}}{\langle N \rangle} \propto \frac{\sqrt{\langle N \rangle}}{\langle N \rangle} = \frac{1}{\sqrt{\langle N \rangle}} \to 0$$

für $\langle N \rangle \to \infty$ bei konstanter Dichte [77]. Im Fall der Größe $(\langle \delta E^2 \rangle)^{1/2}/\langle E \rangle$ gilt immer noch Gl. (1.97). Wie zuvor im kanonischen Ensemble erhalten wir beim Übergang zum thermodynamischen Limes das mikrokanonische Ensemble.

• Bosonen und Fermionen – Als Beispiel für die Nützlichkeit des großkanonischen Ensembles betrachten wir die Größe $\langle n_j \rangle$. $\langle n_j \rangle$ ist die mittlere Teilchenzahl im Einteilchenzustand j, wobei es sich entweder um Bosonen oder um Fermionen ohne Wechselwirkung handeln soll [78]. Wir schreiben also

$$Q_{\mu VT} = \sum_\nu \exp\left[-\beta\left(E_\nu - \mu N_\nu\right)\right] = \sum_{n_1, n_2, \ldots, n_j, \ldots} \exp\left[-\beta \sum_j \left(\epsilon_j - \mu\right) n_j\right] ,$$

wobei ϵ_j die zu j gehörende Einteilchenenergie ist, und beachten, dass Fermionen jeden Einteilchenzustand maximal einfach besetzen, während Bosonen keiner diesbezüglichen Einschränkung unterliegen. Dementsprechend gilt für Bosonen

$$\begin{aligned} Q_{\mu VT}^{(B)} &= \prod_j \sum_{n_j=0}^{\infty} \exp\left[-\beta\left(\epsilon_j - \mu\right) n_j\right] \\ &= \prod_j \left(1 - \exp\left[-\beta\left(\epsilon_j - \mu\right)\right]\right)^{-1} \end{aligned} \tag{2.175}$$

[79], während Fermionen durch

$$\begin{aligned} Q_{\mu VT}^{(F)} &= \prod_j \sum_{n_j=0}^{1} \exp\left[-\beta\left(\epsilon_j - \mu\right) n_j\right] \\ &= \prod_j \left(1 + \exp\left[-\beta\left(\epsilon_j - \mu\right)\right]\right) \end{aligned} \tag{2.176}$$

beschrieben werden. In beiden Fällen jedoch gilt

$$\langle n_j \rangle = Q_{\mu VT}^{-1} \sum_\nu n_j \exp\left[-\beta\left(E_\nu - \mu N_\nu\right)\right] = \frac{\partial \ln Q_{\mu VT}}{\partial\left(-\beta \epsilon_j\right)} . \tag{2.177}$$

D.h. für Bosonen ohne Wechselwirkung folgt

$$\langle n_j \rangle^{(B)} = \left(\exp\left[\beta\left(\epsilon_j - \mu\right)\right] - 1\right)^{-1} , \tag{2.178}$$

---

[77]Eine allgemeine Herleitung dieses Resultats enthält der Abschnitt 4.1.

[78]Zur Erinnerung: Teilchen mit halbzahligem Spin sind Fermionen, solche mit ganzzahligem Spin sind Bosonen. Elektronen, Protonen, Neutronen oder ^3He-Atome sind Fermionen. Photonen, π-Mesonen oder ^4He-Atome sind Bosonen.

[79]Mittels $\sum_{n=0}^{\infty} z^n = (1-z)^{-1}$ für $z < 1$.

während für Fermionen ohne Wechselwirkung folgt

$$\langle n_j \rangle^{(F)} = \left(\exp \left[\beta \left(\epsilon_j - \mu \right) \right] + 1 \right)^{-1} . \tag{2.179}$$

• Grenzfall hoher Temperatur – Bei genügend hohen Temperaturen und nicht zu hohen Dichten sind wesentlich mehr Einteilchenzustände besetzt als es Teilchen gibt. Daher folgt aus

$$\langle N \rangle = \sum_j \langle n_j \rangle ,$$

dass $\langle n_j \rangle$ klein ist, und deshalb

$$\exp \left[\beta \left(\epsilon_j - \mu \right) \right] \gg 1$$

sein muss. Sowohl für Bosonen als auch für Fermionen gilt dann

$$\langle n_j \rangle \approx \exp \left[-\beta \left(\epsilon_j - \mu \right) \right] .$$

Damit folgt aber $\langle N \rangle = \sum_j \langle n_j \rangle \approx \sum_j \exp \left[-\beta \left(\epsilon_j - \mu \right) \right]$ bzw.

$$\exp \left[\beta \mu \right] \approx \frac{\langle N \rangle}{\sum_j \exp \left[-\beta \epsilon_j \right]}$$

und somit

$$\langle n_j \rangle \approx \langle N \rangle \frac{\exp \left[-\beta \epsilon_j \right]}{\sum_j \exp \left[-\beta \epsilon_j \right]} . \tag{2.180}$$

Insbesondere ist

$$\frac{\langle n_j \rangle}{\langle N \rangle} \propto \exp \left[-\beta \epsilon_j \right] \tag{2.181}$$

die Wahrscheinlichkeit dafür, ein Teilchen im Einteilchenzustand j zu finden.

Aufgabe 17:   Ideales Fermionengas

(a)   Für ein ideales Gas aus Fermionen ohne innere Struktur zeigen Sie:

$$\beta P = \frac{1}{\Lambda_T^3} f_{5/2}(z) , \tag{2.182}$$

wobei $z = \exp[\beta\mu]$ [80] und $f_{5/2}(z) = 4\pi^{-1/2} \int_0^\infty dx x^2 \ln\left(1 + ze^{-x^2}\right)$ ist.

(b)   Zeigen Sie ebenfalls:

$$\rho\Lambda_T^3 = f_{3/2}(z) \,. \tag{2.183}$$

Hier ist $\rho = \langle N\rangle/V$ und $f_{3/2}(z) = \sum_{l=1}^\infty (-1)^{l+1} z^l/l^{3/2}$. Außerdem gilt die Gleichung $f_{5/2}(z) = \sum_{l=1}^\infty (-1)^{l+1} z^l/l^{5/2}$.

(c)   Zeigen Sie ebenfalls:

$$\langle E\rangle = \frac{3}{2}PV \,. \tag{2.184}$$

(d)   Wir betrachten den Grenzfall hoher Temperatur und/oder niedriger Dichte ($\rho\Lambda_T^3 \ll 1$). Zeigen Sie, dass in diesem Grenzfall folgende Entwicklungen gelten:

$$(i) \qquad z = \rho\Lambda_T^3 + \frac{\left(\rho\Lambda_T^3\right)^2}{2^{3/2}} + \dots \tag{2.185}$$

$$(ii) \qquad \frac{\beta P}{\rho} = 1 + \frac{\rho\Lambda_T^3}{2^{5/2}} + \dots \,. \tag{2.186}$$

Warum führt ein endlicher Wert von $\rho\Lambda_T^3$ zu Abweichungen vom idealen Gas-Verhalten? Und warum sollten diese Abweichungen für $\rho\Lambda_T^3 \to 0$ verschwinden?

(e)   Wir betrachten den Grenzfall niedriger Temperatur und/oder hoher Dichte ($\rho\Lambda_T^3 \gg 1$). Zeigen Sie in diesem Grenzfall:

$$(i) \quad \rho\Lambda_T^3 = f_{3/2}(z) \approx \frac{4}{3\sqrt{\pi}} (\ln z)^{3/2} \,, \tag{2.187}$$

mit $z \approx \exp[\beta\epsilon_F]$ und $\epsilon_F = (2m)^{-1}\hbar^2 \left(6\pi^2\rho\right)^{2/3}$ [81], sowie

$$(ii) \quad P \approx \frac{2\epsilon_F}{5}\rho \,. \tag{2.188}$$

D.h. der Druck verschwindet bei $T = 0$ nicht – warum? Hinweis: Verwenden Sie die Integraldarstellung

---

[80] z ist die Fugazität, die wir in der Thermodynamik eingeführt haben. Hier verwenden wir den Buchstaben z, um Verwechselungen mit der Funktion $f_s(z)$ auszuschließen.

[81] Die Größe ϵ_F heißt Fermi-Energie.

$$f_{3/2}(z) = \frac{4}{\sqrt{\pi}} \int_0^\infty dx\, x^2 \left(z^{-1} e^{x^2} + 1 \right)^{-1} .$$

Betrachten Sie das Integral unter dem Aspekt, dass $f_{3/2}(z)$ möglichst groß werden soll. Die Substitution $x = \sqrt{\ln z}\, t$ könnte dabei nützlich sein.

Lösung:

(a)   Es gilt

$$\beta P V = \ln Q_{\mu V T} = \sum_j \ln\left(1 + \exp\left[-\beta\left(\epsilon_j - \mu\right) \right] \right) .$$

Mit $\sum_j \to (2\pi\hbar)^{-3} V \int d^3 p$ sowie $\epsilon_j \to p^2/(2m)$ (vgl. oben) folgt

$$\beta P = \frac{4\pi}{(2\pi\hbar)^3} \int_0^\infty dp\, p^2 \ln\left(1 + z \exp\left[-\beta\frac{p^2}{2m} \right] \right) .$$

Die Substitution $x = \sqrt{\beta/(2m)}\, p$ liefert

$$\beta P = \frac{4\pi}{(2\pi\hbar)^3} \left(\frac{2m}{\beta} \right)^{3/2} \int_0^\infty dx\, x^2 \ln\left(1 + z e^{-x^2} \right) = \frac{1}{\Lambda_T^3} f_{5/2}(z)$$

[82].

(b)   Hier gilt

$$\langle n_i \rangle = \frac{\partial}{\partial\left(-\beta\epsilon_i\right)} \ln Q_{\mu V T} = \frac{\partial}{\partial\left(-\beta\epsilon_i\right)} \sum_j \ln\left(1 + z \exp\left[-\beta\epsilon_j \right] \right) ,$$

und daher

$$
\begin{aligned}
\langle N \rangle &= \sum_i \langle n_i \rangle = \sum_i \frac{\partial}{\partial\left(-\beta\epsilon_i\right)} \ln\left(1 + z \exp\left[-\beta\epsilon_i \right] \right) \\
&= \sum_i z\frac{\partial}{\partial z} \ln\left(1 + z \exp\left[-\beta\epsilon_i \right] \right) = z\frac{\partial}{\partial z} \sum_i \ln\left(1 + z \exp\left[-\beta\epsilon_i \right] \right) .
\end{aligned}
$$

[82] Man beachte, dass sich $f_{5/2}(z)$ mittels partieller Integration in die Form

$$f_{5/2}(z) = -\frac{4}{3\sqrt{\pi}} \int_0^\infty dy\, y^{3/2} \frac{z e^{-y}}{1 + z e^{-y}}$$

bringen lässt. In der Nebenrechnung zu Formel (3.13) ist gezeigt, wie daraus die angegebene Summendarstellung folgt.

Somit haben wir

$$\frac{\langle N\rangle}{V} = \frac{1}{\Lambda_T^3} z \frac{\partial}{\partial z} f_{5/2}(z) = \frac{1}{\Lambda_T^3} \underbrace{\sum_{l=1}^{\infty} (-1)^{l+1} \frac{z^l}{l^{3/2}}}_{=f_{3/2}(z)} .$$

(c)

$$
\begin{aligned}
\langle E\rangle &= \sum_i \epsilon_i \langle n_i\rangle = z\frac{\partial}{\partial z}\sum_i \epsilon_i \ln\left(1 + z\exp\left[-\beta\epsilon_i\right]\right) \\
&= \frac{\partial}{\partial(-\beta)}\left(\sum_i \ln\left(1 + z\exp\left[-\beta\epsilon_i\right]\right)\right)_z = \frac{\partial}{\partial(-\beta)}\frac{V}{\Lambda_T^3} f_{5/2}(z) .
\end{aligned}
$$

Nebenrechnung:

$$\frac{\partial}{\partial(-\beta)}\frac{1}{\Lambda_T^3} = 3\frac{1}{\Lambda_T^4}\frac{1}{2}\frac{1}{\Lambda_T}\frac{2\pi\hbar^2}{m} = \frac{3}{2}\frac{1}{\beta\Lambda_T^3} .$$

Damit folgt

$$\langle E\rangle = \frac{3}{2}\frac{1}{\beta}\frac{V}{\Lambda_T^3} f_{5/2}(z) = \frac{3}{2}PV . \tag{2.189}$$

(d) Betrachten wir zuerst *(i)*: Das Ergebnis aus Teil (b) war

$$\underbrace{\rho\Lambda_T^3}_{\equiv y} = f_{3/2}(z) = z - \frac{z^2}{2^{3/2}} + O\left(z^3\right) .$$

Wir machen den Ansatz $z = c_0 + c_1 y + c_2 y^2 + \dots$ und setzen ein. Das Ergebnis ist

$$y = c_0 + c_1 y + c_2 y^2 + \dots - 2^{-3/2}\left(c_0^2 + 2c_0 c_1 y + \left(2c_0 c_2 + c_1^2\right)y^2 + O\left(y^3\right)\right) .$$

Und damit folgt $c_0 = 0, c_1 = 1$ sowie $c_2 = 2^{-3/2}$ bzw.

$$z = y + 2^{-3/2}y^2 + \dots .$$

Nun zu *(ii)*: Gemäß Teil (a) ist

$$
\begin{aligned}
\beta P &= \frac{1}{\Lambda_T^3}\left(z - \frac{z^2}{2^{5/2}} + O\left(z^3\right)\right) \\
&\overset{(i)}{=} \rho\frac{1}{y}\left(y + \frac{y^2}{2^{3/2}} - \frac{y^2}{2^{5/2}} + O\left(y^3\right)\right) = \rho\left(1 + \frac{y}{2^{5/2}} + \dots\right) .
\end{aligned}
$$

Dieses dem Idealen-Gas-Gesetz nicht entsprechende Ergebnis ist eine Konsequenz quantenmechanischer Streueffekte, die auftreten, wenn die thermische Wellenlänge und der mittlere Teilchenabstand von der gleichen Größenordnung sind. Den Begriff „quantenmechanische Streueffekte" können wir präzisieren, indem wir uns an die Diskussion zu Abbildung 2.1 erinnern. Dort führte die Symmetrieeigenschaft der Wellenfunktion unter Teilchenvertauschung für Fermionen zu einem effektiv abstoßenden Potenzial!

(e)   Betrachten wir zunächst wieder *(i)*: Die nahe liegende Substitution $x = \sqrt{\ln z}\, t$ liefert

$$f_{3/2}(z) = \frac{4}{\sqrt{\pi}} (\ln z)^{3/2} \int_0^\infty dt\, t^2 \left(1 + z^{t^2-1}\right)^{-1} .$$

Großes $\rho\Lambda_T^3$ bedeutet großes $f_{3/2}(z)$ und damit großes z. Für großes z gilt aber

$$z^{t^2-1} \overset{z\to\infty}{\to} \begin{cases} 0 & \text{wenn} \quad t < 1 \quad (\text{d.h.} (...)^{-1} = 1) \\ \infty & \text{wenn} \quad t > 1 \quad (\text{d.h.} (...)^{-1} = 0) \end{cases} .$$

Der Integrand wird also zur Stufenfunktion (bei $t = 1$), und daher gilt

$$f_{3/2}(z) \overset{z\to\infty}{\longrightarrow} \frac{4}{\sqrt{\pi}} (\ln z)^{3/2} \int_0^1 dt\, t^2 = \frac{4}{3\sqrt{\pi}} (\ln z)^{3/2} .$$

Bemerkung: Die Korrekturen bzw. höheren Terme der Entwicklung für große z lassen sich mithilfe der so genannten Sommerfeld-Entwicklung berechnen (z.B. [11]; Kapitel 11). D.h.

$$f_{3/2}(z) = \frac{4}{3\sqrt{\pi}} \left[(\ln z)^{3/2} + \frac{\pi^2}{8} (\ln z)^{-1/2} + ... \right] . \tag{2.190}$$

Mit dem Ergebnis aus (b) erhalten wir daher

$$\begin{aligned} z &\approx \exp\left[\left(\frac{3\sqrt{\pi}}{4} \rho\Lambda_T^3 \right)^{2/3} \right] \\ &= \exp\left[\beta \frac{2\pi\hbar^2}{m} \left(\frac{3\sqrt{\pi}}{4} \rho \right)^{2/3} \right] = \exp\left[\beta\epsilon_F \right] . \end{aligned}$$

Nun wieder zu *(ii)*: Wir beginnen mit dem Ergebnis aus (a) und berechnen $f_{5/2}(z)$ aus $f_{3/2}(z)$ im Grenzfall großer z. D.h.

$$z\frac{d}{dz} f_{5/2}(z) = f_{3/2}(z) \approx \frac{4}{3\sqrt{\pi}} (\ln z)^{3/2} .$$

Daher gilt

$$
\begin{aligned}
f_{5/2}(z) &\approx \frac{4}{3\sqrt{\pi}} \int^{z} \frac{(\ln z')^{3/2}}{z'} dz' \\
&\overset{z'=\exp[x]}{=} \frac{4}{3\sqrt{\pi}} \int^{\ln z} dx\, x^{3/2} = \frac{8}{15\sqrt{\pi}} (\ln z)^{5/2} \\
&= \frac{2}{5}\rho\Lambda_T^3 \ln z = \frac{2}{5}\rho\Lambda_T^3 \beta\epsilon_F
\end{aligned}
$$

und damit

$$
P \approx \frac{2}{5}\epsilon_F \rho \; .
$$

Der endliche Druck für T gegen null ist wiederum ein Quanteneffekt. Fermionen besetzen jeden Quantenzustand nur einfach; insbesondere lässt sich das Fermionengas dadurch nicht beliebig komprimieren. Dieser Effekt spielt eine wichtige Rolle im Alterungsprozess von Sternen [32].

Ideales Bosonengas:

Analog zur Aufgabe 17 betrachten wir jetzt ein Gas aus Bosonen ohne direkte Wechselwirkung, abgesehen von derjenigen, die durch die Symmetrieeigenschaft der Wellenfunktion bei Vertauschung identischer Teilchen bedingt ist.

Gemäß Gl. (2.178) gilt für die mittlere Besetzungszahl des j-ten Energieniveaus

$$
\langle n_j \rangle = \frac{z e^{-\beta\epsilon_j}}{1 - z e^{-\beta\epsilon_j}} \; , \tag{2.191}
$$

wobei $z = \exp[\beta\mu]$ wieder die Fugazität ist. Aus den Gln. (2.174) und (2.175) folgt die Zustandsgleichung

$$
\beta PV = -\sum_j \ln\left(1 - z e^{-\beta\epsilon_j}\right) \; . \tag{2.192}
$$

Anders als beim idealen Fermionengas muss $\epsilon_j - \mu \geq 0$ und somit $\mu \leq 0$ bzw. $z \geq 1$ gelten, da sonst $\langle n_j \rangle < 0$ eintreten kann. Für $z \to 1$ bemerken wir, dass der Term mit $\epsilon_{j=0} = 0$ in Gl. (2.192) divergiert. Wir spalten diesen Term von der Summe ab und wandeln den Rest wieder in ein Integral um (vgl. Teil (a) in Aufgabe 17):

$$
\Lambda_T^3 \beta P = b_{5/2}(z) - \frac{\Lambda_T^3}{V} \ln(1 - z) \tag{2.193}
$$

mit

$$b_{5/2}(z) = -\frac{4}{\sqrt{\pi}} \int_0^\infty dx x^2 \ln\left(1 - ze^{-x^2}\right) \overset{\substack{\text{vgl.}\\ =\\ \text{Aufg. 17}}}{=} \frac{4}{3\sqrt{\pi}} \int_0^\infty dy y^{3/2} \frac{ze^{-y}}{1 - ze^{-y}} = \sum_{s=1}^\infty \frac{z^s}{s^{5/2}} \ .$$

Für die Dichte $\rho = \langle N \rangle / V$ ergibt sich in analoger Art und Weise

$$\Lambda_T^3 \rho = b_{3/2}(z) + \frac{\Lambda_T^3}{V} \frac{z}{1-z} \ . \tag{2.194}$$

Die Größe $z/(1-z)$ ist die mittlere Besetzungszahl $\langle n_0 \rangle$ für das Einteilchenniveau mit $\epsilon_{j=0} = 0$. Außerdem gilt

$$b_n(z) = \sum_{s=1}^\infty \frac{z^s}{s^n} \ . \tag{2.195}$$

[83]. In Abbildung 2.13 ist $\Lambda_T^3 \rho \approx b_{3/2}(z)$ gegen $\beta\mu$ aufgetragen. Mit wachsendem $\beta\mu$ steigt $\Lambda_T^3 \rho$ monoton an und erreicht im Grenzfall $\beta\mu = 0$ bzw. $z = 1$ den Wert $b_{3/2}(1) = 2.612\dots$. Nur in der unmittelbaren Nähe von $z = 1$ wird der Term $(\Lambda_T^3/V)z/(1-z) = \Lambda_T^3\langle n_0 \rangle/V$ wichtig, da Λ_T^3/V als sehr klein angenommen wird, und dominiert schließlich. Daher divergiert $\Lambda_T^3 \rho \propto z/(1-z)$ für $\beta\mu \to 0$. Dies zeigt, wie für $\beta\mu \to 0$ die Besetzung des Grundzustands einen endlichen bzw. sogar den dominierenden Beitrag zur Dichte liefert [84]. Dieses Phänomen ist als Bose-Einstein-Kondensation bekannt.

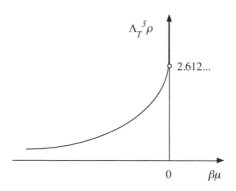

Abbildung 2.13: Ideales Bosonengas: $\Lambda_T^3 \rho$ vs. $\beta\mu$ ohne den Term $\propto z/(1-z)$.

Für die weiteren Betrachtungen benötigen wir z als Funktion von T und ρ. Zu diesem Zweck lösen wir Gl. (2.194) numerisch [85]. Abbildung 2.14 zeigt den reduzierten Druck $\Lambda_T^3 \beta P$,

---

[83]$b_n(z)$ kann in *Mathematica* mit dem Funktionsaufruf PolyLog[n, z] berechnet werden.

[84]Da $b_{3/2}(z) \leq 2.612\dots$ ist, passiert dies, wenn die thermische Wellenlänge und der mittlere Teilchenabstand vergleichbar werden.

[85]Eine *Mathematica*-Programmzeile, die dies leistet, ist $z/$. FindRoot[$\Lambda_T^3 \rho ==$ PolyLog$[3/2, z]$ $+(\Lambda_T^3/V)z/(1-z), \{z, 0.5\}$].

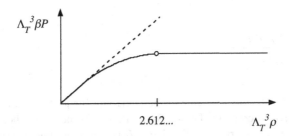

Abbildung 2.14: Reduzierter Druck $\Lambda_T^3\beta P$, aufgetragen gegen reduzierte Dichte $\Lambda_T^3\rho$ für das ideale Bosonengas.

aufgetragen gegen die reduzierte Dichte $\Lambda_T^3\rho$. Man beachte, dass der Term $V^{-1}\ln(1-z)$ für $V \to \infty$ nicht beiträgt (insbesondere da $1 - z \propto V^{-1}$ für ρ fest und $z \to 1$). Wir erkennen die Ähnlichkeit mit den subkritischen Isothermen im Fall der Koexistenz von Gas und Flüssigkeit in Abbildung 1.17. Hier würden wir sagen, dass ein Gas bei $\Lambda_T^3\rho \approx 2.612$ mit einer kondensierten Phase bei $\Lambda_T^3\rho \sim \infty$ in Koexistenz steht.

Bemerkenswert ist, dass die Abweichung vom Idealen-Gas-Gesetz in Abbildung 2.14 (gestrichelte Linie) entgegengesetzt zur entsprechenden Abweichung im Fall des Fermionengases ist (vgl. Gl. (2.186)). Dieses Verhalten reflektiert unmittelbar den unterschiedlichen Verlauf von $\beta u_{ij}^{(\pm)}$ in Abbildung 2.1.

Um die Analogie zu einem Phasenübergang 1. Ordnung weiter zu treiben, wollen wir das Verhalten der Enthalpie H bei $z = 1$ untersuchen. Gemäß unserer Diskussion in Kapitel 1 (vgl. Abbildung 1.20) erwarten wir am Übergang $\Delta H \neq 0$. Die Änderung des Volumens pro Teilchen ist

$$\Delta\left(\frac{1}{\rho}\right) = \frac{\Lambda_T^3}{b_{3/2}(1)} \ . \tag{2.196}$$

Für die Ableitung des Drucks nach der Temperatur im Plateaubereich (Dampfdruck) gilt

$$\begin{aligned}
\left.\frac{dP}{dT}\right|_{z=1} &= b_{5/2}(1)\frac{d}{dT}\frac{1}{\Lambda_T^3\beta} = \frac{5}{2}k_B\frac{b_{5/2}(1)}{\Lambda_T^3} \\
&= \frac{5}{2}k_B\frac{b_{5/2}(1)}{b_{3/2}(1)\Delta(1/\rho)} \ .
\end{aligned} \tag{2.197}$$

Aus der Clapeyronschen Gleichung (1.81) folgt daher

$$\Delta h = \frac{5b_{5/2}(1)}{2\beta b_{3/2}(1)} \approx 0.64\, k_B T \tag{2.198}$$

mit $\Delta h = \Delta H/\langle N\rangle$. Damit ist gezeigt, dass das ideale Bosonengas tatsächlich einen Sprung in der Wärmekapazität aufweist. Die Übergangstemperatur ist nach Gl. (2.194) durch

$$k_B T_{BK} = \frac{2\pi\hbar^2/m}{\left(b_{3/2}\,(1)\,/\rho\right)^{2/3}} \tag{2.199}$$

gegeben.

Obwohl das ideale Bosonengas eine grobe Näherung für jedes reale System darstellt, ist ein Vergleich mit ^4He interessant. Dieses System aus Bosonen zeigt bei Abkühlung einen Übergang bei 2.18 K von normalem flüssigen $He\,(I)$ zu suprafluiden $He\,(II)$. D.h. $He\,(II)$ enthält eine Komponente, deren Viskosität verschwindet. C_V zeigt am Übergang, dem so genannten λ-Punkt, eine logarithmische Divergenz, die in ihrer Form dem Buchstaben λ ähnelt. Für das ideale Bosonengas liegt die Übergangstemperatur bei sonst gleichen Bedingungen bei 3.15 K. Dies ist sicherlich dicht genug am Wert von 2.18 K, um das Phänomen der Suprafluidität mit Bose-Einstein-Kondensation in Verbindung zu bringen (vgl. die Diskussion zu diesem Thema in Kapitel 11 der Referenz [33]).

3 Systeme ohne direkte Wechselwirkung

3.1 Photonengas

Historisch gesehen gibt es zwei konzeptionell unterschiedliche Betrachtungsweisen für dieses System. Die Frühere, die wir hier zunächst verfolgen, betrachtet das Strahlungsfeld in einem Hohlraum, einem so genannten schwarzen Körper, als eine Summe unabhängiger Oszillatoren. Die Spätere betrachtet den Hohlraum als angefüllt mit einem Gas aus Bosonen, den so genannten Photonen mit Energie $\hbar\omega$ und Impuls $\hbar\vec{k}$, wobei $\omega = c|\vec{k}|$ gilt (c: Lichtgeschwindigkeit).

Gemäß der ursprünglichen Betrachtungsweise enthält der Hohlraum elektromagnetische Strahlung, deren klassische Energie durch

$$\mathcal{H} = \frac{1}{8\pi} \int_V dV \left(\vec{E}^2 + \vec{B}^2 \right) \tag{3.1}$$

gegeben ist, wobei $\vec{E}$ und $\vec{B}$ die elektrische und die magnetische Feldstärke bezeichnen [1]. Das Volumen des Hohlraums is $V = L^3$. Mittels einer entsprechenden Eichtransformation gilt $\vec{E} = -c^{-1}\partial\vec{A}/\partial t$ und Gl. (3.1) wird zu

$$\mathcal{H} = \frac{1}{8\pi} \int \left[\left| \frac{1}{c} \frac{\partial \vec{A}}{\partial t} \right|^2 + \left| \vec{\nabla} \times \vec{A} \right|^2 \right] dV . \tag{3.2}$$

Das Vektorpotenzial $\vec{A}$ wiederum kann als Fourierreihe geschrieben werden:

$$\vec{A}(\vec{r}, t) = \frac{1}{\sqrt{V}} \sum_{\vec{k}, \alpha} \left[c_{\vec{k}, \alpha} \vec{u}_{\vec{k}, \alpha}(\vec{r}) e^{-i\omega t} + c_{\vec{k}, \alpha}^* \vec{u}_{\vec{k}, \alpha}^*(\vec{r}) e^{i\omega t} \right] , \tag{3.3}$$

wobei $k_x = 2\pi L^{-1} n_x, k_y = 2\pi L^{-1} n_y, k_z = 2\pi L^{-1} n_z$ ($n_x, n_y, n_z = \pm 1, \pm 2, \dots$) und

$$\vec{u}_{\vec{k}, \alpha}(\vec{r}) = \vec{\epsilon}^{(\alpha)} e^{i\vec{k}\cdot\vec{r}} \tag{3.4}$$

gilt. Der Stern bedeutet hier das konjugiert Komplexe der Größe. $\vec{\epsilon}^{(\alpha)}$ ist ein realer Einheitsvektor in α-Richtung der Ebene senkrecht zu $\vec{k}$. Es gilt $\alpha = 1, 2$ entsprechend den beiden

---

[1]Eine ausführliche Diskussion des hier nur skizzierten Weges von Gl. (3.1) bis Gl. (3.7) findet man in [34] (§52).

Polarisationsrichtungen; insbesondere bilden die Vektoren $\vec{k}$, $\vec{\epsilon}^{(1)}$ und $\vec{\epsilon}^{(2)}$ ein orthogonales Rechtssystem. Einsetzen der Gl. (3.3) in Gl. (3.2) ergibt unter Verwendung der Beziehung $\int_V d^3r \exp[i(\vec{k} - \vec{k}') \cdot \vec{r}] = V\delta_{\vec{k},\vec{k}'}$ sowie der Orthogonalität von $\vec{k}$, $\vec{\epsilon}^{(1)}$ und $\vec{\epsilon}^{(2)}$

$$\mathcal{H} = \sum_{\vec{k},\alpha} \frac{\omega^2}{2\pi c^2} c^*_{\vec{k},\alpha} c_{\vec{k}\alpha} \ . \tag{3.5}$$

Mittels

$$q_{\vec{k},\alpha} = \frac{1}{\sqrt{4\pi c}} \left(c_{\vec{k},\alpha} + c^*_{\vec{k},\alpha} \right) \qquad \text{und} \qquad p_{\vec{k},\alpha} = -\frac{i\omega}{\sqrt{4\pi c}} \left(c_{\vec{k},\alpha} - c^*_{\vec{k},\alpha} \right) \tag{3.6}$$

folgt die endgültige Form

$$\mathcal{H} = \sum_{\vec{k},\alpha} \frac{1}{2} \left(p^2_{\vec{k},\alpha} + \omega^2 q^2_{\vec{k},\alpha} \right) \ . \tag{3.7}$$

Dies bedeutet, dass die elektromagnetische Feldenergie des Hohlraums als Summe von $\sum_{\vec{k},\alpha}$ unabhängigen, eindimensionalen harmonischen Oszillatoren geschrieben werden kann. An dieser Stelle hat die klassische Elektrodynamik ihren Teil geleistet, und wir wenden uns der Statistischen Mechanik zu.

Aus dem Gleichverteilungssatz folgt unmittelbar

$$\langle E \rangle = k_B T \sum_{\vec{k},\alpha} 1 \ . \tag{3.8}$$

Das Problem ist also auf das Abzählen der (Fourier-)Moden $\sum_{\vec{k},\alpha}$ reduziert! Dazu ist es nützlich, die Summe in eine Integration umzuwandeln. Das generelle Rezept hierfür lautet

$$\sum_{\vec{k}} \rightarrow \rho_{\vec{k}} \int d^3k = 4\pi\rho_{\vec{k}} \int_0^\infty dk\, k^2 \ , \tag{3.9}$$

wobei $\rho_{\vec{k}}$ die (Punkt-)Dichte im $\vec{k}$-Raum ist, die durch

$$\rho_{\vec{k}} = \frac{V}{(2\pi)^3} \tag{3.10}$$

gegeben ist. Dies folgt, da die $\vec{k}$-Vektoren auf einem kubischen Gitter mit den Gitterpunkten (k_x, k_y, k_z) liegen. Die Gitterkonstante dieses Gitters ist $2\pi/L$, und damit ist das Volumen pro Gitterpunkt $(2\pi/L)^3$. Dies wiederum ergibt die obige Dichte. Die Kombination der Gln. (3.8) bis (3.10) liefert schließlich

$$\frac{\langle E \rangle}{V} = k_B T \int_0^\infty d\omega \frac{\omega^2}{\pi^2 c^3} = \infty \ . \tag{3.11}$$

Damit ist die Energiedichte des Hohlraums unendlich – ein unakzeptables Resultat! Wir machen daher einen weiteren Versuch.

Aus der Quantenmechanik wissen wir, dass die Energie eines eindimensionalen Oszillators quantisiert ist, d.h. nur die Energiewerte $\hbar\omega(n + 1/2)$ sind möglich. Daher ist die mittlere Energie eines Oszillators

$$\langle E \rangle_1 = -\frac{\partial}{\partial\beta} \ln \sum_{n=0}^{\infty} \exp[-\beta\hbar\omega n] = \frac{\hbar\omega}{\exp[\beta\hbar\omega] - 1}$$

[2], wobei wir allerdings die Nullpunktsenergie des Oszillators weggelassen haben. D.h. die Strahlungsenergie des Hohlraums rührt exklusiv von den Anregungszuständen der Oszillatoren her [3]. Für den gesamten Hohlraum ergibt sich somit

$$\langle E \rangle = \sum_{\vec{k},\alpha} \frac{\hbar\omega}{\exp[\beta\hbar\omega] - 1} \tag{3.12}$$

und daher

$$\frac{\langle E \rangle}{V} \overset{(3.9)}{=} \frac{2}{(2\pi)^3} \int_0^\infty dk 4\pi k^2 \frac{\hbar ck}{\exp[\beta\hbar ck] - 1}$$

$$= \frac{\hbar}{\pi^2 c^3} \int_0^\infty d\omega \frac{\omega^3}{\exp[\beta\hbar\omega] - 1}$$

$$= \frac{\pi^2}{15} \frac{(k_B T)^4}{(\hbar c)^3} \tag{3.13}$$

[4]. Dies ist tatsächlich das korrekte Ergebnis, über das wir gleich noch reden werden.

Betrachten wir alternativ den Hohlraum als angefüllt mit einem Gas aus Bosonen. Die gesuchte mittlere Energie ist jetzt

$$\langle E \rangle = \sum_{\vec{k},\alpha} \hbar\omega \langle n_{\vec{k},\alpha} \rangle \,,$$

wobei $\langle n_{\vec{k},\alpha} \rangle$ durch Gl. (2.178) gegeben ist. Wir erreichen Übereinstimmung mit Gl. (3.12) für $\mu = 0$. Damit ergibt sich wiederum

---

[2]Mittels $\sum_{n=0}^\infty z^n = (1 - z)^{-1}$ für $z < 1$.

[3]In diesem Sinn korrespondiert ein Oszillator zur Mode $\vec{k}$ im n-ten Anregungszustand zu n Photonen der Energie $\hbar\omega(\vec{k})$.

[4]Nebenrechnung: $\int_0^\infty dw w^3 (e^{aw} - 1)^{-1} = a^{-4} \int_0^\infty dx x^3 (e^x - 1)^{-1} = a^{-4} \int_0^\infty dx x^3 e^{-x} \sum_{s=0}^\infty e^{-sx} =$

$a^{-4} \sum_{s=1}^\infty \int_0^\infty dx x^3 e^{-sx} \overset{y=sx}{=} a^{-4} \underbrace{\sum_{s=1}^\infty s^{-4}}_{=\zeta(4)} \underbrace{\int_0^\infty dy y^3 e^{-y}}_{=\Gamma(4)} = (\pi/a)^4/15$. $\Gamma(...)$ bzw. ζ sind die Gamma- bzw. die

Riemannsche Zeta-Funktion [27].

$$\langle E\rangle/V \quad = \quad \frac{1}{V}\sum_{\hat{k},\alpha}\hbar\omega\langle n_{\hat{k},\alpha}\rangle$$

$$= \quad \frac{\hbar}{\pi^2 c^3}\int_0^\infty d\omega \frac{\omega^3}{\exp[\beta\hbar\omega]-1}=\frac{\pi^2}{15}\frac{\left(k_B T\right)^4}{\left(\hbar c\right)^3}\ . \tag{3.14}$$

Die Größe

$$u\left(\omega,T\right)=\frac{\hbar}{\pi^2 c^3}\frac{\omega^3}{\exp[\beta\hbar\omega]-1} \tag{3.15}$$

ist die Energiedichte der Photonen mit Frequenz ω und wird als Plancksche Strahlungsformel bezeichnet (vgl. Abbildung 3.1 oben). Man beachte, dass im klassischen Grenzfall ($\hbar \to 0$) die Energiedichte unendlich wird. Die Quantelung der Strahlung beseitigt dieses offensichtlich sinnlose Resultat der klassischen Physik!

Man kann ein kleines Loch in den Hohlraum stanzen und die Photonenstromdichte $I(T) = c\langle E\rangle/V$ messen. Dies ist das Stefansche Gesetz. Verschiedene andere Spezialfälle tragen ebenfalls Namen. So liefert $0 = du(\omega,T)/d\omega$ beispielsweise $\omega_o = 2.82\, k_B T/\hbar$, und $\omega_o \propto T$ heißt Wiensches Verschiebungsgesetz [5]. Im langwelligen Teil des Spektrums ($\omega \ll \omega_o$) gilt das Gesetz von Rayleigh und Jeans, $I(\omega) \propto \omega^2$.

1965 entdeckten Penzias und Wilson die so genannte kosmische 2.7 K-Hintergrundstrahlung, die isotrop aus allen Richtungen auf die Erde trifft. Diese wurde als Schwarzkörperstrahlung des Universums gedeutet, die auf den Urknall zurückgeht (was erstmals von Gamov 20 Jahre vorher postuliert worden war) (vgl. Abb. 3.1 unten [6]).

Eine weitere interessante Größe ist der Druck des Photonengases. Da die Zahl der Photonen unbestimmt ist, verwenden wir wiederum $Q_{\mu VT}$. Gemäß den Gln. (2.174) und (2.175) (mit $\mu = 0$) gilt

---

[5]Bemerkung zur differenziellen Intensität dI des schwarzen Strahlers als Funktion der Frequenz ω bzw. als Funktion der Wellenlänge λ: Die Auftragung von $dI(\lambda)$ vs. λ liefert ebenfalls ein Maximum bei λ_0. Es gilt jedoch $\omega_0 \neq 2\pi c/\lambda_0$, obwohl $\omega(\lambda) = 2\pi c/\lambda \,\forall\, \lambda$ gilt. Warum ?

Betrachten wir dazu

$$I = c\frac{\langle E\rangle}{V} = \int_0^\infty d\omega u(\omega,T)\ ,$$

d.h. $dI(\omega) = d\omega u(\omega,T) \propto \omega^3 (e^{\beta\hbar\omega}-1)^{-1}d\omega$. Jetzt verwenden wir λ statt ω. Es gilt

$$I = c\frac{\langle E\rangle}{V} = \int_0^\infty d\lambda\left|\frac{d\omega}{d\lambda}\right| u(\omega(\lambda),T)\ ,$$

d.h. $dI(\lambda) = d\lambda\,|\,d\omega/d\lambda\,|\,u(\omega(\lambda),T) \propto \omega^5(\lambda)(e^{\beta\hbar\omega(\lambda)}-1)^{-1}d\lambda$. Offensichtlich erscheint das Maximum von $dI(\omega)$, $dI(\omega)/d\omega\,|_{\omega_0} = 0$, an einer anderen „Stelle" als das von $dI(\lambda)$, $dI(\lambda)/d\lambda\,|_{\lambda_0} = 0$. Moral der Geschichte: die Jacobi-Determinante nicht vernachlässigen!

[6]J. C. Mather et al. (1990) *A preliminary measurement of the cosmic microwave background spectrum by the COsmic Background Explorer (COBE) satellite*. ApJ **354**, L37-L40

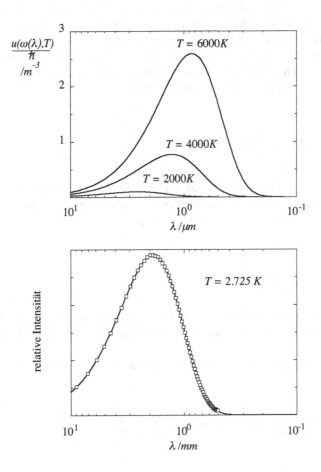

Abbildung 3.1: Oben: Plancksches Strahlungsgesetz für verschiedene Temperaturen. Unten: Spektrum der kosmischen Hintergrundstrahlung, aufgenommen 1989 vom COBE-Satelliten. Die durch die Messpunkte gezeichnete Kurve ist die Intensitätsverteilung eines schwarzen Strahlers (nach Gl. (3.15)) mit einer Temperatur von 2.725 K. Die Daten sind der Abbildung 2 in Mather et al. entnommen.

$$
\begin{aligned}
PV &= \frac{1}{\beta}\ln Q_{\mu VT} = -\frac{1}{\beta}\sum_{\vec{k},\alpha}\ln\left(1-\exp[-\beta\hbar\omega]\right)\\
&= -\frac{1}{\beta}8\pi\frac{V}{(2\pi c)^3}\int_0^\infty d\omega\,\omega^2\ln\left(1-\exp[-\beta\hbar\omega]\right)\\
&= \frac{\pi^2}{45}\frac{(k_BT)^4}{(\hbar c)^3} = \frac{1}{3}\langle E\rangle\;.
\end{aligned}
\tag{3.16}
$$

3.2 Phononengas

In enger Analogie zur Hohlraumstrahlung können wir die quantisierten Anregungen eines Kristallgitters betrachten. Wir beginnen damit, dass wir die Schwingungen des Kristallgitters durch Normalmoden beschreiben, deren Berechnung als Normalmodenanalyse [29] bezeichnet wird [7]. Dabei wird die kinetische ($\delta \mathcal{K}$) und potenzielle Energie ($\delta \mathcal{U}$) des Kristalls durch eine geeignete Transformation der ursprünglichen Kernkoordinaten q_k und Impulse p_k, $Q_i = Q_i(q_k, p_k)$ sowie $P_i = P_i(q_k, p_k)$, auf die Form

$$\delta \mathcal{K} + \delta \mathcal{U} = \sum_{i=1}^{3N} \frac{1}{2} \left(P_i^2 + \omega_i^2 Q_i^2 \right)$$

transformiert [8] (vgl. Gl. (3.7)). Hier ist N gleich der Zahl der Kerne, und ω_i ist die Frequenz der i-ten Normalmode. D.h. wir beobachten $3N$ unabhängige Oszillatoren [9].

Analog zur Gl. (3.12) im Fall des Photonengases schreiben wir sofort

$$\langle E \rangle \quad = \quad \sum_{i=1}^{3N} \frac{\hbar \omega_i}{\exp[\beta \hbar \omega_i] - 1} \tag{3.17}$$

für den Anteil der inneren Energie des Gitters, der von den angeregten Oszillatorzuständen herrührt [10]. Im selben Sinn wie im Fall des Photonengases sprechen wir nun vom Phononengas.

Uns interessiert besonders die Wärmekapazität dieses Phononengases, die durch

$$C_V = \left(\frac{\partial \langle E \rangle}{\partial T} \right)_V = \frac{\partial \beta}{\partial T} \left(\frac{\partial \langle E \rangle}{\partial \beta} \right)_V = \frac{\beta}{T} \sum_{i=1}^{3N} \frac{\left(\hbar \omega_i \right)^2 e^{\beta \hbar \omega_i}}{\left(e^{\beta \hbar \omega_i} - 1 \right)^2} \tag{3.18}$$

gegeben ist.

Wir betrachten die Grenzfälle –

– $\hbar \omega / kT \ll 1$ (hohe Temperatur) [11]:

---

[7]Siehe auch http://constanze.materials.uni-wuppertal.de/Skripten/Skript_Mechanik/Mechanik.pdf.

[8]δ deutet an, dass es sich hier lediglich um den Anteil der Kristallgitterenergie handelt, der kleinen (harmonischen) Schwingungen um ein Gleichgewicht herum zuzuordnen ist.

[9]Genau genommen sind es nur $3N - 6$, denn 6 der ω_i verschwinden – entsprechend der gleichförmigen Translations- und Rotationsbewegung des Kristall- oder ggf. Molekülschwerpunktes.

[10]Die Nullpunktsenergie ist hier wieder weggelassen, denn uns interessiert im Folgenden lediglich der temperaturabhängige Anteil, der die Wärmekapazität bestimmt.

[11]

$$\frac{1}{e^x - 1} \xrightarrow{x \to 0} \frac{1}{1 + x - 1} = \frac{1}{x}$$

$$\langle E \rangle \quad \simeq \quad \sum_{i=1}^{3N} \hbar\omega_i \frac{kT}{\hbar\omega_i} \simeq 3Nk_BT \tag{3.19}$$

und

$$\frac{C_V}{k_B} \quad \simeq \quad 3N \ . \tag{3.20}$$

Dies war nach dem Gleichverteilungssatz erwartet [12] (siehe Gl. (2.89)) mit $N_f = 6N$!

$- \hbar\omega/kT \gg 1$ (niedrige Temperatur):

$$\langle E \rangle \quad \simeq \quad \sum_{i=1}^{3N} \hbar\omega_i e^{-\beta\hbar\omega_i} \tag{3.21}$$

und

$$\frac{C_V}{k_B} \quad \simeq \quad \sum_{i=1}^{3N} \left(\frac{\hbar\omega_i}{k_BT} \right)^2 e^{-\beta\hbar\omega_i} \overset{T\to 0}{\to} 0 \ . \tag{3.22}$$

Experimentell jedoch ist bekannt, dass $C_V \propto T^3$ für Isolatoren bzw. $\propto T$ für Metalle ist.

Für eine genauere Analyse benötigen wir die expliziten ω_i. Ersatzweise werden gewöhnlich zwei Approximationen diskutiert – die Modelle von Einstein und Debye.

• Einstein-Modell – $\omega_i = \omega \ \forall \ i$. D.h. das Gitter besteht aus identischen harmonischen Oszillatoren. Im Grenzfall $\hbar\omega/k_BT \gg 1$ ergibt sich damit keines der experimentellen Verhalten für C_V bei tiefen Temperaturen!

• Debye-Modell – Der Kristall ist ein homogenes elastisches Medium mit Volumen $V = L^3$, in dem sich Wellen gemäß $d\omega = c_s dk$ ausbreiten. Analog zum Fall des Photonengases haben wir

$$3N = \sum_{i=1}^{3N} = \sum_{\vec{k}} \approx \frac{3V}{(2\pi)^3} \int_0^{k_D} dk 4\pi k^2 = \frac{3V}{2\pi^2 c_s^3} \int_0^{\omega_D} d\omega\omega^2 \ ,$$

wobei $\omega_D = \left(6\pi^2 N/V \right)^{1/3} c_s$ ist [13]. Der Faktor 3 resultiert aus den drei möglichen Polarisierungen (2 × transversal und 1 × longitudinal, mit angenommen gleicher [14], konstanter Schallgeschwindigkeit c_s für alle). Daraus folgt

---

[12] Dieses Verhalten wird auch als Regel von Dulong und Petit bezeichnet.

[13] Auch dies ist eine grobe Vereinfachung. Eine ausführliche Diskussion findet man beispielsweise in [35].

[14] Tatsächlich stimmt dies selbst in isotropen, elastischen Medien nicht (siehe L. D. Landau, E. M. Lifschitz (1975) *Elastizitätstheorie.* Akademie-Verlag; §22). Aber das ist hier nicht von qualitativer Bedeutung.

$$\langle E \rangle = 3Nk_BTD\left(\frac{T_D}{T}\right) = 3Nk_BT \begin{cases} 1 - \frac{3}{8}\frac{T_D}{T} + \dots & \text{wenn} \quad T \gg T_D \\[2ex] \frac{\pi^4}{5}(\frac{T}{T_D})^3 + O(e^{-T_D/T}) & \text{wenn} \quad T \ll T_D \end{cases},$$

wobei $T_D = \hbar\omega_D/k_B$ die Debye-Temperatur ist, und

$$D(x) = \frac{3}{x^3}\int_0^x dt\,\frac{t^3}{e^t - 1} = \begin{cases} 1 - \frac{3}{8}x + \frac{1}{20}x^2 + \dots & \text{wenn} \quad x \ll 1 \\[2ex] \frac{\pi^4}{5x^3} + O(e^{-x}) & \text{wenn} \quad x \gg 1 \end{cases}$$

[15]. Offensichtlich produziert das Debye-Modell auch das korrekte Verhalten für niedrige T (für Isolatoren), d.h.

$$\begin{aligned} \frac{C_V}{Nk_B} &= 3\left[4D\left(\frac{T_D}{T}\right) - \frac{3T_D/T}{e^{T_D/T} - 1}\right] \\[2ex] &= \begin{cases} 3\left[1 - \frac{1}{20}(\frac{T_D}{T})^2 + \dots\right] & \text{wenn} \quad T \gg T_D \\[2ex] \frac{12\pi^4}{5}(\frac{T}{T_D})^3 + O(e^{-T_D/T}) & \text{wenn} \quad T \ll T_D \end{cases} \end{aligned} \qquad (3.23)$$

Abbildung 3.2 vergleicht C_V nach Einstein und Debye. Grob geschaut ist der Unterschied gar nicht so groß. Man beachte, dass sich für $T > T_D$ sehr rasch der klassische Grenzfall ergibt (einige T_D: 428 K (Al), 450 K (Ni), 91 K (K)).

Aufgabe 18:   Dispersionsrelationen einer linearen Kette

Um die Annahmen von Einstein ($\omega \propto$ konstant) und Debye ($\omega \propto k$) noch einmal anschaulich zu machen, betrachten wir die longitudinalen Schwingungen der eindimensionalen Kette in Abbildung 3.3. Die Kette besteht aus den identischen Massen M. Die Einheitszelle a der Kette

---

[15]Zur Entwicklung von $D(x)$:

$$x \ll 1 : D(x) = \frac{3}{x^3}\int_0^x dt\,\frac{t^3}{t + t^2/2 + \dots} = \frac{3}{x^3}\int_0^x dt\,t^2\left(1 - \frac{1}{2}t - \dots\right) = 1 - \frac{3}{8}x + \dots$$

$$x \gg 1 : D(x) = \frac{3}{x^3}\Big[\underbrace{\int_0^\infty dt\,\frac{t^3}{e^t - 1}}_{=\pi^4/15\text{ (vgl. Gl. (3.14))}} - \underbrace{\int_x^\infty dt\,\frac{t^3}{e^t - 1}}_{=\dots}\Big]$$

$$\dots \cong \int_x^\infty dt\,t^3 e^{-t} = -\frac{d^3}{da^3}\int_x^\infty dt\,e^{-at}\Big|_{a=1} = \frac{d^3}{da^3}\Big|_x^\infty\frac{1}{a}e^{-at}\Big|_{a=1} = -\frac{d^3}{da^3}\frac{1}{a}e^{-ax}\Big|_{a=1} = O\left(x^3 e^{-x}\right).$$

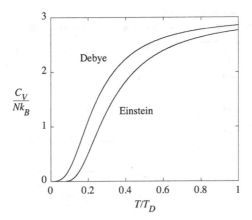

Abbildung 3.2: Vergleich von C_V nach dem Einstein- bzw. dem Debye-Modell.

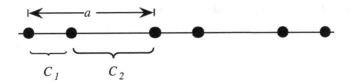

Abbildung 3.3: Eindimensionale Kette mit Basis aus zwei Atomen.

hat jedoch eine zweiatomige Basis, und C_1 sowie C_2 sind unterschiedliche Kraftkonstanten. Leiten Sie die Dispersionsrelationen der Kette her (also $\omega = \omega(k)$). Berechnen Sie daraus die Grenzfälle für $ka \to 0$ und $ka \to \pi$, wobei k der Betrag des Wellenvektors ist.

Skizzieren Sie die Dispersionskurven $\omega = \omega(k)$ dieses Modells. Sie werden feststellen, dass diese für $ka \to 0$ sowohl das Einstein- als auch das Debye-Modell beinhalten! Hinweis: Stellen Sie die zwei Bewegungsgleichungen für die beiden Atome der Basis auf, und lösen Sie diese durch einen Ansatz mit ebenen Wellen. Analoge Rechnungen finden Sie beispielsweise in [36] (Kapitel 5).

Lösung:

Gemäß Abbildung 3.4 gelten die Bewegungsgleichungen

$$M\frac{d^2 u_s}{dt^2} = C_1\left(v_s - u_s\right) + C_2\left(v_{s-1} - u_s\right)$$

$$M\frac{d^2 v_s}{dt^2} = C_1\left(u_s - v_s\right) + C_2\left(u_{s+1} - v_s\right) \; .$$

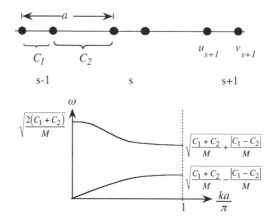

Abbildung 3.4: Oben: Die eindimensionale Kette mit der Basis aus zwei Atomen sowie die hier verwendete Notation. Unten: Skizze der Dispersionsrelationen. Für kleine k (Zonenmitte) ergibt sich sowohl das Verhalten, das dem Einstein-Modell zugrunde liegt, als auch (für niedrige Anregungsenergien) das entsprechende Verhalten für das Debye-Modell.

Der Ansatz

$$u_s = u e^{i(sak-\omega t)} \qquad v_s = v e^{i(sak-\omega t)}$$

liefert

$$
\begin{aligned}
-M\omega^2 u &= C_1 (v - u) + C_2 \left(v e^{-iak} - u \right) \\
-M\omega^2 v &= C_1 (u - v) + C_2 \left(u e^{iak} - v \right)
\end{aligned}
$$

oder in der Matrixschreibweise

$$
\begin{pmatrix} M\omega^2 - C_1 - C_2 & C_1 + C_2 e^{-iak} \\ C_1 + C_2 e^{iak} & M\omega^2 - C_1 - C_2 \end{pmatrix} \begin{pmatrix} u \\ v \end{pmatrix} = 0 \ .
$$

Eine nichttriviale Lösung existiert nur, wenn die Determinante der Matrix verschwindet. Daher folgt

$$\left[M\omega^2 - \left(C_1 + C_2 \right) \right]^2 - \left(C_1 + C_2 e^{-iak} \right) \left(C_1 + C_2 e^{iak} \right) = 0 \ .$$

Die Lösung lautet

$$\omega^2 = \frac{C_1 + C_2}{M} \pm \frac{e^{-iak/2}}{M} \left[C_1 C_2 + C_1^2 e^{iak} + C_2^2 e^{iak} + C_1 C_2 e^{2iak} \right]^{1/2}$$

bzw.

$$\omega^2 = \frac{C_1 + C_2}{M} \pm \frac{1}{M} \left[C_1^2 + C_2^2 + 2C_1C_2 \cos(ak) \right]^{1/2} . \tag{3.24}$$

Wir betrachten die Grenzfälle –

– $ka \ll 1$:

$$\omega^2 \approx \begin{cases} \frac{2(C_1+C_2)}{M} - \frac{C_1C_2}{2(C_1+C_2)M}(ak)^2 + O\left((ak)^4\right) & \text{wenn} \quad (+) \\[3mm] 0 + \frac{C_1C_2}{2(C_1+C_2)M}(ak)^2 + O\left((ak)^4\right) & \text{wenn} \quad (-) \end{cases} .$$

Hier steht (+) für den optischen Zweig und (–) für den akustischen Zweig

– $ka = \pi$:

$$\omega^2 \approx \left\{ \; \frac{C_1+C_2}{M} \pm \frac{|C_1-C_2|}{M} \pm O((ka-\pi)^2) \right. .$$

Abbildung 3.4 (unten) zeigt die Skizze dieser Dispersionsrelationen zusammen mit den Grenzfällen. Dispersionskurven realer Festkörper sind wesentlich komplexer – insbesondere weiter entfernt vom Zonenzentrum.

Interessant ist auch noch das Amplitudenverhältnis bei $k = 0$, das aus den Bewegungsgleichungen folgt bzw. aus

$$\left. \begin{aligned} -M\omega^2 u &= C_1(v-u) + C_2(v-u) \\ -M\omega^2 v &= -C_1(v-u) - C_2(v-u) \end{aligned} \right| \; + \quad .$$

D.h. $M\omega^2(u+v) = 0$, und da für den optischen Zweig $\omega(k=0) \neq 0$ ist, folgt wiederum $u/v = -1$.

Aufgabe 19: Wärmekapazität des eindimensionalen Gitters

Zeigen Sie, dass in Debyescher Näherung die Wärmekapazität eines eindimensionalen Gitters aus identischen Atomen für tiefe Temperaturen $T \ll T_D$ proportional zu T/T_D ist. Hierbei ist $T_D = \hbar\omega_D/k_B = \hbar\pi c_s/(k_B a)$ die eindimensionale Debye-Temperatur (Gitterkonstante a; Gruppengeschwindigkeit c_s).

Lösung:

Es gilt

$$C_V = \left(\frac{\partial \langle E \rangle}{\partial T} \right)_V$$

mit

$$\langle E \rangle = \int_0^{\omega_D} d\omega\, g(\omega)\, \hbar\omega \langle n(\omega, T) \rangle \; .$$

Hier ist

$$g(\omega)\, d\omega = \underbrace{\tilde{g}(k)}_{=L/\pi}\, dk = \frac{L}{\pi} \underbrace{\frac{\partial k}{\partial \omega}}_{=1/c_s}\, d\omega \qquad \text{(offene bzw. feste Randbedingungen)}$$

die Zahl der Zustände pro $d\omega$. Mit Gl. (3.17) folgt

$$\langle E \rangle = \frac{L\hbar}{\pi c_s} \int_0^{\omega_D = c_s \pi/a} d\omega \quad \frac{\omega}{e^{\hbar\omega/k_B T} - 1} \overset{k_B T \ll \hbar\omega_D}{\simeq} \frac{L\hbar}{\pi c_s} \int_0^{\infty} d\omega \frac{\omega}{e^{\hbar\omega/k_B T} - 1}$$

$$\simeq \quad \frac{L}{\pi c_s} \frac{(k_B T)^2}{\hbar} \int_0^{\infty} dx \frac{x}{e^x - 1} \; .$$

Mit der Nebenrechnung

$$\int_0^{\infty} dx \frac{x}{e^x - 1} = \sum_{s=1}^{\infty} \int_0^{\infty} dx\, x e^{-sx} = \sum_{s=1}^{\infty} \frac{1}{s^2} = \zeta(2) = \frac{\pi^2}{6} \; ,$$

ζ ist die Riemann-Zeta-Funktion, folgt

$$\langle E \rangle \simeq \frac{\pi}{6} \frac{Na}{c_s} \frac{(k_B T)^2}{\hbar} = \frac{\pi^2}{6} N \frac{T}{T_D} k_B T$$

und damit für $T \ll T_D$

$$C_V \simeq \frac{\pi^2}{3} \frac{T}{T_D} N k_B \; .$$

3.3   Elektronengas

Das Elektronengas, genauer gesagt das freie Elektronengas, dient als sehr grobe Näherung für das Verhalten von Metallelektronen (siehe z.B. [35]; Kapitel 2). Das Elektronengas wird von den schwach gebundenen Valenzelektronen beigetragen, wobei das Gitter der Ionenrümpfe einen Potenzialtopf bildet [16]. Der Grundzustand des N-Elektronensystems wird aufgebaut, indem die Elektronen auf die erlaubten Energieniveaus des Topfes [17] verteilt werden. Dabei kann jedes Energieniveau auf Grund des Pauli-Prinzips zwei Elektronen aufnehmen (Spin $\pm\,\hbar/2$). D.h.

$$N = 2 \sum_{\vec{k}} = 2 \int_{k \le k_F} \frac{1}{(2\pi/L)^3} d^3k = \frac{k_F^3}{3\pi^2} V \; ,$$

mit $V = L^3$. Die Integration umfasst ein Kugelvolumen mit Radius k_F. k_F ist die Wellenzahl an der Fermi-Oberfläche bzw. des höchsten besetzten Niveaus (des Fermi-Niveaus). Uns interessieren hier lediglich einige der thermischen Eigenschaften des Elektronengases – insbesondere das Verhalten von C_V bei tiefen Temperaturen [18]. Elektronen sind Fermionen, und das ideale Fermionengas wurde schon in Aufgabe 17 im Detail untersucht. Von dort übernehmen wir

$$\langle E \rangle \overset{\text{Gl. (2.184)}}{=} \frac{3}{2} PV \overset{\overset{\text{Gl. (2.188)}}{T \to 0}}{\to} \frac{3}{5}\epsilon_F N \; ,$$

wobei die Größe ϵ_F die Fermi-Energie, $\epsilon_F = \hbar^2 k_F^2/(2m_e) = (2m_e)^{-1}\hbar^2 \left(6\pi^2 \rho\right)^{2/3}$, und m_e die Elektronenmasse sind. Offensichtlich aber benötigen wir zur Berechnung von C_V den nächsten temperaturabhängigen Term der Entwicklung von $\langle E \rangle$. Aus Aufgabe 16 wissen wir

$$\langle E \rangle \overset{\text{Gl. (2.189)}}{=} \frac{3}{2}\frac{1}{\beta}\frac{V}{\Lambda_T^3} f_{5/2}(z) \overset{\text{Gl. (2.183)}}{=} \frac{3}{2} N k_B T \frac{f_{5/2}(z)}{f_{3/2}(z)} \; .$$

Für $z \to \infty$ (bzw. $T \to 0$) gilt

$$f_{3/2}(z) = \frac{4}{3\sqrt{\pi}}\left((\ln z)^{3/2} + \frac{\pi^2}{8}(\ln z)^{-1/2} + ...\right) \; .$$

Mit $z\, df_{5/2}(z)/dz = f_{3/2}(z)$ gilt ebenfalls

$$
\begin{aligned}
f_{5/2}(z) &= \int^z \frac{dz'}{z'} f_{3/2}\left(z'\right) \\
&= \frac{4}{3\sqrt{\pi}} \int^z \frac{dz'}{z'}\left((\ln z')^{3/2} + \frac{\pi^2}{8}(\ln z')^{-1/2} + ...\right) \; ,
\end{aligned}
$$

---

[16]Dieses einfache Metallmodell wird manchmal auch als *Jellium*-Modell bezeichnet in Anlehnung an die Ähnlichkeit mit Marmelade (z.B. S. Elliott (1998) *The Physics and Chemistry of Solids*. Wiley).

[17]Mit periodischen Randbedingungen an die Wellenfunktionen der Elektronen (vgl. dazu [35] Kapitel 2).

[18]$C_V \propto T$ für Metalle ist noch nicht erklärt!

und mittels $z' = e^x$ folgt

$$
\begin{aligned}
f_{5/2}(z) &= \frac{4}{3\sqrt{\pi}} \int^{\ln z} dx \left(x^{3/2} + \frac{\pi^2}{8} x^{-1/2} + \dots \right) \\
&= \frac{4}{3\sqrt{\pi}} \left(\frac{2}{5} (\ln z)^{5/2} + \frac{\pi^2}{4} (\ln z)^{1/2} + \dots \right) .
\end{aligned}
$$

D.h.

$$
\begin{aligned}
\langle E \rangle &= \frac{3}{2} N k_B T \left(\frac{2}{5} (\ln z)^{5/2} + \frac{\pi^2}{4} (\ln z)^{1/2} + \dots \right) \Big/ \left((\ln z)^{3/2} + \frac{\pi^2}{8} (\ln z)^{-1/2} + \dots \right) \\
&= \frac{3}{2} N k_B T \left(\frac{2}{5} (\ln z) + \frac{\pi^2}{5} (\ln z)^{-1} + \dots \right) .
\end{aligned}
$$

Ebenfalls aus Aufgabe 16 wissen wir, dass

$$
y = \frac{3\sqrt{\pi}}{4} \rho \Lambda_T^3 \overset{\text{Gl. (2.183)}}{=} \frac{3\sqrt{\pi}}{4} f_{3/2}(z) = (\ln z)^{3/2} + \frac{\pi^2}{8} (\ln z)^{-1/2} + \dots .
$$

Der Ansatz $\ln z = c_1 y^{\lambda_1} + c_2 y^{\lambda_2} + \dots$ liefert $\lambda_1 = 2/3, c_1 = 1$ und $\lambda_2 = -2/3, c_2 = -\pi^2/12$, d.h.

$$
\ln z = y^{2/3} - \frac{\pi^2}{12} y^{-2/3} + \dots .
$$

Damit gilt

$$
\langle E \rangle = \frac{3}{2} N k_B T \left(\frac{2}{5} y^{2/3} + \frac{1}{6} \pi^2 y^{-2/3} + \dots \right) . \tag{3.25}
$$

Mit $y \propto (k_B T)^{-3/2}$ folgt unmittelbar

$$
C_V \propto T \tag{3.26}
$$

für $T \to 0$. Dies ist das experimentell beobachtete Verhalten für Metalle!
   Für das chemische Potenzial der Metallelektronen gilt folglich

$$
\beta \mu = \ln z \overset{T \to 0}{\longrightarrow} y^{2/3} - \frac{\pi^2}{12} y^{-2/3} + \dots = \frac{\epsilon_F}{k_B T} \left(1 - \frac{1}{3} \left(\frac{\pi k_B T}{2 \epsilon_F} \right)^2 + \dots \right) . \tag{3.27}
$$

Physikalisch bedeutet dies, dass bei $T = 0$ alle Niveaus bis zur Fermi-Energie (Fermi-Kante) belegt sind. Bei endlicher Temperatur wird diese Kante „aufgeweicht"; Niveaus oberhalb ϵ_F werden durch thermische Anregung zugänglich, und das chemische Potenzial verringert sich.

3.4 Verdünnte atomare und molekulare Gase

Bisher hatten wir Teilchengase ohne interne Struktur der Teilchen betrachtet. Die Effekte dieser internen Teilchenstruktur sollen jetzt berücksichtigt werden.

Verdünnte atomare Gase:

Der Zustand eines Atoms sei durch den Index ν zusammengefasst, d.h. $\nu = \nu(\vec{k}, n, l)$, wobei $\hbar\vec{k}$ der Schwerpunktsimpuls ist, und n bzw. l bezeichnen den Kern bzw. den elektronischen Zustand. Die Schwerpunktsbewegung ist nicht an n bzw. l gekoppelt, und auch n und l können in guter Näherung unabhängig voneinander betrachtet werden. Die Einteilchenzustandssumme lautet dann

$$Q^{(1)} = \sum_{\nu} \exp\left[-\beta E_{\nu}\right] = \underbrace{\sum_{\vec{k}} \exp\left[-\frac{\beta\hbar^2\vec{k}^2}{2m}\right]}_{\substack{(\text{vgl. Gl. (2.34) pp}) \\ \underline{=} Q^{(1)}_{trans}(T,V)}} \underbrace{\sum_{n,l} \exp\left[-\beta\epsilon_{nl}\right]}_{= Q^{(1)}_{int}(T)} ,$$

wobei ϵ_{nl} die interne Energie des Teilchens ist. Eine weitere Vereinfachung liefert die Überlegung, dass elektronische Anregungsenergien $O(eV)$ sind und $1\ eV$ entspricht $T \approx 10^4\ K$. Daher gilt angenähert

$$Q^{(1)}_{int}(T) \approx g_o^{(n)} g_o^{(l)} e^{-\beta\epsilon_{00}} .$$

Hier sind $g_o^{(n)}$ und $g_o^{(l)}$ die Grundzustandsentartungen, bezogen auf den Kern bzw. die Elektronen, und ϵ_{00} ist die Grundzustandsenergie. Damit ergibt sich insgesamt für die freie Energie eines verdünnten (bzw. nichtwechselwirkenden) atomaren Gases

$$
\begin{aligned}
-\frac{\beta F}{N} &= \frac{1}{N} \ln\left[\frac{1}{N!}\left(Q^{(1)}_{trans}(T,V) Q_{int}(T)\right)^N\right] \\
&= -\beta\epsilon_{00} + \ln\left[g_o^{(l)}(2I+1)\right] + \ln\left[\frac{Q^{(1)}_{trans}}{(N!)^{1/N}}\right] ,
\end{aligned}
\tag{3.28}
$$

wobei wir $g_o^{(n)} = 2I + 1$ verwendet haben. Hier ist I die Spinquantenzahl des Kerns.

Verdünnte molekulare Gase:

Näherungsweise wird angenommen, dass sich die Energie ϵ_{ν} eines Molekülzustands ν additiv aus den Beiträgen der Translation (*trans*), der Rotation (*rot*), der Kernschwingungen (*vib*) sowie des elektronischen Zustands (*el*) zusammensetzt [37, 1]:

$$\epsilon_{\nu} = \epsilon_{trans,\nu} + \epsilon_{rot,\nu} + \epsilon_{vib,\nu} + \epsilon_{el,\nu} .$$

Wie gesagt, dies ist lediglich eine Näherung. Insbesondere die Rotation und die Schwingungen koppeln. Hier liegt die Born-Oppenheimer-Näherung zugrunde, wonach sich das Kerngerüst in einem elektronischen Potenzial bewegt bzw. schwingt. Schnelle Molekülrotationen verzerren allerdings das Kerngerüst und damit das elektronische Potenzial, wodurch wiederum die Schwingungen beeinflusst werden. Trotzdem – in erster Näherung faktorisiert die Zustandssumme eines Moleküls gemäß

$$Q^{(1)} = \underbrace{\sum_{\vec{k}} \exp\left[-\frac{\beta \hbar^2 \vec{k}^2}{2M}\right]}_{=Q^{(1)}_{trans}} \underbrace{\sum_{j} g_j^{(rot)} \exp\left[-\beta \epsilon_{rot,j}\right]}_{=Q^{(1)}_{rot}} \tag{3.29}$$

$$\times \underbrace{\sum_{i} \exp\left[-\beta \epsilon_{vib,i}\right]}_{=Q^{(1)}_{vib}} \underbrace{\sum_{l} \exp\left[-\beta \epsilon_{el,l}\right]}_{=Q^{(1)}_{el}}$$

[19]. Die Indizes $\vec{k}, j, i$ und l nummerieren die zu den Einzelenergien gehörigen Zustände, wobei im Fall der Rotation der explizite Entartungsfaktor $g_j^{(rot)}$ herausgezogen wurde.

• Translation – Hier ist M die Molekülmasse. Ansonsten ist dies der übliche Translationsbeitrag zur Gesamtzustandssumme.

• Rotation – Für die Energieniveaus von starren Molekülen (Kreiseln) mit verschiedener Symmetrie gilt gemäß der Quantenmechanik [20]:

$$\epsilon_{rot,j} = \frac{\hbar^2}{2} \begin{cases} \mathcal{I}^{-1}J(J+1); \; j \equiv J = 0,1,2,... & \text{sphärische Kreisel} \\[2mm] \mathcal{I}_{\perp}^{-1}J(J+1) + \left(\mathcal{I}_{\|}^{-1} - \mathcal{I}_{\perp}^{-1}\right)K^2; \\ j = (J = 0,1,2,...; K = 0,\pm1,\pm2,...,\pm J) & \text{symmetrische Kreisel} \\[2mm] \mathcal{I}^{-1}J(J+1); \; j \equiv J = 0,1,2,... & \text{lineare Kreisel} \end{cases} .$$

Für sphärische Kreisel gilt $\mathcal{I}_{xx} = \mathcal{I}_{yy} = \mathcal{I}_{zz} \equiv \mathcal{I}$; Beispiele: CH_4, SF_6. Für symmetrische Kreisel ist $\mathcal{I}_{\perp} \equiv \mathcal{I}_{xx} = \mathcal{I}_{yy} \neq \mathcal{I}_{zz} \equiv \mathcal{I}_{\|}$; Beispiele: CH_3Cl, NH_3, C_6H_6. Beispiele für lineare Kreisel: CO_2, HCl, C_2H_2. Die $\mathcal{I}_{xx}$, $\mathcal{I}_{yy}$ und $\mathcal{I}_{zz}$ sind die Hauptträgheitsmomente, und

$$g_j^{(rot)} = \begin{cases} (2J+1)^2 & \text{sphärische Kreisel} \\ \kappa(2J+1) & \text{symmetrische Kreisel } (\kappa = 1 \text{ für } K = 0; \kappa = 2 \text{ sonst}) \\ (2J+1) & \text{lineare Kreisel} \end{cases} .$$

---

[19]Wir lassen hier den Beitrag bzw. Faktor der Kerne beiseite. Nicht statthaft ist dies allerdings im Fall identischer Kerne, da der Hamilton-Operator dann invariant unter deren Vertauschung ist, und die Konsequenzen dieser Symmetrie eine detaillierte Betrachtung verlangen (vgl. Abschnitt 2.1). Das wichtigste Beispiel sind die zweiatomigen Moleküle H_2 und D_2 (vgl. unten).
[20]Vgl. [38] (§103) bzw. [1] (Abschnitt 18.2).

Wir betrachten $Q_{rot}^{(1)}$ für den speziellen Fall eines linearen Kreisels. D.h.

$$Q_{rot}^{(1)} = \sum_{J=0}^{\infty} (2J+1) \exp\left[-\frac{T_{rot}}{T} J(J+1)\right] , \tag{3.30}$$

wobei

$$T_{rot} = \frac{\hbar^2}{2I k_B} \tag{3.31}$$

[21]. Einige Werte für T_{rot} sind 85.4 K (H_2), 43 K (D_2), 2.9 K (N_2), 2.4 K (NO_2) und 15.4 K (HCl).

Im Grenzfall hoher Temperaturen tragen die großen J-Werte am meisten zur Summe bei, die daher als Integral geschrieben werden kann:

$$Q_{rot}^{(1)} \overset{T\to\infty}{\longrightarrow} \int_0^{\infty} dJ\,(2J+1) \exp\left[-\frac{T_{rot}}{T} J(J+1)\right] \tag{3.32}$$

$$\overset{x=\frac{T_{rot}}{T}J(J+1)}{=} \frac{T}{T_{rot}} \int_0^{\infty} dx\,e^{-x} = \frac{T}{T_{rot}} .$$

Daher folgt für $F_{rot}^{(1)}$

$$F_{rot}^{(1)} = -k_B T \ln Q_{rot}^{(1)} \overset{T\to\infty}{\longrightarrow} -k_B T \ln \frac{T}{T_{rot}} \tag{3.33}$$

bzw.

$$C_{V,rot}^{(1)} = -T\left(\frac{\partial^2 F^{(1)}}{\partial T^2}\right)_V \overset{T\to\infty}{\longrightarrow} -T\frac{\partial}{\partial T}\left(-k_B \ln\frac{T}{T_{rot}} - k_B\right) = k_B .$$

---

[21] In den homonuklearen Fällen H_2 und D_2 sieht die Gl. (3.30) anders aus:

$$Q_{rot}^{(1)} = \frac{I+1}{2I+1} Q_{rot,u}^{(1)} + \frac{I}{2I+1} Q_{rot,g}^{(1)} \quad \text{(für Grundzustand } H_2 \quad (I=1/2))$$

bzw.

$$Q_{rot}^{(1)} = \frac{I+1}{2I+1} Q_{rot,g}^{(1)} + \frac{I}{2I+1} Q_{rot,u}^{(1)} \quad \text{(für Grundzustand } D_2 \quad (I=1)) .$$

Hier ist $Q_{rot,u}^{(1)}$ gegeben durch Gl. (3.30), wenn nur ungerade J-Werte in der Summe berücksichtigt werden. Entsprechend ist $Q_{rot,g}^{(1)}$ gegeben durch Gl. (3.30), wenn nur gerade J-Werte in der Summe berücksichtigt sind. Die Gewichtsfaktoren vor $Q_{rot,u}^{(1)}$ bzw. $Q_{rot,g}^{(1)}$ folgen aus der Überlegung, dass das Produkt aus dem Rotationsanteil und dem Kernspinanteil der Gesamtwellenfunktion unter Vertauschung der H-Kerne das Vorzeichen wechseln muss, während dies für D-Kerne nicht der Fall ist [10] (§49).

Pro Hauptrotationsachse erhalten wir jeweils $k_B/2$, wie wir es nach dem klassischen Gleichverteilungssatz auch erwartet hätten [22].

Im Grenzfall niedriger Temperaturen reicht es aus, die ersten beiden J-Werte in der Summe in Gl. (3.30) mitzunehmen. Wir erhalten

$$Q_{rot}^{(1)} \xrightarrow{T \to 0} 1 + 3 \exp\left[-2\frac{T_{rot}}{T}\right] \ ,$$

und für $F_{rot}^{(1)}$

$$F_{rot}^{(1)} \xrightarrow{T \to 0} -3k_B T \exp\left[-2\frac{T_{rot}}{T}\right] \tag{3.34}$$

bzw.

$$\begin{aligned} C_{V,rot}^{(1)} &\xrightarrow{T \to 0} - T\frac{\partial}{\partial T}\left(-3k_B \exp\left[...\right] - 6k_B \frac{T_{rot}}{T} \exp\left[...\right]\right) \\ &= 12k_B\left(\frac{T_{rot}}{T}\right)^2 e^{-2T_{rot}/T} \ . \end{aligned} \tag{3.35}$$

Die Wärmekapazität der Rotation strebt also nach einem Exponentialgesetz gegen null, wenn die Temperatur gegen null geht.

Kurz erwähnt werden soll hier der klassische Grenzfall des vielatomigen Moleküls mit drei verschiedenen Hauptträgheitsmomenten I_i ($i = 1, 2, 3$). Hier gilt

$$Q_{rot}^{(1)} = \frac{\left(2k_B T\right)^{3/2} \left(\pi I_1 I_2 I_3\right)^{1/2}}{\sigma \hbar^3} \tag{3.36}$$

[10] (§51) [23]. σ ist eine Symmetriezahl, die dafür sorgt, dass nur unterscheidbare Orientierungen des Moleküls gezählt werden (das Pendant zu $N!$). So gilt beispielsweise für H_2O (gleichseitiges Dreieck) $\sigma = 2$; für NH_3 (reguläre Pyramide mit dreieckiger Grundfläche) $\sigma = 3$; CH_4 (Tetraeder) $\sigma = 12$, für C_6H_6 (reguläres Sechseck) $\sigma = 12$. Für die freie Energie $F_{rot}^{(1)}$ erhalten wir somit

$$F_{rot}^{(1)} = -\frac{3}{2}Nk_B T \ln k_B T - Nk_B T \ln \frac{\left(8\pi I_1 I_2 I_3\right)^{1/2}}{\sigma \hbar^3} \tag{3.37}$$

und daraus

---

[22] Aus der Mechanik [29] wissen wir: $\mathcal{K} = I_1 \omega_1^2/2 + I_2 \omega_2^2/2 + I_3 \omega_3^2/2$ (hier gilt $I_3 = 0$).

[23] Versuchen Sie die Form der Gl. (3.36) herzuleiten, indem Sie das klassische Phasenraumintegral durch die Drehimpulskomponenten ($L_i = I_i \omega_i$; $i = 1, 2, 3$) und zugehörigen Winkelkoordinaten (Eulerwinkel) ausdrücken. Für die kinetische Energie gilt wieder die oben angegebene Gleichung.

$$C_{V,rot}^{(1)} = \frac{3}{2} k_B \ . \tag{3.38}$$

• Schwingungen – Wie im Fall der Phononen werden die als harmonisch angenommenen molekularen Vibrationen nach unabhängigen Normalmoden zerlegt. D.h.

$$\sum_i \exp\left[-\beta \epsilon_{vib,i}\right] = \sum_{\{n_k\}} \exp\left[-\beta \sum_{k=1}^{k_{max}} \hbar\omega_k \left(n_k + \frac{1}{2}\right)\right] \tag{3.39}$$

mit $n_k = 0, 1, 2, \ldots$, wobei ω_k die Frequenz der k-ten Mode ist. Im Allgemeinen gilt $k_{max} = 3m - 6$, wobei m die Zahl der Kerne im Molekül ist. Die 6 entspricht den Freiheitsgraden der Translation und Rotation. Für lineare Moleküle (lineare Kreisel) gilt daher $k_{max} = 3m - 5$. Folglich ist

$$Q_{vib}^{(1)} = \exp\left[-\sum_{k=1}^{k_{max}} \ln\left(1 - e^{-\beta\hbar\omega_k}\right) - \sum_{k=1}^{k_{max}} \frac{1}{2}\beta\hbar\omega_k\right] \ . \tag{3.40}$$

Aufgabe 20:   Wärmekapazität von idealem *HCl*-Gas

Berechnen Sie $C_V^{(1)}/k_B$ für *HCl* im Temperaturbereich von 0.1 bis 10^5 K, und tragen Sie das Ergebnis graphisch auf. Gehen Sie davon aus, dass Ihr Modell-*HCl* starr bzgl. der Rotation ist und ein harmonischer Oszillator bzgl. der Vibration. Verwenden Sie die folgenden Daten für $^1H^{35}Cl$: Schwingungsfrequenz $\omega/(2\pi) = 2990.95\ cm^{-1}$; Kernabstand $R = 127.45\ pm$.

Lösung:

Das gesuchte $C_V^{(1)}$ ist gegeben durch

$$\frac{C_V^{(1)}}{k_B} = T \frac{\partial^2}{\partial T^2} T \ln\left(Q_{trans}^{(1)} Q_{rot}^{(1)} Q_{vib}^{(1)}\right) \ .$$

Für das klassische ideale Punktteilchengas galt $Q_{NVT}^{(ideal)} = N!^{-1}(V/\Lambda_T^3)^N$. Somit haben wir

$$Q_{trans}^{(1)} = \frac{V}{\Lambda_T^3} \propto T^{3/2} \ .$$

Die Annahme des klassischen Verhaltens stört hier nicht, da sie sich auf die Integration anstatt der Summation bezog, die für ausreichend große Volumina immer erfüllt ist. Demnach gilt

$$\frac{C_{V,trans}^{(1)}}{k_B} = \frac{3}{2} \qquad \text{(Gleichverteilungssatz!)} .$$

Der Rotationsbeitrag zu $C_V^{(1)}$ ist

$$\frac{C_{V,rot}^{(1)}}{k_B} = T\,\frac{\partial^2}{\partial T^2}\,T \ln \sum_{J=0}^{\infty} (2J+1)\exp\left[-\frac{T_{rot}}{T}J(J+1)\right] .$$

Es lohnt sich nicht, hier die explizite Form anzugeben. Wir können die Ableitungen mit *Mathematica* auswerten. Den Vibrationsbeitrag,

$$\frac{C_{V,vib}^{(1)}}{k_B} = \left(\frac{T_{vib}}{T}\right)^2 \frac{e^{T_{vib}/T}}{\left(e^{T_{vib}/T}-1\right)^2}$$

mit $T_{vib} = \hbar\omega/k_B$, können wir aus unserer Diskussion zum Phononengas übernehmen (vgl. Gl. (3.18)). Insgesamt gilt $C_V^{(1)} = C_{V,trans}^{(1)} + C_{V,rot}^{(1)} + C_{V,vib}^{(1)}$. Das Ergebnis zeigt Abbildung 3.5.

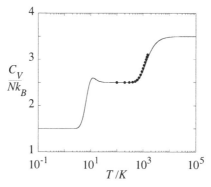

```
Cvtrans = 3/2;
Cvrot[T_, Tr_] = T Dt[T Log[Sum[(2 j + 1) Exp[-Tr j (j + 1)/T],
      {j, 0, 15}]], {T, 2}, Constants -> {Tr, j}] ;
Cvvib[T_, Tvib_] = (Tvib/T)^2 Exp[Tvib/T] / (Exp[Tvib/T] - 1)^2;

OpenWrite["Cv_HCl.d"];
Do[Cv = Cvtrans + If[10^t < 200, Cvrot[10^t, 15.36], 1] +
      Cvvib[10^t, 4303]; Write["Cv_HCl.d",
      OutputForm[" "], OutputForm[10^t],
      OutputForm[" "], OutputForm[Cv]],
{t, -1, 5, 0.01}];
Close["Cv_HCl.d"];
```

Abbildung 3.5: Oben: Isochore Wärmekapazität von *HCl*. Die Symbole sind experimentelle Daten, die den in Abschnitt 1.2 angegebenen Tabellenwerken entnommen sind. Die experimentelle isobare Wärmekapazität wurde dabei mittels Gl. (1.38) umgerechnet. Unten: *Mathematica*-Programm.

Während bei den tiefen Temperaturen nur die Translationsfreiheitsgrade angeregt sind, kommen bei ~ T_{rot} und ~ T_{vib} diese weiteren Freiheitsgrade hinzu. Man beachte, dass die Rotationen wesentlich eher $\left(T_{rot} = \hbar^2/(2\mathcal{I}k_B) = 15.36\ K;\, \mathcal{I} = (m_H m_{Cl})/(m_H + m_{Cl})\, R^2\right)$ angeregt werden als die Vibrationen ($T_{vib} = 4303\ K$). Dies beruht auf den wesentlich geringeren Energielücken zwischen den Rotationsniveaus.

Bemerkung: In der Realität ist das *HCl*-Molekül weder ein starrer Rotor noch ein harmonischer Oszillator (vgl. [1]). Die allgemeine Temperaturabhängigkeit der Wärmekapazität zweiatomiger Moleküle ist in Abbildung 3.6 skizziert. Insbesondere in der Nähe der Dissoziation wächst C_V stark an (warum?) und geht dann in die erwarteten $2 \times (3/2)k_B$ der Translation der beiden „Bruchstücke" über. Übrigens, die Dissoziationsenergie von *HCl* beträgt ca. 430 $kJ\ mol^{-1}$ entsprechend $\approx 5 \cdot 10^4\ K$.

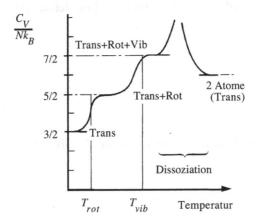

Abbildung 3.6: Allgemeine Temperaturabhängigkeit der Wärmekapazität zweiatomiger Moleküle (übernommen aus Referenz [1]).

3.5 Adsorptionsgleichgewicht verdünnter Gase

In diesem Abschnitt untersuchen wir die Adsorption von Gasen an Oberflächen unter Vernachlässigung der Wechselwirkung zwischen den Gasatomen bzw. Molekülen untereinander. Zunächst betrachten wir das Problem in stark vereinfachter Form anhand einer Aufgabe.

Aufgabe 21:   Adsorptionswärme

Ein stark verdünntes Gas bestehe aus Atomen bzw. Molekülen, deren innere Struktur und Rotation in diesem Zusammenhang vernachlässigt werden sollen. Dieses Gas sei im Gleichgewicht mit einer adsorbierenden Oberfläche. Das Oberflächenpotenzial bildet einen harmonischen Potenzialtopf der Tiefe $-\epsilon$ senkrecht zur Oberfläche, während die Bewegung der adsorbierten Teilchen parallel zur Oberfläche frei ist.

(a)   Wie groß ist die klassische Adsorptionswärme q^o pro Teilchen, wenn diese als die Gasphasenenthalpie minus der Enthalpie an der Oberfläche bei verschwindender Bedeckung definiert ist?

(b)   Nehmen Sie an, die Teilchenwechselwirkung mit der Oberfläche wird näherungsweise durch das harmonische Potenzial $u(z) = -\epsilon + u_2 (z - z_o)^2$ beschrieben, wobei z der Abstand zur Oberfläche ist. u_2 bzw. z_o sind Konstanten. Stellen Sie eine sinnvolle Ungleichung zwischen T und u_2 sowie der Masse der Teilchen auf, die erfüllt sein muss, damit der obige klassische Grenzfall eine gute Näherung darstellt. Konkret gefragt: Ist für Methan(teilchen) und $u_2 = 2.7 \cdot 10^{21}\ kJm^{-2}mol^{-1}$ sowie $T > 300\ K$ die Ungleichung erfüllt?

Lösung:

(a)   Für q^o gilt

$$N q^o = H_{Gas} - H_{Oberfläche} \ , \tag{3.41}$$

wobei N die Zahl der adsorbierten Teilchen ist. Da das Gas als ideal angesehen werden kann, folgt die Gleichung

$$H_{Gas} = \langle E_{Gas} \rangle + PV = \frac{3}{2} N k_B T + N k_B T \ .$$

An der Oberfläche dagegen gilt $V \sim 0$ für die gleiche Gasmenge und daher

$$H_{Oberfläche} \cong \langle E_{Oberfläche} \rangle = \frac{2}{2} N k_B T - N\epsilon + N k_B T \ .$$

Hier liefert die Translation in der Ebene den ersten Term und die Oszillation senkrecht dazu den dritten. Insgesamt folgt [24]

$$q^o = \epsilon + \frac{1}{2} k_B T \ .$$

(b)   Die Approximation, die bei nicht ausreichend hohen Temperaturen kritisch wird, ist der Ansatz von $N k_B T$ für den Beitrag der Oszillationen. Quantenmechanisch galt

$$\langle E_{Osz}^{(1)} \rangle = \hbar\omega \left(\frac{1}{e^{\beta\hbar\omega} - 1} + \frac{1}{2} \right) \overset{T \to \infty}{\longrightarrow} k_B T \left(1 - \frac{1}{2} \frac{\hbar\omega}{k_B T} \right) \ .$$

Daraus folgt die Bedingung

---

[24]Die Mitnahme der Rotation verändert dieses Ergebnis nicht, solange die Rotation im Oberflächenpotenzial nicht behindert wird.

$$\frac{1}{2}\frac{\hbar\omega}{k_B T} \ll 1 \tag{3.42}$$

bzw., mit $\mathcal{H}_{Osz} = p^2/(2m) + m\omega^2 z^2/2$,

$$T \gg \frac{1}{k_B}\sqrt{\frac{u_2 \hbar^2}{2m}}.$$

Für das angegebene Beispiel ist die rechte Seite $\approx 70\ K$. Damit ist die Bedingung der Gl. (3.42) bei $> 300\ K$ in immerhin befriedigender Näherung erfüllt.

Bemerkung: Die Größe q^o kann experimentell bestimmt werden. Andererseits lässt sich die Teilchenwechselwirkung mit der Oberfläche durch Modellpotenziale beschreiben, wie z.B. das Lennard-Jones-Potenzial, wobei man allerdings über alle Lennard-Jones-Wechselwirkungen des Adsorbatteilchens mit den Atomen in der Oberfläche summieren muss. Daraus ergibt sich ein Adsorptionspotenzial, dessen Tiefe, wie oben gezeigt wurde, aus dem q^o-Experiment berechnet werden kann. Dies wiederum erlaubt Rückschlüsse auf die ursprünglichen Lennard-Jones-Parameter zwischen Adsorbat- und Substratteilchen. Eine gute, wenn auch schon ältere Referenz zu diesem Thema ist [39]. Eine allgemeine Referenz zum Thema Oberflächenphysik ist [40].

Im Folgenden wollen wir die eben diskutierte Beschreibung der Adsorption weniger restriktiv behandeln. Insbesondere lassen wir die strenge Unterteilung in Adsorbatschicht und Gasphase fallen. Wir betrachten eine Oberfläche in Kontakt mit einem Gas im Gleichgewicht bei konstanter Temperatur und bei konstantem Druck (gemessen in großem Abstand von der Oberfläche). Das System mit dem Volumen V soll offen sein. Die Gasdichte weit entfernt von der Oberfläche ist dann die gleiche mit oder ohne vorhandene Oberfläche [25]. Unser Ziel ist die Berechnung der Differenz $\langle N \rangle - \langle N \rangle^{(o)}$, wobei $\langle N \rangle$ und $\langle N \rangle^{(o)}$ die mittleren Anzahlen der Gasteilchen im System mit bzw. ohne Oberfläche sind. Da die Dichte weit entfernt von der Oberfläche in beiden Fällen identisch ist, misst $\langle N \rangle - \langle N \rangle^{(o)}$ die mittlere Teilchenzahl in der Nähe der Oberfläche, wo diese die Gasdichte beeinflusst, relativ zur Gasdichte bei nicht vorhandener Oberfläche. Somit ist $\langle N \rangle - \langle N \rangle^{(o)}$ der Oberflächenüber- oder unterschuss (engl.: *surface excess*), je nachdem ob die Oberfläche anziehend oder abstoßend wirkt.

Das eben beschriebene Szenario ist in Abbildung 3.7 (links) illustriert. Die Abbildung zeigt eine instantane Konfiguration aus einer Molekulardynamik-Simulation von Methangas im Kontakt mit Graphitoberflächen. Methan ist durch die dicken Kugeln dargestellt, während die Graphitoberflächen durch die beiden Ebenen, ebenfalls aus Kugeln, angedeutet sind. Parallel zu den Oberflächen ist das System periodisch fortgesetzt. Das Ganze entspricht Methan(gas) in einem unendlich ausgedehnten Graphitschlitz. Man erkennt deutlich den Methanüberschuss an den Oberflächen, verglichen mit der Konzentration in der Mitte zwischen den Oberflächen. Die rechte Seite der Abbildung vergleicht den experimentell gemessenen

---

[25]In einem geschlossenen System würde sich durch die Adsorption einer gewissen Menge Gas an einer Oberfläche der Gasdruck erniedrigen. Dieses Prinzip verwendet man beispielsweise zum zusätzlichen Abpumpen in Hochvakuumanlagen mittels kalter Oberflächen (Kryopumpen).

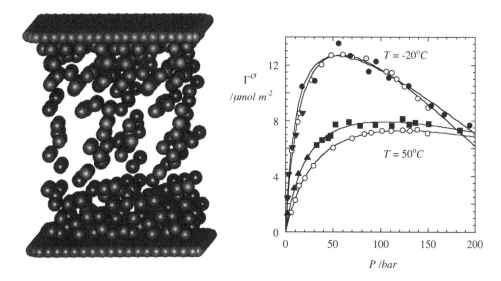

Abbildung 3.7: Links: Momentaufnahme aus einer Molekulardynamik-Simulation von Methanmolekülen zwischen zwei Graphitoberflächen. Die Methanmoleküle sind als dicke Kugeln dargestellt, während die Graphitoberflächen durch die in zwei Ebenen angeordneten, kleineren Kugeln repräsentiert werden. Rechts: Oberflächenüberschuss Γ^σ als Funktion des Drucks P von Bulk-Methan für zwei Temperaturen. Die offenen Kreise sind experimentelle Resultate. Die geschlossenen Symbole stellen die entsprechenden Simulationsergebnisse dar. Die Linien sind einfache Anpassungen an die jeweiligen Symbole ohne tiefere physikalische Bedeutung.

Oberflächenüberschuss [26], den wir gleich noch näher erklären, mit den Ergebnissen aus Computersimulationen (Kreise und Quadrate: Molekulardynamik-Simulationen [27]; Dreiecke: Monte Carlo-Simulationen (siehe Kapitel 7) [28]). Die gezeigten Γ^σ-P-Kurven, aufgenommen bei konstanter Temperatur, werden als Adsorptionsisothermen bezeichnet. Die Momentaufnahme in Abbildung 3.7 entspricht dem Bereich hoher Drücke P im rechten Teil der Abbildung. Qualitativ jedoch ändert sich dieses Bild nicht, wenn man zu kleinen P wechselt, also dort, wo unsere folgende Theorie angesiedelt ist. Diese erlaubt es uns, die Größe Γ^σ für kleine P, dort wo der Anstieg von Γ^σ mit P linear ist, auf der Basis der molekularen Wechselwirkung von Methan mit den Kohlenstoffatomen des Graphits zu berechnen [29].

---

[26] J. Specovius, G. H. Findenegg (1978) *Physical adsorption of gases at high pressures: argon and methane onto graphitized carbon black*. Ber. Bunsenges. Phys. Chem. **82**, 174

[27] E. M. Aydt, R. Hentschke (1997) *Quantitative molecular dynamics simulation of high pressure adsorption isotherms of methane on graphite*. Ber. Bunsenges. Phys. Chem. **101**, 79

[28] E. Stöckelmann, E. M. Aydt, R. Hentschke (1997) *Simulation of adsorption isotherms of water on ionic surfaces*. J. Mol. Model. **3**, 347

[29] Eine Erweiterung der Theorie zu höheren Drücken hin ist zwar prinzipell möglich. Sie wird allerdings schnell aufwendig.

Wir gehen aus von der großkanonischen Zustandssumme

$$Q_{\mu VT} = \sum_{N=0}^{\infty} \frac{1}{N! \, (2\pi\hbar)^{3N}} \int d^{3N}r \, d^{3N}p \; \exp\left[-\beta\left(\mathcal{H} - \mu N\right)\right] . \tag{3.43}$$

Dies entspricht der klassischen Version der Gl. (2.173), wobei $\mathcal{H}$ die Hamilton-Funktion ist. Gl. (3.43) kann auch geschrieben werden als

$$Q_{\mu VT} = \sum_{N=0}^{\infty} \frac{V^N Q_{WW}^{(N)}}{N!} z^N = 1 + V Q_{WW}^{(1)} z + \frac{1}{2} V^2 Q_{WW}^{(2)} z^2 + \dots , \tag{3.44}$$

worin z durch

$$z = \frac{Q^{(1)} \exp[\beta\mu]}{V}$$

und $Q_{WW}^{(N)}$ durch $Q_{WW}^{(N)} = Q_{NVT} / Q_{NVT}^{(ideal)}$ gegeben ist. Für unsere Zwecke ist jedoch die folgende Entwicklung nach kleinen z nützlicher,

$$Q_{\mu VT} = \exp\left[\sum_{j \geq 1} V b_j z^j\right] = 1 + V b_1 z + \left(V b_2 + \frac{1}{2} V^2 b_1^2\right) z^2 + \dots , \tag{3.45}$$

da wir direkt schreiben können

$$\langle N \rangle = z \frac{\partial}{\partial z} \ln Q_{\mu VT} = \sum_{j \geq 1} V j b_j z^j . \tag{3.46}$$

Die b_j sind Entwicklungskoeffizienten, die wir noch bestimmen müssen. Mithilfe der Gl. (3.46) erhalten wir

$$\langle N \rangle - \langle N \rangle^{(o)} = \sum_{j \geq 1} V j (b_j - b_j^{(o)}) z^j . \tag{3.47}$$

Man beachte, dass weder V noch z von dem Vorhandensein der Oberfläche verändert werden und daher keinen Index (o) benötigen.

Die Beziehung zwischen der Entwicklung in kleinen z und unserer Absicht, die Adsorption bei kleinen Gasdrücken, weit entfernt von der Oberfläche, zu untersuchen, stellt die Gl. (2.174) her, d.h.

$$\beta P = \sum_{j \geq 1} b_j^{(o)} z^j .$$

Damit folgt in niedrigster Ordnung in z

$$\langle N \rangle - \langle N \rangle^{(o)} \approx V \left(\frac{b_1}{b_1^{(o)}} - 1 \right) \beta P \, .$$

Die rechte Seite dieser Gleichung kann durch die molekularen Wechselwirkungspotenziale ausgedrückt werden. Aus dem Vergleich der beiden Entwicklungen der Gln. (3.44) und (3.45) erhalten wir

$$b_1^{(o)} = Q_{WW}^{(1)(o)} = V^{-M} \int d^{3M}r \, \exp\left[-\beta \mathcal{U}_{intra}^{(1)}\right]$$

sowie

$$b_1 = Q_{WW}^{(1)} = V^{-M} \int d^{3M}r \, \exp\left[-\beta \left(\mathcal{U}_{intra}^{(1)} + \mathcal{U}_O^{(1)}\right)\right] \, .$$

Dabei bezieht sich $\mathcal{U}_{intra}^{(1)}$ auf die intramolekularen Wechselwirkungen in einem Molekül aus M Atomen, und $\mathcal{U}_O^{(1)}$ ist das Oberflächenpotenzial dieses Moleküls. Als Endresultat erhalten wir

$$\langle N \rangle - \langle N \rangle^{(o)} \approx \beta P V \left(\frac{\int d^{3M}r \, \exp\left[-\beta \left(\mathcal{U}_{intra}^{(1)} + \mathcal{U}_O^{(1)}\right)\right]}{\int d^{3M}r \, \exp\left[-\beta \mathcal{U}_{intra}^{(1)}\right]} - 1 \right) \, . \tag{3.48}$$

Dieser Ausdruck gilt nur bei sehr niedrigen Gasdrücken. Eine Formel, die auch das folgende Glied $O(P^2)$ enthält, findet man in Referenz [8] (Anhang 10).

In der experimentellen Literatur wird statt $\langle N \rangle - \langle N \rangle^{(o)}$ meistens die Größe

$$\Gamma^\sigma = \frac{\langle N \rangle - \langle N \rangle^{(o)}}{N_A A} \tag{3.49}$$

verwendet, wobei N_A die Avogadro-Konstante und A die dem Gas zugängliche Oberfläche sind. Gemäß Gl. (3.47) gilt auch für Γ^σ die Entwicklung

$$\Gamma^\sigma = k_H P + O(P^2) \, . \tag{3.50}$$

Die Henry-Konstante ist gegeben durch

$$k_H = \frac{\beta V}{N_A A} \left(\frac{\int d^{3M}r \, \exp\left[-\beta \left(\mathcal{U}_{intra}^{(1)} + \mathcal{U}_O^{(1)}\right)\right]}{\int d^{3M}r \, \exp\left[-\beta \mathcal{U}_{intra}^{(1)}\right]} - 1 \right) \, . \tag{3.51}$$

Eine relativ detaillierte Darstellung, wie $\mathcal{U}_O^{(1)}$ im Fall einfacher Adsorbat-Substrat-Wechselwirkungen berechnet werden kann, enthält Kapitel 4 der Referenz [30]. Wir wollen diesen Punkt hier nicht weiter vertiefen.

Eine wichtige Größe in der Statistischen Thermodynamik der Adsorption ist die isostere Adsorptionswärme q_{st}, auf deren Zusammenhang mit dem molekularen Wechselwirkungspotenzial hier kurz eingegangen werden soll [30]. Wir verwenden wieder die Aufteilung in eine Oberflächenregion (Index O) und eine Bulk-Gasregion (Index G). Im thermodynamischen Gleichgewicht gilt bei Veränderung der Temperatur bei festgehaltener Bedeckung $d\mu_O = d\mu_G$ bzw.

$$\left(\frac{\partial \mu_O}{\partial T}\right)_{\Gamma^\sigma} dT = \left(\frac{\partial \mu_G}{\partial T}\right)_P dT + \left(\frac{\partial \mu_G}{\partial P}\right)_T dP$$

und daher

$$\left(\frac{\partial P}{\partial T}\right)_{\Gamma^\sigma} = \frac{(\partial \mu_O/\partial T)_{\Gamma^\sigma} - (\partial \mu_G/\partial T)_P}{(\partial \mu_G/\partial P)_T} \ .$$

Die isostere Adsorptionswärme pro Teilchen ist definiert durch

$$q_{st} \equiv T\left(\left(\frac{\partial \mu_O}{\partial T}\right)_{\Gamma^\sigma} - \left(\frac{\partial \mu_G}{\partial T}\right)_P\right) \ , \tag{3.52}$$

d.h. es gilt

$$q_{st} = \frac{TV}{N_G}\left(\frac{\partial P}{\partial T}\right)_{\Gamma^\sigma} = -\frac{PV}{N_G T}\left(\frac{\partial \ln P}{\partial 1/T}\right)_{\Gamma^\sigma} \ . \tag{3.53}$$

Im Grenzfall niedrigen Drucks erhalten wir mithilfe der Gl. (3.51) die Beziehung

$$q_{st}^o = k_B\left(\frac{\partial \ln k_H}{\partial 1/T}\right)_{\Gamma^\sigma} \ . \tag{3.54}$$

Hier ist q_{st}^o die isostere Adsorptionswärme im Grenzfall gleichfalls gegen null gehender Bedeckung Γ^σ, ausgedrückt durch die Henry-Konstante. Mittels Gl. (3.51) können wir jetzt q_{st}^o durch die molekularen Wechselwirkungen ausdrücken. Ein anderer Weg ist jedoch instruktiver.

Wir schreiben für die Ableitung $(\partial \mu_O/\partial T)_{\Gamma^\sigma}$ in Gl. (3.52)

$$\left(\frac{\partial \mu_O}{\partial T}\right)_{\Gamma^\sigma} = \left(\frac{\partial^2 G_O}{\partial N_O \partial T}\right)_{T,\Gamma^\sigma} = -\left(\frac{\partial S_O}{\partial N_O}\right)_T \ ,$$

wobei N_O die Zahl adsorbierter Teilchen ist. Mithilfe der thermodynamischen Beziehung $T dS_O = dE_O - \mu_O dN_O$ ergibt sich somit

---

[30]Die folgenden Betrachtungen sind rein thermodynamischer Natur. Daher tauchen Mittelwerte der Form $\langle \ldots \rangle$ nicht auf.

$$T \left(\frac{\partial \mu_O}{\partial T} \right)_{\Gamma^\sigma} = \mu_O - \left(\frac{\partial E_O}{\partial N_O} \right)_T .$$

Für die Ableitung $\left(\partial \mu_G / \partial T \right)_P$ in Gl. (3.52) gilt

$$T \left(\frac{\partial \mu_G}{\partial T} \right)_P = \mu_G - \frac{H_G}{N_G} .$$

Damit erhalten wir also

$$q_{st} = \frac{H_G}{N_G} - \left(\frac{\partial E_O}{\partial N_O} \right)_T ,$$

wobei wir $\mu_O = \mu_G$ ausgenutzt haben. Mit $E_O = N_O e_O$ folgt schließlich

$$q_{st} = \frac{H_G}{N_G} - \frac{E_O}{N_O} - N_O \left(\frac{\partial e_O}{\partial N_O} \right)_T . \tag{3.55}$$

Im Grenzfall verschwindender Bedeckung bzw. $N_O \to 0$ verschwindet der letzte Term. Mit $PV_O \approx 0$ folgt $q_{st} = h_G - h_O$, wobei h_G und h_O die Enthalpien pro Teilchen bezeichnen. Von dieser Gleichung waren wir in Aufgabe 21 (a) ausgegangen.

4 Klassische Fluide

4.1 Struktur

Wir betrachten ein Volumen V eines Fluids [1], das mit seiner Umgebung im Gleichgewicht Teilchen austauscht. Die mittlere Teilchenzahldichte am Ort $\vec{r}$ ist

$$\rho \equiv \langle \rho(\vec{r}) \rangle = Q_{\mu V T}^{-1} \sum_{N=0}^{\infty} \frac{1}{N! \, (2\pi\hbar)^{3N}}$$
$$\times \int d^{3N}r \, d^{3N}p \, \rho(\vec{r}) \exp\left[-\beta\left(\mathcal{H} - \mu N\right)\right] \tag{4.1}$$

mit $\rho(\vec{r}) = \sum_{i=1}^{N} \delta(\vec{r} - \vec{r}_i)$ und $d^{3N}r = d^3r_1 d^3r_2...d^3r_N$ (vgl. Gl. (3.43)). Eine Größe, die ebenfalls Information über die Struktur liefert, aber besser zu messen ist, ist die Dichte-Dichte-Korrelationsfunktion

$$\langle \rho(\vec{r})\rho(\vec{r}\,') \rangle = Q_{\mu V T}^{-1} \sum_{N=0}^{\infty} \frac{1}{N! \, (2\pi\hbar)^{3N}}$$
$$\times \int d^{3N}r \, d^{3N}p \, \rho(\vec{r})\rho(\vec{r}\,') \exp\left[-\beta\left(\mathcal{H} - \mu N\right)\right] \, . \tag{4.2}$$

Diese Größe ist proportional zur Wahrscheinlichkeit, die lokale Teilchendichte $\rho(\vec{r}\,')$ bei $\vec{r}\,'$ und gleichzeitig die lokale Dichte $\rho(\vec{r})$ bei $\vec{r}$ vorzufinden.

Wir definieren die Korrelationsfunktion der räumlichen Dichtefluktuationen

$$h(\vec{r}, \vec{r}\,') \equiv \langle \rho(\vec{r})\rho(\vec{r}\,') \rangle - \rho^2 = \langle \delta\rho(\vec{r})\delta\rho(\vec{r}\,') \rangle \tag{4.3}$$

mit $\delta\rho(\vec{r}) = \rho(\vec{r}) - \rho$. D.h. in einem Gas bzw. in einer Flüssigkeit sollte $h(\vec{r}, \vec{r}\,') = h(|\vec{r} - \vec{r}\,'|)$ sein, und es sollte $h(|\vec{r} - \vec{r}\,'|) \to 0$ für $|\vec{r} - \vec{r}\,'| \to \infty$ gelten, da in diesem Grenzfall $\langle \rho(\vec{r})\rho(\vec{r}\,') \rangle \to \langle \rho(\vec{r}) \rangle \langle \rho(\vec{r}\,') \rangle = \rho^2$. Abbildung 4.1 veranschaulicht qualitativ den Zusammenhang zwischen $h(r)$ und $u(r)$, der Teilchenwechselwirkung, die hier als radialsymmetrisch angenommen ist.

---

[1]Mit Fluid werden hier sowohl Gase wie Flüssigkeiten bezeichnet und nicht wie üblich nur der Bereich in der Nähe eines kritischen Punktes, in dem beide fließend ineinander übergehen.

Für kleine Abstände r ist die Abstoßung groß und daher $\langle\rho(0)\rho(r)\rangle$ klein [2]. Bei r_0 ist die Wechselwirkung optimal und daher $\langle\rho(0)\rho(r)\rangle$ maximal [3]. Die weitere Struktur von $h(r)$ reflektiert die weitere Ordnung, die die lokale Dichte bzw. das Teilchen aufgrund seiner 1. Nachbarschale bei $\sim r_0$ induziert. Diese weiteren Nachbarschalen „verwaschen", je größer r wird.

Betrachten wir jetzt die Verbindung zwischen $h(\vec{r},\vec{r}\,')$, $u(\vec{r},\vec{r}\,')$ und der Thermodynamik. Wir beginnen mit

---

[2]Im Grenzfall $r = 0$ gilt dies nicht mehr, da dort Selbstkorrelation auftritt. Um dies zu sehen, betrachten wir die Dichte-Dichte-Korrelationsfunktion genauer. D.h. wir haben

$$\langle\rho(\vec{r})\rho(\vec{r}\,')\rangle = Q_{\mu VT}^{-1}\sum_{N=0}^{\infty}\frac{1}{N!\,(2\pi\hbar)^{3N}}$$

$$\times\int\underbrace{d^{3N}r\,d^{3N}p}_{d\vec{r}_1...d\vec{r}_N d\vec{p}_1...d\vec{p}_N}\sum_{i,j=1}^{N}\delta(\vec{r}-\vec{r}_i)\delta(\vec{r}\,'-\vec{r}_j)e^{-\beta(\mathcal{H}-\mu N)}$$

mit

$$\int d^{3N}r\,d^{3N}p... = N(N-1)\int d^{3N}r\,d^{3N}p\,\delta(\vec{r}-\vec{r}_l)\delta(\vec{r}\,'-\vec{r}_{l'})e^{-\beta(\mathcal{H}-\mu N)}$$

$$+N\int d^{3N}r\,d^{3N}p\,\underbrace{\delta(\vec{r}-\vec{r}_l)\delta(\vec{r}\,'-\vec{r}_l)}_{\text{Selbstwechselwirkung}}\,e^{-\beta(\mathcal{H}-\mu N)}$$

$$= N^2\underbrace{\int d^{3(N-2)}r\,d^{3N}p\,e^{-\beta(\mathcal{H}-\mu N)}}_{\equiv f_{N-2}(\vec{r},\vec{r}\,')}+N\delta(\vec{r}-\vec{r}\,')\underbrace{\int d^{3(N-1)}r\,d^{3N}p\,e^{-\beta(\mathcal{H}-\mu N)}}_{\equiv f_{N-1}(\vec{r}\,')}\,,$$

wobei l und l' für zwei beliebige Teilchen stehen. Somit gilt

$$\langle\rho(\vec{r})\rho(\vec{r}\,')\rangle = \underbrace{Q_{\mu VT}^{-1}\sum_{N=0}^{\infty}\frac{N^2}{N!\,(2\pi\hbar)^{3N}}f_{N-2}(\vec{r},\vec{r}\,')}_{=\langle\rho(\vec{r})\rho(\vec{r}\,')\rangle_{o.SK}}+\rho\delta(\vec{r}-\vec{r}\,')\,.$$

Hier steht o. SK für ohne Selbstkorrelation. Insbesondere gilt:

$$h(\vec{r},\vec{r}\,') = h_{o.SK}(\vec{r},\vec{r}\,') + \rho\delta(\vec{r}-\vec{r}\,')\,.$$

---

[3]Entropisch kann diese Position u. U. nicht optimal sein, und daher wird in diesen Fällen das Maximum verschoben. In der Regel aber ist die Zuordnung – erstes Maximum von $h(r)$ entspricht Minimum von $u(r)$ – sehr gut.

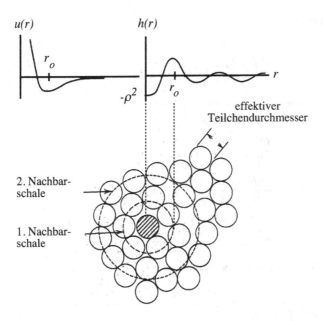

Abbildung 4.1: Oben links: Radialsymmetrisches Paarpotenzial $u(r)$. Oben rechts: Die korrespondierende Fluidstruktur anhand von $h(r)$. Das Maximum bei r_0 entspricht der Schale der 1. Nachbarn. Unten: Skizze der Flüssigkeitsstruktur um ein Referenzteilchen bei $r = 0$ (schraffiert).

$$
\begin{aligned}
\langle (\delta N)^2 \rangle &= \langle (N - \langle N \rangle)^2 \rangle \\
&= \left\langle \int d^3 r \underbrace{\left(\rho(\vec{r}) - \rho \right)}_{=\delta\rho(\vec{r})} \int d^3 r' \underbrace{\left(\rho(\vec{r}') - \rho \right)}_{=\delta\rho(\vec{r}')} \right\rangle \\
&= \int d^3 r \int d^3 r' h(\vec{r}, \vec{r}') = V \int d^3 r'' h(\vec{r}'') \ .
\end{aligned}
$$
(4.4)

Nach Gl. (2.171) gilt aber auch

$$
\langle (\delta N)^2 \rangle = \left(\frac{\partial}{\partial (\beta\mu)} \langle N \rangle \right)_{\beta,V} = \left(\frac{\partial^2}{\partial (\beta\mu)^2} \ln Q_{\mu V T} \right)_{\beta,V}
$$
(4.5)

$$
\overset{\text{Gl. (2.174)}}{=} \left(V \frac{\partial}{\partial (\beta\mu)} \frac{\partial}{\partial \mu} P \right)_{\beta,V} \ ,
$$

und daher

$$
\frac{\langle N \rangle}{V} = \left(\frac{\partial P}{\partial \mu} \right)_{\beta,V} \ .
$$
(4.6)

Andererseits gilt ebenfalls

$$
\begin{aligned}
\langle (\delta N)^2 \rangle &= \frac{V}{\beta} \left(\frac{\partial \mu}{\partial \langle N \rangle / V} \right)^{-1}_{\beta, V} \\
&\overset{\text{Gl. (4.6)}}{=} \frac{V}{\beta} \left(\frac{V}{\langle N \rangle} \frac{\partial P}{\partial \langle N \rangle / V} \right)^{-1}_{\beta, V} \\
&= \frac{\langle N \rangle}{\beta} \left(\frac{\partial P}{\partial \langle N \rangle / V} \right)^{-1}_{\beta, V} \\
&= -\frac{\langle N \rangle^2}{\beta V^2} \left(\frac{\partial P}{\partial V} \right)^{-1}_{\beta, N} \\
&= \frac{\kappa_T}{\kappa_T^{(ideal)}} \langle N \rangle \, ,
\end{aligned}
\tag{4.7}
$$

mit $\kappa_T^{(ideal)} = \beta V \langle N \rangle^{-1}$ (vgl. Aufgabe 5) und somit

$$
\frac{\kappa_T}{\kappa_T^{(ideal)}} = \rho^{-1} \int d^3 r h(\vec{r}) \, .
\tag{4.8}
$$

Insbesondere haben wir bei kleinen Dichten nach Gl. (2.79) (plus der Einfachheit halber angenommenen radialsymmetrischen Wechselwirkungen)

$$
\begin{aligned}
\kappa_T^{-1} &= -V \left(\frac{\partial P}{\partial V} \right)_{N,T} \\
&= \underbrace{P^{(ideal)}}_{=1/\kappa_T^{(ideal)}} \left(1 - \rho \int d^3 r \left(\exp\left[-\beta u(r)\right] - 1 \right) + ... \right)
\end{aligned}
\tag{4.9}
$$

bzw.

$$
\frac{\kappa_T}{\kappa_T^{(ideal)}} = \underbrace{1}_{=\int d^3 r V^{-1}} + \rho \int d^3 r \left(\exp\left[-\beta u(r)\right] - 1 \right) + ... \, .
$$

D.h.

$$
h(r) = \rho^2 \left(\exp\left[-\beta u(r)\right] - 1 \right) \, ,
\tag{4.10}
$$

wobei wir $\rho/V \approx 0$ angenommen haben, stellt für niedrige Dichten ρ den Zusammenhang her zwischen der Fluktuationskorrelationsfunktion $h(r)$ und der Teilchen-Teilchen-Wechselwirkung $u(r)$!

Nur kurz erwähnen wollen wir die Paarkorrelationsfunktion $g_2(\vec{r}, \vec{r}\,')$, definiert durch

$$g_2(\vec{r}, \vec{r}') \equiv \frac{\langle \rho(\vec{r})\rho(\vec{r}')\rangle}{\rho^2} = \rho^{-2}h(\vec{r}, \vec{r}') + 1 \; , \tag{4.11}$$

sowie die so genannte direkte Korrelationsfunktion $C(\vec{r}, \vec{r}')$. Sie ist definiert über die Ornstein-Zernike-Integralgleichung

$$\Gamma(\vec{r} - \vec{r}') = C(\vec{r} - \vec{r}') + \rho \int C(\vec{r} - \vec{r}'')\Gamma(\vec{r}'' - \vec{r}')d^3r'' \; , \tag{4.12}$$

mit

$$h(\vec{r} - \vec{r}') \equiv \rho\delta(\vec{r} - \vec{r}') + \rho^2\Gamma(\vec{r} - \vec{r}') \; . \tag{4.13}$$

Da $h(\vec{r} - \vec{r}')$ gemäß

$$h(\vec{r} - \vec{r}') = \left\langle \sum_{k=1}^{N} \sum_{k'=1}^{N} \delta(\vec{r} - \vec{r}_k)\delta(\vec{r}' - \vec{r}_{k'}) \right\rangle - \rho^2$$

definiert ist, sind in $\Gamma(\vec{r} - \vec{r}')$ die Selbstkorrelationsbeiträge subtrahiert. Die Motivation hinter $C(\vec{r} - \vec{r}')$ wird deutlicher, wenn man die Fouriertransformierte der Ornstein-Zernike-Integralgleichung (4.12) betrachtet, d.h.

$$\hat{C}(\vec{q}) = \frac{\hat{\Gamma}(\vec{q})}{1 + \rho\hat{\Gamma}(\vec{q})} \tag{4.14}$$

mit $\hat{\Gamma}(\vec{q}) = \int \Gamma(\vec{r})\exp\left[-i\vec{q} \cdot \vec{r}\right]d^3r$ etc. [4]. Unabhängig davon, ob $\Gamma(\vec{r})$ groß [5] ist oder klein [6], wird $C(\vec{r})$ immer relativ kurzreichweitig sein. Die Reichweite ist in etwa die der Teilchen-Teilchen-Wechselwirkungen. $C(\vec{r})$ wird daher leichter zu berechnen bzw. zu approximieren sein (siehe z.B. [9] Kapitel 4).

4.2   Streuung

Die strukturelle Charakterisierung von Bulk-Materie auf der molekularen Ebene erfolgt in der Regel durch Streuexperimente mit Röntgenstrahlung, auf die wir uns hier konzentrieren, Neutronen, Elektronen, Licht etc. Die Wellenlänge der verwendeten Strahlung muss den

---

[4]Man beachte, das Integral in Gl. (4.12) ist eine Faltung, und nach dem Faltungssatz ist die Fouriertransformierte einer Faltung das Produkt der Fouriertransformierten der gefalteten Funktionen.

[5]In der Nähe eines kritischen Punktes (vgl. Kapitel 6) beispielsweise gilt $\hat{\Gamma}(\vec{q} = 0) \to \infty$ für $T \to T_c$. Daher gilt $\hat{C}(\vec{q} = 0) = \int C(\vec{r})d^3r \sim \rho^{-1}$, d.h. $C(\vec{r})$ ist kurzreichweitig!

[6]Z.B. bei hohen Temperaturen.

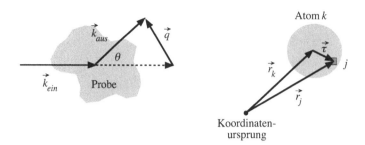

Abbildung 4.2: Links: Zusammenhang zwischen den Wellenvektoren der ein- und ausfallenden Strahlung, $\vec{k}_{ein}$ und $\vec{k}_{aus}$, und dem Streuvektor $\vec{q} = \vec{k}_{aus} - \vec{k}_{ein}$. Rechts: Zusammenhang zwischen den Ortsvektoren $\vec{r}_j$, $\vec{r}_k$ und $\vec{\tau}$.

charakteristischen Strukturdimensionen, etwa der Molekülgröße oder dem Teilchen-Teilchen-Abstand, angepasst sein.

Die Intensität der Streuung I ist gegeben durch den thermischen Mittelwert des Betragsquadrats der Streuamplitude A, d.h.

$$I = \langle |A|^2 \rangle = \left\langle \left| A_0 \sum_j \exp\left[i\vec{q} \cdot \vec{r}_j\right] \right|^2 \right\rangle . \tag{4.15}$$

Hier ist A_0 eine Konstante, die nicht von der Struktur abhängt, und $\vec{r}_j$ läuft über alle Streuzentren j im betrachteten System. Die Größe $\vec{q}$ ist der Streuvektor, der in Abbildung 4.2 definiert ist. Bei elastischer Streuung, $k_{ein} = k_{aus} = 2\pi/\lambda$, gilt

$$q = \frac{4\pi}{\lambda} \sin\frac{\theta}{2} . \tag{4.16}$$

Hierin ist λ die Wellenlänge der einfallenden Strahlung, und θ ist der Streuwinkel, unter dem die einfallende Strahlung detektiert wird [7].

Bezogen auf ein atomares System können wir Gl. (4.15) umschreiben in

$$\begin{aligned} \frac{I}{I_0} &= \left\langle \sum_{j,j'} \exp\left[i\vec{q} \cdot \left(\vec{r}_j - \vec{r}_{j'}\right)\right] \right\rangle \\ &= \left\langle \sum_{k,k'} \int \int d^3\tau d^3\tau' c_k(\vec{\tau}) c_k(\vec{\tau}') \exp\left[i\vec{q} \cdot \left(\vec{r}_{kk'} + \vec{\tau} - \vec{\tau}'\right)\right] \right\rangle \end{aligned} \tag{4.17}$$

mit $I_0 = |A_0|^2$. Hier laufen die k-Summen über die Atome, und $c_k(\tau)$ ist die Dichte der Streuzentren im Atom k. Konkret für Röntgenstreuung ist $c_k(\vec{\tau})$ die atomare Elektronendichteverteilung. Der Zusammenhang zwischen den Vektoren $\vec{r}_j$, $\vec{r}_k$ und $\vec{\tau}$ sowie dem Volumenelement j ist in Abbildung 4.2 dargestellt. Außerdem soll $\vec{r}_{kk'} = \vec{r}_k - \vec{r}_{k'}$ gelten. Mit der Definition

---

[7]Gl. (4.16) folgt aus $q^2 = \left(\vec{k}_{aus} - \vec{k}_{ein}\right)^2 = k_{ein}^2 + k_{aus}^2 - 2k_{ein}k_{aus}\cos\theta$, kombiniert mit der Identität $\sin(\theta/2) = \sqrt{(1-\cos\theta)/2}$.

$$f_k(q) \equiv \int d^3\tau c_k(\vec{\tau}) \exp\left[i\vec{q} \cdot \vec{\tau}\right] , \qquad (4.18)$$

die Größe $f_k(q)$ heißt der atomare Formfaktor [8], folgt

$$\frac{I}{I_0} = \left\langle \sum_{k,k'} f_k(q) f_{k'}(q) \exp\left[i\vec{q} \cdot \vec{r}_{kk'}\right] \right\rangle . \qquad (4.19)$$

Für vollkommen unkorrelierte Atome bzw. Teilchen gilt

$$\frac{I^{(o)}}{I_0} = \sum_k f_k^2(q) \overset{f_k(q)=1\forall k}{=} N , \qquad (4.20)$$

da nur die Terme mit $r_{kk'} = 0$ beitragen. Der Einfachheit halber wollen wir $f_k(q) = 1 \; \forall \; k$ weiterhin verwenden, und daher gilt

$$\begin{aligned}
\frac{I}{I^{(o)}} &= \frac{1}{N}\left\langle \sum_{k,k'} \exp\left[i\vec{q} \cdot \vec{r}_{kk'}\right] \right\rangle \qquad (4.21)\\[2mm]
&= \frac{1}{N} \int d^3r \int d^3r' \, e^{i\vec{q}\cdot(\vec{r}-\vec{r}')} \left\langle \underbrace{\sum_{k=1}^{N} \delta(\vec{r} - \vec{r}_k)}_{=\rho(\vec{r})} \underbrace{\sum_{k'=1}^{N} \delta(\vec{r}' - \vec{r}_{k'})}_{=\rho(\vec{r}')} \right\rangle
\end{aligned}$$

bzw.

$$\begin{aligned}
\frac{I}{I^{(o)}} &= \frac{1}{N} \int d^3r \int d^3r' \, e^{i\vec{q}\cdot(\vec{r}-\vec{r}')} \left(h(\vec{r},\vec{r}') + \rho^2\right) \qquad (4.22)\\[2mm]
&= \frac{V^2}{N}\rho^2\delta(\vec{q}) + \underbrace{\frac{1}{\rho} \int d^3r \, e^{i\vec{q}\cdot\vec{r}} h(\vec{r})}_{\equiv S(\vec{q})} .
\end{aligned}$$

Die Größe $S(\vec{q})$, die Fouriertransformierte von $h(\vec{r})$, nennt man (statischen) Strukturfaktor [9]. Man beachte, gemäß Gl. (4.8) gilt

$$S(0) = \frac{\kappa_T}{\kappa_T^{(ideal)}}\rho . \qquad (4.23)$$

---

[8]Wir gehen hier von einer radialsymmetrischen Dichte $c_k = c_k(\tau)$ aus. Dann gilt $f_k(q) = 4\pi \int_0^\infty d\tau c_k(\tau)$ $(\tau/q) \sin[q\tau]$. Für $q = 0$ folgt $f_k(0) = 4\pi \int_0^\infty d\tau \tau^2 c_k(\vec{\tau}) = Z$, wobei Z die Zahl der Elektronen des Atoms ist. Über einen weiten q-Bereich tabellierte Röntgenformfaktoren findet man beispielsweise in [41].

[9]In der Literatur wird häufig auch die Fouriertransformierte von $V^2\left(h(\vec{r}) + \rho^2\right)$ als Strukturfaktor bezeichnet.

4.3   Spezielle Konzepte

Zelltheorie / freies Volumen:

Zelltheorien ([7] Kapitel 16; [8] Kapitel 8) basieren auf einer Aufteilung des Gesamtvolumens V in Zellen mit dem Volumen v, die, sagen wir, jeweils ein Molekül bzw. ein Teilchen enthalten. Die klassische Zustandssumme ist jetzt

$$
\begin{aligned}
Q_{NVT} &= \frac{1}{(2\pi\hbar)^{3N}} \int d^{3N}p \int_v d^{3N}r \exp\left[-\beta\left(\sum_{i=1}^{N}\frac{p^2}{2m} + \mathcal{U}\right)\right] \\
&= \Lambda_T^{-3N} \int_v d^{3N}r\, e^{-\beta\mathcal{U}} \\
&= \Lambda_T^{-3N}\left[\int_v d^3 r\, e^{-\beta u(\vec{r})}\right]^N
\end{aligned}
$$

in Analogie zu Gl. (2.71), wobei $\mathcal{U}$ die gesamte potenzielle Energie des Systems sein soll. Der Faktor $N!^{-1}$ fehlt hier, da die Teilchen feste Plätze bzw. Zellen haben, wodurch sie unterscheidbar sind! Die letzte Gleichung nutzt aus, dass die Zellen voneinander unbhängig sein sollen. D.h. $u(\vec{r})$ ist die potenzielle Energie des einzelnen Teilchens in seiner Zelle. Im einfachsten Fall ist $u(\vec{r})$ eine konstante, effektive Kohäsionsenergie $u(0)$ pro Teilchen. In verfeinerten Theorien wird die Wechselwirkung mit den Nachbarteilchen jedoch eine $\vec{r}$-Abhängigkeit bedingen. Wir führen daher mittels

$$
v_f = \int_v e^{-\beta[u(\vec{r})-u(0)]} d^3 r \tag{4.24}
$$

das so genannte effektive bzw. freie Volumen eines Teilchens ein. Damit erhalten wir

$$
F = -Nk_B T \ln\frac{v_f}{\Lambda_T^3} + Nu(0) \tag{4.25}
$$

für die freie Energie des Systems.

Ist dies nun eine approximative Theorie für eine dichte Flüssigkeit oder eher für einen Festkörper? So wie sie hier eingeführt wurde ist Letzteres angebracht, denn die nachträgliche Aufhebung der Begrenzung auf Zellen führt nicht zurück auf das richtige Ergebnis (etwa im Grenzfall eines verdünnten Gases). Es entsteht eine Entropiedifferenz, als *cummunal entropy* bezeichnet, die nachträglich noch hinzugefügt werden muss (vgl. die Diskussion in [21]). Interessant ist das Zellkonzept als einfache approximative Möglichkeit, Festkörper bzw. flüssigkristalline Phasen im Gleichgewicht mit Flüssigkeiten oder anderen flüssigkristallinen Phasen zu beschreiben [10].

---

[10] Z.B. M.P. Taylor, R. Hentschke, J. Herzfeld (1989) *Theory of ordered phases in a system of parallel hard spherocylinders*. Phys. Rev. Lett. **62**, 800.

potential of mean force:

Wir betrachten die effektive Kraft zwischen zwei Teilchen mit festen Positionen $\vec{r}_1$ und $\vec{r}_2$ in einer Flüssigkeit aus N Teilchen. D.h.

$$-\left\langle \vec{\nabla}_{\vec{r}_1} \; \mathcal{U} \; (\vec{r}_1, ..., \vec{r}_N) \right\rangle_{\vec{r}_1, \vec{r}_2}$$

$$= \frac{-\int d^3r_3...d^3r_N \vec{\nabla}_1 \mathcal{U} e^{-\beta\mathcal{U}}}{\int d^3r_3...d^3r_N e^{-\beta\mathcal{U}}}$$

$$= k_B T \left[\vec{\nabla}_1 \int d^3r_3...d^3r_N e^{-\beta\mathcal{U}} \right] \bigg/ \int d^3r_3...d^3r_N e^{-\beta\mathcal{U}}$$

$$= k_B T \vec{\nabla}_1 \ln \int d^3r_3...d^3r_N e^{-\beta\mathcal{U}}$$

$$\overset{(*)}{=} k_B T \vec{\nabla}_1 \ln \left[\frac{N(N-1)}{\rho^2} \int d^3r_3...d^3r_N e^{-\beta\mathcal{U}} \bigg/ \int d^{3N} r e^{-\beta\mathcal{U}} \right]$$

$$= k_B T \vec{\nabla}_1 \ln g_2(\vec{r}_1, \vec{r}_2) \,,$$

wobei $g_2(\vec{r}_1, \vec{r}_2)$ keine Selbstkorrelationen enthält (*: vgl. Fußnote im Kontext der Abbildung 4.1). Dies zeigt, dass der Gradient von

$$k_B T \ln g_2 \left(|\vec{r}_1 - \vec{r}_2| \right)$$

die mittlere Kraft zwischen den Teilchen 1 und 2 in der Lösung der übrigen Teilchen ist. Die Integration liefert

$$w(r) = -k_B T \ln g_2(r) \,. \tag{4.26}$$

Die Größe $w(r)$ wird häufig als *potential of mean force* bezeichnet.

Das chemische Potenzial in Computersimulationen:

Computersimulationen, etwa mittels Molekulardynamik- oder Monte Carlo-Techniken, haben viel zum theoretischen Verständnis von Flüssigkeiten beigetragen [42]. Hier sind zwei einfache Methoden diskutiert, die es ermöglichen, das chemische Potenzial in Flüssigkeiten und Gasen aus Simulationen zu berechnen.

• Widoms Geisterteilchen – Nach der *test particle insertion*- bzw. *ghost particle insertion*-Methode von Widom kann μ gemäß

$$\beta\mu = \ln\left(\rho\Lambda_T^3\right) - \ln\left\langle \frac{1}{V} \int d^3r_{N+1} \exp\left[-\beta\Delta\mathcal{U}_{N+1}(\vec{r}_{N+1})\right] \right\rangle_{NVT} \tag{4.27}$$

berechnet werden. $\Delta\mathcal{U}_{N+1}$ ist die Wechselwirkung eines so genannten Test- oder Geisterteilchens mit den tatsächlichen N Teilchen einer NVT-Simulation (vgl. Abschnitt 2.4).

Die Gl. (4.27) folgt aus

$$
\begin{aligned}
\beta\mu &= \beta\left(\frac{\partial F}{\partial N}\right)_{V,T} \approx \beta\left(F_{N+1} - F_N\right)_{V,T} = -\ln\frac{Q_{(N+1)VT}}{Q_{NVT}} \\
&= -\ln\left[\frac{V}{\Lambda_T^3\,(N+1)}\right] - \ln\frac{\int d^{3(N+1)}r\,\exp\left[-\beta\mathcal{U}(\vec{r}_1,...,\vec{r}_{N+1})\right]}{V\int d^{3N}r\,\exp\left[-\beta\mathcal{U}(\vec{r}_1,...,\vec{r}_N)\right]} \, .
\end{aligned}
\tag{4.28}
$$

Wenn wir jetzt noch die potenzielle Energie des $(N+1)$-Teilchens abspalten, d.h.

$$
\mathcal{U}(\vec{r}_1,...,\vec{r}_{N+1}) = \mathcal{U}(\vec{r}_1,...,\vec{r}_N) + \Delta\mathcal{U}_{N+1}(\vec{r}_{N+1}) \, ,
$$

dann folgt die obige Behauptung.

Das Integral in Gl. (4.27) wird mittels Monte Carlo-Integration berechnet:

$$
\int d^3r\,h(\vec{r}) \approx V\bar{h} \pm V\sqrt{\frac{\overline{h^2} - \bar{h}^2}{M}} \, .
\tag{4.29}
$$

Hier ist $\bar{h} = M^{-1}\sum_{i=1}^{M} h(\vec{r}_i)$ und $\overline{h^2} = M^{-1}\sum_{i=1}^{M} h^2(\vec{r}_i)$. Die $\vec{r}_i$ sind per Zufallsgenerator in V gleichverteilte Positionen [11].

Die Widom-Methode kann auch auf andere Ensembles angewendet werden, und sie funktioniert gut für nicht zu dichte Systeme [42]. Ein Beispiel dafür zeigt Abbildung 4.3. Hier wurde ein Gas aus Lennard-Jones-Atomen mit der Molekulardynamik-Methode simuliert. Die Anzahldichte beträgt $\rho^* = 0.01$, wobei die Potenzialparameter (vgl. Gl. (2.81)) die Werte $\epsilon = \sigma = 1$ haben. Die Sterne zeigen an, dass es sich um Größen in Lennard-Jones-Einheiten handelt ($\mu_{ex}^* = \mu_{ex}/\epsilon$, $T^* = k_B T/\epsilon$, $\rho^* = \sigma^3\rho$). Die in größeren zeitlichen Abständen [12] gespeicherten Positionen der Gasatome (Konfigurationen) bilden die Grundlage der Berechnung für den kumulativen Mittelwert des chemischen Potenzials [13]. Die Abbildung 4.4 illustriert die Widom-Methode bei höherer Dichte. Deutlich ist zu erkennen, dass sehr viel mehr Konfigurationen notwendig sind, um ein Plateau und damit einen verlässlichen Mittelwert zu erhalten.

• Thermodynamische Integration und die Kopplungsparameter-Methode – Das Ziel der Methode ist die Berechnung der freien Energie- bzw. Enthalpiedifferenz zweier Systemzustände A und B. Diese werden durch die Hamilton-Funktion $\mathcal{H}(\lambda) \equiv \mathcal{H}(\{p, q\}; \lambda)$ an den Grenzen

---

[11]Vgl. die Diskussion zur Fehleranalyse in Abschnitt 2.4. Die Größe $\sigma_{\bar{h}}/\sqrt{M}$ ist der Standardfehler des Mittelwerts $\bar{h}$ und wird häufig in Form des so genannten Fehlerbalkens zusammen mit den Werten für $\bar{h}$ aufgetragen. Allerdings kann die Aussagekraft des Fehlerbalkens dadurch gemindert werden, dass die Stichproben zu klein sind, systematische Fehler auftreten oder die Messwerte nicht unabhängig voneinander sind bzw. keiner Gleichgewichtsverteilung entstammen. In Bezug auf Computersimulationen sind diese Fragen in Abschnitt 2.4 diskutiert (siehe auch [24]).

[12]Um Korrelationen weitgehend zu vermeiden!

[13]Der kumulative Mittelwert ist der Mittelwert, der auf allen bis zu diesem Zeitpunkt abgespeicherten Konfigurationen basiert.

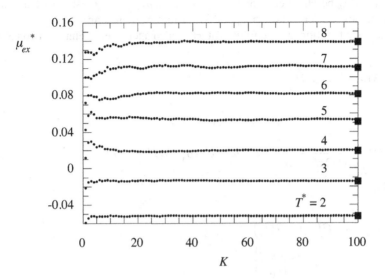

Abbildung 4.3: Der Wechselwirkungsanteil des chemischen Potenzials μ_{ex}^*, d.h. der zweite Term in Gl. (4.27), für Lennard-Jones-Teilchen bei den angegebenen Temperaturen als Funktion der Anzahl K der berücksichtigten Konfigurationen. Die Punkte stellen den kumulativen Mittelwert dar. Dabei ist zu beachten, dass sich die Mittelung auf $\langle ... \rangle$ in Gl. (4.27) und nicht etwa auf μ_{ex}^* insgesamt bezieht ($\ln\langle ... \rangle \neq \langle \ln ... \rangle$). Die Quadrate entsprechen der Formel $\mu_{ex} \approx 2k_B T B_2(T)\rho$ (vgl. Gl. (2.80)).

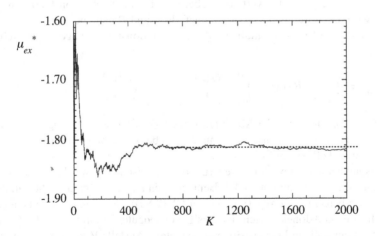

Abbildung 4.4: Der Wechselwirkungsanteil des chemischen Potenzials μ_{ex}^* für Lennard-Jones-Teilchen wie in Abbildung 4.3, aber bei höherer Anzahldichte. Hier gilt $\rho^* = 0.6365$ und $T^* = 1.4$. Die gestrichelte Linie entspricht $\mu_{ex}^* = -1.81$.

$\lambda = \lambda_A$ und $\lambda = \lambda_B$ beschrieben, wobei $\{p, q\} \equiv \vec{p}_1, ..., \vec{p}_N; \vec{q}_1, ..., \vec{q}_N$ ist. λ ist hier ein variabler Kopplungsparameter, der zwischen λ_A und λ_B variiert werden kann.

Die Methode funktioniert wie folgt. Mit $\mathcal{H}$ ist also auch G eine Funktion von λ. D.h.

$$G(\lambda) = -k_B T \ln Q(\lambda) \tag{4.30}$$

mit

$$Q(\lambda) = \frac{1}{N! \, (2\pi\hbar)^{3N}} \int dV \, d^{3N} p \, d^{3N} q \exp\left[-\beta \left(\mathcal{H}(\lambda) + PV\right)\right] \, . \tag{4.31}$$

Damit folgt

$$
\begin{aligned}
\Delta G_{BA} &= G(\lambda_B) - G(\lambda_A) \\
&= -k_B T \ln \frac{Q(\lambda_B)}{Q(\lambda_A)} \\
&= -k_B T \ln \left[\int dV \, d^{3N} p \, d^{3N} q \exp\left[-\beta \left(\mathcal{H}(\lambda_B) - \mathcal{H}(\lambda_A)\right)\right] \right. \\
&\qquad \left. \times \frac{\exp\left[-\beta \left(\mathcal{H}(\lambda_A) + PV\right)\right]}{\int dV \, d^{3N} p \, d^{3N} q \exp \exp\left[-\beta \left(\mathcal{H}(\lambda_A) + PV\right)\right]} \right] \\
&= -k_B T \ln \left\langle \exp\left[-\beta \left(\mathcal{H}(\lambda_B) - \mathcal{H}(\lambda_A)\right)\right] \right\rangle_{\lambda_A} \, .
\end{aligned}
\tag{4.32}
$$

Hier ist $\langle ... \rangle$ der Ensemblemittelwert von ..., berechnet mit der Hamilton-Funktion $\mathcal{H}(\lambda_A)$. Die Gleichung wird als Störungsformel bezeichnet, da A und B nahe beieinander liegen müssen (typischerweise $< 2RT$). Anderenfalls wird die Integrationsformel angewendet, d.h.

$$\Delta G_{BA} = \int_{G(\lambda_A)}^{G(\lambda_B)} dG(\lambda) = \int_{\lambda_A}^{\lambda_B} \frac{\partial G(\lambda)}{\partial \lambda} d\lambda = \int_{\lambda_A}^{\lambda_B} \left\langle \frac{\partial \mathcal{H}(\lambda)}{\partial \lambda} \right\rangle_\lambda d\lambda \, . \tag{4.33}$$

Die letzte Gleichung folgt aus der Ableitung von Gl. (4.30) nach λ. Analoge Ausdrücke gelten natürlich für die freie Energie, also für Simulationen bei konstantem Volumen anstatt konstantem Druck wie im Fall von ΔG!

Als Beispiel betrachten wir hier wiederum das chemische Potenzial in dem relativ dichten Lennard-Jones-Fluid aus Abbildung 4.4. Bei niedrigen Dichten kann μ leicht mittels einer Virialentwicklung berechnet werden (vgl. wieder Gl. (2.80)). Niedrige Dichten bedeuten großes Volumen. Im Lennard-Jones-System ist dies gleichbedeutend damit, dass die Größe $N\sigma^3/V$ klein ist (σ ist der übliche Lennard-Jones-Parameter). Anstelle V zu vergrößern, kann daher σ verkleinert werden. Insbesondere erlaubt die Parametrisierung

$$\mathcal{H}(\lambda) = \mathcal{K} + \sum_{i<j} u_{LJ}\left(r_{ij}; \epsilon, \sigma(\lambda)\right)$$

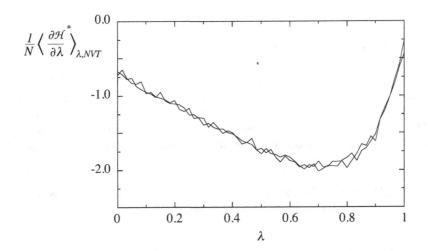

Abbildung 4.5: $N^{-1}\langle\partial\mathcal{H}/\partial\lambda\rangle_\lambda$ als Funktion von λ für Hin- und Rückweg, basierend auf Molekulardynamik-Simulationen bei konstantem Volumen und 108 Lennard-Jones-Teilchen bei $T^* = 1.4$.

mit $\sigma(\lambda) = (1 - \lambda)\,\sigma_A + \lambda\sigma_B$ die Kopplung des dichten Systems B (großes σ) an das verdünnte System A (kleines σ)! Die Abbildung 4.5 zeigt die Größe $N^{-1}\langle\partial\mathcal{H}/\partial\lambda\rangle_\lambda$ als Funktion von λ, wie sie aus Molekulardynamik-Simulationen bei jeweils konstantem Volumen erhalten wurde. Hier ist $\sigma_A = 0.4$ und $\sigma_B = 1.0$. Mit $\mu^*_{ex,A} = -0.388$ gemäß Gl. (2.80) und der Fläche unter der Kurve in Abbildung 4.5 von -1.447 folgt $\mu^*_{ex,B} = -0.388 - 1.447 = -1.84$ in guter Übereinstimmung mit dem Wert aus Abbildung 4.4.

Aufgabe 22:   Die Theorie des skalierten Teilchens

Unser Ziel ist die Konstruktion einer Zustandsgleichung, $P = P(T, \rho)$, für ein Gas bzw. eine Flüssigkeit harter Kugeln bei beliebiger Dichte ρ [14]. Die Kugeln sollen den einheitlichen Radius R haben. Lediglich eine spezielle Kugelsorte, die so genannten skalierten Teilchen, haben den Radius λR, wobei λ Werte zwischen 0 und ∞ annehmen kann. Insbesondere ist auch der Wert $\lambda = 1$ möglich, sodass skalierte Teilchen zu normalen Gas- bzw. Flüssigkeitskugeln werden.

(a)   Wir betrachten zuerst den Grenzfall sehr kleiner λ. Zeigen Sie, dass das chemische Potenzial eines skalierten Teilchens in diesem Grenzfall durch

---

[14]Die einzige Bedingung ist, dass das System bei einer bestimmten Dichte als Gas bzw. als Flüssigkeit vorliegt. Das System aus harten Kugeln kennt zwar keinen Phasenübergang vom Gas zur Flüssigkeit, aber von der Flüssigkeit zum Festkörper. Hartkörpersysteme haben wenig direkte Bedeutung in der Anwendung. Aber sie sind ausgesprochen nützlich bei der Entwicklung theoretischer Konzepte für die Beschreibung von Gasen, Flüssigkeiten, Flüssigkristallen und Festkörpern.

$$\beta\mu_{ST} \approx \ln\left[\rho_{ST}\Lambda_{T,ST}^3\right] \underbrace{-\ln\left[1-\rho V_a\right]}_{\equiv\beta w(\lambda)},$$

mit $V_a = (4\pi/3)\, R^3(1+\lambda)^3 = b(1+\lambda)^3$, gegeben ist. Hier ist ρ_{ST} die Anzahldichte der skalierten Teilchen in der Flüssigkeit, und $\Lambda_{T,ST}$ ist ihre thermische Wellenlänge. Hinweis: Betrachten Sie eine Mischung aus skalierten und normalen Teilchen (vgl. Aufgabe 13 (b)), und verwenden Sie die Widom-Formel, um den Wechselwirkungsbeitrag zum chemischen Potenzial zu erhalten.

(b)   Jetzt betrachten wir den Grenzfall sehr großer λ. Begründen Sie, warum das chemische Potenzial eines skalierten Teilchens in diesem Fall durch

$$\beta\mu_{ST} \approx \ln\left[\rho_{ST}\Lambda_{T,ST}^3\right] + \underbrace{\beta P V_a}_{\equiv\beta w(\lambda)},$$

mit $V_a = b\lambda^3$, gegeben ist. Hinweis: Betrachten Sie wieder eine Mischung aus skalierten und normalen Teilchen. Die skalierten Teilchen sind dabei so stark verdünnt, dass sie nicht miteinander, sondern nur mit den normalen Teilchen wechselwirken. Da λ sehr groß ist, bilden die skalierten Teilchen makroskopische Hohlräume in der umgebenden Flüssigkeit.

(c)   In diesem dritten Schritt verbinden Sie die beiden Grenzfälle für den Wechselwirkungsanteil $\beta w(\lambda)$ von $\beta\mu_{ST}(\lambda)$ durch Interpolation. Dazu schreiben Sie

$$\beta w(\lambda') = c_0 + c_1\lambda' + c_2\left(\lambda'\right)^2 + c_3\left(\lambda'\right)^3$$

und berechnen die Koeffizienten c_0, c_1 und c_2 durch eine Taylorentwicklung von $\beta w(\lambda)$ aus Teil (a) um $\lambda = 0$. Den Koeffizienten c_3 erhalten Sie durch direkten Vergleich mit $w(\lambda)$ für große λ aus Teil (b). Geben Sie das resultierende $\beta w(\lambda = 1)$ an.

(d)   Ausgehend vom chemischen Potenzial μ der normalen Kugeln, wobei Sie das $\beta w(\lambda = 1)$ aus Teil (c) verwenden, um den Wechselwirkungsbeitrag in $\beta\mu$ auszudrücken, leiten Sie die folgende Zustandsgleichung für das reine Hartkugelfluid her:

$$\frac{\beta P}{\rho} = \frac{1 + v + v^2}{(1-v)^3} \qquad (v \equiv b\rho)\,. \tag{4.34}$$

Hinweis: Verwenden Sie hier die Gibbs-Duhem-Gleichung (1.52) in der Form

$$\left(\frac{\partial P}{\partial\rho}\right)_T = \rho\left(\frac{\partial\mu}{\partial\rho}\right)_T\,. \tag{4.35}$$

Tabelle 4.1: Die B_n sind die Virialkoeffizienten für harte Kugeln aus Referenz [23].

2	1.0
3	0.6250
4	0.28695
5	0.110252
6	0.0389
7	0.0137

(e)   Die Tabelle 4.1 enthält Werte für B_n/B_2^{n-1}. Die B_n sind die Virialkoeffizienten der harten Kugeln bis einschließlich $n = 7$. Entwickeln Sie die Zustandsgleichung (4.34) in ρ, und vergleichen Sie die resultierenden Werte für B_n/B_2^{n-1} mit denen aus der Tabelle.

Lösung:

(a)   Wir verwenden den Ausdruck für $\beta\mu$ der Widom-Methode, d.h. Gl. (4.27). Genau genommen galt Gl. (4.27) für Systeme aus identischen Teilchen. Es ist jedoch nicht schwierig, die Widom-Formel für ein Gemisch anzugeben. Dabei können wir analog zu Gl. (4.28) vorgehen. Aber hier geht es um den Wechselwirkungsanteil, den wir sofort übernehmen können, denn der Mischungsanteil ist der gleiche wie in Gl. (2.80).

Das $(N + 1)$-te Teilchen sei die skalierbare Kugel. Dann ist $\Delta\mathcal{U}_{N+1}(\vec{r}_{N+1})$ unendlich, wenn $\vec{r}_{N+1}$ innerhalb eines Radius $R(1 + \lambda)$ um das Zentrum einer harten Kugel liegt bzw. null anderenfalls. D.h.

$$\left\langle \frac{1}{V} \int d^3 r_{N+1} \exp\left[-\beta\Delta\mathcal{U}_{N+1}\left(\vec{r}_{N+1}\right)\right] \right\rangle_{NVT} \approx 1 - \frac{N}{V}V_a \, ,$$

wobei gleichzeitige Überlappung des skalierten Teilchens (ST) mit mehr als einer der großen Kugeln aufgrund von $\lambda \ll 1$ beliebig unwahrscheinlich sein soll. Ebenfalls beliebig unwahrscheinlich ist die Überlappung mit anderen ST. Damit folgt aber sofort die Behauptung.

(b)   Der erste Term, $\ln[\rho\Lambda_{T,ST}^3]$, ist wieder der gleiche wie in Gl. (2.80). Der zweite Term, $\beta P b\lambda^3$, ist die reversible Arbeit, die in das einzelne ST gesteckt wird, wenn es gegen den äußeren Druck P auf das makroskopische Volumen $b\lambda^3$ „aufgeblasen" wird. Randeffekte, wie die Veränderung der Fluidstruktur an der Oberfläche dieses Hohlraums, werden vernachlässigt.

(c)   Die Koeffizienten c_0, c_1, c_2 folgen aus

$$c_n = \frac{1}{n!}\left(\frac{\partial^n \beta w(\lambda)}{\partial\lambda^n}\right)_{\lambda=0} \, ,$$

wobei wir $\beta w(\lambda)$ für $\lambda \ll 1$ verwenden. D.h.

$$c_0 = -\ln[1-v]$$
$$c_1 = \frac{3v}{1-v}$$
$$c_2 = \frac{1}{2}\left(\frac{6v}{1-v} + \frac{9v^2}{(1-v)^2}\right)$$

mit $v = \rho b$. Die Größe v ist der so genannte Volumenbruch (engl.: *volume fraction*) der Kugeln. Damit der Grenzfall $\lambda \gg 1$ korrekt herauskommt gilt

$$c_3 = \frac{\beta P v}{\rho} \ .$$

Insgesamt gilt für $\lambda = 1$

$$\beta\mu_{ST} = \beta\mu = \ln\left[\frac{\Lambda_T^3}{b}\right] + \ln\left[\frac{v}{1-v}\right] + 6\frac{v}{1-v} + \frac{9}{2}\frac{v^2}{(1-v)^2} + \frac{\beta P}{\rho}v \ ,$$

und da $\lambda = 1$, ist μ_{ST} gerade das chemische Potenzial der harten Kugel!

(d)   Die Gibbs-Duhem-Gleichung (1.52) kann hier in der angegebenen Form bzw. als

$$\left(\frac{\partial(\beta P b)}{\partial v}\right)_T = v\left(\frac{\partial(\beta\mu)}{\partial v}\right)_T$$

verwendet werden. Einsetzen von $\beta\mu$ und Umformen ergibt

$$\frac{\partial(\beta P b)}{\partial v} = \frac{v}{1-v}\frac{\partial}{\partial v}\left(\ln\frac{v}{1-v} + 6\frac{v}{1-v} + \frac{9}{2}\left(\frac{v}{1-v}\right)^2\right)$$
$$\overset{x=v/(1-v)}{=} \frac{x^3}{v^2}\frac{\partial}{\partial x}\left(\ln x + 6x + \frac{9}{2}x^2\right)$$
$$= \left(\frac{x}{v}\right)^2\left(1 + 6x + 9x^2\right) \ .$$

Integration über v (bzw. v' in den Grenzen 0 bis v) liefert

$$\frac{\beta P}{\rho} = \frac{1 + v + v^2}{(1-v)^3} \ . \tag{4.36}$$

(e)   Die Entwicklung lautet

$$\beta P = v + 4v^2 + 10v^3 + 19v^4 + 31v^5 + 46v^6 + 64v^7 + O\left(v^8\right) \ .$$

Tabelle 4.2: Vergleich der Virialkoeffizienten aus der SPT mit den oben tabellierten Werten.

2	1.0	1.0
3	0.6250	0.6250 (exakt!)
4	0.28695	0.2969
5	0.110252	0.1211
6	0.0389	0.0449
7	0.0137	0.0156

Tabelle 4.2 zeigt den Vergleich mit den oben tabellierten Werten (SPT steht für *scaled particle theory*).

Die hier entwickelte Zustandsgleichung ist also sehr gut! Die Theorie, der wir hier gefolgt sind, heißt *scaled particle theory* und wurde von H. Reiss, H. L. Frisch und J. L. Lebowitz Ende der 50er-Jahre entwickelt (siehe [23]). Sie funktioniert auch für Fluide anderer harter Körper, deren 2ter Virialkoeffizient bzw. deren ausgeschlossenes Volumen V_a berechnet werden kann. D.h. auf der Basis von B_2 liefert die Theorie eine wesentlich verbesserte Beschreibung des Drucks als Funktion der Dichte!

Bemerkung: Harte Kugeln zeigen keinen Phasenübergang vom Gas zur Flüssigkeit. Auch unsere Zustandsgleichung zeigt keinerlei Hinweis darauf. Die Schleife in der van der Waals-Zustandsgleichung kam ja auch durch die anziehenden Wechselwirkungen zustande, die harte Kugeln nicht besitzen. Harte Kugeln können jedoch gefrieren! D.h. es existiert ein flüssig-fest-Übergang. Wir könnten diesen Phasenübergang sogar schon berechnen. Eine Theorie für die Flüssigkeit haben wir jetzt. Die kristalline Phase dagegen können wir durch die Zelltheorie approximieren, d.h. mittels Gl. (4.25). Das freie Volumen wäre im einfachsten Fall eine der Symmetrie des Kristalls angepasste Zelle mit harten Wänden. Die Phasengrenzen ergeben sich wieder aus der Gleichheit der chemischen Potenziale und der Drücke [15].

4.4 Molekulare Dynamik

Ein Molekül bewegt sich in einer Flüssigkeit vom Ort $\vec{r}(0)$ zum Zeitpunkt $t = 0$ zum Ort $\vec{r}(t)$ zum Zeitpunkt t. In der so genannten Einstein-Relation,

$$D = \lim_{t \to \infty} \frac{\left\langle \left[\vec{r}(t) - \vec{r}(0) \right]^2 \right\rangle}{6t} \, , \tag{4.37}$$

ist D der Selbstdiffusionskoeffizient. Abbildung 4.6 zeigt Resultate für

$$\langle \Delta r^2 \rangle \equiv \left\langle \left[\vec{r}(t) - \vec{r}(0) \right]^2 \right\rangle$$

---

[15]M.P. Taylor, R. Hentschke, J. Herzfeld (1989) *Theory of ordered phases in a system of parallel hard rods*. Phys. Rev. Lett. **62**, 800

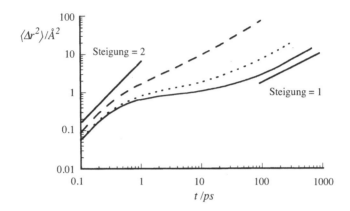

Abbildung 4.6: $\langle \Delta r^2 \rangle$ als Funktion von t aus der angegebenen Referenz. Durchgezogene Linie: $T = 190$ K; gepunktete Linie: $T = 210$ K; gestrichelte Linie: $T = 290$ K.

als Funktion von t aus Molekulardynamik-Simulationen an flüssigem Propylencarbonat [16], einem niedermolekularen Glasbildner, bei verschiedenen Temperaturen. Für kleine Zeiten t unterhalb des Geltungsbereichs der Gl. (4.37) reflektiert der Kurvenverlauf die unmittelbare Wechselwirkung des Moleküls mit seinen Nachbarn. Beispielsweise ist $\langle \Delta r^2 \rangle \propto t^2$ für sehr kleine t. In diesem ballistischen Regime hat das Molekül kaum Wechselwirkung mit seiner 1. Nachbarschale (vgl. Abbildung 4.1). Kurze Zeit später wird es jedoch durch diese Schale gebremst bzw. prallt zurück. Für große t hat das Molekül viele Stöße ausgeführt, dabei oft die 1. Nachbarschale durchbrochen und verhält sich gemäß $\langle \Delta r^2 \rangle \propto t$. In diesem Bereich kann D aus der Steigung von $\langle \Delta r^2 \rangle$ berechnet werden.

Das $\langle \Delta r^2 \rangle \propto t$-Verhalten lässt sich wie folgt begründen. Nach dem Fickschen Gesetz gilt $\vec{j}(\vec{r}, t) = -D\vec{\nabla}\rho(\vec{r}, t)$, wobei $\rho(\vec{r}, t)$ die Teilchendichte am Ort $\vec{r}$ zu Zeit t ist, und $\vec{j}$ ist der Strom dieser Teilchen (die wir uns als zur Zeit $t = 0$ markiert denken). Kombiniert mit der Kontinuitätsgleichung, $\dot{\rho}(\vec{r}, t) = -\vec{\nabla} \cdot \vec{j}(\vec{r}, t)$, ergibt sich die Diffusionsgleichung

$$\dot{\rho}(\vec{r}, t) = D\vec{\nabla}^2 \rho(\vec{r}, t) .   \tag{4.38}$$

Unser gesuchtes $\langle \Delta r^2 \rangle$ ist einfach das zweite Moment von $\rho(\vec{r}, t)$, d.h.

$$\langle \Delta r^2 \rangle = \int d^3 r r^2 \frac{\rho(\vec{r}, t)}{\rho_o}$$

---

[16]J. Qian, R. Hentschke, A. Heuer (1999) *Dynamic heterogeneities of translational and rotational motion of a molecular glass former from computer simulations.* J. Chem. Phys. **110**, 4514

mit $\int d^3r\rho(\vec{r},t) = \rho_o$ [17]. Daher ist

$$
\begin{aligned}
\frac{d}{dt}\langle\Delta r^2\rangle &= \int d^3r r^2 \frac{\dot{\rho}(\vec{r},t)}{\rho_o} \\
&\stackrel{(4.38)}{=} D\int d^3r r^2 \frac{\vec{\nabla}^2\rho(\vec{r},t)}{\rho_o} \\
&\stackrel{2\times p.I.}{=} 6D\int d^3r \frac{\rho(\vec{r},t)}{\rho_o} = 6D
\end{aligned}
$$

(man beachte: $\vec{\nabla}^2\rho(\vec{r},t) = r^{-1}\partial_r^2(r\rho)$ für radialsymmetrische $\rho(\vec{r},t)$). Diese Herleitung gilt, wie Gl. (4.37) es zum Ausdruck bringt, nur für lange Zeiten, da sie auf der Kontinuumsnatur des Fickschen Gesetzes beruht [18].

Betrachten wir eine Alternative zur Einstein-Relation, ausgehend von

$$
\vec{r}(t) - \vec{r}(0) = \int_0^t dt'\vec{v}(t') \; .
$$

Hier ist $\vec{v}(t)$ die Geschwindigkeit eines Flüssigkeitsteilchens. Wir haben daher

$$
\langle\Delta r^2\rangle = \int_0^t dt' \int_0^t dt'' \langle\vec{v}(t')\cdot\vec{v}(t'')\rangle
$$

bzw.

$$
\begin{aligned}
\frac{d}{dt}\langle\Delta r^2\rangle &= 2\langle\vec{v}(t)\cdot[\vec{r}(t)-\vec{r}(0)]\rangle \\
&= 2\langle\vec{v}(0)\cdot[\vec{r}(0)-\vec{r}(-t)]\rangle \\
&= 2\int_{-t}^0 \langle\vec{v}(0)\cdot\vec{v}(t')\rangle dt' \\
&= 2\int_0^t \langle\vec{v}(0)\cdot\vec{v}(t')\rangle dt' \; ,
\end{aligned}
$$

wobei wir die Invarianz gegenüber zeitlichen Verschiebungen ausgenutzt haben. Die Größe $\langle\vec{v}(0)\cdot\vec{v}(t)\rangle$ ist die Geschwindigkeitsautokorrelationsfunktion. Sie ist ein Maß für die Wahrscheinlichkeit dafür, dass das Teilchen zur Zeit t die Geschwindigkeit $\vec{v}(t)$ hat, wenn $\vec{v}(0)$ seine Geschwindigkeit zum Zeitpunkt $t = 0$ war [19]. Kombinieren wir dieses Resultat mit Gl. (4.37), so folgt

---

[17]$\rho(\vec{r},t)/\rho_o$ ist die Wahrscheinlichkeitsdichte dafür, ein Teilchen in einem Volumenelement um $\vec{r}(t)$ anzutreffen, wenn es zur Zeit $t = 0$ am Ursprung war.

[18]In der Praxis sind diese Zeiten in der Regel recht klein – für einfache niedermolekulare Flüssigkeiten etwa $10-100$ *ps*. Wichtige Ausnahmen sind Gläser. In Abbildung 4.6 beispielsweise ist zu sehen, wie sich der Diffusionsbereich mit abnehmender Temperatur immer mehr zu größeren Zeiten hin verschiebt.

[19]Ähnlich der Translation kann man übrigens auch die Molekülorientierungen zu verschiedenen Zeiten korrelieren.

$$D = \frac{1}{3} \int_0^\infty \langle \vec{v}(0) \cdot \vec{v}(t) \rangle dt \; . \tag{4.39}$$

Diese Gleichung verbindet einen Transportkoeffizienten, nämlich D, mit dem Integral über eine Autokorrelationsfunktion. Solche Beziehungen heißen Green-Kubo-Beziehungen.

Abbildung 4.7 zeigt den Verlauf von $\langle \Delta r^2 \rangle$ (oben) und $\langle \vec{v}(0) \cdot \vec{v}(t) \rangle$ (unten) gegen t für Wasser. Auch diese Daten wurden aus einer Computersimulation mit der Molekulardynamik-Methode gewonnen [30]. Im oberen Bild sind die sehr kleinen Zeiten nicht speziell aufgelöst. Allerdings erkennt man sehr schön den Diffusionsbereich. Im unteren Bild (10fach kürze-

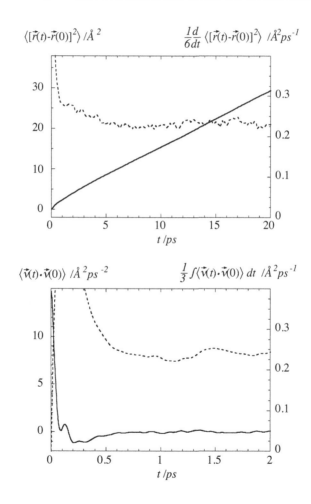

Abbildung 4.7: Durchgezogene Linien und linke Achse: $\langle \Delta r^2 \rangle$ (oben) und $\langle \vec{v}(0) \cdot \vec{v}(t) \rangle$ (unten) aufgetragen gegen t für Wasser bei ca. 300 K. Gestrichelte Linien und rechte Achse: Zeitliche Entwicklung von D in den beiden diskutierten Fällen.

re Zeitskala) erkennt man wieder gut die Wechselwirkung eines Wassermoleküls mit seinem umgebenden Käfig gebildet durch die ersten Nachbarn. Insbesondere die negativen Werte für $\langle \vec{v}(0) \cdot \vec{v}(t) \rangle$ zeigen das Zurückprallen des Moleküls von diesem Käfig. Für lange Zeiten verschwindet die Korrelation. Man spricht in diesem Zusammenhang auch von Relaxation bzw. Relaxationszeit. Die gestrichelten Linien ergeben jeweils im Grenzfall großer t den Selbstdiffusionskoeffizienten von Wasser. Hier liefern die Einstein-Relation der Gl. (4.37) und die Green-Kubo-Relation der Gl. (4.39) gute Übereinstimmung – so wie es sein soll. Der theoretische Wert, $D \approx 2.3 \cdot 10^{-9} \ m^2/s$, stimmt innerhalb von ca. 10 % mit experimentellen Messungen überein.

5 Fluktuationen

5.1 Einstein-Fluktuationstheorie

Ein isoliertes System mit der Energie E soll in Subsysteme unterteilt sein. Wir nehmen an, dass der Makrozustand des Systems durch die Zustandsgrößen $x_i (i = 1, 2, ..., n)$, wie z.B. Energiedichten, Massendichten etc., in den Subsystemen festgelegt ist. Die Wahrscheinlichkeit, dass sich das System in einem bestimmten Makrozustand befindet, ist dann

$$
\begin{aligned}
p\left(E, x_1, ..., x_n\right) &= \frac{\Omega\left(E, x_1, ..., x_n\right)}{\Omega\left(E\right)} \\
&= \exp\left[\frac{1}{k_B}\left(S(E, x_1, ..., x_n) - S(E)\right)\right].
\end{aligned}
\tag{5.1}
$$

Hier ist $\Omega(E) = \exp\left[k_B^{-1} S(E)\right]$ die Zahl der Mikrozustände des Systems im Gleichgewicht zur Energie E [1]. Entsprechend ist $\Omega\left(E, x_1, ..., x_n\right)$ die Zahl der Mikrozustände im System zur Energie E mit der zusätzlichen Bedingung, dass die Werte $x_1, ..., x_n$ vorliegen [2]. Im nächsten Schritt entwickeln wir $S(E, x_1, ..., x_n)$ um die Gleichgewichtswerte $x_i^{(o)}$, d.h.

$$
\begin{aligned}
S(E, x_1, ..., x_n) &= \underbrace{S(E, x_1^{(o)}, ..., x_n^{(o)})}_{\equiv S(E)} \\
&+ \sum_j \Delta x_j \left(\frac{\partial}{\partial x_j} S(E, x_1, ..., x_n)\right)_{x_j^{(o)}} \\
&+ \frac{1}{2} \sum_{j,j'} \Delta x_j \Delta x_{j'} \left(\frac{\partial^2}{\partial x_j \partial x_{j'}} S(E, x_1, ..., x_n)\right)_{x_j^{(o)}, x_{j'}^{(o)}} + ...
\end{aligned}
\tag{5.2}
$$

Der lineare Term muss identisch verschwinden [3], und der quadratische Term muss positiv sein, damit stabile Fluktuationen um das Gleichgewicht auftreten (vgl. thermodynamische Stabilität). Einsetzen von Gl. (5.2) in Gl. (5.1) ergibt

---

[1] Die Zahl aller Möglichkeiten.

[2] Die Zahl der günstigen Möglichkeiten.

[3] Dies bedeutet jedoch nicht, dass die Ableitungen $\left(\partial_{x_j} S(E, x_1, ..., x_n)\right)_{x_j^{(o)}}$ verschwinden! Z. B. könnte x_j die Energie(dichte) in n identischen Subsystemen sein und somit $(\partial_{x_j} S)_{x_j}^{(o)} = T^{-1}$ bzw. $\sum_j \Delta x_j (\partial_{x_j} S)_{x_j}^{(o)} = T^{-1} \sum_j \Delta x_j = 0$, da die Gesamtenergie E konstant ist.

$$p(E, x_1, ..., x_n) \propto \exp\left[-\frac{1}{2k_B} \sum_{j,j'} g_{jj'}^{(o)} \Delta x_j \Delta x_{j'}\right] \tag{5.3}$$

mit

$$-g_{jj'}^{(o)} \equiv \left(\frac{\partial^2}{\partial x_j \partial x_{j'}} S(E, x_1, ..., x_n)\right)_{x_j^{(o)}, x_{j'}^{(o)}} . \tag{5.4}$$

Damit sind wir in der Lage, beliebige Korrelationen bzw. Momente der Form $\langle \Delta x_\alpha \Delta x_\beta \ldots \Delta x_\gamma \rangle$ zu berechnen. Z. B.

$$\langle \Delta x_\alpha \Delta x_\beta \rangle = \lim_{\vec{h} \to 0} \frac{\partial^2}{\partial h_\alpha \partial h_\beta} \Big(C \int_{-\infty}^\infty d^n \Delta x$$

$$\times \exp\left[-\frac{1}{2k_B} \sum_{j,j'} g_{jj'}^{(o)} \Delta x_j \Delta x_{j'} + \sum_i h_i \Delta x_i\right]\Big)$$

$$\overset{\text{s. Aufgabe}}{=} k_B \left(\mathbf{g}^{-1}\right)_{\alpha\beta} \tag{5.5}$$

mit $\vec{h} = (h_1, ..., h_n)$. C ist die Normierungskonstante der Wahrscheinlichkeitsverteilung Gl.(5.3). Mittelwerte einer ungeraden Zahl von Schwankungsprodukten, z.B. $\langle \Delta x_\alpha \Delta x_\beta \Delta x_\gamma \rangle$, verschwinden. Für Mittelwerte einer geraden Zahl von Schwankungsprodukten dagegen gilt

$$\langle \Delta x_1 ... \Delta x_{2k} \rangle = \sum_{P(\alpha,\beta,...,\tau)} \langle \Delta x_\alpha \Delta x_\beta \rangle \langle \Delta x_\gamma \Delta x_\delta \rangle ... \langle \Delta x_\rho \Delta x_\tau \rangle . \tag{5.6}$$

Hier bedeutet $P(\alpha, \beta, ..., \tau)$ alle geordneten Permutationen der $2k$ Indizes von α bis τ. Für $k = 2$ gilt beispielsweise

$$\langle \Delta x_1 \Delta x_2 \Delta x_3 \Delta x_4 \rangle \overset{\text{s. Aufgabe}}{=} \langle \Delta x_1 \Delta x_2 \rangle \langle \Delta x_3 \Delta x_4 \rangle + \langle \Delta x_1 \Delta x_3 \rangle \langle \Delta x_2 \Delta x_4 \rangle$$
$$+ \langle \Delta x_1 \Delta x_4 \rangle \langle \Delta x_2 \Delta x_3 \rangle . \tag{5.7}$$

Aufgabe 23:   Gleichgewichtsfluktuationen

(a)   Zeigen Sie, dass die Normierungskonstante C der Wahrscheinlichkeitsverteilung in Gl. (5.3) durch

$$C = \sqrt{\frac{det(\mathbf{g})}{(2\pi k_B)^n}} \tag{5.8}$$

gegeben ist. Hinweis: Versuchen Sie, die Δx_j durch Diagonalisieren der Matrix g zu entkoppeln.

(b)   Zeigen Sie:

$$\langle \Delta x_i \Delta x_{i'} \rangle = k_B \left(g^{-1} \right)_{ii'} \; .$$

(c)   Zeigen Sie, dass mit $p(E, x_1, x_2, ..., x_n)$ aus Teil (a) die Gl. (5.7) folgt.

(d)   Betrachten Sie ein isoliertes System, zerlegt in m Subsysteme, wobei hier $x_1, x_2, ..., x_n$ durch $T_1, T_2, ..., T_m, V_1, V_2, ..., V_m$ zu ersetzen ist. Geben Sie das entsprechende $p(E, T_1, ..., T_m, V_1, ..., V_m)$ an (Hinweis: Sie dürfen das Ergebnis verwenden, das wir im Kontext der thermodynamischen Stabilität erhalten hatten.), und berechnen Sie $\langle \Delta V_j^2 \rangle$, $\langle \Delta T_j^2 \rangle$ sowie $\langle \Delta V_j \Delta T_{j'} \rangle$.

Lösung:

(a)   Die Normierungsbedingung lautet

$$1 = C \int d^n \Delta x \exp \left[-\frac{1}{2 k_B} \sum_{j, j'} g_{jj'}^{(o)} \Delta x_j \Delta x_{j'} \right] \; .$$

Da S eine Zustandsfunktion ist, vertauschen die partiellen Ableitungen. Daher ist g symmetrisch und damit diagonalisierbar [4]. D.h.

$$\mathbf{B}^{-1} \cdot \mathbf{g} \cdot \mathbf{B} = \tilde{\mathbf{g}}$$

mit $\mathbf{B} \cdot \mathbf{B}^{-1} = \mathbf{I}$ ($\mathbf{I}$: Einheitsmatrix) und $(\tilde{\mathbf{g}})_{ij} = 0$ für $i \neq j$ bzw. $(\tilde{\mathbf{g}})_{ij} = \lambda_i$ für $i = j$. Damit gilt

$$\sum_{j, j'} \Delta x_j g_{jj'}^{(o)} \Delta x_{j'} = \underbrace{\Delta \vec{x}^T \cdot \mathbf{B}}_{\equiv \Delta \tilde{\vec{x}}^T} \cdot \mathbf{B}^{-1} \cdot \mathbf{g} \cdot \mathbf{B} \cdot \mathbf{B}^{-1} \cdot \Delta \vec{x}$$

$$= \Delta \tilde{\vec{x}}^T \cdot \tilde{\mathbf{g}} \cdot \Delta \tilde{\vec{x}} = \sum_i \lambda_i \Delta \tilde{x}_i^2 \; .$$

Wir wechseln von $\Delta \vec{x}$ zu $\Delta \tilde{\vec{x}}$ und erhalten [5]

---

[4]Theorem: Es sei $\mathbf{A}$ eine reelle symmetrische Matrix. Dann gibt es eine orthogonale Matrix $\mathbf{B}$, sodass $\tilde{\mathbf{A}} = \mathbf{B}^{-1} \cdot \mathbf{A} \cdot \mathbf{B} = \mathbf{B}^T \cdot \mathbf{A} \cdot \mathbf{B}$ diagonal ist [43].

[5]Theorem: $\mathbf{B}$ ist längenerhaltend [43]. Daher ist die Jacobi-Determinante der Transformation betragsmäßig gleich eins.

$$
\begin{aligned}
1 &= C \int d^n \Delta \tilde{x} \exp\left[-\sum_{i=1}^{n} \frac{\lambda_i}{2k_B} \Delta \tilde{x}_i^2 \right] \\
&= C \prod_{i=1}^{n} \int_{-\infty}^{\infty} d\Delta \tilde{x} \exp\left[-\frac{\lambda_i}{2k_B} \Delta \tilde{x}_i^2 \right] \\
&= C \prod_{i=1}^{n} \sqrt{\frac{2\pi k_B}{\lambda_i}} = C \sqrt{\frac{(2\pi k_B)^n}{det(\mathbf{g})}} \ .
\end{aligned}
$$

Damit ist Gl. (5.8) gezeigt.

(b)   Es gilt gemäß Gl. (5.5)

$$
\langle \Delta x_i \Delta x_{i'} \rangle = \lim_{\vec{h} \to 0} \frac{\partial^2}{\partial h_i \partial h_{i'}} \left(C \int_{-\infty}^{\infty} d^n \Delta x \exp\left[-\frac{1}{2k_B} \sum_{j,j'} g_{jj'}^{(o)} \Delta x_j \Delta x_{j'} + \sum_j h_j \Delta x_j \right] \right)
$$

mit $\vec{h} = (h_1, ..., h_n)$.

Bearbeiten wir zunächst das Argument der Exponentialfunktion. Analog zu (a) gilt

$$
[...] = \sum_{j=1}^{n} \left(-\frac{\lambda_j}{2k_B} \Delta \tilde{x}_j^2 + \tilde{h}_j \Delta \tilde{x}_j \right) \ ,
$$

wobei wir die Invarianz des Skalarproduktes $\sum_j h_j \Delta x_j$ unter der orthogonalen Transformation verwendet haben. Quadratische Ergänzung liefert

$$
[...] = \sum_{j=i}^{n} -z_j^2 + \frac{k_B}{2} \sum_{j=i}^{n} \lambda_j^{-1} \tilde{h}_j^2
$$

mit

$$
z_j = \sqrt{\frac{\lambda_j}{2k_B}} \Delta \tilde{x}_j - \sqrt{\frac{k_B}{2\lambda_j}} \tilde{h}_j \ .
$$

Wiederum analog zu Teil (a) folgt

$$
\begin{aligned}
\langle \Delta x_i \Delta x_{i'} \rangle &= \lim_{\vec{h} \to 0} \frac{\partial^2}{\partial h_i \partial h_{i'}} C \prod_{j=1}^{n} \sqrt{\frac{2\pi k_B}{\lambda_j}} \exp\left[\frac{k_B}{2} \lambda_j^{-1} \tilde{h}_j^2 \right] \\
&= \lim_{\vec{h} \to 0} \frac{\partial^2}{\partial h_i \partial h_{i'}} \prod_{j=1}^{n} \exp\left[\frac{k_B}{2} \lambda_j^{-1} \tilde{h}_j^2 \right] \ .
\end{aligned}
$$

Jetzt schreiben wir

$$\sum_j \lambda_j^{-1} \tilde{h}_j^2 = \sum_j \tilde{h}_j \lambda_j^{-1} \tilde{h}_j = \tilde{\vec{h}}^T \cdot \tilde{\mathbf{g}}^{-1} \cdot \tilde{\vec{h}} = \vec{h}^T \cdot \mathbf{g}^{-1} \cdot \vec{h} = \sum_{j,j'} h_j \left(\mathbf{g}^{-1}\right)_{jj'} h_{j'} \, ,$$

wobei wir die Matrixeigenschaft $(\mathbf{A} \cdot \mathbf{B})^{-1} = \mathbf{B}^{-1} \cdot \mathbf{A}^{-1}$ ausgenutzt haben und erhalten

$$
\begin{aligned}
\langle \Delta x_i \Delta x_{i'} \rangle &= \lim_{\vec{h} \to 0} \frac{\partial^2}{\partial h_i \partial h_{i'}} \exp\left[\sum_{j,j'} \frac{k_B}{2} \left(\mathbf{g}^{-1}\right)_{jj'} h_j h_{j'} \right] \\
&= \lim_{\vec{h} \to 0} \left\{ \frac{\partial}{\partial h_i} \frac{\partial}{\partial h_{i'}} \left(\sum_{j,j'} \frac{k_B}{2} \left(\mathbf{g}^{-1}\right)_{jj'} h_j h_{j'} \right) \right. \\
&\quad \left. + \left(\frac{\partial}{\partial h_i} \sum_{j,j'} \cdots \right) \left(\frac{\partial}{\partial h_{i'}} \sum_{j,j'} \cdots \right) \right\} \exp\left[\sum_{j,j'} \frac{k_B}{2} \left(\mathbf{g}^{-1}\right)_{jj'} h_j h_{j'} \right] \\
&= k_B \left(\mathbf{g}^{-1}\right)_{ii'} \, .
\end{aligned}
$$

Nur die Terme $\partial^2 (\ldots)/(\partial h_i \partial h_{i'})$ mit $i = j$ und $i' = j'$ und umgekehrt überleben die Grenzwertbildung!

(c)   Die 4-Punkt-Funktion $\langle \Delta x_1 \Delta x_2 \Delta x_3 \Delta x_4 \rangle$ kann ganz analog zu $\langle \Delta x_i \Delta x_{i'} \rangle$ berechnet werden. D.h. wir können sofort schreiben

$$\langle \Delta x_1 \Delta x_2 \Delta x_3 \Delta x_4 \rangle = \lim_{\vec{h} \to 0} \frac{\partial^4}{\partial h_1 \partial h_2 \partial h_3 \partial h_4} \exp\left[\sum_{j,j'} \cdots \right] .$$

Durch Vergleich mit (b) sehen wir, dass nur die folgenden Terme die Grenzwertbildung $\vec{h} \to 0$ überleben:

$$
\begin{aligned}
\langle \Delta x_1 \ldots \Delta x_4 \rangle &= \lim_{\vec{h} \to 0} \left\{ \left(\frac{\partial^2}{\partial h_1 \partial h_2} \sum_{j,j} \cdots \right) \left(\frac{\partial^2}{\partial h_3 \partial h_4} \sum_{j,j'} \cdots \right) \right. \\
&\quad + \left(\frac{\partial^2}{\partial h_1 \partial h_3} \sum_{j,j'} \cdots \right) \left(\frac{\partial^2}{\partial h_2 \partial h_4} \sum_{j,j'} \cdots \right) \\
&\quad \left. + \left(\frac{\partial^2}{\partial h_1 \partial h_4} \sum_{j,j'} \cdots \right) \left(\frac{\partial^2}{\partial h_2 \partial h_3} \sum_{j,j'} \cdots \right) \right\} \\
&= \langle \Delta x_1 \Delta x_2 \rangle \langle \Delta x_3 \Delta x_4 \rangle + \ldots \, .
\end{aligned}
$$

(d)   Der direkte Vergleich mit dem Ausdruck für ΔS aus dem Abschnitt über die thermodynamische Stabilität in Abschnitt 1.4 liefert

$$\mathbf{g} = \begin{pmatrix} C_V T^{-2} & & & & & 0 \\ & \ddots & & & & \\ & & C_V T^{-2} & & & \\ & & & TV\kappa_T^{-1} & & \\ & & & & \ddots & \\ 0 & & & & & TV\kappa_T^{-1} \end{pmatrix}$$

und daher

$$p\left(E, \Delta T_1, ..., \Delta T_m, \Delta V_1, ..., \Delta V_m\right) = \frac{1}{\left(2\pi k_B\right)^m}\left(\frac{C_V}{T^2}\frac{1}{TV\kappa_T}\right)^{m/2}$$

$$\times \exp\left[-\frac{1}{2k_B}\sum_{j=1}^{m}\left(\frac{C_V}{T^2}\Delta T_j^2 + \frac{1}{TV\kappa_T}\Delta V_j^2\right)\right] .$$

Mit dem Ergebnis aus Teil (b) folgt sofort

$$\begin{aligned} \langle \Delta V_j^2 \rangle &= k_B \left(\mathbf{g}^{-1}\right)_{(m+j)(m+j)} = k_B TV\kappa_T \\ \langle \Delta T_j^2 \rangle &= k_B \left(\mathbf{g}^{-1}\right)_{jj} = k_B T^2 C_V^{-1} \\ \langle \Delta V_j \Delta T_{j'} \rangle &= 0 . \end{aligned}$$

Die letzte Gleichung folgt, da die Integrale über ΔV_j bzw. $\Delta T_{j'}$, d.h.

$$\int ... \int_{-\infty}^{\infty} d\Delta V_j \int ... \int_{-\infty}^{\infty} d\Delta T_{j'} ... \Delta V_j \Delta T_{j'} p(E, ...) ,$$

ungerade sind.

5.2   Thermisch fluktuierende Membran

Als Anwendungsbeispiel betrachten wir die thermischen Biegefluktuationen einer beliebig biegsamen Membran bzw. der Grenzfläche zwischen zwei Flüssigkeiten. Beliebig biegsam bedeutet, dass die Biegesteifigkeit der Membran verschwindend gering ist. Wie Abbildung 5.1 zeigt, ist $u(x, y)$ die Auslenkung der Membran aus dem Gleichgewicht (Ebene) am Ort (x, y). Die Hamilton-Funktion der Membran sei

$$\mathcal{H} = \gamma \int d\sigma \left(u(x, y)\right) , \tag{5.9}$$

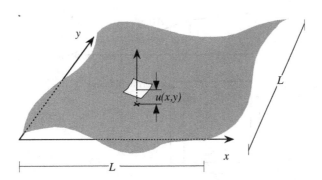

Abbildung 5.1: Skizze einer thermisch fluktuierenden Membran der Ausdehnung $L \times L$. Das helle Quadrat ist ein Membransegment mit der Auslenkung $u(x, y)$ senkrecht zur x-y-Ebene.

wobei $d\sigma(u(x, y))$ die Flächenänderung relativ zur Gleichgewichtsausdehnung am Ort (x, y) ist, verursacht durch die Auslenkung $u(x, y)$ an dieser Stelle. γ ist die als konstant angenommene Oberflächenspannung (vgl. Abschnitt 1.3).

Von besonderem Interesse ist die Größe $\langle u^2 \rangle$, die mittlere quadratische Auslenkung der Membran, als Funktion ihrer linearen Ausdehnung L. Da die Membran insgesamt ein isoliertes System darstellt, ist $\Delta E = 0$, und somit gilt

$$\Delta S(E, ...) = -T^{-1} \Delta F(E, ...) \tag{5.10}$$

(vgl. Gl. (1.29)). Hier ist T konstant, und ... steht für die Auslenkungen aller Subsysteme bzw. Membransegmente $\{u\}$, die in diesem Fall den x_i bzw. den Δx_i (da hier $x_i^{(o)} = 0$) entsprechen. Wir schreiben also

$$
\begin{aligned}
p(E, \{u\}) &= \exp\left[\frac{1}{k_B} \Delta S(E, \{u\}) \right] \\
&= \exp\left[-\frac{1}{k_B T} \Delta F(E, \{u\}) \right] \\
&= \frac{\delta\{u\} e^{-\beta \mathcal{H}(\{u\})}}{\int d\{u\} e^{-\beta \mathcal{H}(\{u\})}}
\end{aligned}
\tag{5.11}
$$

[6]. Die Gültigkeit der letzten Gleichung ersehen wir am besten aus dem Vergleich mit Gl. (2.180). D.h. die letzte Gleichung beschreibt die Wahrscheinlichkeit, Membrankonformationen in einer kleinen Umgebung $\delta\{u\}$ um $\{u\}$ vorzufinden. Damit gilt

---

[6]Der Nenner ist ein Beispiel für ein so genanntes Funktionalintegral. Wir werden allerdings unser Ergebnis erhalten, ohne dieses Integral wirklich lösen zu müssen.

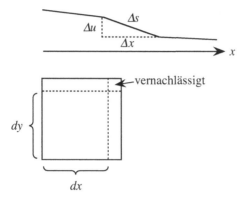

Abbildung 5.2: Oben: Lokale Auslenkung im eindimensionalen Fall. Unten: Dehnung des zweidimensionalen Flächenelements aufgrund einer lokalen Auslenkung.

$$\langle u^2 \rangle = \left(\int d\{u\} e^{-\beta \mathcal{H}(\{u\})} \right)^{-1} \left(\int d\{u\} \left[L^{-2} \int dxdy u(x,y)^2 \right] e^{-\beta \mathcal{H}(\{u\})} \right) \tag{5.12}$$

$$= \left(\int d\{u\} e^{-\beta \mathcal{H}(\{u\})} \right)^{-1} \left(\frac{\partial}{\partial h} \left[\int d\{u\} e^{-\beta \mathcal{H}(\{u\}) + hL^{-2} \int dxdy u(x,y)^2} \right]_{h=0} \right).$$

Wir werden zunächst $\mathcal{H}(\{u\})$ explizit aufstellen und anschließend $\langle u^2 \rangle$ berechnen.

Betrachten wir zuerst eine eindimensionale (1D-) Membran (bzw. Saite). Die lokale Änderung der 1D-Oberfläche aufgrund der Auslenkung Δu (vgl. Abbildung 5.2 oben) ist

$$\Delta \sigma_{1D} = \Delta s - \Delta x = \sqrt{\Delta x^2 + \Delta u^2} - \Delta x$$

$$= \Delta x \left(\sqrt{1 + \left(\frac{\Delta u}{\Delta x} \right)^2} - 1 \right) \approx \Delta x \frac{1}{2} \left(\frac{\Delta u}{\Delta x} \right)^2.$$

Der 2D-Fall (vgl. Abbildung 5.2 unten) ist dann einfach

$$d\sigma \equiv d\sigma_{2D} = d\sigma_{1D,x} dy + d\sigma_{1D,y} dx \tag{5.13}$$

$$= dxdy \frac{1}{2} \left[\left(\frac{du}{dx} \right)^2 + \left(\frac{du}{dy} \right)^2 \right] = dxdy \frac{1}{2} \left(\vec{\nabla} u \right)^2.$$

Damit erhalten wir

$$\mathcal{H} = \frac{1}{2} \gamma \int dxdy \left(\vec{\nabla} u(x,y) \right)^2 \tag{5.14}$$

unter Vernachlässigung der Membransteifigkeit [7]. Bei dieser und ähnlichen Hamilton-Funktionen ist es günstig, zur Fouriertransformierten des Integranden überzugehen. D.h.

$$u(x, y) \equiv u(\vec{\tau}) = \sum_{\vec{q}} \hat{u}_{\vec{q}} e^{i\vec{q}\cdot\vec{\tau}} .$$

Und daher gilt

$$
\begin{aligned}
\mathcal{H} &= \frac{\gamma}{2} \int d\vec{\tau} \sum_{\vec{q}} \hat{u}_{\vec{q}} (i\vec{q}) e^{i\vec{q}\cdot\vec{\tau}} \sum_{\vec{q}'} \hat{u}_{\vec{q}'} (i\vec{q}') e^{i\vec{q}'\cdot\vec{\tau}} \\
&= -\frac{\gamma}{2} \sum_{\vec{q},\vec{q}'} \hat{u}_{\vec{q}} \hat{u}_{\vec{q}'} \vec{q}\cdot\vec{q}' \int d\vec{\tau} e^{i(\vec{q}+\vec{q}')\cdot\vec{\tau}} .
\end{aligned}
$$

Das Integral berechnen wir gemäß

$$\int_{-L/2}^{L/2} dx e^{i(q_x + q_x')x} = \frac{1}{i(q_x + q_x')} \bigg|_{-L/2}^{L/2} e^{i(q_x + q_x')x} = 2\frac{L}{2} \frac{\sin\left[(q_x + q_x')\frac{L}{2}\right]}{(q_x + q_x')\frac{L}{2}} = L\delta_{q_x, -q_x'} .$$

Man beachte, dass $q_x = 2\pi L^{-1} n_x$ bzw. $q_x' = 2\pi L^{-1} n_x'$ ($n_x, n_x' = \pm 1, \pm 2, ...$). Insgesamt erhalten wir

$$\mathcal{H} = \frac{\gamma}{2} L^2 \sum_{\vec{q}} \hat{u}_{\vec{q}}^2 q^2 . \tag{5.15}$$

Eigentlich aber benötigen wir $-\beta\mathcal{H} + hL^{-2} \int dx dy\, u(x, y)^2$ (vgl. Gl. (5.12)). Eine vollkommen analoge Rechnung liefert hier

$$-\beta\mathcal{H} + \frac{h}{L^2} \int dx dy\, u(x, y)^2 = -\beta\frac{\gamma}{2} L^2 \sum_{\vec{q}} \hat{u}_{\vec{q}}^2 q^2 + h \sum_{\vec{q}} \hat{u}_{\vec{q}}^2 \tag{5.16}$$

und damit nach Gl. (5.12)

$$\langle u^2 \rangle = \frac{\int d\{u\} \sum_{\vec{q}} \hat{u}_{\vec{q}}^2 e^{-\beta\mathcal{H}}}{\int d\{u\} e^{-\beta\mathcal{H}}} = \sum_{\vec{q}} \langle \hat{u}_{\vec{q}}^2 \rangle . \tag{5.17}$$

Momentan sieht es aus, als hätten wir nichts gewonnen. Tatsächlich aber ist die Aufgabe, die Berechnung von $\langle u^2 \rangle$, gelöst! Die Fouriertransformation hat nämlich die Hamilton-Funktion in die Form gebracht, die notwendig ist, um den Gleichverteilungssatz anzuwenden (vgl. die Gln. (2.88) und (2.89)). D.h. wir können schreiben

---

[7]Biegesteife Membranen sind in Referenz [44] diskutiert (siehe auch die Diskussion dünner Platten im Band *Elastizitätstheorie* von L. D. Landau und E. M. Lifschitz).

$$\frac{1}{2}k_BT = \frac{\gamma}{2}L^2\langle\hat{u}_{\vec{q}}^2\rangle q^2 \tag{5.18}$$

bzw.

$$\langle\hat{u}_{\vec{q}}^2\rangle = \frac{k_BT}{\gamma L^2}\frac{1}{q^2}\ . \tag{5.19}$$

Mit Gl. (5.17) folgt

$$\begin{aligned}
\langle u^2\rangle &= \sum_{\vec{q}}\frac{k_BT}{\gamma L^2}\frac{1}{q^2} \\
&= \left(\frac{L}{2\pi}\right)^2\int d^2q\,\frac{k_BT}{\gamma L^2}\frac{1}{q^2} = \frac{1}{2\pi}\frac{k_BT}{\gamma}\int_{2\pi/L}^{2\pi/a}dq\,\frac{1}{q} \\
&= \frac{1}{2\pi}\frac{k_BT}{\gamma}\ln\frac{L}{a}
\end{aligned}$$

bzw.

$$\sqrt{\langle u^2\rangle} = \sqrt{\frac{k_BT}{2\pi\gamma}\ln\frac{L}{a}}\ . \tag{5.20}$$

Die Größe a ist eine typische untere Längeneinheit der Membran. Bei einer Biomembran wäre dies beispielsweise der mittlere Abstand zweier Lipidmoleküle, aus denen die Membran aufgebaut ist. Dieses etwas längliche Beispiel wurde nicht zuletzt deswegen ausgesucht, weil es eine Anzahl „typischer Kniffe" verwendet, die im Kontext von Fluktuationen oft angewandt werden!

Abschließend noch einige Bemerkungen zum Resultat der Rechnung. Man beachte insbesondere, dass die Wurzel aus dem mittleren Schwankungsquadrat, ein Maß für die effektive Breite der Membran (bzw. der Grenzfläche) senkrecht zu ihrer Ebene, divergiert, wenn die Membran unendlich ausgedehnt ist, d.h. $\langle u^2\rangle^{1/2}\to\infty$ für $L\to\infty$. Die beliebig biegsame Membran ist also instabil gegenüber thermischen Fluktuationen, wenn sie sehr groß wird. Allerdings geschieht dies in der Regel bei extrem großen L-Werten [8]. Die entsprechende Divergenz der biegesteifen Membran verläuft zügiger (z.B. [44]; wer noch mehr wissen möchte über die stastische Physik von Membranen, der sei insbesondere auf Referenz [45] hingewiesen). Ähnliches gilt nicht nur für Membranen, sondern für alle zweidimensionalen Schichten (z.B. so genannte smektische Flüssigkristalle [46]) oder Festkörper, deren Dichte nur in einer oder zwei Dimensionen periodisch ist. Man spricht in diesem Zusammenhang auch von Peierls-Instabilitäten (vgl. z.B. [10] §137). Bemerkenswert ist auch, dass die ganze Rechnung kaum Bezug nimmt auf die mikroskopische Struktur der Membran. Lediglich die Größe a

---

[8]Beispiel: Im Fall der Grenzfläche zwischen flüssigem Wasser und seinem Dampf bei Raumtemperatur gilt $\langle u^2\rangle^{1/2}\approx 1\,\text{Å}\ (\ln L/a)^{1/2}$.

taucht kurz auf. Sie beeinflusst jedoch das Resultat qualitativ nicht. Dies liegt natürlich an der Form von $\mathcal{H}$, wo angenommen wurde, dass die Membrankrümmung auf der Skala der Moleküle sehr klein ist. Man spricht in diesem Zusammenhang oft vom Kontinuumslimes bzw. vom Kontinuumsgrenzfall.

5.3 Entropische Kräfte durch räumliche Beschränkung

Wir betrachten diesmal einen Membranstapel, wie ihn Abbildung 5.3 zeigt. Die Konformationen einer Membran werden eingeschränkt, wenn

$$\langle u^2 \rangle_{L_z}^{1/2} \approx c \langle z \rangle \tag{5.21}$$

gilt, wobei c eine positive Konstante der Größenordnung eins ist. Dies bedeutet einen Entropieverlust, und dieser führt zu einer abstoßenden Kraft zwischen den Membranen.

Zur Abschätzung dieser Kraft betrachten wir die Membranen als zusammengesetzt aus unabhängig fluktuierenden Segmenten der Fläche L_z^2 (vgl. Abbildung 5.3). Diese Segmente bilden quasi ein Gas, von dem wir annehmen, dass es als ideal betrachtet werden kann. D.h.

$$k_B T \approx PV \approx \frac{\mathcal{F}}{L_z^2} 2\langle z \rangle L_z^2 \tag{5.22}$$

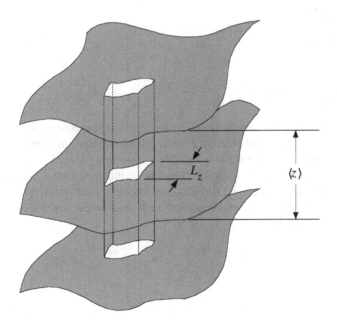

Abbildung 5.3: Undulierende Membranen mit mittlerem Abstand $\langle z \rangle$.

ist das Ideale-Gas-Gesetz, angewandt auf ein Segment im Volumen $2\langle z \rangle L_z^2$. Die Kraft $\mathcal{F}$, die ein Segment infolge der thermischen Fluktuationen ausübt, ist daher

$$\mathcal{F} \approx \frac{k_B T}{2\langle z \rangle} \, . \tag{5.23}$$

Diese Kraft ist langreichweitig ($\propto \langle z \rangle^{-1}$)!

Um den Beitrag f der thermischen Segmentfluktuationen zur freien Energie der Membranen abzuschätzen, verwenden wir die Beziehung $P = -(df/dV)_T$ mit $P = k_B T/(2\langle z \rangle L_z^2)$. Die Segmentdimension L_z kann wieder mit $\langle u^2 \rangle$ in Verbindung gebracht werden. Anstelle der Gl. (5.20) verwenden wir jedoch

$$\sqrt{\langle u^2 \rangle_{L_z}} = \sqrt{\frac{k_B T}{4\pi^3 \kappa}} L_z \, , \tag{5.24}$$

wobei κ der Biegemodul der Membran ist. Die Gl. (5.24) erhält man analog zu Gl. (5.20), wenn man lediglich die Biegeelastizität der Membran betrachtet, aber die Oberflächenänderung vernachlässigt (d.h. man betrachtet den entgegengesetzten Extremfall) [44]. Hier divergiert $\langle u^2 \rangle^{1/2}$ mit L und damit schneller im Vergleich zu $\langle u^2 \rangle^{1/2} \propto \ln L$. D.h. zusammen mit den Gln. (5.21) und (5.24) erhalten wir

$$P = \frac{k_B T}{2\langle z \rangle L_z^2} \approx \frac{(k_B T)^2}{8\pi^3 c^2 \kappa} \frac{1}{\langle z \rangle^3} \tag{5.25}$$

und damit durch Integration

$$\frac{f(z)}{L_z^2} \approx \frac{(k_B T)^2}{16\pi^3 c^2 \kappa} \frac{1}{\langle z \rangle^2} \, . \tag{5.26}$$

Dies bedeutet, dass die freie Energie (pro Fläche) zunimmt (das System wird weniger stabil), wenn z abnimmt. Im Extremfall wird der ganze Membranstapel instabil, und die Membranen trennen sich (man spricht auch von *unbinding transition*). Das hier diskutierte Vorgehen geht ursprünglich auf W. Helfrich zurück. Eine weiterführende Diskussion findet man wieder in [44]. Dies ist nur ein Beispiel für die Unterdrückung thermischer Fluktuationen durch „Hindernisse" [9]. Wichtig ist dieses Phänomen auch im Kontext von Makromolekülen bzw. Polymeren (vgl. Kapitel 8).

---

[9]Bei molekularen Systemen spricht man auch von sterischer Behinderung.

6 Phasenübergänge und kritische Phänomene

In Abbildung 1.20 hatten wir Phasenübergänge danach klassifiziert, ob $\Delta H = 0$ oder $\Delta H \neq 0$ ist, wobei ΔH einen Sprung der Enthalpie am Übergang bedeutet. Übergänge mit $\Delta H = 0$, die so genannten Übergänge 2. Ordnung, haben besondere Eigenschaften in der unmittelbaren Umgebung des Übergangs, die unter dem Begriff kritische Phänomene zusammengefasst werden. Die Entwicklung der Theorie der kritischen Phänomene war einer der großen Erfolge der theoretischen Physik in den 70er- und 80er- Jahren.

6.1 *Mean field*-Orientierungsphasenübergänge

Wir betrachten ein System aus N orientierbaren Teilchen bzw. Pfeilen auf einem Gitter. Die Teilchen werden durch die Größen s_i repräsentiert, die die Werte ± 1 annehmen (siehe Abbildung 6.1). Die Hamilton-Funktion dieses Systems sei

$$\mathcal{H} = \sum_{i=1}^{N} \left(-J \langle s \rangle s_i - B s_i \right) \equiv \sum_{i=1}^{N} \mathcal{H}_i \,, \tag{6.1}$$

wobei $J > 0$ gelten soll. B ist ein externes Feld, an das die Teilchenorientierung koppelt. Der erste Term, der eigentliche *mean field*[1]-Ansatz, ersetzt die Wechselwirkung zwischen den Teilchen i und j durch die Wechselwirkung von i mit der mittleren Ausrichtung der Teilchen im System $\langle s \rangle$.

Uns interessiert zunächst die Größe

$$\langle s \rangle = \frac{1}{N} \frac{\partial}{\partial (\beta B)} \ln Q \tag{6.2}$$

als ein Maß dafür, ob es in dem System eine Nettoausrichtung gibt oder nicht. Für den orientierungsabhängigen Teil der Zustandssumme gilt

$$Q \propto \frac{1}{2^N} \sum_{\{s\}} e^{-\beta \mathcal{H}} = \left[\frac{1}{2} \sum_{s_i = \pm 1} e^{-\beta \mathcal{H}_i} \right]^N \tag{6.3}$$

---

[1]Dies bedeutet so viel wie mittleres Feld.

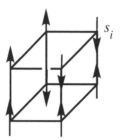

Abbildung 6.1: Gitterausschnitt mit orientierbaren Teilchen auf den Gitterplätzen. Die Variablen s_i nehmen die Werte ± 1 an – entsprechend den Pfeilrichtungen oben und unten.

für irgendein i. Die Faktorisierung in Gl. (6.3) wird durch den *mean field*-Ansatz möglich. Es gilt

$$\frac{1}{2} \sum_{s_i = \pm 1} e^{-\beta \mathcal{H}_i} = \frac{1}{2} \left(e^K + e^{-K} \right) = \cosh(K) \tag{6.4}$$

mit $K = \beta \left(J \langle s \rangle + B \right)$. Daraus folgt

$$\begin{aligned} \langle s \rangle &= \frac{\partial}{\partial (\beta B)} \ln \left[\cosh(K) \right] \\[2mm] &= \tanh(K) = \begin{cases} K - K^3/3 + \dots & \text{für} \quad K \to 0 \\[3mm] 1 - 2 \exp[-2K] + \dots & \text{für} \quad |K| \to \infty \end{cases} \end{aligned} \tag{6.5}$$

Die Lösung der Gl. (6.5) für $B = 0$ zeigt Abbildung 6.2. Je nach der Größe von βJ wird die Gl. (6.5) also nur die (reelle) Lösung $\langle s \rangle = 0$ bzw. zwei weitere (reelle) Lösungen bei $\langle s \rangle \neq 0$ haben. Der Orientierungsanteil der freien Energie, $\Delta F/(N k_B T) \equiv - \ln \left[\cosh(K) \right]$, ist für diese nichtverschwindenden Lösungen niedriger als für die Lösung $\langle s \rangle = 0$. Darüber hinaus sind die beiden nichtverschwindenden Lösung gleichwertig.

Den Übergang zwischen diesen beiden Lösungsgebieten in Abhängigkeit von der Temperatur wollen wir genauer analysieren. Dazu betrachten wir kleine $|K|$ oder, was für $B = 0$ das Gleiche ist, kleine $|\langle s \rangle|$. Nach Gl. (6.5) gilt in diesem Grenzfall

$$\langle s \rangle \approx \beta J \langle s \rangle - \frac{1}{3} \left(\beta J \langle s \rangle \right)^3 \tag{6.6}$$

bzw.

$$\langle s \rangle^2 \approx \frac{3}{(\beta J)^3} \left(\beta J - 1 \right) . \tag{6.7}$$

Damit folgt für die Übergangstemperatur T_c, bei der die ungeordnete Phase ($\langle s \rangle = 0$) gegenüber der Orientierungsordnung instabil wird,

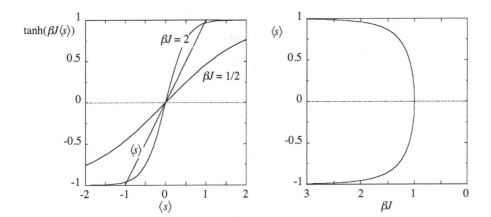

Abbildung 6.2: Links: Graphische Lösung der Gl. (6.5) für $B = 0$. Entweder existiert nur eine (hier für $\beta J = 1/2$) oder zwei weitere reelle Lösungen (hier für $\beta J = 2$). Rechts: Auftragung der Lösungen in Abhängigkeit von βJ. Bei $\beta_c J = 1$ verschwindet $\langle s \rangle$.

$$T_c = \frac{J}{k_B} \, . \tag{6.8}$$

Betrachten wir noch die explizite Abhängigkeit der Größe $|\langle s \rangle|$ von T bei kleinen Abweichungen $\Delta T (= T_c - T > 0)$ von T_c. Die entsprechende Entwicklung der Gl. (6.7) lautet

$$
\begin{aligned}
\langle s \rangle^2 &\approx 3 \left(\frac{k_B(T_c - \Delta T)}{J} \right)^3 \left(\frac{J}{k_B(T_c - \Delta T)} - 1 \right) \\
&= 3 \left(1 - \frac{\Delta T}{T_c} \right)^3 \left(\left(1 - \frac{\Delta T}{T_c} \right)^{-1} - 1 \right) \approx 3\tau
\end{aligned}
$$

mit

$$\tau \equiv \frac{\Delta T}{T_c} = 1 - \frac{T}{T_c} \tag{6.9}$$

bzw.

$$|\langle s \rangle| \sim \tau^{1/2} \qquad (\tau \geq 0) \, . \tag{6.10}$$

Für $B \neq 0$ zeigt Abbildung 6.3 die Lösung der Gleichung (6.5) als Funktion von B/J für $\beta J = 1/2$ (oberhalb von T_c), für $\beta J = 1$ (bei T_c) und für $\beta J = 2$ (unterhalb von T_c). D.h. unterhalb von T_c macht $\langle s \rangle$ einen Sprung, wenn man bei konstanter Temperatur die Feldrichtung

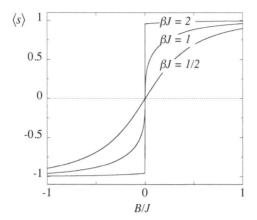

Abbildung 6.3: Lösung der Gl. (6.5) als Funktion von B/J.

umkehrt. Der Übergang von der Phase mit $\langle s \rangle > 0$ zu der Phase mit $\langle s \rangle < 0$ ist hier diskontinuierlich. Bei T_c und für genügend kleine B gilt wieder ein Potenzgesetz. Diesmal kann man zeigen, dass

$$B \sim sign(\langle s \rangle)|\langle s \rangle|^3 \qquad (6.11)$$

gilt.

Fassen wir zusammen. Für $B = 0$ liefert unser einfaches Modell entlang der Temperaturachse einen Übergang von einer Phase mit isotroper Orientierungsverteilung oberhalb von T_c in ein Gebiet mit Orientierungsordnung unterhalb von T_c. Die Größe $\langle s \rangle$, die sich als thermodynamisch stabile Lösung der Gl. (6.5) ergibt, verschwindet bei Annäherung an T_c nach einem Potenzgesetz mit dem kritischen Exponenten $1/2$. Für $B \neq 0$ macht diese Lösung einen Sprung unterhalb von T_c, wenn sich die Feldrichtung umkehrt. Der Phasenübergang unterhalb von T_c ist diskontinuierlich (Phasenübergang 1. Ordnung). Die Temperatur T_c bezeichnen wir ab jetzt als kritische Temperatur.

Wir wollen unser Modell noch einmal leicht modifiziert aus einem anderen Blickwinkel betrachten. Die Hamilton-Funktion sei diesmal

$$\mathcal{H} = \sum_{i=1}^{N} \left(-J\langle \vec{s} \rangle \cdot \vec{s}_i - \vec{B} \cdot \vec{s}_i \right) \equiv \sum_{i=1}^{N} \mathcal{H}_i \ . \qquad (6.12)$$

Wir betrachten jetzt Teilchen, die eine kontinuierliche Orientierung im Raum haben, die durch die Einheitsvektoren $\vec{s}_i$ gegeben ist (vgl. Abbildung 6.4). Außerdem sollen die Teilchen nicht an feste Positionen gebunden sein. Die Größe $\langle \vec{s} \rangle$ ist wieder der Mittelwert über die $\vec{s}_i$ und definiert eine eventuell vorhandene Vorzugsrichtung. Bei nichtverschwindendem Feld $\vec{B}$ wird die Vorzugsrichtung mit der Feldrichtung übereinstimmen. Uns interessiert hier die Größe $\langle s \rangle = \langle \cos(\theta) \rangle$, die mittlere Projektion der $\vec{s}_i$ auf die Vorzugsrichtung.

Vorzugsrichtung

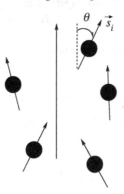

Abbildung 6.4: Orientierbare Teilchen, die im Mittel entlang einer Vorzugsrichtung ausgerichtet sind.

Für die Zustandssumme gilt jetzt

$$Q \propto \frac{N!}{N_{\Omega_1}! N_{\Omega_2}! ... N_{\Omega_\nu}! ...} \exp\left[-\beta \sum_\nu \mathcal{H}_\nu\right] , \tag{6.13}$$

mit $-\beta\mathcal{H}_\nu = K\cos(\theta_\nu)N_{\Omega_\nu}$ und $K = \beta(J\langle s\rangle + B)$. Im Unterschied zu Gl. (6.3) betrachten wir hier nicht die einzelnen Teilchen separat, sondern sortieren diese gemäß ihrer Orientierung in die Raumwinkelelemente $\Delta\Omega_\nu$ (vgl. Abbildung 6.5). N_{Ω_ν} ist die Zahl der Teilchen im Raumwinkelelement $\Delta\Omega_\nu$ ($N = \sum_\nu N_{\Omega_\nu}$). Der Faktor $N!/\prod_\nu N_{\Omega_\nu}!$ ist die Zahl der unterscheidbaren Verteilungen der Teilchen auf die Raumwinkelelemente. D.h. zwei Teilchen mit identischer Orientierung bzw. im gleichen Raumwinkelelement sind diesmal ununterscheidbar. Dabei gehen wir davon aus, dass die N_{Ω_ν} konstant sind (vergleichbar einer mehrkomponentigen Mischung). In der Realität fluktuieren die N_{Ω_ν} natürlich, und wir vernachlässigen hier den Beitrag dieser Fluktuationen [2]. Gleichung (6.13) ist so gesehen der führende Term einer Summe über alle möglichen Verteilungen der Teilchen auf die Raumwinkelelemente unter der Bedingung $N = \sum_\nu N_{\Omega_\nu}$.

Die entsprechende freie Energie lautet nach Anwendung der Stirlingschen Formel

$$\frac{\Delta F}{k_B T} = \sum_\nu \left[N_{\Omega_\nu} \ln N_{\Omega_\nu} - N_{\Omega_\nu} - K\cos(\theta_\nu)N_{\Omega_\nu}\right] - N\ln N + N$$

bzw.

$$\frac{\Delta F}{N k_B T} = \int \frac{d\Omega}{4\pi} f(\theta) \left[\ln f(\theta) - K\cos\theta\right] = \langle \ln f\rangle - K\langle s\rangle . \tag{6.14}$$

---

[2] Vgl. die Diskussion der Teilchenzahlfluktuationen im großkanonischen Ensemble.

Hier ist $f(\theta) = \lim_{\Delta\Omega_\nu \to 0} N_{\Omega_\nu}/N$ die Orientierungsverteilung, von der wir annehmen, dass sie nicht vom Winkel ϕ_ν (Rotation um die Vorzugsrichtung (vgl. Abbildung 6.5)) abhängt [3]. Außerdem gilt die Normierungsbedingung $(4\pi)^{-1} \int d\Omega f(\theta) = 1$.

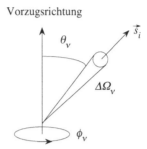

Abbildung 6.5: Illustration des Raumwinkelelements $\Delta\Omega_\nu$ relativ zur Vorzugsrichtung.

Die stabile Orientierungsverteilung erhalten wir aus der Bedingung, dass ΔF bzgl. $f(\theta)$ minimal sein soll. D.h. die Variation von ΔF bzgl. $f(\theta)$ muss verschwinden

$$0 = \frac{\delta}{\delta f(\theta)} \left[\frac{\Delta F}{Nk_B T} + \lambda \left(\int \frac{d\Omega}{4\pi} f(\theta) - 1 \right) \right] . \tag{6.15}$$

Der Term proportional zu λ berücksichtigt die Normierungsbedingung, wobei λ ein Lagrangescher Multiplikator ist. Aus Gl. (6.15) folgt

$$0 = \int \frac{d\Omega}{4\pi} \delta f(\theta) \left[\ln f(\theta) + 1 - \beta \left(2J\langle s \rangle + B \right) \cos\theta + \lambda \right]$$

bzw.

$$f(\theta) = \frac{\exp\left[\beta \left(2J\langle s \rangle + B \right) \cos\theta \right]}{\int \frac{d\Omega}{4\pi} \exp\left[\beta \left(2J\langle s \rangle + B \right) \cos\theta \right]} , \tag{6.16}$$

wobei die rechte Seite über

$$\langle s \rangle = \int \frac{d\Omega}{4\pi} f(\theta) \cos\theta \tag{6.17}$$

wiederum von der gesuchten Orientierungsverteilung $f(\theta)$ abhängt.

Ein Lösungsmöglichkeit ist die numerische Iteration der Gl. (6.16) [4]. Hier aber wollen wir die so genannte *trial function*-Methode verwenden. Eine nahe liegende Versuchs- oder Ansatzfunktion ist

---

[3]Man beachte den Zusammenhang zwischen der Orientierungsentropie $\langle \ln f \rangle = (4\pi)^{-1} \int d\Omega f(\theta) \ln f(\theta)$ und der Gibbs-Entropie-Gleichung (2.169).

[4]Siehe z.B. J. Herzfeld, A. E. Berger, J. W. Wingate (1984) *A highly convergent algorithm for computing the orientation distribution function of rodlike particles*. Macromolecules **17**, 1718.

$$\tilde{f}(\theta) = \frac{\exp[a\cos\theta]}{(4\pi)^{-1}\int d\Omega\,\exp[a\cos\theta]} \tag{6.18}$$

$$= \frac{a}{\sinh(a)}\exp[a\cos\theta] \; .$$

Die Größe a ist ein Variationsparameter [5]. Je größer a ist, desto schärfer ist $\tilde{f}(\theta)$, und desto stärker ist die Ausrichtung entlang der Vorzugsrichtung. Für $a = 0$ dagegen ist die Ausrichtung im System isotrop. Damit erhalten wir

$$\langle s(a)\rangle = L(a) = \begin{cases} a/3 - a^3/45 + \dots & \text{für} \quad a \to 0 \\ 1 - 1/a + \dots & \text{für} \quad |a| \to \infty \end{cases} \tag{6.19}$$

$$\langle \ln\tilde{f}\rangle = -\ln\left[\frac{\sinh(a)}{a}\right] + aL(a) \; , \tag{6.20}$$

wobei $L(a) = \coth(a) - a^{-1}$ die Langevin-Funktion ist. Die freie Energie ist

$$\frac{\Delta\tilde{F}}{Nk_BT} = -\ln\left[\frac{\sinh(a)}{a}\right] + \Big(a - \beta(JL(a) + B)\Big)L(a) \tag{6.21}$$

$$\overset{B=0}{=} \underbrace{\left(\frac{1}{6} - \frac{\beta J}{9}\right)}_{\equiv C_1(T)}a^2 + \underbrace{\left(-\frac{1}{60} + \frac{2\beta J}{135}\right)}_{\equiv C_2(T)/2}a^4 + \dots \; .$$

Abbildung 6.6 zeigt $\Delta\tilde{F}/(Nk_BT)$ als Funktion von a für $B = 0$. Die drei Kurven illustrieren das Verhalten für $T > T_c$, $T = T_c$ und $T < T_c$. Oberhalb von T_c hat $\Delta\tilde{F}/(Nk_BT)$ ein Minimum bei $a = 0$ entsprechend $\langle s\rangle = 0$. Unterhalb von T_c tritt ein tiefer liegendes Minimum bei $a > 0$ entsprechend $\langle s\rangle > 0$ auf. T_c erkennt man daran, dass der Koeffizient des a^2-Terms in Gl. (6.21) sein Vorzeichen ändert. D.h. hier gilt

$$T_c = \frac{3}{2}\frac{J}{k_B} \; . \tag{6.22}$$

Den Gleichgewichtswert für $\langle s\rangle$ liefert Gl. (6.19) für den Wert von a, bei dem $\Delta\tilde{F}/(Nk_BT)$ minimal ist. Nahe T_c ist dieser a-Wert klein und ergibt sich einfach durch Ableitung der Taylorentwicklung in Gl. (6.21) zu

$$\langle s\rangle \approx \frac{a}{3} \approx \frac{1}{3}\sqrt{-\frac{C_1(T)}{C_2(T)}} \sim \tau^{1/2} \quad (\tau > 0) \; . \tag{6.23}$$

---

[5]Man beachte, dass die *trial function*-Methode nur dann das exakte Resultat liefert, wenn sich die gesuchte Funktion mit der Ansatzfunktion darstellen lässt. Ansonsten liefert die Methode eine Näherungslösung, deren Qualität davon abhängt, wie nahe die Ansatzfunktion durch Variation des oder der Parameter der exakten Lösung kommen kann.

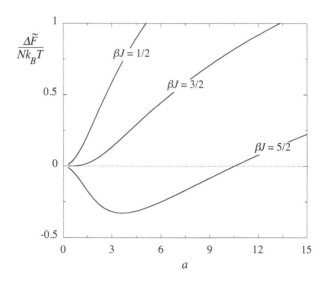

Abbildung 6.6: $\Delta\tilde{F}/(Nk_BT)$ als Funktion von a bei $B = 0$. Die drei Kurven illustrieren das Verhalten für $T > T_c$ $(\beta J = 1/2)$, $T = T_c$ $(\beta J = 3/2)$ und $T < T_c$ $(\beta J = 5/2)$.

Der kritische Exponent, mit dem $\langle s \rangle$ am Übergang verschwindet, hat wieder den gleichen Wert wie zuvor. Wir könnten eine analoge Rechnung auch für das Potenzgesetz der Gl. (6.11) durchführen, und auch dort fände man den gleichen Exponenten wie zuvor. Dem Exponenten kommt anscheinend eine wesentlich fundamentalere bzw. universellere Bedeutung zu als beispielsweise dem Wert der kritischen Temperatur, der durchaus von Modell zu Modell verschieden sein kann.

Die erste Variante unseres Modells ist quasi eine naive Theorie für ein magnetisches System (vgl. auch Weiss-Theorie). Die zweite Variante entspricht mehr einer Theorie flüssigkristalliner Systeme [46]. Bei diesen unterscheidet man so genannte thermotrope und lyotrope Systeme, je nachdem ob der Phasenübergang von der ungeordneten oder isotropen Phase in die orientierungsgeordnete oder nematische Phase von der Temperatur abhängt oder von der Konzentration der Teilchen. In thermotropen Systemen sind die orientierbaren Teilchen relativ kleine Moleküle mit stark anisotroper Wechselwirkung. Allerdings ist dort die Hamilton-Funktion eine andere, und insbesondere ist $\cos\theta$ durch $P_2(\cos\theta)$ bzw. $\langle\cos\theta\rangle$ durch $\langle P_2(\cos\theta)\rangle$ ersetzt, wobei $P_2(\cos\theta)$ das zweite Legendrepolynom in $\cos\theta$ ist [6]. Die Rechnung selbst, die so genannte Maier-Saupe-Theorie [7], entspricht aber im Wesentlichen unserer Theorie. In lyotropen Systemen sind die orientierbaren Teilchen große Moleküle oder molekulare Aggregate wie Viren (z.B. Tabakmosaikvirus) mit starker Formanisotropie. Eine entsprechende Theorie wurde von Onsager 1949 [8] aufgestellt, und diese führt wiederum auf eine freie Energie

---

[6]Dies folgt aus einer genaueren Analyse des dispersiven Anteils der molekularen Wechselwirkung.

[7]W. Maier, A. Saupe (1958) *Eine einfache molekulare Theorie des nematischen kristallinflüssigen Zustandes.* Z. Naturforschung **A13**, 564; (1959) *Eine einfache molekular-statistische Theorie der nematischen kristallflüssigen Phase.* Teil I. Z. Naturforschung **A14**, 882; (1960) Teil II. Z. Naturforschung **A15**, 287

[8]L. Onsager (1949) *The effects of shape on the interaction of colloidal particles.* Ann. N.Y. Acad. Sci. **51**, 627

analog zu Gl. (6.14). Allerdings wird der Wechselwirkungsterm durch eine Virialentwicklung bis einschließlich B_2 (vgl. Gl. (2.78)) für harte Stäbe dargestellt [9]. Gelöst hat Onsager dieses Modell mit dem *trial function*-Ansatz. Insgesamt ist die Vorgehensweise der unserigen recht ähnlich, wenn auch im Detail wesentlich komplizierter. Der Unterschied liegt hauptsächlich in der Hartkörperwechselwirkung (ausgeschlossenes Volumen), wodurch der Phasenübergang statt von der Temperatur von der Teilchenkonzentration abhängt und 1. Ordnung ist.

Aufgabe 24: *Mean field*-**Exponenten des van der Waals-Fluids**

Im Teil (b) der Aufgabe 11 zur van der Waals-Zustandsgleichung hatten wir zwei gekoppelte Gleichungen für v_G und v_F (bzw. v_I und v_{II}), die reduzierten Volumina ($v = V/V_c$), entlang der gas-flüssig-Koexistenzkurve aufgestellt. Aus diesen Gleichungen sollen Sie die folgenden Entwicklungen [10] ableiten:

(a)

$$\frac{\rho_F - \rho_G}{\rho_c} = A_0 \tau^\beta + A_1 \tau^{\beta + \Delta'} + \dots . \tag{6.24}$$

Hier ist $\rho = N/V$ und $\tau = 1 - T/T_c \ll 1$ (aber τ positiv). Geben Sie die kritischen Exponenten β und Δ' sowie die Koeffizienten A_0 und A_1 explizit an [11].

(b)

$$\frac{\rho_F + \rho_G}{2\rho_c} = 1 + D_0 \tau^{1+\alpha} + \dots . \tag{6.25}$$

Hier geben Sie bitte α und D_0 explizit an.

Lösung:

Zunächst gilt

$$\rho_G = \frac{N}{V_G} = \frac{N}{V_c}\frac{1}{v_G} = \rho_c \frac{1}{1 + \Delta v_G} = \rho_c(1 - \Delta v_G + \dots)$$

$$\rho_F = \dots = \rho_c(1 + \Delta v_F + \dots)$$

bzw.

---

[9] Onsager (Nobelpreis 1968) betrachtete allerdings auch den Effekt elektrischer Ladungen auf diesen Stäben.

[10] M. Ley-Koo, M. S. Green (1981) *Consequences of the renormalization group for the thermodynamics of fluids near the critical point*. Phys. Rev. A **23**, 2650

[11] Vorsicht! $-\beta$ hat hier nichts mit $1/(k_B T)$ zu tun!

$$\frac{\rho_F - \rho_G}{2\rho_c} = \frac{\Delta v_F - \Delta v_G}{2} + \dots \qquad \text{und} \qquad \frac{\rho_F + \rho_G}{2\rho_c} = 1 + \dots \,.$$

Für Δv_F und Δv_G machen wir anschließend den Ansatz

$$\Delta v_F = c_1^{(F)} \Delta t^{x_1^{(F)}} + c_2^{(F)} \Delta t^{x_2^{(F)}} + \dots \qquad \text{und} \qquad \Delta v_G = c_1^{(G)} \Delta t^{x_1^{(G)}} + c_2^{(G)} \Delta t^{x_2^{(G)}} + \dots \,,$$

wobei $x_i^{(F)} < x_{i+1}^{(F)}$ bzw. $x_i^{(G)} < x_{i+1}^{(G)}$ gelten soll (zu beachten: $\Delta t \equiv \tau$).

Die Exponenten $x_i^{(F)}$, $x_i^{(G)}$ und die Koeffizienten $c_i^{(F)}$, $c_i^{(G)}$ erhalten wir wie folgt. Die genannten Gleichungen aus Aufgabe 11 werden in den Größen Δv_F und Δv_G genügend weit entwickelt. Anschließend wird in diese Entwicklungen der obige Ansatz eingesetzt. Daraus folgen zwei Gleichungen mit den Unbekannten $x_i^{(F)}$, $x_i^{(G)}$, $c_i^{(F)}$ und $c_i^{(G)}$. Die wiederum erhalten wir der Reihe nach, d.h. erst $x_1^{(F)}$, $x_1^{(G)}$ sowie $c_1^{(F)}$, $c_1^{(G)}$ dann $x_2^{(F)}$, $x_2^{(G)}$ sowie $c_2^{(F)}$, $c_2^{(G)}$ usw., durch Vergleich der Exponenten und anschließend dem Vergleich der Koeffizienten. Diese Prozedur ist halbautomatisch in dem folgenden *Mathematica*-Programm implementiert:

```
In[1]:= "Die Gleichungen aus Aufgabe 11";


      f = 8 t / 3 ( 1/ (3 vF - 1) - 1/ (3 vG - 1)) -
          (1/vF^2 - 1/vG^2)


      g =
      8 t/ 3 ( (-1/3) Log[ (3 vF - 1) / (3 vG - 1)] +
          (vF - vG) / (3 vG - 1)) - (vF - vG) ^2/ (vG^2 vF)
```

$$\text{Out[1]}= -\frac{1}{vF^2} + \frac{1}{vG^2} + \frac{8}{3} t \left(\frac{1}{-1 + 3\,vF} - \frac{1}{-1 + 3\,vG} \right)$$

$$\text{Out[1]}= -\frac{(vF - vG)^2}{vF\,vG^2} + \frac{8}{3} t \left(\frac{vF - vG}{-1 + 3\,vG} - \frac{1}{3} \text{Log}\left[\frac{-1 + 3\,vF}{-1 + 3\,vG} \right] \right)$$

```
In[2]:= "Entwicklung der Gln. nach kleinen Abweichungen
         der t, vG und vF von ihren kritischen Werten";

In[3]:= m = 4;


      f1 =
      Expand[
        Normal[
          Series[ f/.t-> (1 - dt)/.vG-> (1 + dvG)/.
            vF-> (1 - dvF), {dvG, 0, m}, {dvF, 0, m}]]];


      g1 =
      Expand[
        Normal[
          Series[g/.t-> (1 - dt)/.vG-> (1 + dvG)/.
            vF-> (1 - dvF), {dvG, 0, m}, {dvF, 0, m}]]];
```

```
In[4]:= "Ersten Term des Ansatzes in die Entwicklung
          einsetzen (Achtung : Notation weicht vom
          Text ab)";

        f2 =
          Expand[
            Simplify[(f1/dt)/.dvG- > (cG dt^xG)/.
              dvF- > (cF dt^xF)]]

        g2 =
          Expand[
            Simplify[(g1/dt)/.dvG- > (cG dt^xG)/.
              dvF- > (cF dt^xF)]]
```

$$Out[4]= -2\, cF\, dt^{xF} - 3\, cF^2\, dt^{2\,xF} - \frac{9}{2}\, cF^3\, dt^{3\,xF} - \frac{27}{4}\, cF^4\, dt^{4\,xF} +$$
$$\frac{1}{2}\, cF^3\, dt^{-1+3\,xF} + \frac{7}{4}\, cF^4\, dt^{-1+4\,xF} - 2\, cG\, dt^{xG} + 3\, cG^2\, dt^{2\,xG} -$$
$$\frac{9}{2}\, cG^3\, dt^{3\,xG} + \frac{27}{4}\, cG^4\, dt^{4\,xG} + \frac{1}{2}\, cG^3\, dt^{-1+3\,xG} - \frac{7}{4}\, cG^4\, dt^{-1+4\,xG}$$

$$Out[4]= -cF^2\, dt^{2\,xF} - cF^3\, dt^{3\,xF} - \frac{9}{8}\, cF^4\, dt^{4\,xF} + \frac{1}{8}\, cF^4\, dt^{-1+4\,xF} -$$
$$cG^2\, dt^{2\,xG} + 2\, cG^3\, dt^{3\,xG} - \frac{27}{8}\, cG^4\, dt^{4\,xG} - 2\, cF\, cG\, dt^{xF+xG} +$$
$$3\, cF\, cG^2\, dt^{xF+2\,xG} + \frac{1}{2}\, cF\, cG^3\, dt^{-1+xF+3\,xG} - \frac{9}{2}\, cF\, cG^3\, dt^{xF+3\,xG} +$$
$$\frac{3}{8}\, cG^4\, dt^{-1+4\,xG} - \frac{7}{4}\, cF\, cG^4\, dt^{-1+xF+4\,xG} + \frac{27}{4}\, cF\, cG^4\, dt^{xF+4\,xG}$$

```
In[5]:= "Die niedrigste Potenz von dt wird eliminiert.
          Dies ergibt die Exponenten und Koeffizienten
          im 1. Term";
        Simplify[(f2/.xG- > 1/2/.xF- > 1/2)/Sqrt[dt]]/.
          dt- > 0
        Simplify[(g2/.xG- > 1/2/.xF- > 1/2)/dt]/.dt- > 0
        Solve[{%% == 0, % == 0}, {cG, cF}]
```

$$Out[5]= \frac{1}{4}\,(-8\, cF + 2\, cF^3 + cG\,(-8 + 2\, cG^2))$$

$$Out[5]= \frac{1}{8}\,(-8\, cF^2 + cF^4 + 2\, cF\, cG\,(-8 + 2\, cG^2) + cG^2\,(-8 + 3\, cG^2))$$

$$Out[5]= \Big\{\{cG \to -2, cF \to -2\},$$
$$\{cG \to 2, cF \to 2\}, \Big\{cG \to -\frac{2}{\sqrt{3}}, cF \to \frac{2}{\sqrt{3}}\Big\},$$
$$\Big\{cG \to -\frac{2}{\sqrt{3}}, cF \to \frac{2}{\sqrt{3}}\Big\}, \Big\{cG \to -\frac{2}{\sqrt{3}}, cF \to \frac{2}{\sqrt{3}}\Big\},$$
$$\Big\{cG \to -\frac{2}{\sqrt{3}}, cF \to \frac{2}{\sqrt{3}}\Big\}, \Big\{cG \to \frac{2}{\sqrt{3}}, cF \to -\frac{2}{\sqrt{3}}\Big\},$$
$$\Big\{cG \to \frac{2}{\sqrt{3}}, cF \to -\frac{2}{\sqrt{3}}\Big\}, \Big\{cG \to \frac{2}{\sqrt{3}}, cF \to -\frac{2}{\sqrt{3}}\Big\},$$
$$\Big\{cG \to \frac{2}{\sqrt{3}}, cF \to -\frac{2}{\sqrt{3}}\Big\}, \{cG \to -cF\}, \{cG \to -cF\}\Big\}$$

```
In[6]:= ....Einzige vernünftige Lösung ist hier
          {cG → 2, cF → 2}
```

An dieser Stelle des Programms hat man $x_1^{(F)}$, $x_1^{(G)}$ sowie $c_1^{(F)}$, $c_1^{(G)}$ berechnet (1/2, 1/2, 2, 2). Dabei erfolgt der eigentliche Exponenten- bzw. Koeffizientenvergleich per Inspektion der Entwicklungen (*Out*[4]). Bei der Wahl der Größe *m* muss Umsicht walten. Einerseits soll der Entwicklungsaufwand begrenzt bleiben. Andererseits müssen ausreichend viele Terme mitgenommen werden! Im folgenden Programmabschnitt werden die erhaltenen Zahlen eingesetzt, um die nächsthöheren Exponenten und entsprechenden Koeffizienten zu berechnen.

```
In[7]:= m = 6;

          f1 =
            Expand[
              Normal[
                Series[f/.t- > (1 - dt)/.vG- > (1 + dvG)/.
                  vF- > (1 - dvF), {dvG, 0, m}, {dvF, 0, m}]]];

          g1 =
            Expand[
              Normal[
                Series[g/.t- > (1 - dt)/.vG- > (1 + dvG)/.
                  vF- > (1 - dvF), {dvG, 0, m}, {dvF, 0, m}]]];

In[8]:= "Zweiter Term :";


          f2 =
            Expand[
              Simplify[(f1/dt)/.dvG- > 2 dt^(1/2) + cG dt^xG/.
                dvF- > 2 dt^(1/2) + cF dt^xF]];

          g2 =
            Expand[
              Simplify[(g1/dt)/.dvG- > 2 dt^(1/2) + cG dt^xG/.
                dvF- > 2 dt^(1/2) + cF dt^xF]];

          Expand[(f2/.xG- > 1/.xF- > 1)/dt]/.dt- > 0

          Expand[(g2/.xG- > 1/.xF- > 1)/dt^(3/2)]/.dt- > 0

          Solve[{%% == 0, % == 0}, {cG, cF}]

Out[8]= 4 cF + 4 cG
```

$$Out[8]= -\frac{288}{5} + 16\, cG$$

$$Out[8]= \left\{\left\{cG \rightarrow \frac{18}{5}, cF \rightarrow -\frac{18}{5}\right\}\right\}$$

```
In[9]:= "Dritter Term :";


         f2 =
           Expand[
             Simplify[
               (f1/dt)/.
                   dvG->2 dt^(1/2) + (18/5) dt + cG dt^xG/.
                   dvF->2 dt^(1/2) - (18/5) dt + cF dt^xF]];


         g2 =
           Expand[
             Simplify[
               (g1/dt)/.
                   dvG->2 dt^(1/2) + (18/5) dt + cG dt^xG/.
                   dvF->2 dt^(1/2) - (18/5) dt + cF dt^xF]];

In[10]:= Expand[(f2/.xG->3/2/.xF->3/2)/dt^(3/2)]/.
           dt->0
         Expand[(g2/.xG->3/2/.xF->3/2)/dt^(2)]/.
           dt->0
         Solve[{%% == 0, % == 0}, {cG, cF}]
```

$$\text{Out[10]}= -\frac{1176}{25} + 4\,cF + 4\,cG$$

$$\text{Out[10]}= -\frac{2352}{25} + 16\,cG$$

$$\text{Out[10]}= \left\{\left\{cG \to \frac{147}{25},\, cF \to \frac{147}{25}\right\}\right\}$$

```
In[11]:= "Umrechnung auf die Dichte";

In[12]:= dvG = 2 dt^(1/2) + (18/5) dt + (147/25) dt^(3/2);

         dvF = 2 dt^(1/2) - (18/5) dt + (147/25) dt^(3/2);

         rhoG = Series[1/(1 + dvG), {dt, 0, 2}]

         rhoF = Series[1/(1 - dvF), {dt, 0, 2}]

         (+rhoG - rhoF)/(2)

         (+rhoG + rhoF)/(2)
```

$$\text{Out[12]}= 1 - 2\sqrt{dt} + \frac{2\,dt}{5} + \frac{13\,dt^{3/2}}{25} + \frac{232\,dt^2}{25} + O[dt]^{5/2}$$

$$\text{Out[12]}= 1 + 2\sqrt{dt} + \frac{2\,dt}{5} - \frac{13\,dt^{3/2}}{25} + \frac{232\,dt^2}{25} + O[dt]^{5/2}$$

$$\text{Out[12]}= -2\sqrt{dt} + \frac{13\,dt^{3/2}}{25} + O[dt]^{5/2}$$

$$\text{Out[12]}= 1 + \frac{2\,dt}{5} + \frac{232\,dt^2}{25} + O[dt]^{5/2}$$

```
In[13]:= ....t^2 - Terme nicht mehr gültig,
         da vorherige Entwicklung nur bis dt^(3/2) !
```

Insgesamt lautet das Ergebnis

$$\beta = \frac{1}{2} \qquad \Delta' = 1 \qquad \alpha = 0 \tag{6.26}$$

und

$$A_0 = 2 \qquad A_1 = -\frac{13}{25} \qquad D_0 = \frac{2}{5} \, . \tag{6.27}$$

6.2 Der Ordnungsparameter

Unser Modell orientierbarer Teilchen, wie es Abbildung 6.1 illustriert, besitzt eine gewisse Ähnlichkeit mit einem einfachen Fluid. Teilchen mit Pfeilrichtung nach oben könnten beispielsweise als mikroskopisch kleine Flüssigkeitstropfen angesehen werden, während Teilchen mit Pfeilrichtung nach unten mikroskopisch kleine Hohlräume sein könnten. Man spricht auch von einem Gittergasmodell eines Fluids [12]. Deswegen verwundert es vielleicht nicht, dass das Phasenverhalten unseres obigen Modells in der Umgebung seines kritischen Punktes dem entsprechenden Phasenverhalten eines Fluids weitgehend ähnelt (vgl. Abbildung 6.7).

Offensichtlich besteht eine Verwandtschaft der Größen $\langle s \rangle$ (bzw. $2|\langle s \rangle|$) und $\rho_F - \rho_G$ bzw. B und P. Sowohl $|\langle s \rangle|$ als auch $\rho_F - \rho_G$ verschwinden oberhalb von T_c. Unterhalb von T_c nehmen beide monoton mit dem Abstand vom kritischen Punkt in Temperaturrichtung zu. Und beide gehorchen in der Nähe des kritischen Punktes einem Potenzgesetz der Form

$$\eta^{(o)} \quad \sim \quad \tau^{\beta} \qquad (\tau > 0) \tag{6.28}$$

mit

$$\beta = \frac{1}{2} \, . \tag{6.29}$$

Hier steht $\eta^{(o)}$ stellvertretend für die Gleichgewichtswerte von $\rho_F - \rho_G$ bzw. $|\langle s \rangle|$. In der Tat würden wir im Fall der Flüssigkeit auch ein der Beziehung der Gl. (6.11) entsprechendes Potenzgesetz finden, in dem B durch P ersetzt ist und $|\langle s \rangle|$ durch $\rho_F - \rho_G$. Der Exponent wäre auch hier in beiden Fällen identisch!

Die Größen $\rho_F - \rho_G$ bzw. $|\langle s \rangle|$ haben einen besonderen Namen; man nennt sie Ordnungsparameter. Ordnungsparameter verschwinden in der ungeordneten bzw. höher symmetrischen Phase. In der geordneten bzw. weniger symmetrischen Phase charakterisieren sie deren Ordnungsgrad. Ordnungsparameter können, wie in diesem Fall, einfache skalare Größen sein, aber auch mehrkomponentige oder komplexe Größen sind möglich.

---

[12]Besetzte Gitterzellen enthalten Flüssigkeit, unbesetzte Gitterzellen enthalten Vakuum.

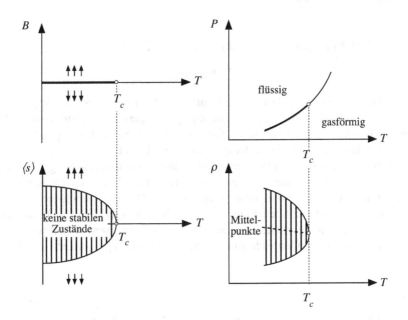

Abbildung 6.7: Links: Phasenverhalten des einfachen *mean field*-Modells orientierbarer Teilchen (vgl. Abbildungen 6.2 und 6.3). Rechts: Ausschnitt um den kritischen Punkt aus dem Phasendiagramm einer reinen Flüssigkeit, wie es beispielsweise auch die van der Waals-Theorie liefert (vgl. Abbildungen 1.17 und 1.26).

6.3   Ginzburg-Landau-Entwicklung der freien Energie

Wir beschränken uns auf den skalaren Fall und betrachten die freie Energie F eines Systems in der Nähe von T_c als Funktion eines lokalen Ordnungsparameters

$$\eta(\vec{r}) = \eta + \Delta\eta(\vec{r}) \tag{6.30}$$

[13]. Die Größe η ist der Mittelwert von $\eta(\vec{r})$, und $\Delta\eta(\vec{r})$ ist eine ortsabhängige Schwankung. Man beachte, dass η noch nicht den Gleichgewichtsmittelwert darstellt, sondern analog der Größe a in unserem Modell für kontinuierlich orientierbare Teilchen zu verstehen ist (vgl. Gl. (6.21)). D.h. wir fassen die freie Energie als eine in der Nähe von T_c in η bzw. $\eta(\vec{r})$ entwickelbare Funktion auf, deren Minimum wir suchen. Die freie Energie ist dann

$$F = \int_V d^3r\, f\left(\eta(\vec{r}), T\right) \;, \tag{6.31}$$

---

[13]Genauer gesagt ist $|\eta(\vec{r})|$ der eigentliche lokale Ordnungsparameter.

wobei wir die lokale freie Energiedichte $f(\eta(\vec{r}), T)$ durch die ersten Terme einer so genannten Ginzburg-Landau-Entwicklung

$$f(\eta(\vec{r}), T) = f_0(T) \quad + \quad C_1(T)\,\eta^2(\vec{r}) + \frac{1}{2}C_2(T)\,\eta^4(\vec{r}) \qquad (6.32)$$
$$+ \quad C_3(T)\,|\vec{\nabla}\eta(\vec{r})|^2 + \dots$$

beschreiben. Die Größe $f_0(T)$ ist die lokale freie Energie(dichte) für $\eta(\vec{r}) = 0$. D.h. $f_0(T)$ beschreibt in unserer Terminologie die weniger geordnete Phase. Wenn wir die Schwankungen einmal vernachlässigen (siehe unten), dann sind die folgenden Terme praktisch identisch mit der Entwicklung in Gl. (6.21), in der a die Rolle von $|\eta|$ hat.

Die in der Ginzburg-Landau-Entwicklung auftretenden Terme hängen von den Symmetrieeigenschaften des Ordnungsparameters ab (vgl. [10] §145). Hier treten nur gerade Potenzen in $\eta(\vec{r})$ auf, da f nicht vom Vorzeichen des Ordnungsparameters abhängen soll [14]. Ein Term $\vec{\nabla}\eta(\vec{r})$ kann nicht beitragen, wenn das System isotrop ist. Ein Term proportional zu $\eta(\vec{r})\vec{\nabla}^2\eta(\vec{r})$ kann durch partielle Integration umgeschrieben werden in einen Oberflächenbeitrag, und Oberflächen sollen nicht zählen, sowie einen Term proportional zu $|\vec{\nabla}\eta(\vec{r})|^2$, und den haben wir dabei.

6.4 Ordnungsparameterentwicklung in homogenen Systemen

In diesem Fall gilt $\Delta\eta(\vec{r}) = 0$, und wir erhalten durch Minimieren der freien Energie nach η, d.h. mittels

$$\frac{1}{V}\left(\frac{\partial F}{\partial \eta}\right)_{\eta^{(o)}} = 2C_1(T)\,\eta^{(o)} + 2C_2(T)\left(\eta^{(o)}\right)^3 = 0 \,, \qquad (6.33)$$

die Gleichgewichtslösungen

$$\left(\eta^{(o)}\right)^2 = \begin{cases} 0 \\ -C_1(T)/C_2(T) \end{cases} \qquad (6.34)$$

(vgl. Gl. (6.23)). Wir wollen außerdem die Taylorentwicklungen in der Temperatur

$$C_i(T) = C_{i,0} + C_{i,1}\left(T - T_c\right) + \dots \qquad (6.35)$$

für die Koeffizienten $C_1(T)$, $C_2(T)$ und $C_3(T)$ annehmen. Damit $(\eta^{(o)})^2$ sich vernünftig verhält, muss es für $T = T_c$ verschwinden und für $T < T_c$ positiv und endlich sein. Daraus folgt

---

[14]Wie beispielsweise unser Modell eines magnetischen Systems in Abbildung 6.1.

$C_{1,0} = 0, C_{1,1} \neq 0$ sowie $C_{2,0} \neq 0$. Wir erhalten als führenden Beitrag zur lokalen freien Energie [15]

$$f = f_0(T) + C_{1,1}\left(T - T_c\right)\eta^2 + \frac{1}{2}C_{2,0}\eta^4 \tag{6.36}$$

(vgl. Abbildung 6.8) bzw. zum Gleichgewichtsordnungsparameter

$$\left(\eta^{(o)}\right)^2 = -\frac{C_{1,1}}{C_{2,0}}\left(T - T_c\right) \tag{6.37}$$

oder

$$|\eta^{(o)}| \sim \tau^{1/2} \qquad (\tau > 0)\ . \tag{6.38}$$

Insgesamt reproduziert diese einfache Entwicklung der freien Energie nach dem Ordnungsparameter in der Nähe des Übergangs das Verhalten der van der Waals-Theorie sowie des obigen *mean field*-Modells für den Orientierungsübergang.

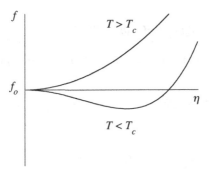

Abbildung 6.8: Lokale freie Energie f als Funktion von η für $T > T_c$ bzw. $T < T_c$.

Betrachten wir jetzt die Wärmekapazität in der Nähe von T_c. Wiederum in führender Ordnung ist

$$f = f_0(T) - \frac{C_{1,1}^2}{2C_{2,0}}\left(T - T_c\right)^2\ , \tag{6.39}$$

und die entsprechende Entropie ist

$$S = -V\left(\frac{\partial f}{\partial T}\right) = S_0(T) + V\frac{C_{1,1}^2}{C_{2,0}}\left(T - T_c\right)\ . \tag{6.40}$$

---

[15]Die Unterscheidung von f und F spielt für homogene Systeme keine Rolle.

Für die Wärmekapazität [16] gilt somit

$$C = T\left(\frac{\partial S}{\partial T}\right) = C_0(T) + V\frac{C_{1,1}^2}{C_{2,0}}T \ . \tag{6.41}$$

Dieses Modell liefert also einen endlichen Sprung, $\Delta C = V(C_{1,1}^2/C_{2,0})T_c$, bei T_c. Auch die van der Waals-Theorie und das *mean field*-Modell für den Orientierungsübergang tun dies. Andererseits sehen wir in Aufgabe 25, dass im Fall des 2D-Ising-Modells die Wärmekapazität im thermodynamischen Limes bei T_c divergiert. Bei genauer Betrachtung dessen exakter Lösung würden wir außerdem feststellen, dass der kritische Exponent β mit dem der Ordnungsparameter für $T \to T_c (T \le T_c)$ verschwindet, $|\eta| \sim \tau^\beta$, nicht gleich $1/2$, sondern gleich $1/8$ ist.

Bevor wir dies diskutieren, betrachten wir noch die isotherme Suszeptibilität, definiert durch

$$\chi_T = \left(\frac{\partial \eta}{\partial B}\right)_{T,B\to 0} \ . \tag{6.42}$$

Wir berechnen χ_T ausgehend von Gl. (6.32), ergänzt um einen externen Feld-Term $-B\eta$. D.h.

$$f = f_0(T) - C_{1,1}(T - T_c)\eta^2 + \frac{1}{2}C_{2,0}\eta^4 - B\eta \tag{6.43}$$

(Begründung?). Aus der Gleichgewichtsbedingung $df/d\eta = 0$ folgt

$$B = 2C_{1,1}(T - T_c)\eta + 2C_{2,0}\eta^3 \ .$$

Damit aber haben wir

$$\begin{aligned}
\chi_T^{-1} &= \left(\frac{\partial \eta}{\partial B}\right)_{T,B\to 0}^{-1} \\[2mm]
&= \begin{cases} 2C_{1,1}(T - T_c) + 6C_{2,0}(\eta^{(o)})^2 = -4C_{1,1}(T - T_c) & \text{für} \quad T < T_c, \eta^{(o)} \neq 0 \\[2mm] 2C_{1,1}(T - T_c) & \text{für} \quad T > T_c, \eta^{(o)} = 0 \end{cases}
\end{aligned} \ .$$

D.h. χ_T divergiert gemäß

$$\chi_T \sim |\tau|^{-1} \ . \tag{6.44}$$

Die gleiche Divergenz erhalten wir für $\chi_T(T \to T_c) = (\partial\langle s\rangle/\partial B)_{T,B\to 0}$ ausgehend von Gl. (6.5) (Zeigen Sie dies!). D.h. die *mean field*-Theorie für den Orientierungsübergang liefert wieder das gleiche Ergebnis. Und was liefert die van der Waals-Theorie? Das Analogon zur Suszeptibilität ist hier die isotherme Kompressibilität κ_T. Mit Gl. (1.92) erhalten wir

---

[16]Im Fall eines Fluids ist dies C_V.

$$\left(P_c \kappa_T\right)^{-1} = \frac{24tv}{(3v-1)^2} - \frac{6}{v^2} \ .$$

Entlang $v = 1$ $\left(v = V/V_c\right)$ von oben gegen T_c gilt

$$\left(P_c \kappa_T\right)^{-1} = 6\left(t - 1\right) = 6\left(\frac{T}{T_c} - 1\right) = -6\tau \ .$$

Und von unten? Hier setzen wir das Resultat aus Aufgabe 24 ein ($v = v_{G/F} \approx 1 \pm 2\tau^{1/2}$) und erhalten

$$\left(P_c \kappa_T\right)^{-1} \approx 12\tau$$

und damit

$$\kappa_T \sim |\tau|^{-1} \ . \tag{6.45}$$

Wieder sind alle drei Modelle in Übereinstimmung. Gemäß Gl. (4.23) ist κ_T proportional zum Strukturfaktor bei $q \approx 0$. D.h. die Divergenz bzw. der kritische Exponent γ ($\kappa_T \sim |\tau|^{-\gamma}$ bzw. $\chi_T \sim |\tau|^{-\gamma}$) können durch ein entsprechendes Streuexperiment bestimmt werden. Tatsächlich liefert die Divergenz der Intensität für $T \to T_c$ bei $q = 0$ im Fall einfacher Fluide nicht $\gamma = 1$, sondern $\gamma \approx 1.3$. Insgesamt gesehen scheint unsere einfache Theorie daher noch nicht zum Kern der kritischen Phänomene vorzustoßen.

Eine Bemerkung zum Abschluss. Ein Aspekt, den wir hier nicht genauer untersuchen wollen, ist die grundsätzliche Gleichheit der kritischen Exponenten bei $\tau \to 0$ für $\tau > 0$ und bei $\tau \to 0$ für $\tau < 0$ [17]. Außer im Fall des Ordnungsparameters, der für $T > T_c$ verschwindet, zeigt eine genauere Analyse, dass die Exponenten tatsächlich auf beiden Seiten existieren und identisch sind. Wir werden im Folgenden, wenn es angebracht ist, immer schreiben: $\chi_T \sim |\tau|^{-\gamma}$ bzw. $\kappa_T \sim |\tau|^{-\gamma}$ usw. Anders als für die Exponenten gilt diese Gleichheit in der Regel nicht für die Koeffizienten.

Aufgabe 25:   Monte Carlo-Simulation des 2D-Ising-Modells

Das d-dimensionale Ising-Modell ist ein d-dimensionales Gitter, an dessen Knotenpunkten Spinvariablen s_i lokalisiert sind, die die Werte $+1$ oder -1 annehmen können, und deren Wechselwirkung sich (in der Regel) auf die unmittelbaren Nachbarspins beschränkt. Wir betrachten hier ein quadratisches Gitter. Jeder Spin wechselwirkt mit seinen nächstgelegenen vier Spins entlang der Gitterachsen. Außerdem kann jeder Spin an ein externes Feld B koppeln. Die Energie unseres Ising-Modells lautet damit

---

[17] In einigen Spezialfällen haben wir dies natürlich schon gezeigt.

$$\mathcal{H} = -J \sum_{<ij>} s_i s_j - B \sum_i s_i \, , \tag{6.46}$$

wobei $J > 0$ (ferromagnetische Kopplung) sein soll und $< ij >$ nächste Nachbarn bedeutet.

Das 2D-Ising-Modell hat eine besondere Rolle in der Theorie der kritischen Phänomene gespielt. Es ist ein nichttriviales, analytisch lösbares Modell mit einem kontinuierlichen Phasenübergang (bei $B = 0$ und unendlicher Gittergröße) [18]. Die Magnetisierung pro Spin m steigt unterhalb der kritischen Temperatur T_c (betragsmäßig!) von null auf eins an. Dies entspricht einem Übergang von einer ungeordneten Phase mit $m = 0$ für $T \geq T_c$ zu einer „geordneten" Phase mit $m \neq 0$ für $T < T_c$. Nahe T_c folgt der Anstieg von $|m|$ dem inzwischen bekannten Potenzgesetz $|m| \propto (T_c - T)^\beta$. Gleichzeitig divergiert die Wärmekapazität pro Spin mit $C_V/N \propto |T_c - T|^{-\alpha}$ auf beiden Seiten von T_c [19]. Die Zahlenwerte der kritischen Exponenten β (> 0) und α (≥ 0) hängen nur von wenigen grundsätzlichen Faktoren wie der Raumdimension oder den Symmetrieeigenschaften des lokalen Ordnungsparameters (hier die Spins) ab. Dementsprechend können die kritischen Exponenten physikalisch höchst unterschiedlicher Systeme (z.B. bestimmte Metalllegierungen und einfache Flüssigkeiten) durchaus übereinstimmen. Man spricht dann von Universalität bzw. von Universalitätsklassen. Alle Systeme, die die Exponenten des 2D-Ising-Modells aufweisen, liegen in dessen Universalitätsklasse [20].

Dem nächsten Kapitel vorgreifend wollen wir eine Monte Carlo-Simulation des 2D-Ising-Modells für $J = 1$, $B = 0$ und periodische Randbedingungen durchführen. Wir verwenden den so genannten Metropolis-Algorithmus:

1. Wähle einen Spin zufällig aus und erzeuge eine neue Gitterkonfiguration (*neu*) durch Umdrehen dieses Spins.

2. Wähle eine Zufallszahl ξ zwischen 0 und 1. Und prüfe das Kriterium

$$min\{1, \exp[-(\mathcal{H}^{(neu)} - \mathcal{H}^{(alt)})/(k_B T)]\} \geq \xi \, . \tag{6.47}$$

Falls dieses so genannte Metropolis-Kriterium erfüllt ist, dann akzeptiere die neue Konfiguration. Anderenfalls akzeptiere die alte Konfiguration.

---

[18] Gelöst wurde es von L. Onsager (*Crystal Statistics. I. A two-dimensional model with an order-disorder transition.* Phys. Rev. (1944) **65**, 117) für $B = 0$ und von C.N. Yang (*The spontaneous magnetization of a two-dimensional Ising model.* Phys. Rev. (1952) **85**, 808) für $B \neq 0$, basierend auf Vorarbeiten von H.A. Kramers und G.H. Wannier (*Statistics of the two-dimensional ferromagnet. Part I.* Phys. Rev. (1941) **60**, 252). In 3D gibt es bis heute keine analytische Lösung, obwohl die Eigenschaften dieser Lösung durch numerische und approximative Methoden gut bekannt sind. Das Ising-Modell ist ein Spezialfall des so genannten Potts-Modells, einer Verallgemeinerung auf eine beliebige Anzahl von Spin-Zuständen [47]. Zur Geschichte des Ising-Modells siehe [48].

[19] Genauer gesagt liegt im Fall des 2D-Ising-Modells eine logarithmische Divergenz der Wärmekapazität vor (d.h. $\sim -\ln|T_c - T|$), und somit ist $\alpha = 0$. Man sagt auch $\alpha = O(\ln)$.

[20] Ein Beispiel ist die (1×2)-zu-(1×1)-Rekonstruktion der $Au(110)$-Oberfläche (J. C. Campuzano, M. S. Foster, G. Jennings, R. F. Willis, W. N. Unertl (1985) *Au(110) (1×2)-to-(1×1) phase transition: a physical realization of the two-dimensional Ising-model.* Phys. Rev. Lett. **57**, 2684).

3. Dieser MC-Schritt ist beendet. Beginne den nächsten Schritt wieder bei 1.

Dieser Algorithmus, wie wir noch sehen werden, erzeugt Konfigurationen gemäß dem kanonischen Ensemble [21]. Alle Mittelwerte werden auf der Basis der akzeptierten Konfigurationen berechnet.

(a)   Schreiben Sie ein Computerprogramm (z.B. mit *Mathematica*) für den Fall des 2D-Ising-Modells mit $J = 1$ auf einem $(N \times M)$-Gitter mit periodischen Randbedingungen ($s_{1,j} = s_{N+1,j}$ bzw. $s_{i,1} = s_{i,M+1}$).

(b)   Betrachten Sie ein (4×4)-Gitter sowie ein (16×16)-Gitter bei $B = 0$. Ausgehend von $k_B T/J = 1$ bis $k_B T/J = 4$ in Schritten zu $k_B \Delta T/J \le 0.1$ führen Sie Simulationen mit mindestens 1000 MC-Schritten pro Spin aus, und tragen Sie die jeweiligen Mittelwerte des Betrags der Magnetisierung pro Spin, $|m| = |\sum_i s_i|/(MN)$, und der Energie pro Spin, $\mathcal{H}/(MN)$, gegen $k_B T/J$ auf. Durch numerische Ableitung (ggf. nach Glättung der Daten) der Energie pro Spin nach T erhalten Sie C_V pro Spin. Tragen Sie C_V/k_B pro Spin ebenfalls gegen $k_B T/J$ auf, und vergleichen Sie Ihre Simulationsergebnisse mit den entsprechenden Graphen von Ferdinand und Fisher [22] in Abbildung 6.9.

Eine technische Bemerkung: Beginnen Sie mit einer Startkonfiguration in der $s_i = +1$ oder $s_i = -1 \ \forall \ i$. Verwenden Sie die letzte Konfiguration einer Simulation bei T als Ausgangskonfiguration für $T + \Delta T$. Wenn möglich sollten Sie den angegebenen T-Bereich vorwärts und anschließend rückwärts durchlaufen. Die Ergebnisse beider Durchgänge sollten innerhalb der statistischen Schwankungen übereinstimmen. Wenn dies nicht der Fall ist (Hysterese), dann hat die Simulation keine Gleichgewichtsmittelwerte erzeugt! Sie müssen dann die Anzahl der MC-Schritte vergrößern, bis Ihr Ergebnis nicht mehr von der jeweiligen Ausgangskonfiguration abhängt.

Eine Bemerkung zum Begriff des „Gleichgewichts" in der technischen Bemerkung: Für $B = 0$ ist $\mathcal{H}$ offensichtlich invariant bezüglich der Orientierungsänderung aller Spins. Unterhalb von T_c ist der Grundzustand dieses Systems jedoch zweifach entartet ($m < 0$ bzw. $m > 0$). D.h. für den Grundzustand gilt die obige Invarianz nicht. Man spricht in so einem Fall von spontan gebrochener Symmetrie. Der physikalische Grund für spontane Symmetriebrechung ist, dass das System für lange Zeit in einer bestimmten Region seines Zustandsraums „stecken bleibt". Die über das System gemittelte Magnetisierung kann prinzipiell immer noch beide Richtungen aufweisen, aber das dazu notwendige Umklappen erfolgt zunehmend seltener [23]. Es ist ein kooperativer Prozess aller s_i. Wenn die Gesamtzahl der s_i bzw. das Systemvolumen gegen unendlich geht, so ändert sich die einmal gewählte Orientierung der Magnetisierung nicht mehr. Spontane Symmetriebrechung geht also einher mit Verletzung der Ergodizität (siehe Referenz [20] Abschnitt 4.3).

---

[21] D.h. Mittelwerte irgendwelcher Größen, die auf der Basis dieser Konfigurationen (im Gleichgewicht) berechnet werden, sind identisch mit den entsprechenden Mittelwerten, basierend auf der kanonischen Zustandssumme.

[22] A. E. Ferdinand, M. E. Fisher (1969) *Bounded and inhomogeneous Ising models. I. Specific-heat anomaly of a finite lattice.* Phys. Rev. **185**, 832

[23] Sie können dies selbst ausprobieren, indem Sie die mittlere Magnetisierung (und nicht ihren Betrag) als Funktion der Zahl der MC-Schritte auftragen (siehe z.B. Abbildung 10.2 in J.M. Thijssen (1999) *Computational Physics.* Cambridge University Press).

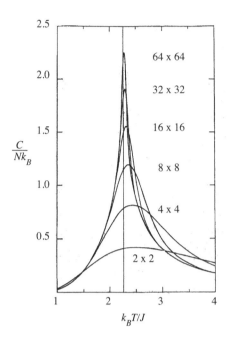

Abbildung 6.9: Wärmekapazität pro Spin für periodische 2D-Ising-Gitter aus der zitierten Arbeit von Ferdinand und Fisher. Der senkrechte Strich markiert die kritische Temperatur des unendlichen Gitters ($k_B T_c/J \approx 2.269$). Die endliche Wärmekapazität sowie die Verschiebung des Maximums in Abhängigkeit von der Gittergröße sind so genannte *finite size effects*.

Zweck dieser Aufgabe ist es einerseits, ein gewisses Gefühl für den Umgang mit Simulationsrechnungen anhand des häufig eingesetzten Metropolis-Algorithmus zu bekommen. Andererseits sollen Sie aber auch die Schwierigkeiten begreifen lernen, die gerade bei der numerischen Untersuchung kritischer Phänomene auftreten.

Lösung:

Es folgt das *Mathematica*-Programm in zwei Teilen – zunächst <u>ohne</u> Haupt-MC-Schleife [24]:

---

[24] Das Programm verwendet den Buchstaben *u* für die Energie.

```
In[14]:= "Metropolis - MC am Beispiel des ferromagnetischen
            2D - Ising - Modells (s = +1, -1) mit PRB";


In[15]:= "Grösse des (n x m) - Gitters";
         n = 16; m = 16;
         "Spin - Kopplungskonstante in Temperatureinheiten
            ist J = 1";
         "ext. Feld in Temperatureinheiten";
         B = 0;
         "Zahl der MC - Versuche, die Konfiguration des
            Gitters mittels Spinflip zu ändern";
         mcschritte = 1600000;
         "Anfangskonfiguration : alle s = -1";
         Table[ising[i, l] = -1, {i, 0, n + 1}, {l, 0, m + 1}];
         "Anfangsenergie";
          u = - (n m) (2 - B);
         "Anfangsmagnetisierung";
          mag = -1;
         "Datei für Ausgabe";
         OpenWrite["Ising2D.d"];

In[16]:= Do["Statistik"; su = u; sm = Abs[mag];
         "Beginn der Haupt - MC - Schleife";
         ........
         "Ende der Haupt - MC - Schleife";
         "Ausgabe der mittleren Energie und der Magnetisierung
             pro Spin";
         Print[T," ", N[su/ (n m mcschritte)]," ",
            N[sm/mcschritte]];
         Write["Ising2D.d", OutputForm[" "], OutputForm[T],
            OutputForm[" "], OutputForm[N[su/ (n m mcschritte)]],
            OutputForm[" "], OutputForm[N[sm/mcschritte]]],
         {T, 1, 4, 0.1}];

In[17]:= Do["Statistik"; su = u; sm = mag;
         "Beginn der Haupt - MC - Schleife";
         ........
         "Ende der Haupt - MC - Schleife";
         "Ausgabe der mittleren Energie und der Magnetisierung
             pro Spin";
         Print[T," ", N[su/ (n m mcschritte)]," ",
            N[sm/mcschritte]];
         Write["Ising2D.d", OutputForm[" "], OutputForm[T],
            OutputForm[" "], OutputForm[N[su/ (n m mcschritte)]],
         OutputForm[" "], OutputForm[N[sm/mcschritte]]],
         {T, 4, 1, -0.1}];
         Close["Ising2D.d"];
```

und anschließend <u>nur</u> die Haupt-MC-Schleife:

```
In[18]:= "Beginn der Haupt - MC - Schleife";
         Do[nspin = Random[Integer, {1, n}]; mspin = Random[Integer, {1, m}];
         newspin = -ising[nspin, mspin];
         du = (ising[nspin, mspin] - newspin) *
                 (ising[nspin + 1, mspin] + ising[nspin - 1, mspin] +
                     ising[nspin, mspin + 1] + ising[nspin, mspin - 1]) +
                 B * (ising[nspin, mspin] - newspin);
         dmag = (newspin - ising[nspin, mspin]) / (n m);
         If[Min[1, Exp[-du/T]] >= Random[],
             {ising[nspin, mspin] = newspin, u+ = du, su+ = u,
             mag+ = dmag, sm+ = Abs[mag],
             ising[0, mspin] = ising[n, mspin],
             ising[n + 1, mspin] = ising[1, mspin],
             ising[nspin, 0] = ising[nspin, m],
             ising[nspin, m + 1] = ising[nspin, 1]},
             {su+ = u, sm+ = Abs[mag]}], {i, 1, mcschritte}];
         "Ende der Haupt - MC - Schleife";
```

Die Resultate dieses Programms sowie entsprechende Ergebnisse für die Wärmekapazität des periodischen 3D-Ising-Gitters, die mit einer modifizierten Version erhalten wurden, sind in den Abbildungen 6.10, 6.11 und 6.12 dargestellt. Die Simulationsresultate für die Wärmekapazität pro Spin in Abbildung 6.11 (links) folgen aus der numerischen Ableitung der Daten in Abbildung 6.10 (rechts) nach $k_B T/J$. Vorher wurden die Hin- und Rückläufe gemittelt und

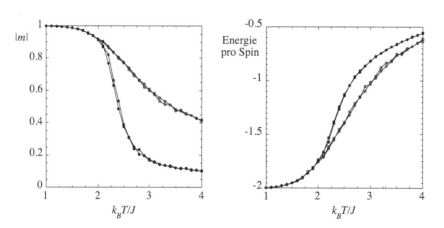

Abbildung 6.10: Links: Temperaturabhängigkeit der Magnetisierung pro Spin im Fall des (4×4)- (offene Symbole) und des (16×16)- (geschlossene Symbole) 2D-Ising-Gitters mit periodischen Randbedingungen. Pro Spin wurden bei jedem Symbol jeweils 6250 MC-Versuche durchgeführt. Übereinander liegende Symbole entsprechen dem Resultat beim Hin- bzw. Rückweg. Rechts: Genau wie links aber für die Energie pro Spin.

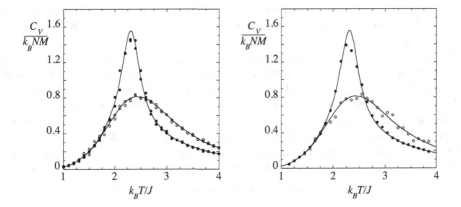

Abbildung 6.11: Links: Temperaturabhängigkeit der Wärmekapazität pro Spin, berechnet durch numerische Ableitung der Energie pro Spin nach $k_B T/J$. Die durchgezogenen Linien dagegen zeigen Resultate von Ferdinand und Fisher, basierend auf der exakten Lösung des 2D-Ising-Modells ebenfalls für das (4×4)- und das (16×16)-Gitter. Rechts: Temperaturabhängigkeit der Wärmekapazität pro Spin berechnet mittels Gl. (2.9) unter sonst gleichen Bedingungen wie im linken Graphen. Übereinander liegende Symbole entsprechen den berechneten Werten beim Hin- bzw. Rücklauf. Die Differenzen können als Maß für die jeweiligen Streuungen angesehen werden. Die durchgezogenen Linien zeigen wieder Resultate von Ferdinand und Fisher.

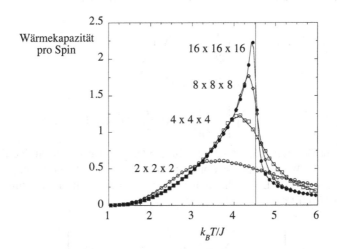

Abbildung 6.12: Temperaturabhängigkeit der Wärmekapazität pro Spin, simuliert für die angegebenen 3D-Ising-Gitter. Es wurden $1.25(2^3), 2.50(4^3), 5.00(8^3), 10(16^3) \cdot 10^6$ MC-Schritte pro Temperatur durchgeführt. Die Linien sollen hier lediglich die Simulationswerte optisch trennen helfen. Für das unendliche Gitter gilt $k_B T_c/J \approx 4.511$ (senkrechte Linie).

das Resultat mit einer 3-Punkt-Glättung geglättet. Die Abbildungen zeigen, dass die Simulationsergebnisse noch recht stark schwanken. Allerdings fällt auf, dass das Resultat für das

(16×16)-Gitter in Abbildung 6.11 glatter ist (warum?). Lediglich direkt am Maximum reicht die verwendete Schrittweite nicht aus, um eine bessere Übereinstimmung mit dem exakten Resultat zu erhalten.

Bemerkung: Die Wärmekapazität kann hier auch mittels Gl. (2.9) berechnet werden. Die einzige Änderung in dem MC-Programm betrifft die zusätzliche Summation über u^2. Das resultierende Ergebnis zeigt der rechte Graph in Abbildung 6.11. Insgesamt ist die Genauigkeit vergleichbar zu der im linken Graphen bei sonst gleichen Simulationsbedingungen.

Aufwendigere Simulationen allerdings ergeben recht glatte Kurven, wie die Abbildung 6.12 für den Fall des periodischen 3D-Ising-Gitters zeigt. Hier wurde das obige Programm in einer numerischen Computersprache implementiert, die für solche *number crunching*-Anwendungen zweckmäßiger (da schneller) ist als algebraische Computersprachen wie *Mathematica*.

6.5 Fluktuationskorrelationen nahe T_c

Um besser verstehen zu können, warum die bisherigen Ansätze nahe dem kritischen Punkt nicht die volle Physik beinhalten, betrachten wir jetzt die bisher vernachlässigten Ordnungsparameterfluktuationen. Dazu berechnen wir die Fluktuationskorrelationsfunktion $\langle \Delta\eta(0)\Delta\eta(r)\rangle$.

Unser Vorgehen ist analog zum Fall der fluktuierenden Membran. Die Wahrscheinlichkeit(sdichte) einer bestimmten Verteilung $\{\Delta\eta\}$ (analog zu $\{u\}$) ist

$$
\begin{aligned}
p\left(E,\{\Delta\eta\}\right) \;&=\; \exp\left[\frac{1}{k_B}\Delta S\left(E,\{\Delta\eta\}\right)\right] \\[2mm]
&=\; \exp\left[-\frac{1}{k_B T}\Delta F\left(E,\{\Delta\eta\}\right)\right] \\[2mm]
&\overset{(6.31),(6.32)}{\propto}\; \exp\left[-\frac{1}{k_B T}\int_V d^3r\left\{C_1'(T)\,\Delta\eta^2\left(\vec{r}\right)+C_3(T)\left(\vec{\nabla}\Delta\eta(\vec{r})\right)^2\right\}\right].
\end{aligned}
\tag{6.48}
$$

Die letzte Zeile berücksichtigt lediglich die führenden Schwankungsbeiträge um das Minimum von F bei $\eta^{(o)}$. Der Term proportional zu $\Delta\eta(\vec{r})$ verschwindet aufgrund der Integration über das gesamte Volumen. Durch direkten Vergleich mit dem Fall der fluktuierenden Membran (vgl. Gl. (5.16)) folgt

$$
p\left(E,\{\Delta\eta\}\right)\propto\exp\left[-\frac{1}{2k_B}\frac{2V}{T}\sum_{\vec{q}}\left(C_1'(T)+C_3(T)q^2\right)\Delta\hat{\eta}_{\vec{q}}\Delta\hat{\eta}_{-\vec{q}}\right].
\tag{6.49}
$$

Gemäß Gl. (5.5) können wir direkt schreiben

$$
\langle\Delta\hat{\eta}_{\vec{q}}\Delta\hat{\eta}_{-\vec{q}}\rangle=\frac{k_B T}{2V}\frac{1}{C_1'(T)+C_3(T)q^2}\;.
\tag{6.50}
$$

Die Fouriertransformierte der rechten Seite ist die gesuchte Korrelationsfunktion, d.h.

$$\langle \Delta\eta(0)\,\Delta\eta(r)\rangle \;=\; \sum_{\vec{q}} \langle\Delta\hat{\eta}_{\vec{q}}\Delta\hat{\eta}_{-\vec{q}}\rangle e^{i\vec{q}\cdot\vec{r}} \;=\; \int \langle\Delta\hat{\eta}_{\vec{q}}\Delta\hat{\eta}_{-\vec{q}}\rangle e^{i\vec{q}\cdot\vec{r}}\frac{V d^3 q}{(2\pi)^3} \;\propto\; \frac{1}{r}e^{-r/\xi} \qquad (6.51)$$

(Bemerkung: In d Dimensionen würde gelten $\langle\Delta\eta(0)\,\Delta\eta(r)\rangle \propto r^{-(d-1)/2}e^{-r/\xi}$ für große r/ξ.). Hier ist

$$\xi = \sqrt{\frac{C_3(T)}{C_1'(T)}} \;\propto\; |\tau|^{-\nu} \qquad (T\approx T_c)\,. \qquad (6.52)$$

Dies bedeutet, wie wir gleich sehen werden (Die Begründung für $\propto |\tau|^{-\nu}$ folgt im nächsten Paragraphen.), dass die Größe ξ, die Korrelationslänge der Ordnungsparameterfluktuationen, nahe T_c divergiert und zwar mit dem kritischen Exponenten $\nu = 1/2$.

Macht dies Sinn? Betrachten wir die isotherme Kompressibilität κ_T gemäß Gl. (4.8) mit

$$h(r) \propto \langle\Delta\eta(0)\,\Delta\eta(r)\rangle\,. \qquad (6.53)$$

Man beachte allerdings, dass der r-Bereich, um den es hier geht, sehr viel größer ist als der in Abbildung 4.1. Tatsächlich arbeiten wir wieder im Kontinuumsgrenzfall, denn unser Modell enthält keinerlei molekulare Struktur. Insbesondere wäre der Grenzfall $r \to 0$ für die Korrelationsfunktion der Gl. (6.51) gar nicht sinnvoll. Wir betrachten unser System, sagen wir eine Flüssigkeit, aus großer Entfernung, sodass die lokale Struktur verschmiert und nur noch ein kontinuierliches „(Dichte-)Schwankungsfeld" $\Delta\eta(r)$ zu sehen ist. In diesem Sinn gilt

$$\kappa_T \;\sim\; \int dr\, r^2 \frac{e^{-r/\xi}}{r} \overset{x=r/\xi}{\propto} \xi^2 \propto |\tau|^{-2\nu}\,. \qquad (6.54)$$

Andererseits gilt nach Gl. (6.45) $\kappa_T \propto |\tau|^{-\gamma}$ mit $\gamma = 1$. D.h.

$$\gamma = 2\nu\,, \qquad (6.55)$$

und daher $\nu = 1/2$. Gleichung (6.55) ist das erste Beispiel einer Beziehung zwischen Exponenten, einem so genannten Skalengesetz (engl.: *scaling law*) [25]. Insgesamt erhalten wir ein konsistentes Bild. Und wir haben die Information, dass die Fluktuationen nahe T_c immer mehr an Bedeutung gewinnen. Schwankungen kann man nur vernachlässigen, so lange

$$\langle\Delta\eta(0)\,\Delta\eta(r)\rangle \;\ll\; \langle\eta^{(o)}\rangle^2 \qquad (6.56)$$

erfüllt ist (für $T < T_c$). Man spricht vom Ginzburg-Kriterium [26].

---

[25] Gleichung (6.55) ist allerdings noch nicht korrekt. Korrekt lautet sie $\gamma = (2-\eta)\,\nu$. Hier ist η ein weiterer kritischer Exponent (nicht etwa der Ordnungsparameter!), der in unserer bisherigen Theorie null ist.

[26] V. L. Ginzburg (1960) *Some remarks on phase transitions of the second kind and the microscopic theory of ferroelectric materials*. Soviet Phys. Solid State **2**, 1824

Untersuchen wir die Abschätzung der Gl. (6.56) genauer. Dazu betrachten wir nochmals die Fouriertransformation (Gl.(6.51)), aber diesmal in d Dimensionen. Für $T = T_c$ verschwindet $C_1'(T)$ (vgl. Gl. (6.52)), und in der unmittelbaren Nähe von T_c gilt

$$\langle \Delta\eta\,(0)\,\Delta\eta\,(r)\rangle \quad \propto \quad \int \langle \Delta\hat{\eta}_{\hat{q}}\Delta\hat{\eta}_{-\hat{q}}\rangle e^{i\vec{q}\cdot\vec{r}} d^d q \tag{6.57}$$

$$\underset{\vec{k}=\xi\vec{q}}{} \quad \xi^{2-d} \sim |\tau|^{-(2-d)\nu}$$

für die τ-Abhängigkeit von $\langle \Delta\eta\,(0)\,\Delta\eta\,(r)\rangle$ [27]. Setzen wir dieses Resultat in die Abschätzung der Gl. (6.56) ein, so folgt

$$\sim |\tau|^{(d-2)\nu} \ll \sim \tau^{2\beta} \; .$$

Dies kann grundsätzlich nur dann erfüllt sein, wenn für die Exponenten gilt

$$(d-2)\nu \geq 2\beta \; .$$

Für unsere *mean field*-Exponenten folgt

$$d \geq 4 \; .$$

Konkret heißt dies, dass wir in vier [28] bzw. höheren Dimensionen mit unserer *mean field*-Theorie auskommen, während darunter die Fluktuationen bei Annäherung an den kritischen Punkt irgendwann zwangsläufig die Oberhand bekommen! $d = 4$ heißt daher obere kritische Dimension. Aus diesem Grund wird unterhalb von $d = 4$ eine systematische Entwicklung der freien Energie wie die Ginzburg-Landau-Entwicklung am kritischen Punkt nie ausreichen. Obwohl wir eine Menge nützlicher Einsichten gewonnen haben, ist dies das Ende einer Sackgasse!

6.6   Die Skalenhypothese

Wir haben gesehen, dass eine Reihe von thermodynamischen Größen wie C_V/N oder κ_T am kritischen Punkt divergieren. Da diese Größen durch Ableitung der freien Energie F bzw. der freien Energiedichte F/V [29] entstehen, muss diese selbst einen divergenten Beitrag enthalten. Nennen wir diesen Beitrag $-\Delta F/V$ bzw. $f_\infty \equiv -\Delta F/(k_B T V)$.

Um einen Ausdruck für f_∞ hinzuschreiben, gehen wir von der dimensionslosen Größe

$$f_\infty \xi^d \tag{6.58}$$

---

[27] Nahe bei T_c sollte ξ die einzige relevante Länge sein! Diesen Gedanken führen wir unten näher aus.

[28] Diesen Fall müssten wir eigentlich noch genau untersuchen.

[29] Wir wollen im thermodynamischen Limes arbeiten. Da F/N bzw. F/V vom Volumen unabhängig sind, ist dies die bessere Größe!

aus, wobei d die Raumdimension ist. Wir verwenden die Korrelationslänge ξ, da diese die einzige Länge ist, die hier sinnvoll ist. Molekulare Abstände oder Gitterkonstanten kommen nicht in Frage, wie oben schon festgestellt wurde. Damit haben wir

$$f_\infty \sim \xi^{-d} \sim |\tau|^{dv} \ . \tag{6.59}$$

Andererseits gilt $C_V = -T \left(\partial^2 F / \partial T^2 \right)_V$ bzw.

$$\frac{1}{V} C_V \sim \frac{\partial^2 f_\infty}{\partial \tau^2} \sim |\tau|^{dv-2} \sim |\tau|^{-\alpha} \tag{6.60}$$

nahe T_c. D.h. wir haben ein neues Skalengesetz gefunden,

$$\alpha = 2 - dv \ , \tag{6.61}$$

wobei α jener kritische Exponent ist, der in den Aufgaben 24 und 25 diskutiert wurde.

Bisher haben wir die Werte $\alpha = 0$ (Aufgabe 24) und $v = 1/2$, sodass Gl. (6.61) lediglich für $d = 4$ erfüllt ist. Probieren wir einmal die exakt bekannten Exponenten des 2D-Ising-Modells ($\alpha = 0$ [30], $v = 1, \beta = 1/8, \eta = 1/4, \gamma = 2 - \eta$). Hier funktioniert Gl. (6.61). Für das 3D-Ising-Modell sind die Exponenten nur angenähert bekannt ($\alpha = 0.1070 \pm 0.0045$, $v = 0.6310 \pm 0.0015, \beta = 0.3270 \pm 0.0025, \eta = 0.0375 \pm 0.0025, \gamma = 1.2390 \pm 0.0025$; siehe dazu J. Zinn-Justin (1989) *Quantum Field Theory and Critical Phenomena*, Oxford University Press). Auch hier funktioniert Gl. (6.61) innerhalb der angegebenen Genauigkeit. Tatsächlich ist diese so genannte Hyperskalenrelation [31] korrekt – vorausgesetzt, es werden korrekte Exponenten eingesetzt.

Betrachten wir jetzt noch einmal die Dimensionsanalyse, die zu den Gln. (6.59) und (6.60) geführt hat, in einer Verallgemeinerung. Dazu schreiben wir f_∞ als verallgemeinerte homogene Funktion:

$$f_\infty \left(\lambda^p \tau, \lambda^q B \right) = \lambda f_\infty \left(\tau, B \right) \ . \tag{6.62}$$

Hier ist λ ein Skalenparameter, und p bzw. q sind kritische Exponenten. B ist wie zuvor ein äußeres Feld. Im Prinzip ist die Gl. (6.62) eine Verallgemeinerung der Gl. (1.49). Mittels $\lambda = \tau^{-1/p}$ [32] und anschließend $B = 0$ folgt

$$f_\infty \left(\tau, 0 \right) = \tau^{1/p} f_\infty \left(1, 0 \right) \ . \tag{6.63}$$

D.h. mit

---

[30] Wie wir oben schon bemerkt haben, ist die Divergenz, die sich in Abbildung 6.9 für das unendlich ausgedehnte Gitter entwickelt, logarithmisch ($\sim -\ln|\tau|$) bzw. $\alpha = O(\ln)$.

[31] Der Zusatz „Hyper" bezieht sich auf das Vorkommen der Raumdimension d im Skalengesetz

[32] Hier betrachten wir $\tau > 0$. Aber wie schon gesagt, diese Argumente lassen sich auf beide Seiten des Übergangs anwenden.

$$p = (d\nu)^{-1} \tag{6.64}$$

erhalten wir wieder Gl. (6.59)!

Jetzt differenzieren wir Gl. (6.62) nach B und erhalten

$$\lambda^q \eta \left(\lambda^p \tau, \lambda^q B \right) = \lambda \eta \left(\tau, B \right) \ . \tag{6.65}$$

Wiederum mit $\lambda = \tau^{-1/p}$ und $B = 0$ folgt diesmal

$$\eta \left(\tau, 0 \right) = \tau^{(1-q)/p} \eta \left(1, 0 \right) \tag{6.66}$$

und daher (vgl. Gl. (6.28)) [33]

$$\beta = \frac{1-q}{p} \ . \tag{6.67}$$

Nochmaliges Differenzieren von Gl. (6.65) nach B liefert die Suszeptibilität (vgl. Gl. (6.42)), d.h.

$$\lambda^{2q} \chi_T \left(\lambda^p \tau, \lambda^q B \right) = \lambda \chi_T \left(\tau, B \right) \ . \tag{6.68}$$

Wieder wählen wir $\lambda = \tau^{-1/p}$ und $B = 0$ und erhalten

$$\chi_T \left(\tau, 0 \right) = \tau^{-\frac{2q-1}{p}} \chi_T \left(1, 0 \right) \tag{6.69}$$

bzw.

$$\gamma = \frac{2q-1}{p} \ . \tag{6.70}$$

Aus den Gln. (6.64), (6.67) und (6.70) können wir p und q entfernen und erhalten das neue Skalengesetz

$$\gamma = d\nu - 2\beta \tag{6.71}$$

oder mit Gl. (6.61)

$$\alpha + 2\beta + \gamma = 2 \ . \tag{6.72}$$

Offensichtlich werden diese Skalengesetze von den Ising-Exponenten erfüllt. Insbesondere sehen wir, dass sich alle bisherigen Exponenten auf p und q, also auf zwei unabhängige Exponenten, zurückführen lassen.

---

[33] Den Index (o) lassen wir hier weg!

6.7 Die Renormierungsgruppe

Die Ansätze der Gln. (6.58) und (6.62) scheinen in die richtige Richtung zu deuten. Aber was bedeuten sie physikalisch? Und wie kann man die kritischen Exponenten, die letzlich unabhängig sind, berechnen?

Nun, wir haben gesehen, dass die Fluktuationskorrelationslänge ξ nahe T_c die einzig verbleibende relevante Länge ist [34], da die Fluktuationen das (kritische) physikalische Geschehen dominieren. Am kritischen Punkt wird ξ aber unendlich. Physikalisch bedeutet dies, dass es am kritischen Punkt keine typische Länge mehr gibt. Das kann so interpretiert werden, dass zwei Beobachter, ein sehr kleiner und ein sehr großer, die das gleiche System anschauen, trotz ihrer unterschiedlichen Größe bzw. ihres unterschiedlichen Beobachtungsradius das gleiche Bild vor Augen haben [35]. Was heißt jetzt aber ...das gleiche Bild vor Augen haben...?

Dazu betrachten wir als graphisches Beispiel die Funktion $f(x) = x \exp[-x/\xi]$. Die Abbildung 6.13 zeigt links $f(x)$ für $\xi = 1$ aus der Sicht des kleinen (oben) bzw. des großen (unten) Betrachters. Hier ändert sich die Sicht. Rechts dagegen ist $\xi = \infty$ und beide Betrachter haben das gleiche Bild vor Augen.

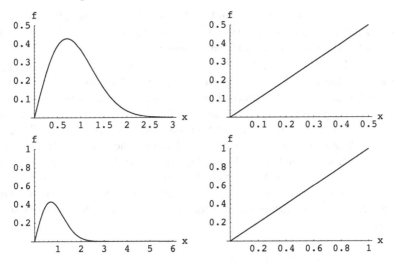

Abbildung 6.13: Illustration von Skaleninvarianz anhand von $f(x) = x \exp[-x/\xi]$. Linke Spalte: $\xi = 1$; rechte Spalte: $\xi = \infty$.

Im Folgenden bedeutet ...das gleiche Bild vor Augen haben..., dass die Hamilton-Funktion, die dieses Bild liefert, am kritischen Punkt invariant gegenüber Skalentransformationen (Verkleinerung bzw. Vergrößerung des Maßstabs) sein sollte [36]. Für $T \neq T_c$ ist ξ nicht mehr unendlich, d.h. es existiert eine typische Länge, und das Erscheinungsbild eines Systems ändert

---

[34]Wir beziehen uns wieder auf den Kontinuumsgrenzfall, d.h. auf Größenskalen, auf denen Längen wie Moleküldurchmesser oder Gitterkonstanten verschwindend klein sind.

[35]Analog zu fraktalen Gebilden, die sich unter Vergrößerung kontinuierlich wiederholen.

[36]Die Hamilton-Funktion, von der hier die Rede ist, ist ein stark rudimentäres Etwas, das nur noch Terme beinhaltet, die wichtig sind für das kritische Verhalten einer Substanz bzw. eines Systems, die aber keine molekularen Details beschreiben.

sich in Abhängigkeit vom Betrachtungsmaßstab, da der Wert von ξ vom Maßstab abhängt. So gesehen ist die Hamilton-Funktion bei T_c an einem Fixpunkt, und uns interessiert das Verhalten der Hamilton-Funktion in der unmittelbaren Umgebung dieses Fixpunktes in Abhängigkeit von Größen wie der Temperatur und dem externen Feld, mit deren Hilfe wir den Abstand zum kritischen Punkt kontrollieren können.

Wie sich diese lose formulierte Idee mathematisch umsetzen lässt [37], demonstrieren wir am Beispiel eines Ising-artigen Spinsystems aus N Ising-Spins mit der Zustandssumme

$$Q\left(\vec{K}, N\right) = \sum_{\{s\}} \exp\left[-\mathcal{H}\left(\vec{K}, \{s\}, N\right)\right] \tag{6.73}$$

und der effektiven Hamilton-Funktion

$$\mathcal{H}\left(\vec{K}, \{s\}, N\right) = K_0 + K_1 \sum_i s_i + K_2 \sum_{<i,j>} s_i s_j + \dots \ . \tag{6.74}$$

Der Vergleich mit Gl. (6.46) zeigt, dass im Fall des 2D-Ising-Modells gelten würde: $K_0 = 0$, $K_1 = -B/(k_B T)$ und $K_2 = -J/(k_B T)$. Hier, wie gesagt, betrachten wir eine etwas allgemeinere Hamilton-Funktion, sodass $K_0 \neq 0$ gelten kann, und außerdem höhere Kopplungsterme auftreten können. Die Größe $\vec{K} = (K_0, K_1, K_2, \dots)$ ist der Vektor dieser Kopplungskonstanten.

Wenn die oben formulierte Idee richtig ist, dann sollte sich die Form der Hamilton-Funktion unter der folgenden Skalentransformation am kritischen Punkt nicht ändern. Wie in Abbildung 6.14 für 2D gezeigt, teilen wird das ursprüngliche Spingitter in Blöcke ein. Dann bemühen wir uns, die Summation über die Spinkonfigurationen $\{s\}$ in Gl. (6.73) derart aufzuspalten, dass daraus eine Doppelsumme wird. Die eine dieser Summen umfasst nur die Konfigurationen der so genannten Blockspins $\{S_L\}$. Ein S_L wird dabei so aus den einzelnen s_i seines Blocks konstruiert, dass jeder Wert von S_L (z.B. auch wieder ±1) einen Teil der möglichen s_i-Konfigurationen in diesem Block zusammenfasst. Die zweite Summation läuft dann über die entsprechenden Teilmengen bzw. Blockspinkonformationen. Formal lässt sich dies wie folgt ausdrücken:

$$\begin{aligned}
Q(\vec{K}, N) &= \sum_{\{S_L\}} \sum_{\{s\}_L} \exp\left[-\mathcal{H}\left(\vec{K}, \{S_L\}, \{s\}_L, N\right)\right] \tag{6.75}\\
&= \sum_{\{S_L\}} \exp\left[-\mathcal{H}\left(\vec{K}_L, \{S_L\}, NL^{-d}\right)\right]\\
&= Q(\vec{K}_L, NL^{-d}) \ ,
\end{aligned}$$

wobei d wieder die Raumdimension ist. In der zweiten Gleichung ist die Summe über $\{s\}_L$ ausgeführt und liefert eine neue transformierte Hamilton-Funktion $\mathcal{H}\left(\vec{K}_L, \{S_L\}, NL^{-d}\right)$. Die Form der Hamilton-Funktion ist unverändert. Geändert haben sich die Kopplungskonstanten

---

[37]Dies gelang in allgemeiner Formulierung zuerst K. G. Wilson in seinen Arbeiten (1971) *Renormalization group and critical phenomena*. Phys. Rev. B **4**, 3174, die auf Ideen von B. Widom bzw. L. Kadanoff zum Skalenverhalten am kritischen Punkt aufbauen.

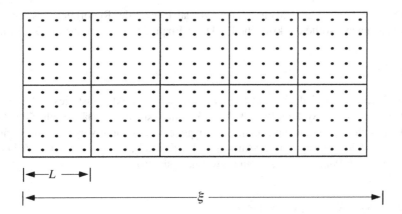

Abbildung 6.14: Ausschnitt eines 2D-Ising-Gitters mit Einteilung in Blöcke der Größe $L \times L$.

und die Zahl der noch übrigen (Block-)Spins, die jetzt durch NL^{-d} gegeben ist. Die Rolle der ursprünglichen s_i haben jetzt die S_L übernommen. Die teilweise Summation, man spricht vom Ausdünnen der Freiheitsgrade bzw. auch von *coarse graining* (dt.: grobe Körnung), hat also die Zahl der Gitterkonfigurationen verringert. Wir werden unten an einem Beispiel explizit vorführen, wie die Transformation, ausgedrückt durch Gl. (6.75), realisiert werden kann. Jetzt wollen wir einfach glauben, dass diese Prozedur möglich ist und weiter verfolgen, was sie uns liefert.

Entsprechend Gl. (6.75) transformiert sich die dimensionslose freie Energie pro Spin gemäß

$$
\begin{aligned}
f(\vec{K}) &= -\lim_{N \to \infty} \frac{1}{N} \ln Q(\vec{K}, N) \\
&= -\lim_{N \to \infty} \frac{L^{-d}}{NL^{-d}} \ln Q(\vec{K}_L, NL^{-d}) \\
&= L^{-d} f(\vec{K}_L) \ .
\end{aligned}
\tag{6.76}
$$

Diese Transformationsschritte können wir jetzt für die neue Zustandssumme $Q(\vec{K}_L, NL^{-d})$ wiederholen. Dabei übernehmen die S_L die Rolle der s_i. Das Resultat ist $Q(\vec{K}_{2L}, N(2L)^{-d})$. Im Prinzip kann dies – im thermodynamischen Limes – beliebig oft wiederholt werden. Der Vektor der Kopplungskonstanten nach der n-ten Iteration wäre dann

$$
\vec{K}_{nL} = \mathbf{T}(\vec{K}_{(n-1)L}) \ .
\tag{6.77}
$$

Die in $\mathbf{T}$ zusammengefassten Transformationsschritte werden als Renormierungsgruppe (engl.: *renormalization group*) bezeichnet [38].

---

[38] Man beachte, dass Gl. (6.77) keine lineare Abbildung darstellt.

Auch ohne $\mathbf{T}$ explizit zu kennen, können wir das Prinzip der Renormierungsgruppe (RG) diskutieren. Zunächst sollte der kritische Punkt ein Fixpunkt der Abbildung (6.77) sein, d.h.

$$\vec{K}^* = \mathbf{T}(\vec{K}^*) \; . \tag{6.78}$$

Befindet sich ein System jedoch nicht exakt am kritischen Punkt, so ist dies anders. Ein RG-Schritt erzeugt dann ein System, für dessen Fluktuationskorrelationslänge gilt: $\xi_L = \xi/L$. Da $\xi_L < \xi$ ist, hat sich so gesehen dieses neue System gegenüber seinem Vorgänger vom kritischen Punkt entfernt! Die Relevanz dieser Aussage wird deutlich, wenn wir die Gl. (6.77) in der Nähe des kritischen Punktes analysieren (bzw. linearisieren),

$$\delta\vec{K}_L \equiv \vec{K}_L - \vec{K}^* = \mathbf{T}(\vec{K} - \vec{K}^*) \equiv \mathbf{T}(\delta\vec{K}) \tag{6.79}$$

bzw.

$$\delta\vec{K}_L = \begin{pmatrix} \partial K_{1,L}/\partial K_1 & \partial K_{1,L}/\partial K_2 & \cdots \\ \partial K_{2,L}/\partial K_1 & \partial K_{2,L}/\partial K_2 & \\ \vdots & & \ddots \end{pmatrix}_{K_i=K_i^*\,\forall i} \delta\vec{K} \; . \tag{6.80}$$

Gleichung (6.80) ist die in der Umgebung des Fixpunktes linearisierte Version der Gl. (6.77). Nehmen wir weiter an, dass die Matrix in Gl. (6.80) diagonalisierbar ist, dann folgt

$$\delta\vec{u}_L = \begin{pmatrix} \lambda_1 & & 0 \\ & \lambda_2 & \\ 0 & & \ddots \end{pmatrix} \delta\vec{u} \; . \tag{6.81}$$

Insbesondere gilt für die n-te Iteration

$$\delta u_{nL,i} = \lambda_i^n \delta u_i \qquad \forall \; i \; . \tag{6.82}$$

D.h. während für $\lambda_i < 1$ der Fixpunkt in „Richtung" i stabil ist, ist er für $\lambda_i > 1$ instabil [39]. Abbildung 6.15 zeigt einen solchen Fall für $i = 1, 2$ mit $\lambda_1 > 1$ und $\lambda_2 < 1$ in der K_1-K_2-Ebene.

Verbinden wir dies mit der Formulierung der Skalenhypothese in Gl. (6.62). Dazu müssen wir lediglich realisieren, dass f_∞ unter einer RG-Iteration gemäß

$$f_\infty(\delta u_1, \delta u_2, ...) = L^{-d} f_\infty(\lambda_1 \delta u_1, \lambda_2 \delta u_2, ...) \tag{6.83}$$

transformiert. Angenommen, es gelte jetzt $\delta u_1 \propto \tau$ und $\delta u_2 \propto B$ (vgl. Gl. (6.62)), dann folgt mit $\lambda = L^d$

---

[39] Im Sinne unserer obigen Diskussion hätten die relevanten δu_i Eigenwerte $\lambda_i > 1$, da wir erwarten, uns mit den RG-Iterationen vom kritischen Punkt zu entfernen. Dementsprechend werden die δu_i mit Eigenwerten $\lambda_i < 1$ oft als irrelevant bezeichnet bzw. als marginal für $\lambda_i = 1$. Die δu_i heißen auch *scaling fields*.

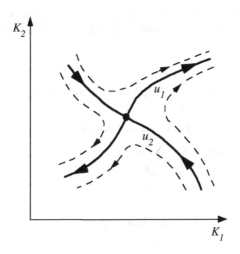

Abbildung 6.15: Ein so genannter hyperbolischer Fixpunkt. Der Fluss entlang der Eigenkurven (durchgezogene Linien) und in deren unmittelbarer Umgebung (gestrichelte Linie).

$$\lambda_1 = \left(L^d\right)^p \qquad \text{bzw.} \qquad p = \frac{\ln \lambda_1}{d \ln L} \tag{6.84}$$

$$\lambda_2 = \left(L^d\right)^q \qquad \text{bzw.} \qquad q = \frac{\ln \lambda_2}{d \ln L}. \tag{6.85}$$

D.h. aus den Eigenwerten der linearisierten RG-Transformation lassen sich die kritischen Exponenten p und q berechnen und mit diesen die kritischen Exponenten $\alpha, \beta,...$! Trotz oder vielleicht wegen dieser skizzenhaften Darstellung sollte das Prinzip der RG deutlich geworden sein. Konkrete Rechnungen sind in der Regel komplex. Wir sind hier weitgehend der Darstellung in [4] gefolgt. Diese Referenz enthält auch eine Reihe expliziter Rechnungen, die das Prinzip der RG praktisch umsetzen.

RG für das 1D-Ising-Modell:

Zum Abschluss wollen wir *coarse graining* und die RG an einem einfachen Beispiel illustrieren. Wir betrachten eine 1D-Ising-Kette ohne externes Feld, d.h.

$$
\begin{aligned}
Q(\vec{K}, N) &= \exp\left[-N K_0\right] \sum_{\{s_i\}} \exp\left[-K_2(s_1 s_2 + s_2 s_3 + s_3 s_4 + ...)\right] \\
&= \exp\left[-N K_0\right] \sum_{\{s_i\}} \exp\left[-K_2(s_1 s_2 + s_2 s_3)\right] \exp\left[-K_2(s_3 s_4 + ...)\right]....
\end{aligned}
$$

Hier ist $\vec{K} = (K_0, K_2)$ [40]. In diesem Fall soll das *coarse graining* so aussehen, dass wir die

---

[40]Warum wir hier K_0 benötigen, wird gleich klar werden.

Summation über die Konfigurationen (± 1) der s_i mit geradzahligem i ausführen. Die Blockspins der so definierten Zweierblöcke wären dann die verbleibenden ungeradzahligen Spins. Wir erhalten also

$$
\begin{aligned}
Q(\vec{K},N) &= \exp\left[-NK_0\right] \sum_{\{s_{i(ug)}\}} \left(\exp\left[-K_2(s_1+s_3)\right] + \exp\left[K_2(s_1+s_3)\right]\right) \\
&\quad \times \left(\exp\left[-K_2(s_3+s_5)\right] + \exp\left[K_2(s_3+s_5)\right]\right) \dots \\
&= \exp\left[-(N/2)K_0'\right] \sum_{\{s_{i(ug)}\}} \exp\left[-K_2'(s_1s_3 + s_3s_5 + s_5s_7 + \dots]\right. \\
&= Q(\vec{K}',N/2) \,.
\end{aligned}
$$

Damit dies richtig ist, muss die folgende Gleichung erfüllt sein

$$
\exp\left[-2K_0\right]\left(\exp\left[-K_2(s+s')\right] + \exp\left[K_2(s+s')\right]\right) = \exp\left[-K_0'\right]\exp\left[-K_2'ss'\right] \,.
$$

Für die beiden Möglichkeiten $s = s'$ bzw. $s = -s'$ und jeweils $s,s' = \pm 1$ erhalten wir aus dieser Gleichung

$$
\begin{aligned}
2\exp\left[-2K_0\right]\cosh\left(-2K_2\right) &= \exp\left[-K_0'\right]\exp\left[-K_2'\right] \\
2\exp\left[-2K_0\right] &= \exp\left[-K_0'\right]\exp\left[K_2'\right]
\end{aligned}
$$

bzw.

$$
K_0' = 2K_0 - \ln\left[2\sqrt{\cosh(-2K_2)}\right] \qquad \text{und} \qquad K_2' = -\ln\sqrt{\cosh(-2K_2)} \,.
$$

Wir bemerken, dass unter der RG zusätzliche Kopplungskonstanten auftreten können. Hier ist dies $K_0' \neq 0$, selbst wenn ursprünglich $K_0 = 0$ ist. Wir wollen die freie Energie in diesem Fall, d.h. $K_0 = 0$, $F = Nk_BTf$ nennen. Für f gilt

$$
f = -K_0 - \frac{1}{N}\ln Q(\vec{K},N) = -\frac{1}{2}\ln 2 - \frac{K_0'}{2} + \frac{K_2'}{2} - \underbrace{\frac{1}{2}\frac{2}{N}\ln Q(\vec{K}',N/2)}_{-K_0'-f'}
$$

bzw.

$$
f' = 2f + \ln\left[2\sqrt{\cosh(-2K_2)}\right] \,.
$$

Diese Gleichung liefert für den Fixpunkt f^*

$$f^* = -\ln\left[2\sqrt{\cosh(-2K_2^*)}\right]$$

$$\approx -\ln\left[2\cosh(K_2)\right] + \begin{cases} -\frac{1}{2}\ln 2 + O(\exp[-2K_2]) & \text{für} \quad K_2 \to \infty \\ K_2^2/2 + O(K_2^4) & \text{für} \quad K_2 \to 0 \end{cases}.$$

Der Term $-\ln\left[2\cosh(K_2)\right]$ ist die exakte Lösung der 1D-Ising-Kette für beliebiges K_2 im thermodynamischen Limes [41]. Die beiden Werte, ∞ und 0, sind Fixpunkte der obigen Gleichung $K_2' = K_2'(K_2)$. D.h. die RG liefert das exakte Resultat an den Fixpunkten [42]. Wie man leicht ausprobieren kann, verbindet der iterative Fluss von $K_2' = K_2'(K_2)$ ohne Unterbrechung die beiden (trivialen) Fixpunkte von $K_2 = \infty$ (bzw. $T = 0$ oder unendliche Kopplungsstärke) zu $K_2 = 0$ (bzw. $T = \infty$ oder verschwindende Kopplungsstärke). Die 1D-Ising-Kette hat keinen Phasenübergang bei endlicher Temperatur [43].

Die teilweise Summation über die Freiheitsgrade eines Systems kann auf unterschiedlichste Art durchgeführt werden. Sie stellt im gewissen Sinn den kreativen Schritt in der RG dar. Generell unterscheidet man Summationen im realen Raum, so wie in dem eben durchgeführten Beispiel, und Summationen im reziproken oder Fourierraum. Im Fourierraum versucht man die kurzreichweitigen Wechselwirkungen, gleichbedeutend mit den Beiträgen großer Wellenlängen, aufzusummieren bzw. zu integrieren. Dies ist besonders einfach beim so ge-

---

[41] Siehe Gl. (8.10) in Kapitel 8.

[42] Man beachte: $f_{exakt} \to -\ln 2$ für $K_2 \to 0$ bzw. $f_{exakt} \to -K_2$ für $K_2 \to \infty$.

[43] Ein einfaches Argument, das auf R. Peierls zurückgeht, mag diesen Punkt illustrieren. Es sei $s_i = 1 \; \forall \; i = 1, ..., N$ bei freien Randbedingungen. Jetzt drehen wir sämtliche s_i links von einem beliebigen s_j um. Dadurch entsteht an dieser Stelle eine 1D-Domänenwand mit $s_i = -1 \; \forall \; i < j$ und $s_i = 1 \; \forall \; i \geq j$. Die resultierende Änderung der freien Energie ist $\Delta F = \Delta E - T\Delta S$. Mit $B = 0$ (vgl. Gl. (6.46)) gilt $\Delta E = 2J$ und $\Delta S \approx k_B \ln N$, da die Domänenwand an $N - 1$ Stellen eingefügt werden kann. Offensichtlich ist das Einfügen einer Domänenwand für beliebiges $T > 0$ begünstigt, wenn N genügend groß ist! Das Argument kann wiederholt werden, bis jegliche Nettomagnetisierung bei endlicher Temperatur zerstört ist. Analog kann man übrigens für alle klassischen Modelle in einer Dimension bei endlicher Reichweite der Wechselwirkungen argumentieren (siehe z.B. [10] §163).

Das obige Argument ist übrigens nicht auf eine Dimension beschränkt. Betrachten wir dazu das 2D-Ising-Modell. Eine Domänenwand bestehe jetzt aus n Nachbarpaaren $s_i s_j$ mit $s_i = -s_j$. Die Energie der Domänenwand ist nun $n2J$. Die Wand ist keine gerade Linie, sondern verläuft in Mäandern. Bei jedem neuen Paar entgegengesetzter s_i hat die Wand drei Richtungen zur Auswahl (Skizze zeichnen!). Eine Ausnahme bildet das Aufeinandertreffen zweier Domänenwände, das nicht erlaubt ist (warum?). Dort gibt es lediglich zwei Möglichkeiten. Eine grobe Abschätzung der Mäanderentropie der Wand ist daher

$$k_B \ln 2^n < \Delta S < k_B \ln 3^n.$$

Im Gegensatz zum Fall einer Dimension wechselt ΔF bei einer endlichen Temperatur sein Vorzeichen. Gemäß der Abschätzung folgt mit $T\Delta S = \Delta F + \Delta E$ und $\Delta F = 0$ die folgende Eingrenzung dieser Übergangstemperatur T_c:

$$\underbrace{\frac{2}{\ln 2}}_{\approx 2.89} > \frac{k_B T_c}{J} > \underbrace{\frac{2}{\ln 3}}_{\approx 1.82}.$$

Die tatsächliche Übergangstemperatur (siehe Abbildung 6.9) ist $k_B T_c/J \approx 2.269$!

nannten Gauß-Modell [44]. Darauf beruht die so genannte ϵ-Entwicklung [45]. ϵ steht für $\epsilon = 4 - d$, und d ist die konkrete Raumdimension. Die beiden Entwicklungen in ϵ [46]

$$\beta = \frac{1}{2} - \frac{3}{2(n+8)}\epsilon + \dots \tag{6.86}$$

bzw.

$$\alpha = \frac{4-n}{2(n+8)}\epsilon - \frac{(n+2)^2(n+28)}{4(n+8)^3}\epsilon^2 + \dots \tag{6.87}$$

illustrieren, worauf es bei den kritischen Exponenten ankommt. Hier ist n die Zahl der Komponenten des Ordnungsparameters ($n = 1$ für das Ising-Modell), und d ist die Raumdimension. Im *mean field*-Fall, $d = 4$, erhalten wir offensichtlich das korrekte Resultat. Für $d = 3$ bzw. $d = 2$ und $n = 1$ sind die Werte mehr oder weniger im Einklang mit den angegebenen kritischen Exponenten. Heute hat man diese Entwicklungen viel weiter getrieben und genauer untersucht, sodass die Gültigkeit der RG-Methode nicht angezweifelt wird [47].

Hier noch einige Hinweise zur Literatur. Die Physik der kritischen Phänomene vor der RG beschreibt Stanley in seinem Buch [18] didaktisch gut und ausführlich. Einen didaktisch ebenfalls durchdachten Einstieg in die RG bietet [4]. Schon etwas betagt, aber immer noch profitabel ist das Buch von Ma [49]. Neueren Datums ist [50]. Empfehlenswert ist auch [51] sowie die entsprechenden Artikel in [52]. Schwieriger zu lesen aber trotzdem empfehlenswert ist [53]. Dem gesamten Feld der Phasenübergänge und kritischen Phänomene ist die Serie [54] gewidmet.

6.8 Konforme Invarianz

Schon früh war klar [48], dass die homogenen Skalentransformationen, die der RG zugrunde liegen, auf inhomogene Skalentransformationen verallgemeinert werden können. Bezogen auf unsere Blockspin-Prozedur bedeutet dies, dass es am kritischen Punkt [49] egal ist, ob die

---

[44]Die Hamilton-Funktion des Gauß-Modells ist nichts weiter als die q-Summe in Gl. (6.49), wobei $\Delta\hat{\eta}_{\vec{q}}$ durch $\hat{s}_{\vec{q}}$ ersetzt ist, und $\hat{s}_{\vec{q}}$ ist die Fourierkomponente zum Wellenvektor $\vec{q}$ der Fouriertransformierten des klassischen Spin-Feldes $s(\vec{r})$. D.h. unsere diskreten Ising-Spins werden hier im Kontinuumsgrenzfall ausgeschmiert in ein ortsabhängiges klassisches Spinfeld, das die *mean field*-Exponenten liefert. Realistischere Modelle ergeben sich durch die Erweiterung des Gauß-Modells bzw. seiner Hamilton-Funktion um geeignete Terme. Die Lösung wird dadurch erheblich erschwert, da die Fourierkomponenten jetzt koppeln. Man kann allerdings ausnutzen, dass für $d = 4$ (obere kritische Dimension!) das Gauß-Modell die volle kritische Physik enthält, und von dort aus mithilfe störungstheoretischer Methoden entwickeln.

[45]K.G. Wilson and M.E. Fisher (1972) *Critical exponents in 3.99 dimensions*. Phys. Rev. Lett. **28**, 240

[46]M.E. Fisher (1974) *The renormalization group in the theory of critical behavior*. Rev. Mod. Phys. **46**, 597

[47]Siehe jedoch die Kommentare zur ϵ-Entwicklung am Ende der Kapitel 10 und 12 in J. J. Binney et al. (Referenz im nächsten Paragraphen).

[48]A. M. Polyakov (1970) *Conformal symmetry of critical fluctuations*. Pisma ZhETP **12**, 538 (JETP Letters **12**, 381)

[49]Wir wollen noch anmerken, dass es nicht nur kritische Punkte, sondern auch kritische Linien bzw. kritische Gebiete gibt.

Blockgröße überall gleich bleibt oder von Ort zu Ort variiert (vgl. Abbildung 6.16). Die Variation muss lediglich genügend gleichmäßig sein – genauer gesagt sollte sie eine konforme Abbildung des Originalsystems darstellen [50]. Konforme Abbildungen sind lokal bzw. im Kleinen winkeltreu. D.h. ein genügend kleines Quadrat bleibt ein Quadrat. Die Form der kritischen Hamilton-Funktion ist dann wieder invariant. Man spricht von *conformal invariance*. In den Arbeiten von Belavin, Polyakov und Zamolodchikov [51] bzw. Friedan, Qiu und Shenker [52] wurde gezeigt, wie man damit kritische Exponenten oder kritische Korrelationsfunktionen [53] nicht nur angenähert, sondern exakt erhalten kann! Allerdings ist man auf $d = 2$ beschränkt. Dies hat damit zu tun, dass es in 2D besonders viele (d.h. unendlich viele) verschiedene konforme Abbildungen gibt, denn jede analytische Funktion ist eine konforme Abbildung. In höheren Dimensionen ist die so genannte konforme Gruppe dagegen zu klein, um ähnlich mächtige Aussagen zu ermöglichen. Mehr über konforme Invarianz im Kontext der Statistischen Mechanik findet man in den Referenzen [56, 57] (siehe auch [53]). An dieser Stelle wollen wir lediglich einige Aspekte der Transformation kritischer Korrelationsfunktionen unter homogenen bzw. konformen Skalentransformationen anreißen.

Wir betrachten zunächst homogene Skalentransformationen [54]. Gemäß unserer Diskussion in Abschnitt 6.7 kann gefolgert werden, dass die effektive Hamilton-Funktion nahe einem kritischen Punkt die Form

$$\mathcal{H} = \mathcal{H}^* + \sum_i \Phi_i \, \delta u_i + \dots \tag{6.88}$$

hat, worin $\mathcal{H}^*$ der relevante Fixpunkt sein soll. Die Größen δu_i (*scaling fields*) sind im Wesentlichen bestimmt durch die physikalischen Variablen, die den Abstand zum kritischen Punkt regeln, wie die Temperaturdifferenz $|T_c - T|$ oder die Stärke eines externen Feldes. Die Koeffizienten Φ_i dagegen repräsentieren im Wesentlichen die Schwankungsanteile der fluktuierenden Größen (Ordnungsparameterfluktuationen, Energiedichtefluktuationen, ...).

Um dies deutlicher zu machen, betrachten wir die Korrelationsfunktion (*m*-Punkt-Funktion)

$$\langle \Phi_1 \Phi_2 \dots \Phi_m \rangle = \frac{1}{Q} \frac{\partial^m Q}{\partial \delta u_1 \partial \delta u_2 \dots \partial \delta u_m} \tag{6.89}$$

bzw. die gleiche Korrelationsfunktion einen RG-Schritt entfernt, d.h.

$$\langle \Phi_{L,1} \Phi_{L,2} \dots \Phi_{L,m} \rangle = \frac{1}{Q_L} \frac{\partial^m Q_L}{\partial \delta u_{L,1} \partial \delta u_{L,2} \dots \partial \delta u_{L,m}} \, . \tag{6.90}$$

---

[50] Gewöhnlich stößt man als Physiker zuerst im Kontext der Elektrostatik auf konforme Abbildungen, die es erlauben, Potenzialverläufe in komplexen Leitergeometrien auszurechnen.

[51] A. A. Belavin, A. M. Polyakov, A. B. Zamolodchikov (1984) *Infinite conformal symmetry in two-dimensional quantum field theories*. Nucl. Phys. **B241**, 333

[52] D. Friedan, Z. Qiu, S. Shenker (1984) *Conformal invariance, unitarity and critical exponents in two-dimensions*. Phys. Rev. Lett. **52**, 1575

[53] Siehe dazu auch [55].

[54] Die Blockgröße ist im ganzen System unverändert gleich.

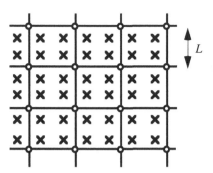

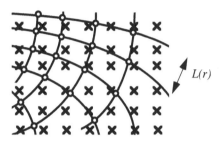

Abbildung 6.16: Oben: Blockeinteilung im Fall homogener Skalentransformationen wie in Abbildung 6.14. Unten: Ausschnitt eines deformierten Gitters, in dem die Blockgröße L vom Ort $\vec{r}$ abhängt.

Hier ist L wieder die Blocklänge. Mit $Q = Q_L$ (vgl. Gl. (6.75)) und $\delta u_{L,i} = \lambda_i \delta u_i$ (vgl. Gl. (6.82)) folgt aus den Gln. (6.89) und (6.90)

$$\langle \lambda_1 \Phi_{L,1} \lambda_2 \Phi_{L,2} ... \lambda_m \Phi_{L,m} \rangle = \langle \Phi_1 \Phi_2 ... \Phi_m \rangle \ . \tag{6.91}$$

Jetzt schreiben wir

$$\Phi_i = \int d^d r \ \phi_i(\vec{r}) \qquad \text{bzw.} \qquad \Phi_{L,i} = \int d^d(r/L) \ \phi_{L,i}(\vec{r}/L) \ .$$

D.h. die ϕ sind die lokalen Dichten der Φ. Durch Einsetzen dieser beiden Gleichungen in Gl. (6.91) und Vertauschung der Integration mit der thermodynamischen Mittelung ergibt sich

$$\int d^d r_1 \int d^d r_2 ... \int d^d r_m \prod_{i=1}^{m} \frac{\lambda_i}{L^d} \ \langle \phi_{L,1}(\vec{r}_1/L) \phi_{L,2}(\vec{r}_2/L) ... \phi_{L,m}(\vec{r}_m/L) \rangle$$

$$= \int d^d r_1 \int d^d r_2 ... \int d^d r_m \langle \phi_1(\vec{r}_1) \phi_2(\vec{r}_2) ... \phi_m(\vec{r}_m) \rangle$$

bzw.

$$\langle \phi_1(\vec{r}_1)\phi_2(\vec{r}_2)...\phi_m(\vec{r}_m)\rangle = L^{-x_1-x_2\cdots-x_m}\langle \phi_{L,1}(\vec{r}_1/L)\phi_{L,2}(\vec{r}_2/L)...\phi_{L,m}(\vec{r}_m/L)\rangle \qquad (6.92)$$

mit $x_i = d - \ln \lambda_i / \ln L$. Dies ist ein wichtiges Resultat, denn es zeigt, wie beliebige m-Punkt-Funktionen der ϕ_i am kritischen Punkt skalieren. Für die 2-Punkt-Funktion $\langle \phi_1(\vec{r}_1)\phi_2(\vec{r}_2)\rangle$ in einem translationsinvarianten System legt Gl. (6.92) unmittelbar nahe, dass $\langle \phi_1(0)\phi_2(r)\rangle \propto r^{-x_1-x_2}$ gilt. Hier haben wir schon ein Resultat, mit dem wir vergleichen könnten. Leider ist die Beziehung der Gl. (6.51) ($d = 3$!) aufgrund der *mean field* Betrachtung nicht korrekt. Vielmehr gilt für die Paarkorrelationsfunktion der Ordnungsparameterfluktuationen $\langle \Delta\eta(0)\Delta\eta(r)\rangle \propto r^{-2\beta/\nu}$ [51], sodass, wenn wir $\Delta\eta$ beispielsweise mit ϕ_2 identifizieren, $x_2 = \beta/\nu$ sowie

$$\Delta\eta(\vec{r}) = ca^{x_2}\phi_2(\vec{r}) + ... \qquad (6.93)$$

gelten sollte. Hier ist c eine dimensionslose Konstante, und a ist eine geeignete Einheitslänge. Insbesondere deutet +... an, dass es sich um den führenden Term einer Entwicklung am kritischen Punkt handelt.

Aber nun zurück zur konformen Invarianz. Konforme Invarianz besagt, dass Gl. (6.92) auch dann noch gültig ist, wenn $L = L(\vec{r})$ gilt, solange $L(\vec{r})$ eine konforme Abbildung ist. D.h. es gilt $L(\vec{r}) = |J(\vec{r};\vec{r}')|^{-1/d}$. Die Größe $J(\vec{r};\vec{r}') = det(\partial\vec{r}'/\partial\vec{r})$ ist die Jacobi-Determinante der konformen Abbildung des ungestrichenen Systems auf das gestrichene. Geometrisch gibt der Betrag der Jacobi-Determinante einer konformen Abbildung die Volumenänderung eines kleinen d dimensionalen Würfels am Ort $\vec{r}$ unter der konformen Abbildung an. $|J(\vec{r};\vec{r}')|^{-1/d}$ ist daher die lokale Streckung bzw. Stauchung (Würfelkantenverhältnis). Konkret geht Gl. (6.92) in

$$\langle \phi_1(\vec{r}_1)\phi_2(\vec{r}_2)...\phi_m(\vec{r}_m)\rangle \qquad (6.94)$$
$$= |J(\vec{r}_1,\vec{r}_2,...,\vec{r}_m;\vec{r}_1',\vec{r}_1',...,\vec{r}_m')|^{(x_1+x_2...+x_m)/d}\langle \phi_1'(\vec{r}_1')\phi_2'(\vec{r}_2')...\phi_m'(\vec{r}_m')\rangle$$

über.

6.9 Skaleninvarianz ohne Hamilton-Funktion

Es existieren abstrakte Modellsysteme, die auf den ersten Blick nichts mit den oben betrachteten kritischen Systemen gemeinsam zu haben scheinen. Trotzdem offenbart sich bei näherem Hinschauen eine interessante Verwandtschaft. Obwohl diese Modellsysteme keine Hamilton-Funktion besitzen und daher gar nicht in die Statistische Mechanik gehören [55], soll hier kurz auf einige dieser Systeme eingegangen werden. Dabei folgen wir in etwa der Darstellung in Referenz [58].

---

[55] Man spricht in diesem Zusammenhang gewöhnlich von Statistischer Physik.

Perkolation: [56]

Die Abbildung 6.17 zeigt ein quadratisches $(L \times L)$-Gitter $(L = 10)$, das mit dem ebenfalls gezeigten *Mathematica*-Programm erzeugt wurde. Das Programm wandelt unabhängig jedes der hundert Quadrate mit der Wahrscheinlichkeit $p = 0.4$ von Weiß in Schwarz. Derart erzeugte schwarze Quadrate mit gemeinsamen Seiten gelten als benachbart. Auf dem Gitter entstehen so neben isolierten schwarzen Quadraten so genannte Cluster. Ein Cluster ist dadurch definiert, dass man von jedem Clusterquadrat jedes andere Clusterquadrat erreichen kann, und zwar über einen Pfad, der nur über benachbarte Clusterquadrate verläuft. Die Abbildung enthält vier derartige Cluster [57].

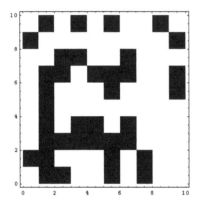

```
Gitter[p_,L_]:=
Table[If[Random[]<p,-1,0],{i,L},{j,L}]
ListDensityPlot[Gitter[0.4,10],
Mesh->False]
```

Abbildung 6.17: Quadratisches (10×10)-Gitter erzeugt mit dem nebenstehenden *Mathematica*-Programm.

Wird die Wahrscheinlichkeit p vergrößert, so entstehen mehr und gleichzeitig größere Cluster. Irgendwann gibt es mindestens einen perkolierenden Cluster. Perkolierende oder durchgehende Cluster beinhalten wenigstens einen Pfad (im obigen Sinn), der wenigstens ein Clusterquadrat auf der untersten Reihe (Reihe 1) mit wenigstens einem Clusterquadrat auf der obersten Reihe (hier Reihe 10) verbindet

Ob es auf einem Gitter perkolierende Cluster gibt, kann mit dem *Mathematica*-Programm in Abbildung 6.18 getestet werden. Das Programm weist Quadraten, die zum selben Cluster gehören, die gleiche Clusternummer zu [58]. Die Abbildung 6.18 zeigt ein (60×60)-Gitter, in dem diese Clusternummern durch Grauwerte dargestellt sind, wodurch die Cluster leichter sichtbar werden.

Die Abbildung 6.19 zeigt eine Auftragung der relativen Häufigkeit $h(p)$ des Auftretens von

---

[56]Lat. percolatio – das Durchseihen

[57]Bei dieser Art von Clusterdefinition spricht man von *site*-Perkolation. Eine alternative Definition ist die so genannte *bond*-Perkolation, wobei man sich auf die Verbindungslinien zwischen benachbarten Gitterpunkten bezieht.

[58]Diese elegante rekursive Implementierung geht auf B. Breidenbach aus der Veranstaltung „Numerische Physik" im WS 99/00 zurück. Zuerst wird festgestellt, ob ein Quadrat weiß (0) oder schwarz (-1) ist. Ist es schwarz, dann wird die Prozedur *suche* aufgerufen, die überprüft, ob es benachbarte schwarze Quadrate ohne Clusternummer gibt. Wenn ja, dann ruft *suche* sich selbst für das betreffende Nachbarquadrat auf, nachdem es diesem die gleiche Clusternummer wie dem Ausgangsquadrat gegeben hat.

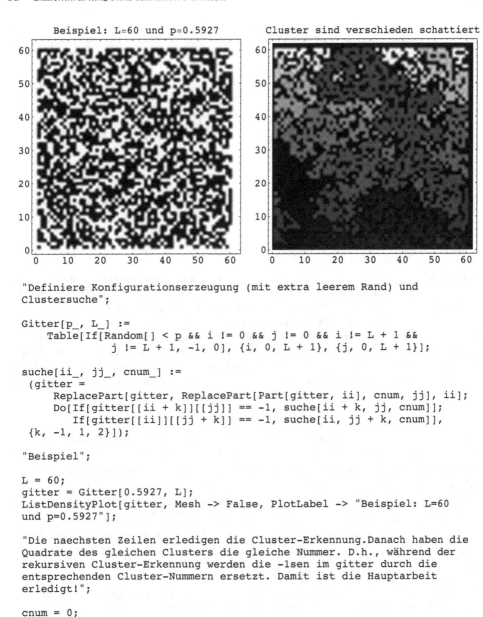

"Definiere Konfigurationserzeugung (mit extra leerem Rand) und
Clustersuche";

```
Gitter[p_, L_] :=
    Table[If[Random[] < p && i != 0 && j != 0 && i != L + 1 &&
        j != L + 1, -1, 0], {i, 0, L + 1}, {j, 0, L + 1}];

suche[ii_, jj_, cnum_] :=
  (gitter =
    ReplacePart[gitter, ReplacePart[Part[gitter, ii], cnum, jj], ii];
    Do[If[gitter[[ii + k]][[jj]] == -1, suche[ii + k, jj, cnum]];
      If[gitter[[ii]][[jj + k]] == -1, suche[ii, jj + k, cnum]],
  {k, -1, 1, 2}]);

"Beispiel";

L = 60;
gitter = Gitter[0.5927, L];
ListDensityPlot[gitter, Mesh -> False, PlotLabel -> "Beispiel: L=60
und p=0.5927"];
```

"Die naechsten Zeilen erledigen die Cluster-Erkennung.Danach haben die
Quadrate des gleichen Clusters die gleiche Nummer. D.h., während der
rekursiven Cluster-Erkennung werden die -1sen im gitter durch die
entsprechenden Cluster-Nummern ersetzt. Damit ist die Hauptarbeit
erledigt!";

```
cnum = 0;
Do[If[gitter[[i]][[j]] == -1, {cnum += 1; suche[i, j, cnum]}], {i, 2,
L + 1}, {j, 2, L + 1}];
ListDensityPlot[gitter, Mesh -> False, PlotLabel -> "Cluster sind
verschieden schattiert"];
```

Abbildung 6.18: Oben links: Ein (60×60)-Gitter für $p = 0.5927$. Oben rechts: Das gleiche Gitter mit
anhand von Grauwerten sichtbar gemachten Clustern. Achtung! Leere (weiße) Gitterquadrate sind hier
schwarz dargestellt. Unten: *Mathematica*-Programm.

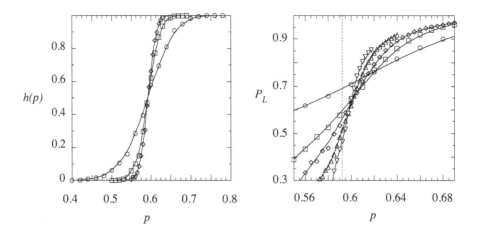

Abbildung 6.19: Links: Relative Häufigkeit $h(p)$ des Auftretens von wenigstens einem perkolierenden Cluster als Funktion von p für Gitter der Größe $L = 20$ (Kreise), 60 (Quadrate) und 100 (Rauten). Rechts: P_L als Funktion von p. Gezeigt sind die Gitter $L = 20$ (Kreise), $L = 60$ (Quadrate), $L = 100$ (Rauten) $L = 200$ (aufrechte Dreiecke) und $L = 400$ (abwärts gerichtete Dreiecke). Für $L = 100$ wurden im Vergleich mit der linken Auftragung einige zusätzliche Punkte gerechnet. Zusätzlich gerechnet wurden ebenfalls die Punkte für $L = 200$ und $L = 400$. Die gestrichelte Linie markiert p_c. Für jeden Punkt in den beiden Graphen wurden 1000 unabhängige Gitterkonfigurationen erzeugt. Die Ausnahme bildet $L = 400$ mit nur 100 Gitterkonfigurationen pro Punkt. Die Linien basieren auf einer einfachen Anpassungsfunktion ohne tiefere Bedeutung.

wenigstens einem perkolierenden Cluster als Funktion von p. Offensichtlich erhalten wir eine Stufenfunktion, die überraschenderweise mit zunehmender Gittergröße schärfer wird. Genaue Untersuchungen zeigen, dass $h(p)$ im Grenzfall $L \to \infty$ tatsächlich einen Sprung von null auf eins macht und zwar bei $p_c \approx 0.5927$ – der Perkolationsschwelle [59].

Perkolation zeigt gewisse Ähnlichkeiten mit dem Phasenübergang des Ising-Modells. Wer sich die Mühe macht, Monte Carlo-Konfigurationen des 2D-Ising-Modells aus Aufgabe 25 nahe T_c mit Clusterkonfigurationen nahe p_c, wie beispielsweise in Abbildung 6.18 gezeigt, zu vergleichen, der erkennt die große Ähnlichkeit zwischen den Inseln gleicher Spinorientierung und den Clustern bezüglich ihrer Form und Größenverteilung [60]. Wir könnten also die Magne-

---

[59]Eine Anwendungsidee dieses abstrakten Modellsystems ist die Leitfähigkeit eines Systems, bestehend aus einem porösen, nichtleitenden Material, in das eine leitende Flüssigkeit eindringt. Auch den Fluss von Öl in porösen Gesteinsschichten könnte man sich so vorstellen. Man kann sogar fragen: Befindet sich die Menschheit an einer Perkolationsschwelle bezüglich der Erzeugung und Verbreitung von Wissen bzw. Information? Diese Überlegung würde in den Bereich der so genannten dynamischen Perkolationstheorie fallen, wo p eine Funktion der Zeit ist. Spekulativ aber interessant ist ebenfalls die Ähnlichkeit zwischen der Abbildung (6.19 links) und Sterbekurven (siehe z.B. Bild 4 in L. Hayflick (1998) *Zellbiologie des Alterns* in Digest: *Altern, Krebs und Gene*, Spektrum der Wissenschaft. Spektrum Verlag). Manche Vorstellungen vom Altern und Sterben gehen – analog Perkolation – von der Akkumulation von „Defekten" aus (hier die schwarzen Quadrate). Eine „gewisse Verbindung" dieser Defekte führt schließlich zum Tod. Auch hier tritt natürlich die Zeit auf – im einfachsten Fall durch eine konstante Defektrate.

[60]Wieder finden wir den Verlust des Maßstabs bzw. der Skaleninvarianz nahe dem Übergang, oder was das Gleiche ist – Selbstähnlichkeit. D.h. im Kontinuumsgrenzfall sieht ein großer Betrachter bei p_c wieder das gleiche Bild wie

tisierung pro Spin als Funktion der reduzierten Temperatur, die Abbildung 6.10 für das 2D-Ising-Modell ohne äußeres Feld zeigt, mit der Auftragung von $h(p)$ in Abbildung 6.19 vergleichen. Dabei kommt p die Rolle der (inversen) Temperatur zu, und p_c entspricht der (inversen) kritischen Temperatur. Allerdings macht, wie oben gesagt, $h(p)$ im Grenzfall $L \to \infty$ einen Sprung statt wie $|m|$ einem Potenzgesetz zu folgen ($|m| \sim |T_c - T|^\beta$ für $T < T_c$).

Aber auch im Fall der Perkolation lassen sich Größen definieren, die nahe p_c Potenzgesetzen gehorchen. Eine solche Größe ist

$$P_L = \frac{Anzahl\ der\ Quadrate\ des\ perkolierenden\ Clusters}{Anzahl\ aller\ (schwarzen)\ Quadrate\ auf\ dem\ Gitter}\ . \qquad (6.95)$$

Die rechte Seite in Abbildung 6.19 zeigt P_L für Gitter zwischen $L = 20$ und $L = 400$. Im Grenzfall $L \to \infty$ würde $P_\infty \sim |p - p_c|^{5/36}$ folgen für $p > p_c$. Für $p \leq p_c$ dagegen verschwindet P_∞. Dem (kritischen) Exponenten $5/36$ kommt hier tatsächlich die Rolle des Ordnungsparameterexponenten β zu. Die Rolle der Fluktuationskorrelationslänge $\xi \sim |T - T_c|^{-\nu}$ übernimmt nun die Clustergröße $\xi_p \sim |p - p_c|^{-\nu}$. Eine mögliche Definition von ξ_p ist $\xi_p^2 = \sum_s s w_s R_s^2 / \sum_s s w_s$ mit $R_s^2 = s^{-1} \sum_{i=1}^s (\vec{r}_i - \vec{r})^2$ und $\vec{r} = s^{-1} \sum_{i=1}^s \vec{r}_i$. Hier ist w_s die Wahrscheinlichkeit dafür, dass ein Gitterquadrat zu einem s-Cluster gehört. So gesehen entspricht der Ausdruck für ξ_p^2 einem effektiven Flächenausbreitungsmittel, dividiert durch das Zahlenmittel $\bar{s} = \sum_s s w_s$, und ist ein Maß für die mittlere Kompaktheit der Cluster. Für $p < p_c$ wächst ξ_p und divergiert bei $p = p_c$ auf dem unendlichen Gitter. Perkolierende Cluster werden bei der Berechnung von ξ_p jedoch nicht gezählt. Damit nimmt ξ_p für $p > p_c$ wieder ab.

Eine Bemerkung zu endlichen Systemen: Auf endlichen Gittern ist ξ_p durch die Gitterausdehnung beschränkt, und nahe p_c gilt insbesondere $\xi_p(p) \sim L \sim |p - p_c|^{-\nu}$. D.h. $|p - p_c| \sim L^{-1/\nu}$ zeigt an, bei welchen p so genannte *finite size effects* wichtig werden. Andererseits können wir $|p - p_c| \sim L^{-1/\nu}$ in $P_\infty \sim |p - p_c|^\beta$ einsetzen und erhalten

$$P_\infty(p = p_c) \sim L^{-\beta/\nu} \qquad L \to \infty\ . \qquad (6.96)$$

Eine Auftragung von $\ln P_L$-Werten, berechnet entlang der gestrichelten Linie in Abbildung 6.19 (rechts), gegen $\ln L$ sollte für ausreichend große L eine Gerade mit der Steigung $-\beta/\nu$ ergeben. Abbildung 6.20 zeigt diese Auftragung im Bereich $10 \leq L \leq 150$, wobei die Steigung von ca. -0.113 anhand der zwei größten L-Werte berechnet wurde. Der exakte Wert dagegen ist -0.104 (mit $\beta = 5/36$ und $\nu = 4/3$). Für eine grobe Abschätzung ist unser Wert also gar nicht so schlecht. Allerdings verdeutlicht dieses Beispiel, wie viel Mühe derartige *finite size scaling*-Rechnungen machen, wenn sie einigermaßen genaue Resultate ergeben sollen.

Insgesamt bilden die Exponenten der Perkolation wieder ihre eigenen Universalitätsklassen, wobei die den kritischen Exponenten analogen Perkolationsexponenten deren Skalengesetze erfüllen. Wieder bestimmen nur wenige Bedingungen wie die Raumdimension oder lokale Symmetrien die numerischen Werte der Exponenten. Das Thema Perkolation ist ausführlich in Referenz [59] behandelt.

---

ein kleiner Betrachter mit entsprechend kleinerem Horizont. Kontinuumsgrenzfall bedeutet hier $a/L \to 0$, wobei a die Seitenlänge eines Gitterquadrats sein soll.

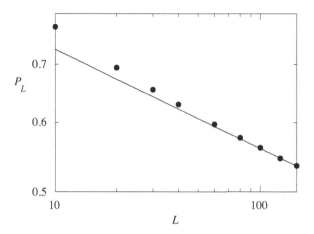

Abbildung 6.20: Doppellogarithmische Auftragung von $P_L(p_c)$ gegen L. Jeder Punkt ist ein Mittelwert, basierend auf 10^6 Konfigurationen. Die durchgezogene Linie ist eine Anpassung an die zwei äußersten Punkte.

Fraktale:

Die Abbildung 6.21 zeigt einen einzelnen perkolierenden Cluster auf einem größeren Gitter. Wir wählen nun eines der Clusterquadrate im Zentrum des Clusters aus. Um diesen Ursprung ziehen wir Kreise mit Radius R und bestimmen die Anzahl $m(R)$ der Clusterquadrate innerhalb dieser Kreise. Anschließend tragen wir $\ln m(R)$ gegen $\ln R$ auf. Wir würden dann feststellen, dass eine Auftragung von m gegen R im Mittel dem Potenzgesetz

$$m \propto R^{d_F}$$

gehorcht (vgl. unten). Allerdings gilt nicht $d_F = 2$, wie wir vielleicht erwartet hätten, sondern $d_F < 2$. D.h. unser Perkolationscluster enthält für große R weniger Masse, als vergleichsweise die ursprüngliche Gitterbelegung mit schwarzen Quadraten liefern würde, für die $m \propto R^2$ gilt. Ein solches Gebilde bezeichnet man als Fraktal, und d_F ist seine fraktale Dimension [61].

Die fraktale Dimension kann zu den Perkolationsexponenten β und ν in Beziehung gesetzt werden. Dazu ersetzen wir den Radius R durch die Gitterdimension L und schreiben für ausreichend große L

$$m(L) \sim L^{d_F} \sim P_\infty L^d \;,$$

wobei d die Raumdimension ist (hier: $d = 2$). Mit $P_\infty \sim L^{-\beta/\nu}$ (vgl. oben) erhalten wir

$$L^{d_F} \sim L^{-\beta/\nu} L^d$$

---

[61] Dies ist nur eine von mehreren Spielarten fraktaler Dimensionen [60]. Eine weitere lernen wir gleich kennen.

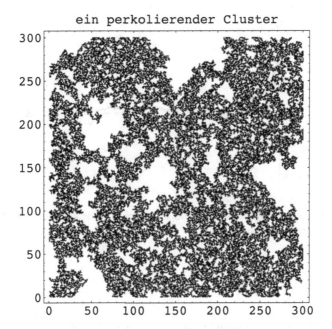

ein perkolierender Cluster

Abbildung 6.21: Ein einzelner perkolierender Cluster, der auf einem (300 × 300)-Gitter bei $p = p_c$ erzeugt wurde.

und damit das Skalengesetz

$$d_F = d - \beta/\nu \, . \tag{6.97}$$

Abbildung 6.22 zeigt eine Überprüfung dieses Skalengesetzes. Dabei wurden perkolierende Cluster, wie der in Abbildung 6.21 gezeigte, erzeugt und $\ln m(R)$ gegen $\ln R$ aufgetragen [62]. d_F ist die Steigung, die sich aus einer *least squares*-Anpassung an diese Daten ergibt. Den kumulativen Mittelwert dieser d_F-Werte zeigt die Abbildung 6.22. Man erkennt klar, dass $d_F < 2$ gilt. Selbst die Übereinstimmung mit dem exakten Wert, $d_F = 2 - \beta/\nu \approx 1.896$, wobei die Literaturwerte $\beta = 5/36$ und $\nu = 4/3$ verwendet wurden, ist recht ordentlich.

Nichtlineare Dynamik und Chaos:

Chaos bedeutet, dass man aus der Kenntnis eines Systemzustandes zu einem bestimmten Zeitpunkt nicht in der Lage ist, den Systemzustand zu einem späteren Zeitpunkt vorherzusagen. Trotzdem unterliegt das scheinbar Unbeschreibbare bzw. der Weg ins Chaos gewissen universellen Gesetzmäßigkeiten, die zuerst M. Feigenbaum formuliert hat [63].

Wir betrachten die so genannte *logistic map*,

---

[62]Im Bereich $30 < R < 60$.

[63]Ein früher, aber immer noch lesenswerter Review ist M. Feigenbaum (1983) *Universal behavior in nonlinear systems*. Physica **7D**, 16. Empfehlenswert sind auch die entsprechenden Artikel in Referenz [52].

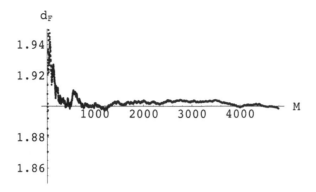

Abbildung 6.22: Kumulativer Mittelwert der Größe d_F, wobei M die Zahl der in die Mittelung eingegangenen Gitterkonfigurationen angibt.

$$x_{i+1} = 4rx_i(1 - x_i) \,, \tag{6.98}$$

eine einfache nichtlineare Abbildung [64]. Diese erzeugt Zahlenfolgen $x_1, x_2, x_3, \ldots$, ausgehend von $x_1 \in [0, 1]$, [65] in Abhängigkeit von r. Für $r < 0.25$ ist 0 ein attraktiver bzw. stabiler Fixpunkt (warum?). Es gilt also $x^* \equiv \lim_{i\to\infty} x_i = 0$. Bei $r = 0.25$ hört 0 auf, der stabile Fixpunkt zu sein, stattdessen ist dieser jetzt > 0. Abbildung 6.23 illustriert dies für $r = 0.2$ und $r = 0.7$. Die Abbildung 6.24 zeigt, was passiert, wenn r weiter vergrößert wird. Augenscheinlich spaltet sich irgendwo zwischen $r = 0.7$ und $r = 0.8$ der Fixpunkt in einen stabilen 2-Zyklus auf, und dieser wiederum zwischen $r = 0.8$ und $r = 0.88$ in einen stabilen 4-Zyklus. Diese stabilen Zyklen (Grenzzyklen) werden auch Attraktoren genannt. Es sei betont, dass dies nichts mit dem veränderten Startwert zu tun hat, der lediglich die Dauer der „Einschwingphase" beeinflusst. Damit ist die Anzahl der Iterationen gemeint, die notwendig sind, um sich einem stabilen Fixpunkt bzw. Grenzzyklus bis auf eine vorgegebene Genauigkeit zu nähern. Die Abbildung 6.25 zeigt eine Auftragung der 2^k-Grenzzyklen ($k = 0, 1, \ldots$) als Funktion von $r \in [0.7, 1.0]$. Wir sehen, dass mit wachsendem r durch fortgesetzte Gabelung bzw. Bifurkation (engl.: *bifurcation*) immer höhere Grenzzyklen entstehen, bis ein „diffuser Bereich" erreicht ist, der „weiße Inseln" enthält.

Feigenbaum hat dies genau untersucht und Folgendes festgestellt. Die r-Werte, bei denen die Gabelungen auftreten, nennen wir sie r_k, gehorchen der Beziehung

$$r_\infty - r_k \approx \text{Konstante} \times \delta^k \tag{6.99}$$

---

[64]Gleichung (6.98) könnte z.B. die Dynamik einer Tierpopulation modellieren. D.h. $P_{i+1} = aP_i - bP_i^2$, wobei P_i die Größe der Population in der i-ten Generation beschreibt. Für $a > 0$ und $b = 0$ ergibt sich geometrisches Wachstum, dem für $b > 0$ der „Dichteterm" $-bP_i^2$ entgegenwirkt.

Die genaue Form der nichtlinearen Abbildung ist natürlich wieder unwichtig (mögliche Alternativen: $x_{i+1} = r \sin[\pi x_i]$ oder $x_{i+1} = x_i \exp[r(1 - x_i)]$). Wir wählen Gl. (6.98) aus Bequemlichkeit.

[65]Damit gilt ebenfalls $x_i \in [0, 1] \; \forall \; i > 1$.

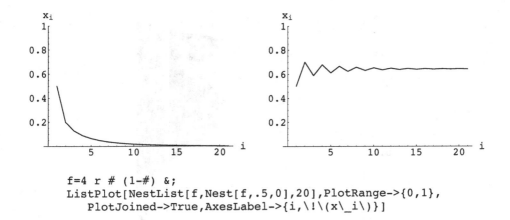

```
f=4 r # (1-#) &;
ListPlot[NestList[f,Nest[f,.5,0],20],PlotRange->{0,1},
    PlotJoined->True,AxesLabel->{i,\!\(x\_i\)}]
```

Abbildung 6.23: Graphische Darstellung zweier Zahlenfolgen der Gl. (6.98), ausgehend von $x_1 = 0.5$. Oben links: $r = 0.2$. Oben rechts: $r = 0.7$. Schon eine geringe Zahl von Iterationen führt nahe an den Fixpunkt heran. Unten: *Mathematica*-Programm.

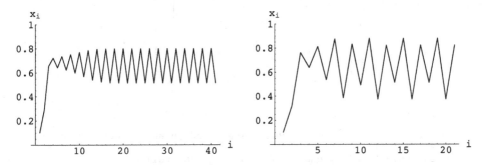

Abbildung 6.24: Graphische Darstellung zweier Zahlenfolgen der Gl. (6.98), ausgehend von $x_1 = 0.1$. Links: $r = 0.8$ führt nach einer „Einschwingphase" auf einen stabilen 2-Zyklus. Rechts: $r = 0.88$ führt nach einer „Einschwingphase" auf einen stabilen 4-Zyklus.

[66], wobei

$$\delta = \lim_{k \to \infty} \frac{r_k - r_{k-1}}{r_{k+1} - r_k} = 4.669201... \tag{6.100}$$

eine universelle Konstante, die so genannte Feigenbaum-Zahl, ist [67]. D.h. man erhält die identische Zahl beispielsweise auch für die oben vorgeschlagenen Alternativen zur *logistic map*. Bei $r_\infty = 0.892486417967...$ wird der Grenzzyklus unendlich. Dies markiert den Beginn des chaotischen Verhaltens der *logistic map*.

---

[66]Die Beziehung (6.99) ist um so genauer erfüllt, je größer k ist.
[67]Es gibt noch weitere universelle Größen, die uns hier aber nicht interessieren.

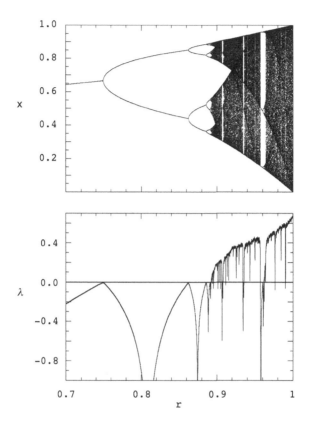

```
Grenzzyklen::usage = "Grenzzyklen[start,ende,n,anzahl,darstellen]";
  f = 4 r # (1 - #) &;
  Grenzzyklen[start_, ende_, n_, anzahl_, darstellen_] :=
  Show[Graphics[{PointSize[0.001],
    Table[Map[Point[{r, #}] &,
    NestList[f, Nest[f, .5, anzahl], darstellen]],
    {r, ende, start, (start - ende)/n}]}], PlotRange -> {0, 1},
    Frame -> True, FrameLabel -> {"r", "x"}]
```

Abbildung 6.25: Oben: Darstellung der stabilen 2^k-Zyklen ($k = 0, 1, ...$) als Funktion von r im Intervall [0.7, 1.0]. Mitte: λ aufgetragen gegen r für das gleiche Intervall. Unten: *Mathematica*-Programm zur Erzeugung des oberen Graphen. Die Graphik wurde mit dem Befehl Grenzzyklen[0.7, 1, 1000, 1000, 300] erzeugt. Die Parameterwerte 0.7 und 1.0 sind die untere bzw. obere Grenze von r. Dieses Intervall ist 1000-fach unterteilt. Für jeden r-Wert gibt es 1000 nichtdargestellte Iterationen in der „Einschwingphase", gefolgt von 300 dargestellten Werten.

Vollständig chaotisch ist das Verhalten bei $r = 1$ (vgl. Abbildung 6.26) – es ist keine offensichtliche Regelmäßigkeit feststellbar [68]. Insbesondere wächst ein winziger Unterschied

---

[68] Allerdings könnte diese Graphik auf einem baugleichen Computer exakt reproduziert werden. Man spricht daher

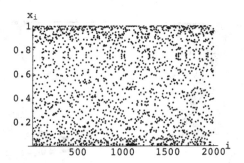

Abbildung 6.26: Graphische Darstellung einer Zahlenfolge der Gl. (6.98), ausgehend von $x_1 = 0.1$ für $r = 1$.

im Startwert exponentiell an. D.h. $|\Delta x_i| \sim |\Delta x_1| \exp[(i-1)\lambda]$ mit $\lambda > 0$. Die Größe λ wird auch Lyapunov-Exponent genannt und ist ein Maß für chaotisches Verhalten. Ebenfalls in Abbildung 6.25 ist eine Auftragung von λ gegen r gezeigt (berechnet mit $\lambda = \lim_{n\to\infty} n^{-1} \sum_{i=0}^{n-1} \ln |4r (1 - 2x_i)|$ [69]). Je negativer λ ist, um so größer ist die Stabilität. An den Gabelungspunkten jedoch wird λ null. In ihrer Nähe ist die Konvergenz schlecht. Daher resultiert auch die sonst verschwenderisch große Zahl der nichtgezeigten Iterationen im oberen Graphen der Abbildung 6.25. Bei $r_\infty = 0.892486...$ treten positive λ auf. Aber nicht überall im Gebiet $r_\infty < r \le 1$ ist λ positiv. Im Bereich der „weißen Inseln" existieren deutlich negative Spitzen. Abbildung 6.27 zeigt eine Vergrößerung des Bereichs $0.95 < r < 0.97$ in Abbildung 6.25. Wir erkennen darin wiederholt die Abbildung 6.25 als Teil ihrer selbst [70]. Wieder haben wir es mit einem selbstähnlichen System zu tun.

Und noch eine weitere Verbindung zu Fraktalen soll hier erwähnt werden. Wir hatten festgestellt, dass nach einer ausreichend großen Anzahl von Iterationen ein Attraktor erreicht wird. Auch in chaotischen Bereichen kann man von Attraktoren reden, wenn gewisse Wertebereiche ausgespart bleiben. Man kann versuchen, diese Attraktoren durch eine fraktale Dimension zu charakterisieren – man spricht dann von einem seltsamen Attraktor (engl.: *strange attractor*). Im Fall der *logistic map* bietet sich die so genannte Box-Dimension an. Dabei wird das durch die Extremwerte des Attraktors festgelegte Intervall in kleine Segmente der Länge l zerlegt. Anschließend wird die Zahl $N(l)$ derjenigen Segmente bestimmt, die wenigstens einen x-Wert des Attraktors enthalten. Dann wird das Ganze für ein kleineres l wiederholt usw. Den resultierenden Zusammenhang zwischen l und $N(l)$ beschreiben wir gemäß

$$N(l) \sim \lim_{l\to 0} l^{-d_F} ,\tag{6.101}$$

wobei die fraktale Box-Dimension d_F von der oben verwendeten Massen-Dimension d_F unterschieden werden sollte (siehe wiederum Referenz [58] Abschnitt 14.4). Im subchaotischen Bereich gilt grundsätzlich $d_F = 0$, da dort ab einem gewissen l die Zahl $N(l)$ konstant bleibt, auch wenn l weiter reduziert wird. Eine reine Zufallsverteilung auf dem untersuchten Intervall

---

vom deterministischen Chaos.

[69]Können Sie sich denken, wie diese Formel zustande kommt (vgl. Referenz [58])?

[70]Zweimal sehen wir sie klar, und eine dritte Wiederholung ist zu erahnen.

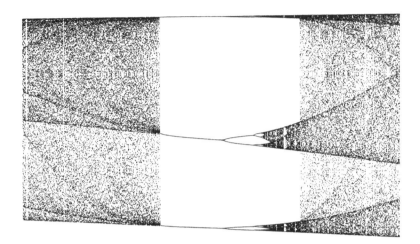

Abbildung 6.27: Ausschnittsvergrößerung des Bereichs $0.95 < r < 0.97$ in Abbildung 6.25 (oben).

dagegen liefert, wie man sich leicht überlegen kann, $d_F = 1$. Dies wäre beipielsweise für $r = 1$ zu erwarten.

Diese einfachen in einer Dimension formulierten Ideen lassen sich auch auf mehrdimensionale Abbildungen übertragen (siehe z.B. [61]). Insbesondere lassen sich die Betrachtungen von Feigenbaum zur Annäherung an chaotisches Verhalten anhand von Experimenten nachvollziehen. Das generelle Vorgehen dabei ist sehr schön in einem älteren, aber wiederum empfehlenswerten Artikel von Kadanoff beschrieben [71]. Beispielsweise betrachten wir die dynamische Variable $\vec{v}(\vec{r}, t)$, womit die Strömungsgeschwindigkeit in einer Flüssigkeit, die ein Hindernis umströmt, an einem festen Ort $\vec{r}$ zur Zeit t gemeint sein könnte, und berechnen das Frequenzspektrum (engl.: *power spectrum*) $P(\omega)$. $P(\omega)$ ist das Betragsquadrat der Fouriertransformierten von $\vec{v}(\vec{r}, t)$. Solange die Strömung laminar ist, liefert lediglich $\omega = 0$ einen Beitrag zu $P(\omega)$. Bei der Annäherung an turbulente Strömung, der Kontrollparameter r wäre hier die Reynolds-Zahl, treten Spitzen bei bestimmten Frequenzen $\omega > 0$ auf. Z.B. lösen sich Wirbel in regelmäßigen Zeitabständen vom Hindernis ab. Die Zahl dieser Spitzen nimmt zu, und gleichzeitig steigt das Untergrundrauschen an, bis bei vollständiger Turbulenz keine Struktur in $P(\omega)$ erkennbar bleibt. Das erwähnte Auftreten neuer Spitzen im Frequenzspektrum beobachtet man in enger Analogie zur Bifurkation der Grenzzyklen der *logistic map*. Auf diese Weise lässt sich prinzipiell die Feigenbaum-Zahl δ experimentell überprüfen.

---

[71]L. P. Kadanoff (1983) *Roads to chaos*. Physics Today, Dezemberausgabe (siehe auch [52])

7 Monte Carlo-Methoden in der Statistischen Mechanik

[1] Betrachten wir zunächst das NVT-Ensemble (vgl. Kapitel 2). Der Ensemblemittelwert einer nur durch die Konfiguration $\{\vec{r}\} \equiv (\vec{r}_1, \vec{r}_2, \ldots, \vec{r}_n)$ festgelegten Größe $A(\{\vec{r}\})$ ist im klassischen Phasenraum mittels

$$\langle A \rangle_{NVT} = \int \int d^{3N}p\, d^{3N}r\, A(\{\vec{r}\}) p_{NVT}(\{\vec{p}, \vec{r}\}) \tag{7.1}$$

definiert. Dabei ist die Wahrscheinlichkeitsdichte $p_{NVT}(\{\vec{p}, \vec{r}\})$ ein Maß für die Häufigkeit, einen bestimmten (Mikro-)Zustand im Phasenraum anzutreffen. Im NVT-Ensemble gilt

$$p_{NVT}(\{\vec{p}, \vec{r}\}) = \frac{\exp\left[-\beta \mathcal{H}(\{\vec{p}, \vec{r}\})\right]}{\int \int d^{3N}p\, d^{3N}r \exp\left[-\beta \mathcal{H}(\{\vec{p}, \vec{r}\})\right]} \ . \tag{7.2}$$

Mittels

$$\mathcal{H}(\{\vec{p}, \vec{r}\}) = \mathcal{K}(\{\vec{p}\}) + \mathcal{U}(\{\vec{r}\})$$

folgt

$$p_{NVT}(\{\vec{p}, \vec{r}\}) = p_{NVT}^{(p)}(\{\vec{p}\}) p_{NVT}^{(r)}(\{\vec{r}\}) \tag{7.3}$$

mit

$$p_{NVT}^{(p)}(\{\vec{p}\}) = \frac{\exp\left[-\beta \mathcal{K}(\{\vec{p}\})\right]}{\int d^{3N}p \exp\left[-\beta \mathcal{K}(\{\vec{p}\})\right]}$$

und

$$p_{NVT}^{(r)}(\{\vec{r}\}) = \frac{\exp\left[-\beta \mathcal{U}(\{\vec{r}\})\right]}{\int d^{3N}r \exp\left[-\beta \mathcal{U}(\{\vec{r}\})\right]} \ . \tag{7.4}$$

---

[1] Wir folgen hier einem entsprechenden Kapitel in der Dissertation von E. Stöckelmann (1999) *Molekulardynamische Simulationen an ionischen Grenzschichten*. Universität Mainz.

Die Wahrscheinlichkeitsdichte $p_{NVT}^{(r)}(\{\vec{r}\})$ bzw. die relative Häufigkeit einer bestimmten Konfiguration ist somit im NVT-Ensemble unabhängig von der Wahrscheinlichkeit einer bestimmten Impulskonfiguration $p_{NVT}^{(p)}(\{\vec{p}\})$. Daher ist es möglich, den Konfigurationsraum ohne Kenntnis der Impulse zu erzeugen. Im mikrokanonischen NVE-Ensemble ist dies nicht der Fall. Die Wahrscheinlichkeitsdichte p_{NVE} einer bestimmten Konfiguration im NVE-Ensemble verschwindet für $\mathcal{K}(\{\vec{p}\}) + \mathcal{U}(\{\vec{r}\}) \neq E$, und somit ist p_{NVE} abhängig von den Impulsen.

Einsetzen der Gl. (7.3) in Gl. (7.1) liefert

$$\langle A \rangle_{NVT} = \int d^{3N}r A(\{\vec{r}\}) p_{NVT}^{(r)}(\{\vec{r}\}) \underbrace{\int d^{3N}p\, p_{NVT}^{(p)}(\{\vec{p}\})}_{=1} \; . \tag{7.5}$$

Die verbleibende Integration über den gesamten Konfigurationsraum ist jedoch aufgrund seiner hohen Dimension ($3N$) nicht mit einfachen numerischen Integrationstechniken durchführbar, und alternative Techniken sind vonnöten.

7.1   Markov-Ketten und Metropolis-Algorithmus

Unser Ziel ist die Entwicklung eines Algorithmus, der Konfigurationen gemäß einer Verteilung p_{NVT} erzeugt, die nicht explizit bekannt ist! Wir verfügen zwar über Gl. (7.4), aber das Integral im Nenner ist, auch mit einfacher Monte Carlo-Integration (vgl. Gl. (4.29)), nicht berechenbar. Allerdings liefert Gl. (7.4) auch ohne Kenntnis des Nenners eine brauchbare Information, nämlich die relative Wahrscheinlichkeit zweier beliebiger Konfigurationen $\{\vec{r}\}_m$ und $\{\vec{r}\}_n$ im NVT-Ensemble:

$$\frac{p_{NVT}(\{\vec{r}\})_m}{p_{NVT}(\{\vec{r}\})_n} = \exp\left[-\beta\left(\mathcal{U}(\{\vec{r}\})_m - \mathcal{U}(\{\vec{r}\})_n\right)\right] \; . \tag{7.6}$$

Der Quotient $p_m/p_n \equiv p_{NVT}(\{\vec{r}\})_m / p_{NVT}(\{\vec{r}\})_n$ bedeutet, dass die Konfiguration m um den Faktor p_m/p_n häufiger bzw. seltener auftritt als die Konfiguration n. Im Folgenden soll ein Algorithmus entwickelt werden, der lediglich basierend auf p_n/p_m Konfigurationen erzeugt, die gemäß p_{NVT} verteilt sind. Dazu studieren wir ein einfaches Beispiel in einem diskreten Konfigurationsraum.

In dem Beispiel werden unterschiedliche Zahlenfolgen mit den Ziffern 1 bis 4 erzeugt. Jede Zahlenfolge beginnt entweder mit 1 oder mit 2. Aufeinander folgende Ziffern unterscheiden sich betragsmäßig maximal um eins. Allerdings darf nach einer 1 eine 4 bzw. nach einer 4 eine 1 folgen. Eine solche Zahlenfolge ist beispeilsweise 141212341234323 . . . . Und schließlich lautet eine weitere Bedingung, dass gerade Zahlen doppelt so häufig auftreten wie ungerade Zahlen.

Folgender Algorithmus erfüllt alle Eigenschaften mit Ausnahme der letzten:

1. Wähle als erste Ziffer die 1 oder die 2 mit gleicher Wahrscheinlichkeit aus (Startziffer).

2. Erzeuge die nächste Ziffer durch Addition von $-1, 0$ oder 1, wobei jede der drei Möglichkeiten mit gleicher Wahrscheinlichkeit auftreten soll. Aus einer durch Addition entstandenen 0 mache eine 4 bzw. aus einer 5 mache eine 1.

3. Setze bei 2. fort.

Dieser Algorithmus garantiert, dass alle Ziffern zwischen 1 und 4 erzeugt werden. Wir fragen uns aber, welcher Verteilung die Ziffern im Grenzfall langer Zahlenfolgen genügen.

Betrachten wir zunächst die erste Ziffer in den erzeugten Zahlenfolgen. Die Wahrscheinlichkeit $p(x)$, mit der eine Ziffer x an der ersten Stelle auftritt, können wir durch einen 4-dimensionalen Vektor ausdrücken. Da als erste Ziffer lediglich eine 1 oder 2 stehen kann, und zwar mit gleicher Häufigkeit, ist

$$\vec{p}^{\,(1)} = \left(p^{(1)}(1) \quad p^{(1)}(2) \quad p^{(1)}(3) \quad p^{(1)}(4) \right) = \left(\frac{1}{2} \quad \frac{1}{2} \quad 0 \quad 0 \right).$$

Im Folgenden bezeichnet der obere Index (n) die n-te Ziffer in den Zahlenfolgen.

Wie groß aber ist die Wahrscheinlichkeit, beispielsweise eine 1 an der zweiten Position in den Zahlenfolgen zu finden? Eine 1 kann auf drei Arten erzeugt werden: (a) die vorherige Ziffer ist eine 1, die einfach beibehalten wird; (b) an der vorherigen Position steht eine 2, von der 1 subtrahiert wird; (c) die vorherige Ziffer ist eine 4, und gemäß unserem Algorithmus entsteht die 1. Die Summe der Wahrscheinlichkeiten dieser drei Alternativen ist

$$
\begin{aligned}
p^{(2)}(1) &= p^{(1)}(1) \cdot \pi(1 \to 1) + p^{(1)}(2) \cdot \pi(2 \to 1) + p^{(1)}(4) \cdot \pi(4 \to 1) \\
&= \frac{1}{2} \cdot \frac{1}{3} + \frac{1}{2} \cdot \frac{1}{3} + 0 \cdot \frac{1}{3} \\
&= \frac{1}{3}.
\end{aligned}
$$

Die Größen $\pi(1 \to 1), \pi(2 \to 1)$ und $\pi(4 \to 1)$, die als Übergangswahrscheinlichkeiten bezeichnet werden, geben die Wahrscheinlichkeiten dafür an, mit der nach einer 1 wieder eine 1 bzw. nach einer 2 oder 4 eine 1 erzeugt wird. Dabei gilt $\pi(1 \to 1) = \pi(2 \to 1) = \pi(4 \to 1) = 1/3$. Auf analoge Art und Weise ergibt sich

$$
\begin{aligned}
p^{(2)}(2) &= p^{(1)}(1) \cdot \pi(1 \to 2) + p^{(1)}(2) \cdot \pi(2 \to 2) + p^{(1)}(3) \cdot \pi(3 \to 2) \\
&= \frac{1}{2} \cdot \frac{1}{3} + \frac{1}{2} \cdot \frac{1}{3} + 0 \cdot \frac{1}{3} \\
&= \frac{1}{3}
\end{aligned}
\tag{7.7}
$$

sowie $p^{(2)}(3) = 1/6$ bzw. $p^{(2)}(4) = 1/6$. Damit gilt insgesamt

$$\vec{p}^{\,(2)} = \left(\frac{1}{3} \quad \frac{1}{3} \quad \frac{1}{6} \quad \frac{1}{6} \right). \tag{7.8}$$

Die Ausdrücke für die einzelnen $p^{(2)}(x)$ in Gl. (7.8) können auch als Produkt des Vektors $\vec{p}^{(1)}$ mit einer Matrix π formuliert werden. Die Komponenten von π sind die einzelnen Übergangswahrscheinlichkeiten $\pi_{mn} \equiv \pi(m \to n)$ (m: Zeilenindex; n: Spaltenindex):

$$\vec{p}^{(2)} = \vec{p}^{(1)}\pi \tag{7.9}$$

mit

$$\pi = \begin{pmatrix} 1/3 & 1/3 & 0 & 1/3 \\ 1/3 & 1/3 & 1/3 & 0 \\ 0 & 1/3 & 1/3 & 1/3 \\ 1/3 & 0 & 1/3 & 1/3 \end{pmatrix} . \tag{7.10}$$

Da nach unserem Algorithmus z.B. nach einer 1 keine 3 folgen kann, ist die Übergangswahrscheinlichkeit π_{13} gleich null. Das gleiche gilt für π_{31}, π_{24} und π_{42}.

Nach dem gleichen Schema erhält man für eine beliebige Stelle k innerhalb der Zahlenfolgen die Verteilung der vier Ziffern

$$\vec{p}^{(k)} = \vec{p}^{(k-1)}\pi = \left(\vec{p}^{(k-2)}\pi\right)\pi = ... = \left(...\left(...\left(\vec{p}^{(1)}\pi\right)\pi\right)...\pi\right) . \tag{7.11}$$

Bemerkenswert ist, dass für $k \to \infty$ der Verteilungsvektor $\vec{p}^{(k)}$ gegen die „Grenzverteilung" der Sequenzen konvergiert.

In diesem Kontext ist es nützlich, die Gl. (7.11) für $k = 2$ bis 4 explizit auszuschreiben. Man erkennt dann die generelle Form

$$\vec{p}^{(k)} = p^{(1)}(1) \begin{pmatrix} \pi & (k; 1 \to 1) \\ \pi & (k; 1 \to 2) \\ \pi & (k; 1 \to 3) \\ \pi & (k; 1 \to 4) \end{pmatrix} + p^{(1)}(2) \begin{pmatrix} \pi & (k; 2 \to 1) \\ \pi & (k; 2 \to 2) \\ \pi & (k; 2 \to 3) \\ \pi & (k; 2 \to 4) \end{pmatrix}$$

$$+ p^{(1)}(3) \begin{pmatrix} \pi & (k; 3 \to 1) \\ \pi & (k; 3 \to 2) \\ \pi & (k; 3 \to 3) \\ \pi & (k; 3 \to 4) \end{pmatrix} + p^{(1)}(4) \begin{pmatrix} \pi & (k; 4 \to 1) \\ \pi & (k; 4 \to 2) \\ \pi & (k; 4 \to 3) \\ \pi & (k; 4 \to 4) \end{pmatrix} .$$

Hier bedeutet $\pi(k; i \to j)$ das Produkt der Übergangswahrscheinlichkeiten entlang des Pfades aus k Einzelschritten, der mit i beginnt und mit j endet. Intuitiv ist klar, dass für einen genügend langen Pfad (große k) der Ausgangspunkt keine Rolle mehr spielt, und $\pi(k; i \to j)$ von i unabhängig wird, d.h. $\pi(k; i \to j) \approx \pi(k; \to j)$. Dann aber gilt

$$p^{(k)}(j) = p^{(1)}(1)\pi(k; 1 \to j) + \cdots + p^{(1)}(4)\pi(k; 4 \to j) \approx \pi(k; \to j)$$

bzw.

$$\vec{p}^{(k)} = \begin{pmatrix} \pi & (k; \to 1) \\ \pi & (k; \to 2) \\ \pi & (k; \to 3) \\ \pi & (k; \to 4) \end{pmatrix} \quad \text{oder} \quad \vec{p} = \begin{pmatrix} \pi & (\infty; \to 1) \\ \pi & (\infty; \to 2) \\ \pi & (\infty; \to 3) \\ \pi & (\infty; \to 4) \end{pmatrix} .$$

In unserem Beispiel erhält man schon nach ca. 20 Ziffern die Grenzverteilung $\vec{p} = (1/4,$ $1/4, 1/4, 1/4)$. Die Ziffern sind in langen Zahlenfolgen gleichverteilt. Diese Grenzverteilung erfüllt

$$\vec{p} = \vec{p}\pi , \tag{7.12}$$

wie man leicht überprüfen kann, oder in Komponentenschreibweise

$$\sum_m p_m \pi_{mn} = p_n \qquad m = 1, \dots, K . \tag{7.13}$$

Die erzeugten Zahlensequenzen gehören zu den Markov-Ketten, denn sie erfüllen die folgenden zwei Eigenschaften:

1. Jede erzeugte Ziffer (Konfiguration) gehört zu einer endlichen Menge von möglichen Ziffern (der Konfigurationsraum).

2. Eine neue Konfiguration n hängt nur von der vorhergehenden Konfiguration m ab. Zwei Systemkonfigurationen m und n sind über eine Übergangswahrscheinlichkeit π_{mn} verbunden. Sie gibt die Wahrscheinlichkeit an, vom Zustand m ausgehend in den Zustand n zu gelangen.

Die Grenzverteilung, die mit dem obigen Algorithmus erzeugt wird, erfüllt aber noch nicht die letztgenannte Bedingung (gerade Zahlen treten doppelt so häufig auf wie ungerade):

$$\frac{p_2}{p_1} = 2 \qquad \frac{p_4}{p_1} = 2 \qquad \frac{p_2}{p_3} = 2 \qquad \frac{p_4}{p_3} = 2 . \tag{7.14}$$

Wir müssen dazu die Übergangswahrscheinlichkeiten in unserem Algorithmus so modifizieren, dass die entsprechende Grenzverteilung erzeugt wird. Dabei hilft ein Akzeptanzkriterium. Nur wenn dieses Kriterium erfüllt ist, wird der Übergang angenommen. Nach dem Akzeptanzkriterium wird ein Übergang $m \to n$ mit der Wahrscheinlichkeit β_{mn} akzeptiert [2]. Der modifizierte Algorithmus lautet jetzt

1. Wähle als erste Ziffer zufällig die 1 oder die 2 gleichverteilt aus.

2. Erzeuge die nächste Ziffer wieder durch gleichwahrscheinliche Addition von $-1, 0$ oder 1 (bei erhaltener 5 erzeuge eine 1 bzw. bei einer 0 die 4).

---

[2] Dieses β_{mn} bzw. weiter unten β bitte nicht mit $\beta = 1/(k_B T)$ verwechseln!

3. Erzeuge eine auf dem Intervall $(0, 1)$ gleichverteilte Zufallszahl ξ. Akzeptiere die neue Ziffer wenn das folgende Kriterium erfüllt ist:

$$\beta_{mn} \geq \xi \, . \tag{7.15}$$

4. Fahre bei 2. fort.

Die Wahrscheinlichkeit dafür, einen Übergangsversuch vor der Anwendung des Akzeptanzkriteriums der Gl. (7.15) zu erzeugen, soll im Folgenden mit α_{mn} bezeichnet werden. Da der ursprüngliche Algorithmus alle erzeugten Übergänge akzeptiert, gilt für ihn $\pi_{mn} = \alpha_{mn}$ mit

$$\alpha = \begin{pmatrix} 1/3 & 1/3 & 0 & 1/3 \\ 1/3 & 1/3 & 1/3 & 0 \\ 0 & 1/3 & 1/3 & 1/3 \\ 1/3 & 0 & 1/3 & 1/3 \end{pmatrix} \, . \tag{7.16}$$

Im Fall des neuen Algorithmus hingegen gilt

$$\pi_{mn} = \alpha_{mn}\beta_{mn} \tag{7.17}$$

(keine Matrizenmultiplikation!). Die Matrix α wird auch als die dem Markov-Prozess unterliegende stochastische Matrix bezeichnet.

Die offensichtliche Frage lautet nun: Wie muss β bzw. π aussehen, um die gewünschte Grenzverteilung zu erzeugen? Die Lösung ist nicht eindeutig, wie die folgende Überlegung zeigt. Die Gl. (7.13) enthält K Bedingungen an die Matrix π, wobei K die Anzahl der möglichen Konfigurationen bezeichnet. In unserem Beispiel ist $K = 4$. Weitere K Gleichungen folgen aus der Bedingung, dass die Summe innerhalb jeder Zeile von π gleich eins sein muss:

$$\sum_n \pi_{mn} = 1 \qquad n = 1, \ldots, K \, . \tag{7.18}$$

Wir erhalten somit $2K$ Bedingungen für K^2 gesuchte Komponenten. Daher wählt man eine stärkere Bedingung, die π weiter einschränkt. Die Bedingung lautet

$$p_m\pi_{mn} = p_n\pi_{nm} \tag{7.19}$$

und wird mit der Bezeichnung *detailed balance* versehen. *Detailed balance* fordert, dass die Häufigkeit des Übergangs von m zu n gleich der Häufigkeit des umgekehrten Übergangs sein muss. Die Gln. (7.19) beinhalten $K(K-1)/2$ Bedingungen. Die Gln. (7.13) können jedoch mittels der Gln. (7.18) und (7.19) ausgedrückt werden, sodass in unserem Fall $K(K+1)/2 = 10$ unabhängige Bedingungen 16 unbekannten Komponenten gegenüberstehen.

Daher sind wir nicht auf ein β_{mn} beschränkt. Ein von Metropolis *et al.* [3] verwendeter Ansatz ist der folgende. Für zwei unterschiedliche Ziffern m und n sei

$$\beta_{mn} = \begin{cases} 1 & \text{wenn} \quad p_n \geq p_m \text{ und } m \neq n \\ p_n/p_m & \text{wenn} \quad p_n < p_m \text{ und } m \neq n \end{cases}.$$

D.h. im Fall $p_n \geq p_m$ wird die neue Ziffer immer akzeptiert ($\beta_{mn} = 1$). Anderenfalls wird die neue Ziffer lediglich mit der Wahrscheinlichkeit p_n/p_m akzeptiert. Zusammengefaßt können wir schreiben:

$$\beta_{mn} = \min\left(1, \frac{p_n}{p_m}\right) \geq \xi \qquad m \neq n. \tag{7.20}$$

Dabei ist ξ eine gleichverteilte Zufallszahl zwischen 0 und 1. Wie für $m = n$ verfahren werden soll, folgt aus Gl. (7.18) kombiniert mit Gl. (7.17):

$$\beta_{mm} = \frac{1}{\alpha_{mm}}\left(1 - \sum_{n(\neq m)} \alpha_{mn}\beta_{mn}\right). \tag{7.21}$$

Die resultierende β-Matrix im Fall unseres Beispiels ist damit

$$\beta = \begin{pmatrix} 1 & 1 & 1 & 1 \\ 1/2 & 2 & 1/2 & 1 \\ 1 & 1 & 1 & 1 \\ 1/2 & 1 & 1/2 & 2 \end{pmatrix}. \tag{7.22}$$

Die erste und die dritte Zeile besagen, dass wir alle Übergänge von der 1 bzw. der 3 zu einer Ziffer immer akzeptieren sollen. Aus der zweiten und vierten Zeile folgt, dass wir Übergänge von einer geraden zu einer ungeraden Zahl nur zu 50 % akzeptieren dürfen. Wo aber ist die Verbindung zwischen dem Metropolis-Schema und den Diagonalelementen? Antwort – bis jetzt existiert keine, da unser Schema noch nicht komplett ist! Das komplette Metropolis-Schema hebt die Beschränkung $m \neq n$ in Gl. (7.20) auf und verlangt zusätzlich, dass wenn n abgelehnt wird stattdessen m, also die alte Ziffer (bzw. alte Konfiguration), akzeptiert wird! Durch die Aufhebung der Beschränkung $m \neq n$ wird $\beta_{11} = 1$ bzw. $\beta_{33} = 1$ klar. Und was ist mit $\beta_{22} = 2$ und $\beta_{44} = 2$? Für 2 beispielsweise existieren die Übergänge zu 1, 2 und 3. Die Übergänge zu 1 und 3 werden aber zu 50 % abgelehnt und dafür nun die 2 erzeugt. Insgesamt ergibt sich daher $\beta_{22} = \frac{1}{2}(2 \to 1) + 1(2 \to 2) + \frac{1}{2}(2 \to 3) = 2$. Entsprechendes gilt für β_{44}. Nun können wir die vollständige Matrix π mithilfe von Gl. (7.17) hinschreiben:

$$\pi = \begin{pmatrix} 1/3 & 1/3 & 0 & 1/3 \\ 1/6 & 2/3 & 1/6 & 0 \\ 0 & 1/3 & 1/3 & 1/3 \\ 1/6 & 0 & 1/6 & 2/3 \end{pmatrix}. \tag{7.23}$$

---

[3] N. Metropolis, A. W. Rosenbluth, M. N. Rosenbluth, A. H. Teller, E. Teller (1953) *Equation of state calculations by fast computing machines*. J. Chem. Phys. **21**, 1087

Die Grenzverteilung dieser π-Matrix ist tatsächlich $\vec{p} = (1/6, 2/6, 1/6, 2/6)$. D.h. die geraden Ziffern kommen doppelt so oft vor wie die ungeraden. Diese π-Matrix erfüllt auch alle Bedingungen in den Gln. (7.13), (7.18) und (7.19). Man kann außerdem zeigen, dass der Metropolis-Algorithmus die *detailed balance*-Bedingungen in Gl. (7.19) immer dann erfüllt, wenn die Matrix α symmetrisch ist (wie in unserem Beispiel).

Der Metropolis-Algorithmus erlaubt es, wie es unser Ziel war, basierend auf dem Quotienten p_m/p_n der Wahrscheinlichkeiten bzw. Wahrscheinlichkeitsdichten, Ziffern (Konfigurationen) mit der gewünschten Verteilung zu erzeugen. Man beachte, dass in den erzeugten Zahlenfolgen die ersten Ziffern noch nicht die gewünschte Grenzverteilung aufweisen. Dies ist erst nach einer bestimmten Anzahl von Ziffern gewährleistet. Nach Erreichen der Grenzverteilung ist die Ziffernfolge im Gleichgewicht, und insbesondere ist die Verteilung unabhängig von der ersten Ziffer (der Startkonfiguration). Diesbezüglich besteht also eine enge Analogie zu Molekulardynamik-Simulationen.

Zum Abschluss noch ein *Mathematica*-Programm, mit dem das eben Gesagte ausprobiert werden kann:

```
In[19]:= "Erzeugen einer vorgegebenen Verteilung f1, f2, ...,
            wenn nur die Verhältnisse fi/fj bekannt sind
            (Metropolis MC)";

In[20]:= h = {0, 0, 0, 0};
         f = {1/6, 2/6, 1/6, 2/6};
         n = 100000;
         j = Random[Integer, {1, 2}];
         jold = j;

         Do[j+ = Random[Integer, {-1, 1}];
           If[j == 0, j = 4];
           If[j == 5, j = 1];
           If[Min[1, f[[j]]/f[[jold]]] >= Random[],
               {h[[j]]+ = 1, jold = j}, {h[[jold]]+ = 1, j = jold}],
           {i, 1, n}]

         Print[n," MC - Schritte"];
         Print["MC - Verteilung : ", N[h/n]];
         Print["MC - Verteilung/Zielverteilung : ", N[h/(f n)]];
```

```
100000 MC - Schritte
MC - Verteilung : {0.16669, 0.33228, 0.16698, 0.33405}
 MC - Verteilung/Zielverteilung :
   {1.00014, 0.99684, 1.00188, 1.00215}
```

```
In[21]:= "wie oben aber ohne Speicherung des vorhergehenden
            Schritts bei Ablehnung";

In[22]:= h = {0, 0, 0, 0};
         f = {1/6, 2/6, 1/6, 2/6};
         n = 100000;
         j = Random[Integer, {1, 2}];
         jold = j;


         Do[j+ = Random[Integer, {-1, 1}];
           If[j == 0, j = 4];
           If[j == 5, j = 1];
           If[Min[1, f[[j]]/f[[jold]]] >= Random[],
               {h[[j]]+ = 1, jold = j}, {n- = 1, j = jold}],
           {i, 0, n - 1}];


         Print[n," MC - Schritte"];
         Print["MC - Verteilung : ", N[h/n]]
         Print["MC - Verteilung/Zielverteilung : ", N[h/ (f n)]];
```

```
77787 MC - Schritte
MC - Verteilung : {0.211552, 0.284855, 0.21528, 0.288313}
 MC - Verteilung/Zielverteilung :
   {1.26931, 0.854564, 1.29168, 0.864939}
```

7.2 Metropolis-Algorithmus im *NVT*-Ensemble

Das obige Zahlenbeispiel geht von einem diskreten Konfigurationsraum mit vier Konfigurationen aus. Der Vektor der Wahrscheinlichkeiten für die einzelnen Konfigurationen $\vec{p}$ sowie die Matrizen α, β und π lassen sich aber leicht auf einen kontinuierlichen Konfigurationsraum übertragen. Im kontinuierlichen Konfigurationsraum wird $\vec{p}$ zur Wahrscheinlichkeitsdichte $p(\{\vec{r}\})$. Die stochastische Matrix α, die Matrix der Übergangswahrscheinlichkeiten π und das Akzeptanzkriterium β sind dann Funktionen von $6N$ Variablen: $\alpha(\{\vec{r}\}_m, \{\vec{r}\}_n)$, $\pi(\{\vec{r}\}_m, \{\vec{r}\}_n)$ und $\beta(\{\vec{r}\}_m, \{\vec{r}\}_n)$. Abkürzend schreiben wir α_{mn}, π_{mn} und β_{mn}.

Zur Erzeugung von Konfigurationen im *NVT*-Ensemble wird lediglich der Quotient

$$\frac{p_n}{p_m} = \exp\left[-\beta\left(\mathcal{U}(\{\vec{r}\}_n) - \mathcal{U}(\{\vec{r}\}_m)\right)\right] \tag{7.24}$$

benötigt. Man nutzt also aus, dass für die Wahrscheinlichkeit einer Konfiguration $\{\vec{r}\}$ im *NVT*-Ensemble

$$p_{NVT}(\{\vec{r}\}) \propto \exp\left[-\beta\mathcal{U}(\{\vec{r}\})\right] \tag{7.25}$$

gilt. Im Rahmen des Metropolis-Algorithmus wird eine beliebige Startkonfiguration m erzeugt, die den Boltzmann-Faktor $\exp[-\beta \mathcal{U}(\{\vec{r}\}_m)]$ besitzt. Im folgenden Schritt wird eine neue Konfiguration n erzeugt. Dies geschieht durch eine auf Zufallszahlen basierende Veränderung der Konfiguration m. Die neue Konfiguration besitzt den Boltzmann-Faktor $\exp[-\beta \mathcal{U}(\{\vec{r}\}_n)]$. Diese Konfiguration wird nach dem Kriterium der Gl. (7.20) akzeptiert, wenn

$$\beta_{mn} = \min\left(1, \exp\left[-\beta\left(\mathcal{U}(\{\vec{r}\}_n) - \mathcal{U}(\{\vec{r}\}_m)\right)\right]\right) \geq \xi \tag{7.26}$$

gilt. ξ ist eine zwischen 0 und 1 gleichverteilte Zufallszahl. Die neue Konfiguration wird immer akzeptiert ($\beta_{mn} = 1$), wenn $p_n/p_m \geq 1$ gilt. D.h. wenn n eine niedrigere potenzielle Energie als m besitzt:

$$\mathcal{U}(\{\vec{r}\}_n) < \mathcal{U}(\{\vec{r}\}_m) \ .$$

Ist das Akzeptanzkriterium der Gl. (7.26) nicht erfüllt, so wird die alte Konfiguration m an Stelle der neuen akzeptiert (siehe dazu die Diskussion in [42])! Dies ist das Grundprinzip der Monte Carlo-Simulation, basierend auf dem Metropolis-Algorithmus.

Bei der Erzeugung neuer Konfigurationen muss lediglich darauf geachtet werden, dass...

1. ... alle möglichen Konfigurationen des Systems erzeugt werden können (Ergodizität).

2. ... die Matrix α symmetrisch und somit die *detailed balance*-Bedingung erfüllt ist. Der Algorithmus muss den Übergang von m zu n mit gleicher Wahrscheinlichkeit erzeugen wie den umgekehrten Übergang von n zurück zu m. [4]

Letztere Bedingung kann auch umgangen werden, wenn man das Akzeptanzkriterium β so korrigiert, dass die erhaltene Übergangsmatrix wieder das gewünschte Ensemble erzeugt. Solche Algorithmen sind z.B. das *preferential sampling* oder die *biased* (bevorzugte) Monte Carlo-Methoden [42].

Bei der Auswertung der erhaltenen Konfigurationen geht man ähnlich vor wie im Fall der Molekulardynamik. Erst wenn das System im Gleichgewicht ist, werden die Konfigurationen für die Bildung von Mittelwerten verwendet.

7.3   Simulation von atomaren Systemen

Hier wird eine neue Konfiguration des Systems beispielsweise durch Verschieben eines zufällig ausgewählten Atoms i entlang dem Vektor $\delta\vec{r}$ erzeugt. D.h.

$$\vec{r}_i^{(neu)} = \vec{r}_i^{(alt)} + \delta\vec{r} \tag{7.27}$$

---

[4]Die *detailed balance*-Bedingung ist eine hinreichende, aber keine notwendige Bedingung. Es existieren auch Akzeptanzkriterien mit unsymmetrischer Matrix α, die das gewünschte Ensemble erzeugen. Jedoch ist es nicht einfach, dies zu beweisen. Die Erfüllung der *detailed balance*-Bedingungen lässt sich leichter überprüfen. An dieser Stelle sei auf das Beispiel auf Seite 49 in [42] hingewiesen.

mit

$$\delta\vec{r} = \begin{pmatrix} 2\xi_x - 1 \\ 2\xi_y - 1 \\ 2\xi_z - 1 \end{pmatrix} \delta r_{max} \; . \tag{7.28}$$

ξ_x, ξ_y und ξ_z sind Zufallszahlen zwischen 0 und 1. Der Parameter δr_{max} ist die maximale Verschiebung des Atoms in eine der drei Raumrichtungen. Periodische Randbedingungen zur Simulation von Bulk-Systemen werden dabei gemäß der in Abschnitt 2.4 diskutierten Methode implementiert.

Erfüllt dieser Erzeugungsschritt die Ergodizitäts- und *detailed balance*-Bedingungen? Jedes Teilchen wird irgendwann bewegt. Obwohl jeder Einzelschritt auf einen Würfel der Kantenlänge $2\delta r_{max}$ beschränkt ist, kann jedes Teilchen jeden Punkt in der Simulationsschachtel erreichen. Weiterhin sind die *detailed balance*-Bedingungen erfüllt, da es gleichwahrscheinlich ist, den Übergang von m zu n oder den umgekehrten Übergang zu erzeugen (α ist symmetrisch).

Für die neue Konfiguration wird nun die potenzielle Energie $\mathcal{U}(\{\vec{r}\}^{(neu)})$ berechnet. Hierbei muss lediglich der Anteil der potenziellen Energie berechnet werden, der von der Position des Atoms i abhängt. Die neue Konfiguration wird dann nach dem Metropolis-Kriterium bewertet. Wird sie nicht akzeptiert, so wird die alte Konfiguration nochmals abgespeichert und ein neues Atom i ausgewählt usw.

Bei diesem Algorithmus spielt die maximale Verschiebung δr_{max} eine wichtige Rolle. Wählt man ein kleines δr_{max}, so werden zwar viele neue Konfigurationen akzeptiert, aber diese unterscheiden sich nur geringfügig von der alten Konfiguration und enthalten daher wenig neue (unkorrelierte) Information. Ist δr_{max} dagegen zu groß, werden nur wenige neue Konfigurationen akzeptiert, da sich die Atome öfters überlappen werden. Die Wahl von δr_{max} hängt von der Dichte des Systems ab, wie in Abbildung 7.1 gezeigt, und muss daher bei jeder Simulation optimiert werden. In dichten Systemen sollte ein kleines δr_{max} verwendet werden, um zu viele Überlappungen zu vermeiden. Dagegen können in einer verdünnten Gasphase weite Strecken in einem Versuch übersprungen werden. Dies ist einer der Vorteile der Monte Carlo-Methode gegenüber reiner Molekulardynamik. Die Optimierung von δr_{max} kann automatisiert werden, indem man während der Simulation die Akzeptanzrate (= Quotient aus Anzahl der akzeptierten neuen Konfigurationen und Anzahl der erzeugten neuen Konfigurationen) berechnet. Ist die Akzeptanz sehr hoch, so muss δr_{max} erhöht werden, bis eine gewünschte Akzeptanz erreicht ist und umgekehrt. Bleibt nur noch die Frage, welches die optimale Akzeptanzrate ist, um in so wenig Monte Carlo-Schritten wie möglich so viele statistisch unkorrelierte Konfigurationen wie nötig zu erhalten. Man spricht von einer hohen statistischen Effizienz, wenn die abgespeicherten Konfigurationen wenig bzw. nicht korrelieren. Die Akzeptanzrate wird im Allgemeinen so gewählt, dass ca. die Hälfte aller Versuche akzeptiert werden. Dies ist aber nicht unbedingt optimal [42]. Die optimale Akzeptanzrate hängt vom System und von der betrachteten Messgröße ab. Für reine Lennard-Jones-Systeme und harte Kugeln erscheint eine Akzeptanz von 20 % optimal [5].

---

[5] R. D. Mountain, D. Thirumalai (1994) *Quantitative measure of efficiency of Monte Carlo simulations* Physica **A210**, 453

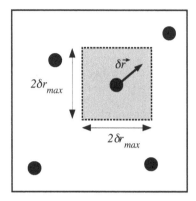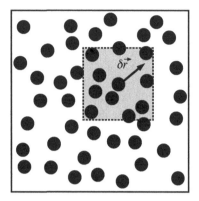

Abbildung 7.1: Bei der Monte Carlo-Simulation wird eine neue Konfiguration durch zufällige Verschiebung eines Teilchens um $\delta\vec{r}$ erzeugt. Die Akzeptanzrate hängt von der Dichte des Systems ab, da in dichten Systemen (rechts) häufig eine Überlappung der Teilchen auftritt.

7.4   Monte Carlo-Schritte im *NPT*-Ensemble

Bisher haben wir nur das kanonische oder auch *NVT*-Ensemble mit Monte Carlo-Verfahren erzeugt. Interessanter ist häufig das isobare-isotherme-(*NPT*)-Ensemble, da in vielen Experimenten bei konstantem Druck und konstanter Temperatur gemessen wird. Im *NPT*-Ensemble wird das Volumen V der Simulationsschachtel wie ein weiterer Freiheitsgrad neben den möglichen Konfigurationen behandelt. Man beachte, dass im Fall periodischer Randbedingungen die potenzielle Energie des Systems auch eine Funktion des Volumens ist: $\mathcal{U} = \mathcal{U}(\{\vec{r}\}, V)$.

Es bietet sich an, bei der Volumenänderung auch die Koordinaten der Teilchen zu skalieren, da dies die Berechnung der potenziellen Energie der neuen Konfiguration vereinfacht. Man führt hierzu die Relativkoordinaten

$$\vec{s} = \begin{pmatrix} r_x/L_x \\ r_y/L_y \\ r_z/L_z \end{pmatrix} \tag{7.29}$$

ein. Hier ist $V = L_x L_y L_z$. Für die Wahrscheinlichkeit einer bestimmten Konfiguration $\{\vec{s}\}$ mit einem Volumen V gilt im *NPT*-Ensemble [6]

$$p_{NPT}(\{\vec{s}\}, V) \propto V^N \exp\left[-\beta\left(\mathcal{U}(\{\vec{s}\}, V) + PV\right)\right] . \tag{7.30}$$

Der Faktor V^N stammt aus der Substitution von $\vec{r}$ durch $\vec{s}$. Diese Verteilung kann ebenfalls nach dem Metropolis-Algorithmus generiert werden. Zu den schon für das *NVT*-Ensemble beschriebenen Konfigurationsänderungen kommt noch eine zufällige Volumenänderung hinzu, die nach folgendem Schema akzeptiert oder verworfen wird (hier am Beispiel einer kubischen Simulationsschachtel mit $L_x = L_y = L_z = L$).

---

[6]Vgl. Abschnitt 2.3.

1. Berechne die potenzielle Energie $\mathcal{U}^{(neu)} = \mathcal{U}(\{\vec{r}\}, V^{(neu)})$ einer Konfiguration mit dem neuen (hier kubisch angenommenen) Volumen

$$V^{(neu)} = V^{(alt)} + (2\xi - 1)\delta V_{max} \tag{7.31}$$

sowie

$$\vec{r}_i^{(neu)} = \gamma \vec{r}_i^{(alt)} \quad \text{mit} \quad \gamma = \left(\frac{L^{(neu)}}{L^{(alt)}}\right) . \tag{7.32}$$

ξ ist wieder eine gleichverteilte Zufallszahl zwischen 0 und 1.

2. Akzeptiere die Volumenänderung, wenn

$$\min\left(1, \exp\left[-\beta\left(\mathcal{U}^{(neu)} - \mathcal{U}^{(alt)} + P(V^{(neu)} - V^{(alt)})\right) + N\ln\left(\frac{V^{(neu)}}{V^{(alt)}}\right)\right]\right) \geq \xi \tag{7.33}$$

wobei P der vorgegebene Solldruck ist. Dieses Akzeptanzkriterium erhält man durch zweimaliges Einsetzen von Gl. (7.30) in Gl. (7.20) (der Index n bezeichnet die Konfiguration „(neu)" und m die Konfiguration „(alt)").

Es ist allerdings nicht notwendig, bei jedem Translationsschritt auch einen Volumenschritt durchzuführen.

7.5 Monte Carlo-Schritte im μVT-Ensemble

Die Monte Carlo-Methode erlaubt auch die Erzeugung von Konfigurationen, die unterschiedliche Anzahl von Teilchen N besitzen. Im großkanonischen Ensemble sind das chemische Potenzial μ, das Volumen und die Temperatur von außen vorgegebene Größen.

Für die Wahrscheinlichkeit einer Konfiguration mit einer bestimmten Teilchenzahl N und den skalierten Positionen dieser Teilchen $\{\vec{s}\}$ gilt im großkanonischen Ensemble [7]

$$p_{\mu VT}(\{\vec{s}\}, N) \propto \exp\left[-\beta\mathcal{U}(\{\vec{s}\}) + N\ln aV - \ln N!\right] . \tag{7.34}$$

Die Größe a bezeichnet die Aktivität. Sie hängt vom chemischen Potenzial hier über die Beziehung

---

[7] Vgl. Gl. (2.173) bzw. Gl. (3.43).

$$a = \frac{1}{\Lambda_T^3} \exp\left[\beta\mu\right] \tag{7.35}$$

ab [8].

Ein Algorithmus, der eine Verteilung gemäß Gl. (7.34) erzeugt, enthält drei unterschiedliche Änderungsversuche:

1. **Bewegung** der Atome (Moleküle) wie im NVT-Ensemble mit dem Akzeptanzkriterium

$$\min\left(1, \exp\left[-\beta\left(\mathcal{U}^{(neu)} - \mathcal{U}^{(alt)}\right)\right]\right) \geq \xi \qquad \xi \in [0, 1] \,. \tag{7.36}$$

2. **Einfügen** eines neuen Atoms (Moleküls) an einer gleichverteilt zufällig ausgesuchten Position innerhalb des Simulationsvolumens V (und mit einer zufälligen Orientierung [9]) gemäß dem Akzeptanzkriterium

$$\min\left(1, \exp\left[-\beta\left(\mathcal{U}^{(neu)} - \mathcal{U}^{(alt)}\right) + \ln\frac{aV}{N+1}\right]\right) \geq \xi \qquad \xi \in [0, 1] \,. \tag{7.37}$$

3. **Entfernen** eines zufällig ausgesuchten Atoms (Moleküls) nach folgendem Akzeptanzkriterium:

$$\min\left(1, \exp\left[-\beta\left(\mathcal{U}^{(neu)} - \mathcal{U}^{(alt)}\right) + \ln\frac{N}{aV}\right]\right) \geq \xi \qquad \xi \in [0, 1] \,. \tag{7.38}$$

Die letzten beiden Auswahlkriterien erhält man wieder anhand von Gl. (7.34) und Gl. (7.20).

Die Anzahl der durchgeführten „Einsetzen"-Versuche muss dabei gleich der Anzahl der „Entfernen"-Versuche sein (*detailed balance*!). Eine gute Wahl ist, jeden der drei Versuche mit gleicher Häufigkeit zu erzeugen, auch wenn die Anzahl der Teilchenbewegungen zwischen zwei Einfügen/Entfernen-Schritten beliebig gewählt werden kann.

Für den Einfügen/Entfernen-Schritt findet man in der Literatur [62, 24] auch folgenden, nach Barker benannten, symmetrischen Algorithmus:

Einfügen, wenn

$$\left(1 + \frac{N+1}{aV} \exp\left[\beta\left(\mathcal{U}^{(neu)} - \mathcal{U}^{(alt)}\right)\right]\right)^{-1} \geq \xi \,. \tag{7.39}$$

---

[8]Diese Definition weicht leicht von der im Kapitel über Thermodynamik verwendeten ab!

[9]Achtung! In diesem Fall, d.h. starre, nichtkugelsymmetrische Moleküle, muss Gl. (7.35) durch $a = (Q_{rot}^{(1)}/\Lambda_T^3)$ $\exp[\beta\mu]$ (vgl. Abschnitt 3.4) ersetzt werden. Oder der entsprechende Rotationsbeitrag muss schon von μ abgezogen sein.

Entfernen, wenn

$$\left(1 + \frac{aV}{N} \exp\left[\beta\left(\mathcal{U}^{(neu)} - \mathcal{U}^{(alt)}\right)\right]\right)^{-1} \geq \xi \ . \tag{7.40}$$

Eine Anwendung für den großkanonischen Monte Carlo-Algorithmus ist die Simulation von Adsorptionsisothermen [62], entweder auf flachen Substraten wie Metalloberflächen, ionischen Kristallen oder in den Poren eines Zeolithen. Abbildung 7.2 illustriert dies für Wasser auf Calcit. Der obere Teil der Abbildung zeigt die Zahl der adsorbierten Wassermoleküle als Funktion der Zeit für zwei unterschiedliche Anfangsbedingungen. Der verwendete Algorithmus basiert auf Molekulardynamik-Bewegungen der Wassermoleküle und Monte Carlo Einsetzen/Entfernen-Schritten gemäß Gl. (7.39) bzw. Gl. (7.40). Die durchgezogenen Linien sind Anpassfunktionen. Die Zeitskala wird übrigens durch die Molekulardynamik festgelegt,

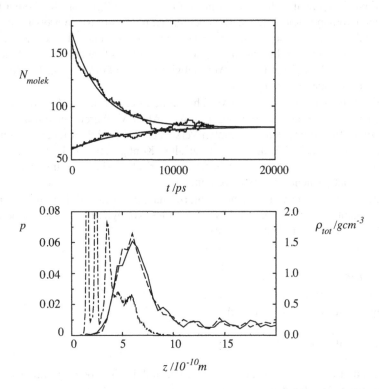

Abbildung 7.2: Adsorption von Wasser auf Calcit. Oben: Zahl der Wassermoleküle N_{molek} im System als Funktion der Zeit t für $a = 0.1 \cdot 10^{24} \ m^{-3}$ und $T = 298 \ K$. Es wurde von zwei unterschiedlichen Anfangsbedeckungen gestartet. Die durchgezogenen Linien sind Anpassfunktionen, die der Extrapolation der Simulationsdaten dienen. Unten (linke Achse): Wahrscheinlichkeitsprofil $p(z)$ für das Entfernen (gestrichelte Linie) bzw. das Einsetzen eines Wassermoleküls (durchgezogenen Linie) im Abstand z von der Oberfläche. Unten (rechte Achse): Dichteprofil der Adsorbatschicht (Strich-Punkt-Linie) im Gleichgewicht.

da Monte Carlo keine Zeitskala besitzt. Der untere Teil der Abbildung zeigt das Dichteprofil des Wasserfilms senkrecht zur Oberfläche für die angegebenen Bedingungen sowie die entsprechenden Wahrscheinlichkeitsprofile für das Einsetzen bzw. Entfernen der Wassermoleküle im Gleichgewicht. Die ausgeprägten Maxima in der Dichteverteilung illustrieren den starken Ordnungseffekt der Oberfläche. Beide Wahrscheinlichkeitsprofile sind innerhalb der Schwankungen identisch und weisen ein Maximum bei mittlerer Wasserdichte auf. D.h. die Effizienz des Monte Carlo-Verfahrens ist dort am größten [10].

7.6   *Bias*-Monte Carlo und *non Boltzmann sampling*

Für sehr dichte Phasen sind die bisherigen Monte Carlo-Verfahren nicht effizient genug. Im Fall der großkanonischen Monte Carlo-Methode beispielsweise werden die Einfügen- sowie Entfernen-Versuche zu häufig abgelehnt. Ein Einfügeversuch führt sehr oft zu einer Überlappung mit schon vorhandenen Teilchen, die energetisch ungünstig ist. Je größer das einzusetzende Teilchen, desto unwahrscheinlicher wird es sein, eine passende „Lücke" zu finden. Das Entfernen eines Teilchens wird in dichten Systemen ebenfalls oft abgelehnt, weil die vorhandenen Teilchen zu viele meist attraktive Wechselwirkungen mit direkt benachbarten Teilchen besitzen, die überwunden werden müssen.

Es existieren inzwischen zahlreiche Verfahren, die es erlauben, die Akzeptanz der generierten neuen Konfigurationen zu erhöhen [24, 42]. Allen Verfahren gemeinsam ist die bevorzugte (*biased*) Erzeugung von bestimmten Versuchen. D.h. bei der Erzeugung einer neuen Konfiguration wird zusätzliche Information der alten Konfiguration (z.B. wo ist noch freier Platz?) mit einbezogen. Dies führt zu einer unsymmetrischen Matrix α, und das Akzeptanzkriterium muss entsprechend korrigiert werden.

Nehmen wir an, wir verwenden einen Algorithmus, der neue Konfigurationen mit einer Wahrscheinlichkeit erzeugt, die eine Funktion der alten Konfiguration ist, z.B. eine Funktion der potenziellen Energie der alten Konfiguration:

$$\alpha_{mn} = h\left[\mathcal{U}(\{\vec{r}\}_m)\right] . \tag{7.41}$$

Für den umgekehrten Schritt ist demnach

$$\alpha_{nm} = h\left[\mathcal{U}(\{\vec{r}\}_n)\right] . \tag{7.42}$$

Wenn $\mathcal{U}(\{\vec{r}\}_m)$ und $\mathcal{U}(\{\vec{r}\}_n)$ voneinander verschieden sind, ist die stochastische Matrix α nicht mehr symmetrisch. Aus den *detailed balance*-Bedingungen folgt nun

$$\frac{\beta_{mn}}{\beta_{nm}} = \frac{h\left[\mathcal{U}(\{\vec{r}\}_n)\right]}{h\left[\mathcal{U}(\{\vec{r}\}_m)\right]} \exp\left[-\beta\left(\mathcal{U}(\{\vec{r}\}_n) - \mathcal{U}(\{\vec{r}\}_m)\right)\right] . \tag{7.43}$$

---

[10] E. Stöckelmann, R. Hentschke (1999) *Adsorption isotherms of vapor on calcite: a Molecular Dynamics-Monte Carlo hybrid simulation using a polarizable water model.* Langmuir **15**, 5141

Ein mögliches Akzeptanzkriterium, das diese Bedingung erfüllt, ist

$$\beta_{mn} = \min\left(1, \frac{h\left[\mathcal{U}(\{\vec{r}\}_n)\right]}{h\left[\mathcal{U}(\{\vec{r}\}_m)\right]} \exp\left[-\beta\left(\mathcal{U}(\{\vec{r}\}_n) - \mathcal{U}(\{\vec{r}\}_m)\right)\right]\right) \geq \xi . \tag{7.44}$$

Wir können also eine beliebige Funktion h verwenden, um bevorzugt bestimmte Übergänge zu generieren, wenn wir das Akzeptanzkriterium korrigieren. Eine ideale Wahl von h wäre so, dass die rechte Seite in Gl. (7.43) gleich eins ist. Dann würde jede neue Konfiguration akzeptiert.

Eine andere Variante der Korrektur von α ist, zwar alle erzeugten Konfigurationen zu akzeptieren, doch bei der Bildung von Mittelwerten diese so zu wichten, dass der richtige Ensemblemittelwert erhalten wird. Dieses Verfahren wird auch als *non Boltzmann sampling* bezeichnet, da keines der thermodynamischen Ensembles generiert wird. Der Ensemblemittelwert wird nach dem Monte Carlo-Verfahren allgemein durch

$$\begin{aligned}\langle A \rangle_{Ens} &= \frac{\int d^{3N}r\,dN\,dV\, A(\{\vec{r}\}, V, N)\, p_{Ens}(\{\vec{r}\}, V, N)}{\int d^{3N}r\,dN\,dV\, p_{Ens}(\{\vec{r}\}, V, N)} \\ &= \left\langle \frac{A(\{\vec{r}\}, V, N)\, p_{Ens}(\{\vec{r}\}, V, N)}{p_{MC}(\{\vec{r}\}, V, N)} \right\rangle_{MC} \Big/ \left\langle \frac{p_{Ens}(\{\vec{r}\}, V, N)}{p_{MC}(\{\vec{r}\}, V, N)} \right\rangle_{MC}\end{aligned} \tag{7.45}$$

erhalten, wobei $p_{MC}(\{\vec{r}\}, V, N)$ die Verteilung der durch einen bestimmten Monte Carlo-Algorithmus erzeugten Konfigurationen beschreibt. Bisher wurde bei den Algorithmen immer darauf geachtet, dass $p_{MC} = p_{Ens}$ gilt. D.h. der Algorithmus erzeugt direkt Konfigurationen mit der Verteilung des entsprechenden thermodynamischen Ensembles. Diese Verfahrensweise ist nicht notwendig. Der Monte Carlo-Algorithmus kann auch eine beliebige Verteilung

$$p_{MC}(\{\vec{r}\}, V, N) = w(\{\vec{r}\}, V, N)\, p_{Ens}(\{\vec{r}\}, V, N) \tag{7.46}$$

erzeugen. $w(\{\vec{r}\}, V, N)$ bezeichnet hier eine frei wählbare Wichtungsfunktion. Bei der Mittelwertbildung muss die Wichtungsfunktion berücksichtigt werden. Durch Einsetzen von $p_{Ens} = w^{-1} p_{MC}$ in Gl. (7.45) erhält man

$$\langle A \rangle_{Ens} = \frac{\int d^{3N}r\,dN\,dV\, A w^{-1} p_{MC}}{\int d^{3N}r\,dN\,dV\, w^{-1} p_{MC}} = \frac{\langle A w^{-1} \rangle_{MC}}{\langle w^{-1} \rangle_{MC}} . \tag{7.47}$$

Die Wichtungsfunktion w muss bei diesem Verfahren nicht absolut bekannt sein. Entscheidend ist wieder der Quotient w_n/w_m, wobei m und n zwei Konfigurationen bezeichnen. Das *umbrella sampling* [24, 2] (siehe auch Aufgabe 26) z.B. verwendet die Variante der Wichtung von Konfigurationen. Eine andere Anwendung des *non Boltzmann sampling* ist die Rosenbluth-Methode zur Erzeugung von Polymerkonformationen, die wir in Abschnitt 8.6 betrachten.

Beide Varianten (die Korrektur des Akzeptanzkriteriums oder die Wichtung der Konfigurationen) sind ineinander überführbar. Benutzt man die unsymmetrische Matrix aus Gl. (7.41), jedoch das unkorrigierte Akzeptanzkriterium

$$\beta_{mn} = \min\left(1, \exp\left[-\beta\left(\mathcal{U}(\{\vec{r}\}_n) - \mathcal{U}(\{\vec{r}\}_m)\right)\right]\right) \geq \xi \,, \tag{7.48}$$

so gilt für die Wichtungsfunktion

$$\frac{w_m}{w_n} = \frac{h\left[\mathcal{U}(\{\vec{r}\}_n)\right]}{h\left[\mathcal{U}(\{\vec{r}\}_m)\right]} \,. \tag{7.49}$$

Man beachte hier die „Vertauschung" der Indizes m und n in den beiden Quotienten!

Aufgabe 26:   **Freie Energie der 1D-Ising-Kette und *umbrella sampling***

Als Beispiel zum *umbrella sampling* betrachten wir die 1D-Ising-Kette gemäß

$$\mathcal{H} = -J\sum_{i=1}^{n} s_i s_{i+1} \quad - \quad B\sum_{i=1}^{n} s_i$$

mit $s_i = \pm 1$ und periodischen Randbedingungen:

$$
\begin{array}{cccccccc}
\downarrow & \uparrow & \downarrow & \uparrow & \dots & \uparrow & \uparrow & \downarrow & \uparrow \\
s_n & s_1 & s_2 & s_3 & \dots & s_{n-2} & s_{n-1} & s_n & s_1
\end{array}
$$

Hier ist $\mathcal{H}/k_B$ die Energie der Kette in Einheiten der Temperatur. J ist die Kopplungsstärke benachbarter Spins, und B ist ein externes Magnetfeld, an das die Spins ebenfalls koppeln (vgl. Gl. (6.46)). Die Abbildung 7.3 zeigt die reduzierte freie Energie pro Spin $(nk_B)^{-1}\Delta F(m)$ dieser Kette mit $n = 20$ Spins als Funktion der Magnetisierung pro Spin m, die wir in dieser Aufgabe zunächst mithilfe des normalen Metropolis-Algorithmus erhalten werden. Zu beachten ist die geringe Zahl von Konfigurationen, die in den Flanken erzeugt wurden. Dies bedeutet, dass wir insgesamt einen sehr hohen Aufwand betreiben müssen, um dort eine signifikante Zahl von Konfigurationen zu erhalten! Hier kann *umbrella sampling* den Aufwand reduzieren bzw. bei gleichem Aufwand das Ergebnis verbessern. Betrachten wir zunächst das Prinzip.

Die dimensionslose freie Energie pro Spin $n^{-1}\beta F(m)$ ist gegeben durch

$$n^{-1}\beta F(m) = -n^{-1}\ln Q_m$$

mit der Zustandssumme

$$Q_m = \sum_{\{s\}} \Delta\left(m - \frac{1}{n}\sum_i s_i\right)e^{-\beta\mathcal{H}} \,,$$

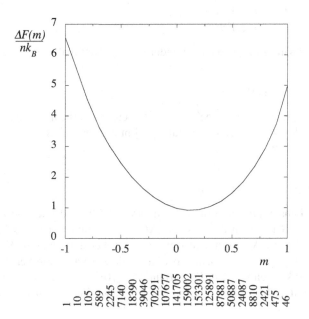

Abbildung 7.3: Die reduzierte freie Energie pro Spin der 1D-Ising-Kette aus 20 Spins mit periodischen Randbedingungen als Funktion der Magnetisierung pro Spin. Es wurden im Gleichgewicht 10^6 Metropolis-MC-Schritte ausgeführt. Dabei war $\beta J = \beta B = 0.1$. Unter dem Graphen erkennen wir die Anzahl der Konfigurationen in den insgesamt 21 Magnetisierungsintervallen.

wobei

$$\Delta\,(...) = \begin{cases} 1 & \text{falls} \quad (...) = 0 \\ 0 & \text{falls} \quad (...) \neq 0 \end{cases}$$

sein soll. Durch Subtraktion der gesamten freien Energie erhalten wir

$$n^{-1}\beta\Delta F(m) \quad \equiv \quad n^{-1}\beta\left(F(m) - F\right) = -n^{-1}\ln\frac{Q_m}{Q} = -n^{-1}\ln p(m)\,.$$

Hierbei ist $p(m)$ die Wahrscheinlichkeit des Auftretens der Magnetisierung m. $\Delta F(m)$ kann berechnet werden durch MC-Simulation der Kette, wobei die auftretenden Magnetisierungswerte m in ein Histogramm $hist[i]$ einsortiert werden, sodass $p(m_i) = hist[i]/$(Gesamtzahl aller MC-Schritte) gilt.

Die *umbrella sampling*-Methode erhöht die Effizienz dieses Vorgehens anhand einer einfachen Wichtungsfunktion $h(\{s\})$ der Konfigurationen. Das Magnetisierungsintervall [-1,1] unterteilen wir dazu in Fenster der Breite δm_i und definieren

$$h = \begin{cases} 1 & \text{für} \quad m \in \text{Fenster} \\ 0 & \text{für} \quad m \notin \text{Fenster} \end{cases} .$$

Im Algorithmus wird dies durch ein verändertes Kriterium realisiert:

$$min(1, h \exp[\beta \Delta \mathcal{U}]) \geq \xi .$$

Jedes Fenster δm_i für sich wird dabei in noch kleinere Intervalle mit dem Index j unterteilt, und wir erhalten analog zum obigen $p(m)$ auf [-1,1] nun $p_i(m) = hist[j]/(\text{Zahl der MC-Schritte})$ auf dem Fenster i bzw.

$$n^{-1} \beta \Delta F_i(m) = -n^{-1} \ln p_i(m) .$$

Wenn nun die Fenster δm_i insgesamt das Intervall [-1,1] bedecken, so können wir aus den einzelnen $\Delta F_i(m)$-Segmenten das gesamte $\Delta F(m)$ zusammensetzen. Dabei ist allerdings zu beachten, dass sich die $\Delta F_i(m)$ in den verschiedenen Fenstern um eine Konstante unterscheiden [11]. Wir müssen daher die Fenster so wählen, dass benachbarte Fenster an ihren Rändern überlappen. Dort können wir dann $\Delta F_i(m)$ und $\Delta F_{i+1}(m)$ zur Deckung bringen (Konstante abziehen) und somit $\Delta F(m)$ auf [-1,1] erzeugen. Nun aber die eigentliche Aufgabe.

(a)   Analog zum Fall des 2D-Ising-Gitters in Aufgabe 25 implementieren Sie einen Metropolis-MC-Algorithmus für die 1D-Ising-Kette in *Mathematica*. Stellen Sie die kumulativen Mittelwerte für die Gesamtenergie pro Spin $n^{-1}\langle E \rangle^{(kum)}$ und die Magnetisierung pro Spin $\langle s_i \rangle^{(kum)}$ graphisch dar. Verwenden Sie $n = 20$, $J/k_B = B/k_B = 1$ und $T = 10$. Starten Sie von der Anfangskonfiguration $s_i = -1 \; \forall \; i$. Die Zahl der MC-Schleifendurchläufe soll $2 \cdot 10^4$ sein.
       Hinweis: Für die erwähnte Startstruktur ist es einfach, die zugehörige Energie und die Magnetisierung auszurechnen. Während der Simulation müssen Sie dann lediglich die Änderungen dieser Größen berechnen und aufaddieren.

(b)   Vergleichen Sie die Simulationsresultate mit den exakten Größen. Tun Sie dies anhand des Mittelwerts der jeweiligen Größe, berechnet über die letzten 3000 MC-Schritte.
       Hinweis: In Kapitel 8 (Abschnitt 8.1) erhalten wir die freie Energie

$$F = -\beta^{-1} T \ln \left(\lambda_>^n + \lambda_<^n \right)$$

mit $\lambda_{>/<} = e^{J'} (\cosh B' \pm \sqrt{\sinh^2 B' + e^{-4J'}})$ für die obige 1D-Ising-Kette ($J' = J/k_B$ bzw. $B' = B/k_B$). Wir berechnen ebenfalls

$$\langle s_i \rangle = n^{-1} \partial_{B'} \ln \left(\lambda_>^n + \lambda_<^n \right) \qquad \text{sowie} \qquad \langle E \rangle = - \left(J \partial_{J'} + B \partial_{B'} \right) \ln \left(\lambda_>^n + \lambda_<^n \right) .$$

(c) $F(m)$ mittels der direkten Variante: Verwenden Sie $\Delta F/k_B = -T \ln p(m)$, wobei $p(m)$ die relative Häufigkeit der Magnetisierung m während der obigen MC-Simulation ist. Stellen Sie

---

[11]Die Normierung des Histogramms bezieht sich hier individuell auf jedes Fenster.

$(nk_B)^{-1}\Delta F(m)$ graphisch dar – und zwar im Vergleich für Simulationen der Länge 10^3, 10^4, 10^5 und 10^6 MC-Schritte. Diskutieren Sie, ob bzw. warum Ihr Ergebnis mit dem Resultat für $\langle s_i \rangle^{(kum)}$ konsistent ist!

Hinweise: (i) Erzeugen Sie ein Histogramm mit 21 Fächern (engl.: *bins*) zwischen -1 und 1. Jede (akzeptierte) Konformation liefert Ihnen einen Wert für die Magnetisierung pro Spin, den Sie in das zugehörige *bin* einsortieren. Aus diesem Histogramm können Sie $p(m)$ bestimmen. (ii) Wenn Sie von der obigen Startkonformation ausgehen, sollten Sie (wie bei der MD) dem System „Zeit lassen" ins Gleichgewicht zu kommen (vgl. die kumulativen Mittelwerte) – ca. $2 \cdot 10^4$ MC-Schritte sollten reichen!

(d) $F(m)$ mittels *umbrella sampling*: Implementieren Sie den oben besprochenen Algorithmus mit ebenfalls insgesamt 21 *bins*. Die Fensterbreite δm soll 3 *bins* sein und die Fensterverschiebung 2 *bins*, sodass benachbarte Fenster um 1 *bin* überlappen. Für jedes Fenster führen Sie eine (*umbrella-*) MC-Simulation durch, deren jeweilige Länge 2000 Schritte betragen soll. Für die Analyse verwenden Sie die letzten 1000 Schritte in jedem Fenster. Tragen Sie $(nk_B)^{-1}\Delta F(m)$ für die jeweiligen Fenster auf, und zeigen Sie auch das daraus zusammengesetzte $(nk_B)^{-1}\Delta F(m)$ für den gesamten Bereich $-1 \leq m \leq 1$. Diskutieren Sie Ihr Ergebnis im Vergleich mit dem Ergebnis aus (c).

Lösung:

Die Lösung ist in dem nachfolgenden *Mathematica*-Programm zusammengefasst. Das Programm verwendet den Buchstaben u für die Energie.

```
In[23]:= "Metropolis - MC und umbrella sampling am
          Beispiel des ferromagnetischen 1D - Ising-
          Modells (s = +1, -1) mit PRB";

In[24]:= " * * * * * * * * * * * Teile (a) und (b) * * * * * * * * * * * * *";

In[25]:= "Kettenlänge";
         n = 20;
         "Spin - Kopplungskonstante in Temperatureinheiten";
         j1 = 1;
         "ext. Feld in Temperatureinheiten";
         b1 = 1;
         "Temperatur";
         T = 10;
         "Zahl der MC - Versuche die Konfiguration der Kette
             mittels Spinflip zu ändern";
         mcschritte = 20000;
```

```
In[26]:= "Anfangskonfiguration : alle s = -1"
         Table[ising[i] = -1, {i, 0, n + 1}]
         "Anfangsenergie"
          u = -n (j1 - b1);
          u
         "Anfangsmagnetisierung"
          mag = -1;
          mag
Out[26]= Anfangskonfiguration : alle s = -1
Out[26]= {-1, -1, -1, -1, -1, -1, -1, -1, -1, -1,
          -1, -1, -1, -1, -1, -1, -1, -1, -1, -1, -1}
Out[26]= Anfangsenergie
Out[26]= 0
Out[26]= Anfangsmagnetisierung
Out[26]= -1

In[27]:= "Hilfsgrößen zur Auswertung der Energie pro Spin
             und der Magnetisierung pro Spin";

         su = u;
         sm = -1;
         Table[energie, {i, 1, mcschritte}];
         Table[magnetisierung, {i, 1, mcschritte}];

In[28]:= "Beginn der Haupt - MC - Schleife";

         Do[nspin = Random[Integer, {1, n}];
         newspin = -ising[nspin];
         du = j1 * (ising[nspin] - newspin) *
                 (ising[nspin + 1] + ising[nspin - 1]) +
             b1 * (ising[nspin] - newspin);
         dmag = (newspin - ising[nspin])/n;
         If[Min[1, Exp[-du/T]] >= Random[],
             {ising[nspin] = newspin, u+ = du, su+ = u, mag+ = dmag,
              sm+ = mag, ising[0] = ising[n], ising[n + 1] = ising[1]},
             {su+ = u, sm+ = mag}];
         energie[i] = N[su/(i n), 4];
         magnetisierung[i] = N[sm/i, 4], {i, 1, mcschritte}];

         "Ende der Haupt - MC - Schleife";

In[29]:= "Endkonfiguration"
         Table[ising[i], {i, 0, n + 1}]
         "Endenergie"
          u
         "Endmagnetisierung"
          N[mag]
Out[29]= Endkonfiguration
Out[29]= {1, 1, -1, 1, -1, 1, 1, -1, 1, -1,
          -1, 1, -1, -1, -1, 1, 1, -1, -1, -1, 1, 1}
Out[29]= Endenergie
```

```
Out[29]= 6
Out[29]= Endmagnetisierung
Out[29]= -0.1
```

```
In[30]:= "Kumulativer Mittelwert der Energie pro Spin";
         ListPlot[Table[energie[i], {i, 1, mcschritte}],
           PlotRange- > {-0.4, 0.2},
           PlotLabel →" Kum. Mittelwert : u (u_exakt = -0.23319)"]

         "Mittelwert über die letzten nstep Punkte"
         avee[nstep_] :=
         Sum[energie[i], {i, mcschritte - nstep, mcschritte}]/nstep;
         {1000, 2000, 3000}
         {avee[1000], avee[2000], avee[3000]}
```

Kum. Mittelwert: u (u_exakt=-0.23319)

```
Out[30]= -Graphics-
Out[30]= Mittelwert über die letzten nstep Punkte
Out[30]= {1000, 2000, 3000}
Out[30]= {-0.233072, -0.23354, -0.232945}
```

```
In[31]:= "Exakte freie Energie f und exakte Energie eexakt
             pro Spin";
         l1 = Exp[j] (Cosh[h] + Sqrt[Sinh[h]^2 + Exp[-4 j]]);
         l2 = Exp[j] (Cosh[h] - Sqrt[Sinh[h]^2 + Exp[-4 j]]);
         f = -(T/n) Log[l1^n + l2^n];
          eexakt = (j1 D[f/T, j] + b1 D[f/T, h])/.j- > j1/T/.
          h- > b1/T;

         "Energie_MC/Energie_exakt"
         avee[3000]/N[eexakt]
Out[31]= Energie_MC/Energie_exakt
Out[31]= 0.998928
```

```
In[32]:= "Kumulativer Mittelwert der Magnetisierung pro Spin"
         ListPlot[Table[magnetisierung[i], {i, 1, mcschritte}],
           PlotRange- > {-0.2, 0.2},
           PlotLabel →" Kum. Mittelwert : m (m_exakt = 0.1214)"]

         "Mittelwert über die letzten nstep Punkte"
           avem[nstep_] :=
           Sum[magnetisierung[i], {i, mcschritte - nstep, mcschritte}]/
             nstep;
         {1000, 2000, 3000}
         {avem[1000], avem[2000], avem[3000]}
Out[32]= Kumulativer Mittelwert der Magnetisierung pro Spin
```

Kum. Mittelwert: m (m_exakt=0.1214)

```
Out[32]= -Graphics-
Out[32]= Mittelwert über die letzten nstep Punkte
Out[32]= {1000, 2000, 3000}
Out[32]= {0.113157, 0.113112, 0.112291}

In[33]:= "Exakte Magnetisierung mexakt pro Spin";
         mexakt = D[-f/T, h]/.j- > j1/T/.h- > b1/T;
         "Magnetisierung_MC/Magnetisierung_exakt"
           avem[3000]/N[mexakt]
Out[33]= Magnetisierung_MC/Magnetisierung_exakt
Out[33]= 0.924673
```

```
In[34]:= "***********Teil (c) ***********";

In[35]:= "Berechnung der freien Energie pro Spin f via f =
             -(T/n) ln P(m)";

In[36]:= "Kettenlänge";
         n = 20;
         "Spin - Kopplungskonstante in Temperatureinheiten";
         j1 = 1;
         "ext. Feld in Temperatureinheiten";
         b1 = 1;
         "Temperatur";
         T = 10;
         "Zahl der MC - Versuche die Konfiguration der Kette
             mittels Spinflip zu ändern";
         mcschritte = 1000000;
         "Häufigkeitshistogramm der Magnetisierung im
             Bereich (-1, 1) zur Berechnung von P(m)";
         nhist = 10;
         Table[maghist[i] = 0, {i, -nhist, nhist}];

In[37]:= "Anfangskonfiguration : alle s = -1"
         Table[ising[i] = -1, {i, 0, n + 1}]
         "Anfangsenergie"
          u = -n (j1 - b1);
          u
         "Anfangsmagnetisierung"
          mag = -1;
          mag
Out[37]= Anfangskonfiguration : alle s = -1
Out[37]= {-1, -1, -1, -1, -1, -1, -1, -1, -1, -1,
          -1, -1, -1, -1, -1, -1, -1, -1, -1, -1, -1, -1}
Out[37]= Anfangsenergie
Out[37]= 0
Out[37]= Anfangsmagnetisierung
Out[37]= -1

In[38]:= "Anstreben des Gleichgewichts";

         Do[nspin = Random[Integer, {1, n}];
         newspin = -ising[nspin];
         du = j1 * (ising[nspin] - newspin) *
                 (ising[nspin + 1] + ising[nspin - 1])
             +b1 * (ising[nspin] - newspin);
         dmag = (newspin - ising[nspin])/n;
         If[Min[1, Exp[-du/T]] >= Random[],
             {ising[nspin] = newspin, u+ = du, mag+ = dmag,
              ising[0] = ising[n], ising[n + 1] = ising[1]}, {}],
         {i, 1, mcschritte/100}];

         "Ende Anstreben des Gleichgewichts";
```

```
In[39]:= Timing["Beginn der Haupt - MC - Schleife";

          Do[nspin = Random[Integer, {1, n}];
          newspin = -ising[nspin];
          du = j1 * (ising[nspin] - newspin) *
                    (ising[nspin + 1] + ising[nspin - 1]) +
                b1 * (ising[nspin] - newspin);
          dmag = (newspin - ising[nspin])/n;
          If[Min[1, Exp[-du/T]] >= Random[],
                {ising[nspin] = newspin, u+ = du, mag+ = dmag,
                 maghist[Round[mag nhist]]+ = 1, ising[0] = ising[n],
                 ising[n + 1] = ising[1]}, {maghist[Round[mag nhist]]+ = 1}],
          {i, 1, mcschritte}];

          "Ende der Haupt - MC - Schleife"; ]
Out[39]= {196.95 Second, Null}

In[40]:= "Endkonfiguration"
          Table[ising[i], {i, 0, n + 1}]
          "Endenergie"
           u
          "Endmagnetisierung"
           N[mag]
          "Häufigkeit der Magnetisierung pro Spin nach Bins
              im Intervall (-1, 1)"
          MatrixForm[Table[maghist[i], {i, -nhist, nhist}]]
Out[40]= Endkonfiguration
Out[40]= {1, 1, -1, -1, 1, 1, -1, 1, 1, 1, 1, 1, 1, -1, 1, -1, -1, -1, 1, 1, 1, 1}
Out[40]= Endenergie
Out[40]= -10
Out[40]= Endmagnetisierung
Out[40]= 0.3
Out[40]= Häufigkeit der Magnetisierung
              pro Spin nach Bins im Intervall (-1, 1)
```

$$\text{Out[40]}= \begin{array}{c} 0 \\ 9 \\ 94 \\ 491 \\ 2164 \\ 6977 \\ 17944 \\ 38313 \\ 68767 \\ \left(\begin{array}{c} 105497 \\ 139416 \\ 158514 \end{array}\right) \\ 154435 \\ 128389 \\ 90095 \\ 52018 \\ 24453 \\ 9227 \\ 2647 \\ 507 \\ 43 \end{array}$$

In[41]:= **"Auftragung der freien Energie pro Spin f gegen**
die Magnetisierung pro Spin"

ListPlot[Table[{i/nhist, - (T/n) Log[maghist[i]/mcschritte]},
{i, -nhist, nhist}], PlotJoined- > True]

Out[41]= Auftragung der freien Energie
pro Spin f gegen die Magnetisierung pro Spin

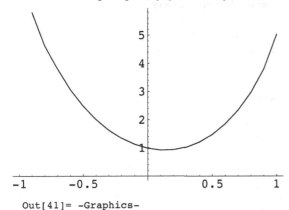

Out[41]= -Graphics-

In[42]:= **"Bemerkung : Man beachte, das Minimum der freien**
Energie ist in Übereinstimmung mit dem oben
erhaltenen Wert für die mittlere Magnetisierung -
so wie es sein soll!";

```
In[43]:= " * * * * * * * * * * * * Teil (d)  * * * * * * * * * * * * *";

In[44]:= "Berechnung der freien Energie pro Spin f via f =
            - (T/n) ln p (m) mit umbrella sampling";

In[45]:= "Kettenlänge";
         n = 20;
         "Spin - Kopplungskonstante in Temperatureinheiten";
         j1 = 1;
         "ext. Feld in Temperatureinheiten";
         b1 = 1;
         "Temperatur";
         T = 10;
         "Zahl der MC - Versuche (pro Fenster) die Konfiguration
            der Kette mittels Spinflip zu ändern";
         mcschritte = 1000;

In[46]:= "Häufigkeitshistogramm der Magnetisierung im Bereich (
            -1, 1) zur Berechnung von P (m)";
         nhist = 10;
         fensterbreite = 3;
         fensterverschiebung = 2
         tmax = 10;
         Table[maghist[t, i] = 0, {t, 1, tmax}, {i, -nhist, nhist}];
Out[46]= 2

In[47]:= "Anfangskonfiguration : alle s = -1"
         Table[ising[i] = -1, {i, 0, n + 1}]
         "Anfangsenergie"; u = -n (j1 - b1); u
         "Anfangsmagnetisierung"; mag = -1; mag
Out[47]= Anfangskonfiguration : alle s = -1
Out[47]= {-1, -1, -1, -1, -1, -1, -1, -1, -1, -1,
            -1, -1, -1, -1, -1, -1, -1, -1, -1, -1, -1, -1}
Out[47]= Anfangsenergie
Out[47]= 0
Out[47]= Anfangsmagnetisierung
Out[47]= -1
```

```
In[48]:= Timing[Do["Beginn der Fenstersuche";

        While[!(-nhist + (t-1) fensterverschiebung <= Round[mag nhist] <
                    -nhist + (t-1) fensterverschiebung + fensterbreite),
        nspin = Random[Integer, {1, n}]; newspin = -ising[nspin];
        du = j1 * (ising[nspin] - newspin) *
                    (ising[nspin + 1] + ising[nspin - 1]) +
                b1 * (ising[nspin] - newspin);
        dmag = (newspin - ising[nspin])/n;
            If[dmag > 0, {ising[nspin] = newspin; u+ = du;
                mag+ = dmag; ising[0] = ising[n];
                ising[n + 1] = ising[1]}]];

        "Gleichgewicht im Fenster anstreben";

        Do[ nspin = Random[Integer, {1, n}];
        newspin = -ising[nspin];
        du = .... wie oben ....; dmag = .... wie oben ....
        If [-nhist + (t-1) fensterverschiebung <=
                Round[ (mag + dmag) nhist] <
                -nhist + (t-1) fensterverschiebung + fensterbreite,
            W = 1, W = 0];
        If[Min[1, W Exp[-du/T]] >= Random[] ,
                {ising[nspin] = newspin, u+ = du, mag+ = dmag,
                ising[0] = ising[n], ising[n + 1] = ising[1]}, {}],
            {i, 1, mcschritte}];

        "Ende Gleichgewicht im Fenster anstreben";

        "Beginn der Haupt - MC - Schleife";

        Do[ nspin = Random[Integer, {1, n}];
        newspin = -ising[nspin];
        du = .... wie oben ....; dmag = .... wie oben ....
        If [-nhist + ... wie oben ....
        If[Min[1, W Exp[-du/T]] >= Random[] ,
                {ising[nspin] = newspin, u+ = du, mag+ = dmag,
                maghist[t, Round[mag nhist]]+ = 1, ising[0] = ising[n],
                ising[n + 1] = ising[1]},
                {maghist[t, Round[mag nhist]]+ = 1}], {i, 1, mcschritte}];

        "Ende der Haupt - MC - Schleife"

        , {t, 1, tmax}]; ]
Out[48]= {3.97 Second, Null}
```

```
In[49]:=  "Endkonfiguration"
          Table[ising[i], {i, 0, n + 1}]
          "Endenergie"
           u
          "Endmagnetisierung"
           N[mag]
          "Häufigkeit der Magnetisierung pro Spin nach Bins
              im Intervall (-1, 0)"
          MatrixForm[Table[maghist[t, i], {t, 1, 5}, {i, -nhist, 0}]]
          "Häufigkeit der Magnetisierung pro Spin nach Bins
              im Intervall (0, 1)"
          MatrixForm[Table[maghist[t, i], {t, 6, tmax}, {i, 0, nhist}]]
```

Out[49]= Endkonfiguration

Out[49]= {1, 1, 1, 1, 1, 1, 1, 1, 1, 1, -1, 1, 1, 1, 1, 1, 1, 1, -1, 1, 1, 1}

Out[49]= Endenergie

Out[49]= -28

Out[49]= Endmagnetisierung

Out[49]= 0.8

Out[49]= Häufigkeit der Magnetisierung
         pro Spin nach Bins im Intervall (-1, 0)

$$
Out[49]= \begin{pmatrix}
6 & 104 & 890 & 0 & 0 & 0 & 0 & 0 & 0 & 0 & 0 \\
0 & 0 & 23 & 199 & 778 & 0 & 0 & 0 & 0 & 0 & 0 \\
0 & 0 & 0 & 0 & 92 & 262 & 646 & 0 & 0 & 0 & 0 \\
0 & 0 & 0 & 0 & 0 & 0 & 155 & 334 & 511 & 0 & 0 \\
0 & 0 & 0 & 0 & 0 & 0 & 0 & 0 & 202 & 348 & 450
\end{pmatrix}
$$

Out[49]= Häufigkeit der Magnetisierung
         pro Spin nach Bins im Intervall (0, 1)

$$
Out[49]= \begin{pmatrix}
297 & 348 & 355 & 0 & 0 & 0 & 0 & 0 & 0 & 0 & 0 \\
0 & 0 & 425 & 340 & 235 & 0 & 0 & 0 & 0 & 0 & 0 \\
0 & 0 & 0 & 0 & 519 & 321 & 160 & 0 & 0 & 0 & 0 \\
0 & 0 & 0 & 0 & 0 & 0 & 687 & 244 & 69 & 0 & 0 \\
0 & 0 & 0 & 0 & 0 & 0 & 0 & 0 & 846 & 140 & 14
\end{pmatrix}
$$

```
In[50]:=  "Auftragung der freien Energie pro Spin f gegen
              die Magnetisierung pro Spin in den Fenstern";

          Do[
           ListPlot[
            Table[{i/nhist, -(T/n) Log[maghist[t, i]/mcschritte]},
              {i, -nhist, nhist}], PlotJoined-> True, PlotRange → {0, 2},
            Ticks → {Automatic, {0.5, 1., 1.5, 2.}}], {t, 1, tmax}]
```

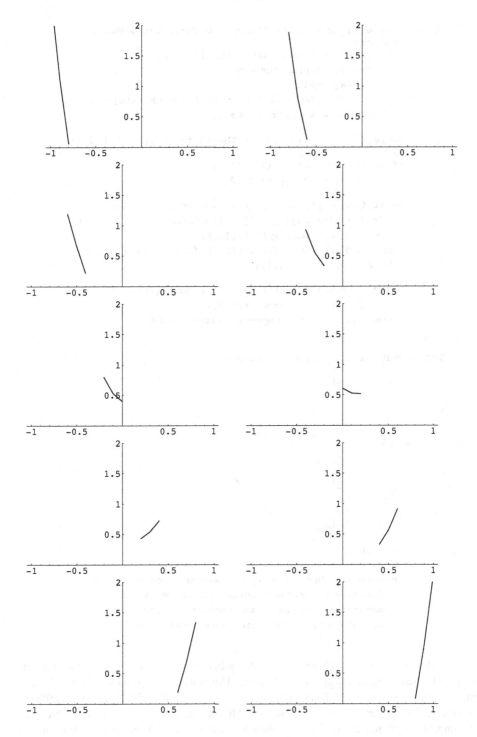

```
In[51]:= "Dieses Programm stückelt die freie Energie zusammen";
         fenergy = {}
         Do[If[!(N[-(T/n) Log[maghist[t,i]]] == ∞),
            {fenergy = Append[fenergy,
               {N[i/nhist],
                N[-(T/n) Log[maghist[t,i]/mcschritte]]}]}],
          {i, -nhist, nhist}, {t, 1, tmax}];

         Table[ffinal[i,j] = 0, {i, 1, Length[fenergy]}, {j, 1, 2}];
         diff = 0.;
         ffinal[1,1] = fenergy[[1]][[1]];
         ffinal[1,2] = fenergy[[1]][[2]];

         Do[If[fenergy[[j-1]][[1]] == fenergy[[j]][[1]],
            {diff+ = fenergy[[j-1]][[2]] - fenergy[[j]][[2]]}];
          ffinal[j,1] = fenergy[[j]][[1]];
          ffinal[j,2] = fenergy[[j]][[2]]; ffinal[j,2]+ = diff,
          {j, 2, Length[fenergy]}];

         ListPlot[Table[ffinal[i,j], {i, 1, Length[fenergy]},
           {j, 1, 2}], PlotJoined- > True,
          PlotLabel →" Zusammengesetzte freie Energie"]
Out[51]= {}
```

Zusammengesetzte freie Energie

```
Out[51]= -Graphics-
```

```
In[52]:= "Bemerkung : Zu der so zusammengesetzten freien
            Energie muss noch eine entsprechende Konstante
            addiert werden, um sie mit der normal berechneten
            freien Energie (oben) vergleichen zu können.";
```

Die Abbildung 7.4 schließlich zeigt die in Aufgabenteil (c) geforderte Serie von auf herkömmliche Weise erzeugten $(nk_B)^{-1}\Delta F(m)$-Kurven. Dabei wurden zwischen 10^3 und 10^6 MC-Schritte durchgeführt. Die letzte Kurve zeigt ein Resultat, das mit *umbrella sampling* erhalten wurde (wie in Teil (d)) mit 10 Fenstern und 10^3 MC-Schritten in jedem Fenster. Dieses Resultat stimmt sehr gut mit dem herkömmlichen Resultat für 10^6 MC-Schritte (!) überein. Zu

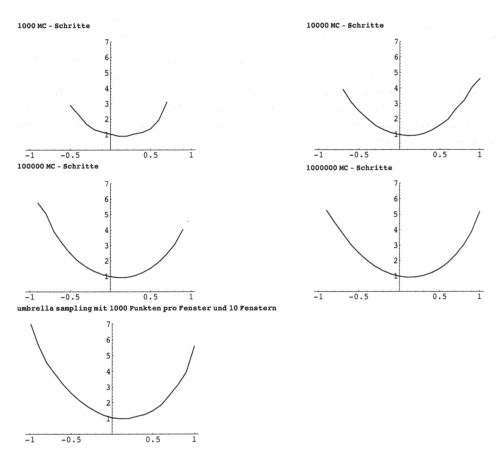

Abbildung 7.4: Vergleich herkömmlicher Metropolis-MC ohne und mit *umbrella sampling*. Aufgetragen ist $(nk_B)^{-1}\Delta F(m)$ gegen m für die 1D-Ising-Kette aus 20 Spins mit periodischen Randbedingungen. Dabei war $\beta J = \beta B = 0.1$.

bemerken ist, dass jedes Fenster für sich zunächst ins Gleichgewicht gebracht werden sollte, sodass sich die Zahl der MC-Schritte etwa verdoppelt [12].

Eine weitere Bemerkung zum Abschluss: Wenn Sie die Simulation mit einer längeren Kette, sagen wir $N = 100$, wiederholen, dann verengt sich das Tal der freien Energie (bei festen T und B). Dies bedeutet, dass sich die Schwankungen der Magnetisierung pro Spin reduzieren, und zwar im Einklang mit unseren Überlegungen in Abschnitt 2.3 – probieren Sie dies aus.

---

[12]Beachten Sie die angegebenen Rechenzeiten ohne und mit *umbrella sampling* in *Out*[39] bzw.*Out*[48].

Literaturhinweise:

Monte Carlo-Techniken und ihre Anwendungen werden insbesondere in den Referenzen [20, 24, 42, 63] diskutiert (im Kontext von Polymeren (vgl. Abschnitt 8.6) siehe [64]). Für den Einsteiger sind besonders die Bücher von Frenkel und Smit [42] bzw. Allen und Tildesley [24] geeignet. Auch die weiteren im Zusammenhang mit Molekulardynamik-Simulationen aufgelisteten Referenzen seien hier aufgeführt [31], da eine Reihe von ihnen ebenfalls Monte Carlo-Techniken behandeln.

8 Konformationen linearer Polymere

Die Abbildung 8.1 zeigt einige einfache Beispiele für Kettenmoleküle oder besser gesagt lineare Polymere, wie sie hier betrachtet werden sollen. Das Rückgrat dieser Polymere bilden kovalent gebundene Methylen- oder CH_2-Einheiten. R steht in diesem Fall für verschiedene Atomgruppen, die an jeder zweiten CH_2-Gruppe ein Wasserstoffatom ersetzen. Die Strukturformel für ein solches Polymer lautet $-\left[CH_2 - CHR\right]_n$, wobei n die Zahl der identischen Wiederholeinheiten im Polymer ist (von den beiden Enden einmal abgesehen). Von einem Polymer spricht man genauer gesagt dann, wenn n sehr groß ist. Aber wie groß ist groß? Eine delikate Frage. Groß bedeutet hier im Wesentlichen, dass die mittlere thermische Polymerkonformation nur unwesentlich von den Enden des Polymers beeinflusst wird. Unter einer Konformation wiederum versteht man irgendeinen realisierbaren Pfad, den das Polymerrückgrat im Raum beschreibt.

Die Abbildung zeigt drei mögliche Substituenten $R = H$ für Polyethylen (Folien, Tragetüten), $R = C_6H_5$ für Polystyrol (Kunststoffgehäuse) und $R = C_4H_6NO$ für Polyvinylpyrrolidon (Waschmittelzusatz, medizinische Anwendungen). Die in Klammern genannten Anwendungen sind also abhängig von R und individuell sehr unterschiedlich [1]. Abgesehen von ihren individuellen Materialeigenschaften haben diese Polymere aber auch Gemeinsamkeiten oder universelle Eigenschaften – ähnlich der Universalität am kritischen Punkt.

Dazu ein Beispiel. Abbildung 8.2 zeigt ein Polyethylenpolymer (PE) mit $n = 1000$. Dieses Bild könnte aber auch die Trajektorie eines diffundierenden Teilchens in einer Flüssigkeit als Funktion der Zeit t sein. D.h. wenn wir diese Analogie von t und n ernst nehmen, dann sollte für große n gemäß der Einstein-Relation der Gl. (4.37) gelten:

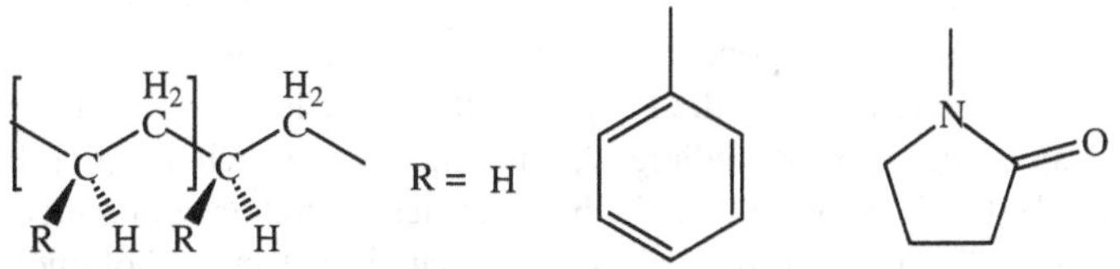

Abbildung 8.1: Schematische Darstellung der Struktur einiger einfacher Polymere. Die Klammern beinhalten eine Wiederholeinheit. Rechts sind drei unterschiedliche Substituenten R dargestellt: Wasserstoff, Benzol- bzw. Pyrrolidonring.

---

[1]Ein lesenswertes Buch zur Geschichte und Bedeutung der Kunststoffe bzw. Polymermaterialien ist U. Tschimmel (1989) *Die Zehntausend-Dollar-Idee*. ECON.

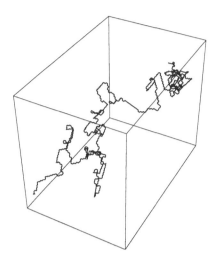

Abbildung 8.2: Konformation eines Polyethylenmoleküls aus 1000 Wiederhol- bzw. Monomereinheiten bei $T = 450\,K$. Gezeigt sind lediglich die Bindungen zwischen den CH_2-Gruppen. Dieses Bild wurde mit einem Programm erzeugt, das in Aufgabe 27 diskutiert wird.

$$\langle \vec{R}^2 \rangle \approx C_\infty b^2 n \, , \tag{8.1}$$

wobei $\vec{R}$, der End-zu-End-Vektor, die beiden Polymerenden verbindet. Die Größe C_∞ nennt man das charakteristische Verhältnis [2]. Die Größe b dagegen ist die CH_2-CH_2 Bindungslänge. Während C_∞ eine Materialkonstante ist und auch b vom spezifischen Polymer abhängt, ist die Form der Gl. (8.1) universell! Ähnlich wie bei den Skalengesetzen am kritischen Punkt schreibt man hier

$$\langle \vec{R}^2 \rangle \sim n^{2\nu} \, , \tag{8.2}$$

wobei ν ein (fast) universeller Exponent ist, der nur von wenigen Einflussfaktoren abhängt. Hier z.B. haben wir zugelassen, dass die Polymerkette sich selbst schneiden bzw. überlappen kann – wie die Trajektorie eines diffundierenden Teilchens eben auch. Damit gilt $\nu = 1/2$; man spricht von einer idealen Polymerkette. Erlauben wir diese Durchdringung nicht, so verändert sich ν [3]. Es muss größer werden, da das Polymerknäuel jetzt mehr Volumen beansprucht. Die Größe $\langle \vec{R}^2 \rangle$ ist ja nichts weiter als ein effektives Maß für die globale Ausdehnung des Polymerknäuels.

---

[2]Für nicht so große n gilt $\langle \vec{R}^2 \rangle \propto n$ nicht, und man schreibt dann $\langle \vec{R}^2 \rangle = C_n b^2 n$, wobei $C_n \to C_\infty$ für $n \to \infty$. Dies ist analog zur Einstein-Relation, die ebenfalls für kleine t ihre Gültigkeit verliert (vgl. unsere Diskussion in Abschnitt 4.4). Das Polymer besitzt eine gewisse Steifigkeit, charakterisiert durch die so genannte Persistenzlänge. Erst nach mehreren Persistenzlängen Abstand sind zwei Richtungsvektoren, die jeweils die lokale Richtung des Polymerrückgrats angeben, unkorreliert. Erst dann kann man vom diffusiven Verhalten der Polymerkette reden.

[3]Wir führen eine langreichweitige Wechselwirkung ein.

Die Statistische Mechanik von Polymeren allein füllt ganze Monographien [4]. Hier beschränken wir uns auf wenige Themen aus den Bereichen Polymerstruktur und Polymerthermodynamik. Dazu gehören die Methode der Transfermatrix, die Gitterstatistik für Polymerlösungen, -mischungen und -schmelzen, die Elastizität von Polymernetzwerken, die Flory-Berechnung des eben genannten Exponenten ν, die *self consistent field*-Methode und die Computersimulation von Polymerkonformationen. Empfehlenswerte Monographien zur Vertiefung sind [65, 66, 67]. Die Dynamik von Polymeren, die wir hier auslassen, wird detailliert von Doi und Edwards behandelt [68].

8.1 Transfermatrix und *RIS*-Approximation

Transfermatrixlösung des 1D-Ising-Modells:

Wir betrachten zunächst das Prinzip der Transfermatrix an einem einfachen Beispiel. Die Zustandssumme des 1D-Ising-Modells lautet (vgl. Gl. (6.46))

$$Q = \sum_{\{s\}} e^{-\beta\mathcal{H}} = \sum_{\{s\}} \left(e^{\frac{B'}{2}s_1 + J's_1s_2 + \frac{B'}{2}s_2}\right)\left(e^{\frac{B'}{2}s_2 + J's_2s_3 + \frac{B'}{2}s_3}\right)...\left(e^{\frac{B'}{2}s_n + J's_ns_1 + \frac{B'}{2}s_1}\right) . \tag{8.3}$$

Die $s_i = \pm 1$ wechselwirken nur mit ihren direkten Nachbarn entlang einer Kette aus n „Spins". Dabei koppelt s_n wiederum an s_1. D.h. wir betrachten periodische Randbedingungen [5]. Die Summe $\sum_{\{s\}}$ umfasst alle möglichen Spinkonfigurationen $(s_1, s_2, ..., s_n)$ bzw. Konformationen der Kette. Und schließlich gilt noch $B' = \beta B$ sowie $J' = \beta J$.
Die Form der Gl. (8.3) legt die Definition

$$\langle s_i \mid T \mid s_j \rangle \equiv \exp\left[\frac{B'}{2}s_i + J's_is_j + \frac{B'}{2}s_j\right] \tag{8.4}$$

nahe. Damit folgt

$$Q = \sum_{\{s\}} \langle s_1 \mid T \mid s_2 \rangle\langle s_2 \mid T \mid s_3 \rangle\langle.....\rangle\langle s_n \mid T \mid s_1 \rangle \stackrel{!}{=} Sp\,[\mathbf{T}^n] \tag{8.5}$$

mit

$$\mathbf{T} = \begin{bmatrix} e^{B'+J'} & e^{-J'} \\ e^{-J'} & e^{-B'+J'} \end{bmatrix} \begin{matrix} (s_i = +1) \\ (s_i = -1) \end{matrix} . \tag{8.6}$$
$$\quad\quad (s_j = +1)\quad (s_j = -1)$$

---

[4]Im Zusammenhang mit der Theorie von Polymeren wurden zwei Nobelpreise verliehen; der eine Nobelpreis ging an P. G. de Gennes (1991) und der andere an P. Flory (1974).
[5]Periodische Randbedingungen sind hier bequem, aber sie sind nicht unbedingt notwendig.

Das mit (!) gekennzeichnete Gleichheitszeichen ist nicht trivial. Es bedeutet, dass die Definition der Gl. (8.4) es erlaubt, die $\sum_{\{s\}}$ als Spur über das Produkt der Matrizen aus Gl. (8.6) zu schreiben [6]. Dies ist das Herzstück der Transfermatrix-Methode!

Anstatt den allgemeinen Beweis anzutreten, betrachten wir hier als Beispiel den Fall $n = 3$. Zuerst werten wir die Zustandssumme durch direkte Rechnung aus (z.B. mittels *Mathematica*):

$$
\begin{aligned}
Q &= \sum_{s_1=-1}^{1} \sum_{s_2=-1}^{1} \sum_{s_3=-1}^{1} e^{\frac{B'}{2}s_1 + J's_1 s_2 + \frac{B'}{2}s_2} e^{\frac{B'}{2}s_2 + J's_2 s_3 + \frac{B'}{2}s_3} e^{\frac{B'}{2}s_3 + J's_3 s_1 + \frac{B'}{2}s_1} \\
&= 3\left(e^{B'} + e^{-B'}\right)e^{-J'} + \left(e^{3B'} + e^{-3B'}\right)e^{3J'} .
\end{aligned}
$$

Hier ist $s_i = 0$ natürlich von der Summe ausgenommen. Anschließend berechnen wir $Q = Sp[\mathbf{T}^3]$, wobei wir durch Einsetzen von $\mathbf{T}$ aus Gl. (8.6) wiederum das obige Ergebnis erhalten.

An dieser Stelle nutzen wir die Darstellungsunabhängigkeit der Spur aus und setzen die diagonalisierte $\mathbf{T}$-Matrix,

$$
\mathbf{T}' = \begin{pmatrix} \lambda_> & 0 \\ 0 & \lambda_< \end{pmatrix} , \tag{8.7}
$$

in Gl. (8.5) ein [7], wobei $\lambda_> > \lambda_<$ gelten soll [8], und erhalten

$$
Q = \lambda_>{}^n + \lambda_<{}^n . \tag{8.8}
$$

Damit ist das 1D-Ising-Modell im Prinzip gelöst. D.h. die Summe über die 2^n möglichen Kettenkonformationen bzw. deren Boltzmann-Gewichte ist reduziert auf die Eigenwerte einer (2×2)-Matrix. Wichtig für die Anwendbarkeit der Transfermatrix-Methode ist, wie Gl. (8.3) illustriert, die Zerlegung von $\exp[-\beta\mathcal{H}]$ in von der Form her identische Faktoren. Alle Zustandssummen, die dies erlauben, lassen sich mit der Methode berechnen. Voraussetzung für die Zerlegung in Faktoren wiederum ist die kurze Reichweite der Wechselwirkungen.

Die Eigenwerte $\lambda_>$ und $\lambda_<$ folgen aus

$$
det\,(\mathbf{T} - \lambda\mathbf{I}) = 0
$$

bzw. aus

---

[6] Die Schreibweise in den Gln. (8.4) und (8.5) ist der *bra − ket*-Schreibweise, die wir in Gl. (2.11) eingeführt haben, entsprechend zu verstehen. Insbesondere gilt $\sum_{s_i} |s_i\rangle\langle s_i| = 1$ und daher $Q = \sum_{s_1} \langle s_1 | T^n | s_1 \rangle = Sp[\mathbf{T}^n]$.

[7] $Sp[\mathbf{T}^n] = Sp[\mathbf{S}^{-1} \cdot \mathbf{T} \cdot \underbrace{\mathbf{S} \cdot \mathbf{S}^{-1}}_{=\mathbf{I}} \cdot \mathbf{T}...\mathbf{T} \cdot \mathbf{S}]$ mit $\mathbf{T}' = \mathbf{S}^{-1} \cdot \mathbf{T} \cdot \mathbf{S}$.

[8] Allgemein gilt nach dem Theorem von Perron-Frobenius: Es sei $\mathbf{A}$ eine positive $(N \times N)$-Matrix (d.h. $A_{ij} > 0$ $\forall\, i, j$). Dann besitzt $\mathbf{A}$ einen reellen, nichtentarteten Eigenwert $\lambda_{max} > 0$, und für alle anderen Eigenwerte λ gilt $|\lambda| < \lambda_{max}$. Einen Beweis findet der interessierte Leser beispielsweise in E. Seneta (1981) *Non-Negative Matrices and Markov-Chains*. Springer Verlag (Kapitel 1).

$$\begin{vmatrix} xy - \lambda & x^{-1} \\ x^{-1} & xy^{-1} - \lambda \end{vmatrix} = 0$$

mit $x = e^{J'}$ und $y = e^{B'}$. Eine kurze Rechnung liefert

$$\lambda_{>/<} = e^{J'} \cosh B' \pm e^{J'} \sqrt{\sinh^2 B' + e^{-4J'}} \; . \tag{8.9}$$

Damit lassen sich mittels Gl. (8.5) die verschiedenen thermodynamischen Größen berechnen. Z.B.

• die freie Energie F pro Spin –

$$\frac{1}{n}\beta F = -\frac{1}{n}\ln Q = -\frac{1}{n}\Big[\ln \lambda_>{}^n + \underbrace{\ln\Big(1 + \Big(\frac{\lambda_<}{\lambda_>}\Big)^n\Big)}_{\to 0 \text{ für } n \to \infty}\Big] \overset{n \to \infty}{\to} -\ln \lambda_> \tag{8.10}$$

• die Magnetisierung pro Spin –

$$m = \langle s_i \rangle = \frac{1}{n}\frac{\partial \ln Q}{\partial B'} \overset{n \to \infty}{\to} \frac{\partial \ln \lambda_>}{\partial B'} = \frac{\sinh[B']}{\sqrt{\sinh^2[B'] + e^{-4J'}}} \tag{8.11}$$

• die Wärmekapazität C_B pro Spin –

$$\frac{1}{n}\langle E \rangle = -J\langle s_i s_{i+1}\rangle = -\frac{J}{n}\frac{\partial \ln Q}{\partial J'}$$

$$\begin{aligned}
\frac{1}{n}C_B &= \Big(\frac{\partial \langle E \rangle}{\partial T}\Big)_B \overset{n \to \infty}{\longrightarrow} -J\Big(\frac{\partial^2 \ln \lambda_>}{\partial T \partial J'}\Big)_B \\
&= k_B(2J')^2 \frac{t\big[(B'/2J')(t-1)^2 z - 2(t+z^2)^{3/2} + \sqrt{1+z^2}(t + t^2 + 2z^2)\big]}{(t-1)^2(t+z^2)^{3/2}} \\
&\overset{B=0}{=} k_B(2J')^2 \frac{\sqrt{t}}{\big(1 + \sqrt{t}\big)^2}
\end{aligned} \tag{8.12}$$

mit

$$z \equiv \sinh\big[B'\big] \quad \text{und} \quad t \equiv \exp\big[-4J'\big] \; .$$

Abbildung 8.3 illustriert den Verlauf von m bzw. $C_B/(nk_B)$ (für $n = \infty$) als Funktion der Temperatur und für verschiedene B.

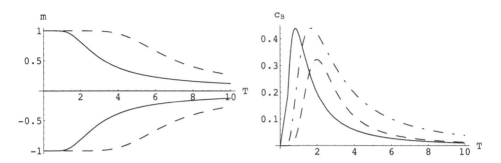

Abbildung 8.3: Links: Magnetisierung pro Spin der 1D-Ising-Kette für $B/k_B = 1$ $(m > 0)$, $B/k_B = 0$ $(m = 0)$ und $B/k_B = -1$ $(m < 0)$ mit $J/k_B = 1$ (durchgezogene Linien) bzw. $J/k_B = 5$ (getrichelte Linien). Rechts: Wärmekapazität pro Spin $c_B = C_B/(nk_B)$ für $J/k_B = 1$ und $B/k_B = 0$ (durchgezogene Linie), $J/k_B = 2$ und $B/k_B = 0$ (Strich-Punkt-Linie) sowie $J/k_B = 1$ und $B/k_B = 1$ (gestrichelte Linie).

Zum Abschluss wollen wir die folgenden zu den Gln. (4.1) und (4.2) analogen 1- bzw. 2-Punkt-Korrelationsfunktionen berechnen:

• 1-Punkt-Funktion –

$$\langle s_1 \rangle = \frac{1}{Q} \sum_{\{s\}} s_1 e^{\frac{B'}{2}s_1 + J's_1 s_2 + \frac{B'}{2}s_2} e^{\cdots} \ldots \tag{8.13}$$

$$\overset{!}{=} \frac{Sp[\sigma \cdot \mathbf{T}^n]}{Sp[\mathbf{T}^n]} = \frac{Sp\left[\mathbf{S}^{-1} \cdot \sigma \cdot \mathbf{S} \cdot \mathbf{T}'^n\right]}{Sp[\mathbf{T}'^n]} .$$

Hier ist $\sigma = \begin{pmatrix} 1 & 0 \\ 0 & -1 \end{pmatrix}$. Mit der Definition $\mathbf{S}^{-1} \cdot \sigma \cdot \mathbf{S} \equiv \begin{pmatrix} a & b \\ c & d \end{pmatrix}$ folgt

$$\langle s_1 \rangle = \frac{a\lambda_>^{\,n} + d\lambda_<^{\,n}}{\lambda_>^{\,n} + \lambda_<^{\,n}} \overset{n \to \infty}{\to} a(B,T) , \tag{8.14}$$

wobei $a(B,T)$ natürlich wieder mit Gl. (8.11) identisch sein sollte (rechnen Sie dies nach!). Die Gültigkeit des Gleichheitszeichen (!) sieht man aus

$$m = \langle s_i \rangle = \frac{1}{n}\frac{\partial}{\partial B'} \ln Sp[\mathbf{T}^n] = \frac{1}{n}\frac{Sp\left[\mathbf{T}^{n-1} \cdot \frac{\partial}{\partial B'}\mathbf{T}\right]}{Sp[\mathbf{T}^n]} .$$

Mit

$$\frac{\partial \mathbf{T}}{\partial B'} = \frac{\partial}{\partial B'}\begin{pmatrix} e^{B'+J'} & e^{-J'} \\ e^{-J'} & e^{-B'+J'} \end{pmatrix} = \mathbf{T} \cdot \begin{pmatrix} 1 & 0 \\ 0 & -1 \end{pmatrix}$$

folgt die Behauptung.

• 2-Punkt-Funktion – Die gleiche Technik liefert hier

$$
\begin{aligned}
\langle s_1 s_{1+r} \rangle &= \frac{1}{Q} Sp\left[\sigma \cdot \mathbf{T}^r \cdot \sigma \cdot \mathbf{T}^{n-r} \right] \\
&= \frac{1}{Q} Sp\left[\mathbf{S}^{-1} \cdot \sigma \cdot \mathbf{S} \cdot \mathbf{T}''^r \cdot \mathbf{S}^{-1} \cdot \sigma \cdot \mathbf{S} \cdot \mathbf{T}'^{n-r} \right] \\
&= \frac{1}{Q} Sp\left[\begin{pmatrix} a\lambda_>^{\,r} & b\lambda_<^{\,r} \\ c\lambda_>^{\,r} & d\lambda_<^{\,r} \end{pmatrix} \cdot \begin{pmatrix} a\lambda_>^{\,n-r} & b\lambda_<^{\,n-r} \\ c\lambda_>^{\,n-r} & d\lambda_<^{\,n-r} \end{pmatrix} \right] \\
&= \frac{a^2\lambda_>^{\,n} + bc\lambda_>^{\,n-r}\lambda_<^{\,r} + bc\lambda_>^{\,r}\lambda_<^{\,n-r} + d^2\lambda_<^{\,n}}{\lambda_>^{\,n} + \lambda_<^{\,n}}
\end{aligned}
$$

($r = 0, 1, 2, ...$) bzw.

$$
\langle s_1 s_{1+r} \rangle \overset{n\to\infty}{\to} \frac{a^2\lambda_>^{\,n} + bc\lambda_>^{\,n-r}\lambda_<^{\,r}}{\lambda_>^{\,n}} = a^2 + bc \left(\frac{\lambda_<}{\lambda_>} \right)^r . \tag{8.15}
$$

Die zu $h(\vec{r}, \vec{r}')$ in Gl. (4.3) analoge subtrahierte Korrelationsfunktion ist

$$
\langle s_1 s_{1+r} \rangle - \langle s_1 \rangle^2 \overset{n\to\infty}{\to} bce^{-r/\xi} . \tag{8.16}
$$

Die Größe

$$
\xi = \left(\ln \frac{\lambda_>}{\lambda_<} \right)^{-1} \tag{8.17}
$$

ist die Korrelationslänge der Fluktuationen (vgl. Gl. (6.52)). Für $B = 0$ und $J = k_B$ erhalten wir

$$
\xi = \frac{1}{\ln\left[\frac{1+e^{-2/T}}{1-e^{-2/T}} \right]} \overset{T\to 0}{\to} \frac{1}{2} e^{2/T} - \frac{1}{6} e^{-2/T} + O\left(e^{-6/T} \right) . \tag{8.18}
$$

Wir hatten schon diskutiert (vgl. RG für das 1D-Ising-Modell), dass das 1D-Ising-Modell keinen dem 2D-Ising-Modell entsprechenden Phasenübergang zeigt – bei endlicher Temperatur. Allerdings gibt es einen repulsiven Fixpunkt bei $T = 0$, und auch hier sehen wir eine Divergenz von ξ bei $T = 0$!

Die *RIS*-Näherung:

Wie aber lässt sich die Transfermatrix-Methode auf Polymere anwenden? Dazu betrachten wir das einfachste aller Polmere – Polyethylen. Die geometrischen Größen, die die Konformation von PE bestimmen, sind die C-C-Bindungslängen, die C-C-C-Valenzwinkel sowie die

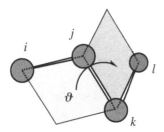

Abbildung 8.4: Definition des Torsionswinkels ϑ durch vier aufeinander folgende C-Atome.

C-C-C-C-Torsionswinkel (vgl. Abbildung 8.4). In fast allen Fällen bestimmen die Torsionswinkel entlang des Rückgrats die Konformationsänderungen eines Polymers, da sowohl die Bindungslängen als auch die Valenzwinkel lediglich kleine Schwingungen um ihre Gleichgewichtswerte ausführen und daher in konkreten Rechnungen meist als fest angenommen werden. Für PE ergibt sich darüber hinaus als gute erste Näherung seiner potenziellen Energie

$$\mathcal{U} = \sum_{i=2}^{n-2} u^B(\vartheta_i) + \sum_{i=2}^{n-3} u^P(\vartheta_i, \vartheta_{i+1}) \, , \tag{8.19}$$

wobei n die Zahl der C-Atome ist. Der erste Term beschreibt $\mathcal{U}$ als die Summe unabhängiger Terme $u^B(\vartheta_i)$, während der zweite Term den Beitrag der Kopplung benachbarter Torsionswinkel beschreibt. Im Prinzip könnte man so fortfahren und $\mathcal{U}$ systematisch in den 3er-Kopplungen, 4er-Kopplungen, etc. entwickeln. Die Gl. (8.19) hat jedoch den Vorteil, dass wir analog zu Gl. (8.4) schreiben können

$$\langle \vartheta_i \mid T \mid \vartheta_j \rangle = \exp\left[-\frac{1}{2}\beta u^B(\vartheta_i) - \beta u^P(\vartheta_i, \vartheta_j) - \frac{1}{2}\beta u^B(\vartheta_j) \right] \tag{8.20}$$

und für die Zustandssumme von PE gemäß Gl. (8.5)

$$Q \cong Sp[\mathbf{T}^n] \tag{8.21}$$

erhalten, wobei wir wieder periodische Randbedingungen und große n annehmen. Für konkrete Rechnungen allerdings benötigen wir die Transfermatrix $\mathbf{T}$ in expliziter Form, um die Eigenwerte zu berechnen.

Im Fall des Ising-Modells ist $\mathbf{T}$ eine (2×2)-Matrix entsprechend den beiden möglichen s-Werten. Hier jedoch übernimmt ϑ die Rolle des Spins, und ϑ ist eine kontinuierliche Größe. Daher kommt jetzt die *RIS*- bzw. *rotational isomeric state*-Näherung ins Spiel. In Aufgabe 27 werden wir sehen, dass es für PE drei ausgezeichnete ϑ-Werte gibt, für die $u^B(\vartheta)$ ausgeprägte Minima zeigt. Die *RIS*-Näherung geht davon aus, dass jeder Torsionswinkel ϑ entlang der Polymerkette in einem dieser drei Minima zu finden ist [9]. D.h. den Spinwerten ± 1 im Ising-

---

[9]Eine ausführliche und allgemeine Diskussion der *RIS*-Näherung gibt beispielsweise P. J. Flory (1974) *Foundations of rotational isomeric state theory and general method for generating configurational averages*. Macromolecules **7**, 381

Fall entsprechen die Torsionswinkel (an den Minima) ϑ_{g_-}, ϑ_t und ϑ_{g_+} im Fall von PE [10]. Die T-Matrix für PE ist also eine (3×3)-Matrix.

Auf der Basis dieser Information und ohne die Terme in der potenziellen Energie vorerst explizit anzugeben, wollen wir $\mathbf{T}_{PE}$ aufstellen. Dabei verwenden wir die Notation t, g_+ und g_- für ϑ_t, ϑ_{g_+} und ϑ_{g_-}. Damit gilt

$$
\mathbf{T}_{PE} = \begin{pmatrix} e^{-\eta} & e^{-\sigma} & e^{-\gamma} \\ e^{-\sigma} & 1 & e^{-\sigma} \\ e^{-\gamma} & e^{-\sigma} & e^{-\eta} \end{pmatrix} \begin{matrix} g_- \\ t \\ g_+ \end{matrix} \tag{8.22}
$$
$$
 g_- \quad t \quad g_+
$$

Konkret bedeutet dies Folgendes: Sind zwei ϑ_t-Winkel benachbart, dann ist der Exponent in Gl. (8.20) null. Dies ist lediglich eine bequeme Festlegung der Energieskala, die für die Konformation ohne Bedeutung ist. Treffen jedoch zwei ϑ_{g_-}-Winkel aufeinander, dann hat der Exponent in Gl. (8.20) den Wert $-\eta$ [11]. Dies gilt gleichfalls für benachbarte ϑ_{g_+}-Winkel; eine Besonderheit von PE (vgl. Aufgabe 27). Ebenso ergeben die Nachbarpaare $\vartheta_t\vartheta_{g_+}$ und $\vartheta_t\vartheta_{g_-}$ das Gleiche. Die Größe $-\gamma$ schließlich ergibt sich aus der Paarung $\vartheta_{g_-}\vartheta_{g_+}$. Damit ist PE vollständig beschrieben, und wir können nun analog zu den Gln. (8.14) und (8.15) die Größen $\langle t \rangle$, $\langle g_+ \rangle$, $\langle g_- \rangle$, also die Wahrscheinlichkeit des Auftretens der Torsionswinkel ϑ_t, ϑ_{g_+} und ϑ_{g_-}, sowie die Größen $\langle tt \rangle_r$, $\langle tg_+ \rangle_r$, $\langle tg_- \rangle_r$, ... berechnen. Letztere sind, wie wir sehen werden, die Produktwahrscheinlichkeiten des Auftretens der entsprechenden Winkel im Abstand r (für direkte Nachbarn gilt $r = 1$).

Analog zu $\langle s_1 \rangle$ folgt

$$
\langle t \rangle = \frac{Sp\left(\mathbf{S}^{-1} \cdot \bar{\mathbf{t}} \cdot \mathbf{S} \cdot \mathbf{T}_{PE}'^{\,n}\right)}{Sp\left(\mathbf{T}_{PE}'^{\,n}\right)} \xrightarrow{n\to\infty} \bar{t}_{11}' \tag{8.23}
$$

mit

$$
\mathbf{T}_{PE}' = \mathbf{S}^{-1} \cdot \mathbf{T}_{PE} \cdot \mathbf{S} = \begin{pmatrix} \lambda_> & 0 & 0 \\ 0 & \lambda_< & 0 \\ 0 & 0 & \lambda_\ll \end{pmatrix} \tag{8.24}
$$

sowie

---

[10] Die Indizes stehen für die in der Chemie üblichen Bezeichnungen *gauche−*, *trans* und *gauche+*.

[11] Man beachte, dass ohne den Kopplungsterm in Gl. (8.21)

$$
\mathbf{T}_{PE} = \begin{pmatrix} 1 & 1 & 1 \\ 1 & 1 & 1 \\ 1 & 1 & 1 \end{pmatrix}
$$

ist. Die Eigenwerte dieser Matrix sind $(3, 0, 0)$. Folglich gilt in diesem Spezialfall $Q \cong 3^n$, wie man erwarten würde.

$$\mathbf{S}^{-1} \cdot \bar{\mathbf{t}} \cdot \mathbf{S} = \mathbf{S}^{-1} \cdot \begin{pmatrix} 0 & 0 & 0 \\ 0 & 1 & 0 \\ 0 & 0 & 0 \end{pmatrix} \cdot \mathbf{S} \equiv \bar{\mathbf{t}}' \, . \tag{8.25}$$

Ebenso gilt

$$\langle g_{\pm} \rangle \xrightarrow{n \to \infty} \bar{g}'_{\pm 11} \tag{8.26}$$

mit

$$\mathbf{S}^{-1} \cdot \bar{\mathbf{g}}_{-} \cdot \mathbf{S} = \mathbf{S}^{-1} \cdot \begin{pmatrix} 1 & 0 & 0 \\ 0 & 0 & 0 \\ 0 & 0 & 0 \end{pmatrix} \cdot \mathbf{S} \equiv \bar{\mathbf{g}}'_{-} \tag{8.27}$$

und

$$\mathbf{S}^{-1} \cdot \bar{\mathbf{g}}_{+} \cdot \mathbf{S} = \mathbf{S}^{-1} \cdot \begin{pmatrix} 0 & 0 & 0 \\ 0 & 0 & 0 \\ 0 & 0 & 1 \end{pmatrix} \cdot \mathbf{S} \equiv \mathbf{g}'_{+} \, . \tag{8.28}$$

Die Größen $\bar{t}'_{11}$, $\bar{g}'_{-11}$ und $\bar{g}'_{+11}$ erfüllen die Normierungsbedingung $1 = \bar{t}'_{11} + \bar{g}'_{-11} + \bar{g}'_{+11}$ sowie $\bar{g}'_{-11} = \bar{g}'_{+11}$.

Für die 2-Punkt-Funktionen folgt entsprechend

$$\begin{aligned} \langle tt \rangle_r \;\; &= \;\; \frac{1}{\lambda_{>}{}^{n} + \lambda_{<}{}^{n} + \lambda_{\ll}{}^{n}} Sp\left(\bar{\mathbf{t}}' \cdot \mathbf{T}'_{PE}{}^{r} \cdot \bar{\mathbf{t}}' \cdot \mathbf{T}'_{PE}{}^{n-r}\right) \\[2mm] &\xrightarrow{n \to \infty} \bar{t}'_{11}{}^{2} + \bar{t}'_{12}\bar{t}'_{21}\left(\frac{\lambda_{<}}{\lambda_{>}}\right)^{r} + \bar{t}'_{13}\bar{t}'_{31}\left(\frac{\lambda_{\ll}}{\lambda_{>}}\right)^{r} \end{aligned} \tag{8.29}$$

und

$$\begin{aligned} \langle tg_{\pm} \rangle_r \;\; &= \;\; \frac{1}{\lambda_{>}{}^{n} + \lambda_{<}{}^{n} + \lambda_{\ll}{}^{n}} Sp\left(\bar{\mathbf{t}}' \cdot \mathbf{T}'_{PE}{}^{r} \cdot \bar{\mathbf{g}}'_{\pm} \cdot \mathbf{T}'_{PE}{}^{n-r}\right) \\[2mm] &\xrightarrow{n \to \infty} \bar{t}'_{11}\bar{g}'_{\pm 11} + \bar{t}'_{12}\bar{g}'_{\pm 21}\left(\frac{\lambda_{<}}{\lambda_{>}}\right)^{r} + \bar{t}'_{13}\bar{g}'_{\pm 31}\left(\frac{\lambda_{\ll}}{\lambda_{>}}\right)^{r} \end{aligned} \tag{8.30}$$

sowie die analogen Ausdrücke für die übrigen 2-Punkt-Funktionen. Konkret angewandt werden diese Formeln in der folgenden Aufgabe [12].

---

[12] In dieser Aufgabe wird die Notation $P(t)$ für $\langle t \rangle$ oder $P(tt)$ für $\langle tt \rangle$ etc. verwendet.

Aufgabe 27:   Transfermatrix und *RIS*-Näherung am Beispiel von PE

Ein wichtiges Werkzeug zur Konformationsanalyse von Polymeren bzw. Makromolekülen in Lösung oder in der Schmelze ist die Transfermatrix-Methode im Rahmen der *RIS* (*rotational isomeric state*)-Approximaton. Hier wenden wir diese Methode auf Polyethylen (PE) mit der Strukturformel $CH_3 \left(CH_2 \right)_{n-2} CH_3$ an. Die potenzielle Energie unseres Modell-PE [13] sei

$$\mathcal{U} = \sum_{i=2}^{n-2} u^B(\vartheta_i) + \sum_{i=2}^{n-3} u^P(\vartheta_i, \vartheta_{i+1}) \tag{8.31}$$

mit

$$u^B(\vartheta)/k_B = 355.1 \,(1 + \cos \vartheta) - 68.21 \,(1 - \cos 2\vartheta) + 791.6 \,(1 + \cos 3\vartheta)$$

und

$$u^P(\vartheta, \vartheta')/k_B = \frac{4\epsilon_{CC}}{k_B} \left[\left(\frac{\sigma_{CC}}{R_4} \right)^{12} - \left(\frac{\sigma_{CC}}{R_4} \right)^6 \right]$$

sowie

$$R_4^2 = 4b^2 + 2b^2 \Big\{ -\cos \phi \left(3 - 2 \cos \phi + \cos^2 \phi - \sin^2 \phi \cos \vartheta \right)$$

$$- \sin^2 \phi \left(\cos \vartheta + \cos \vartheta' - \sin \vartheta \sin \vartheta' \right) + \sin \phi \sin [2\phi] \cos^2 \frac{\vartheta}{2} \cos \vartheta' \Big\} \,,$$

wobei die Torsionswinkel der *C-C*-Bindungen ϑ (vgl. Abbildung 8.5) die Konformation des Polymers festlegen. Außerdem gilt für die Potenzialparameter $b = 1.53$ Å, $\phi = 112^o$, $\epsilon_{CC}/k_B = 3.725$ K und $\sigma_{CC} = 4$ Å. Das Modell beschreibt PE als Kette von Butan-Einheiten, wobei nur benachbarte Einheiten miteinander wechselwirken (Pentan-Effekt). CH_2-Gruppen werden hier in der *united atom*-Approximation als einzelne (effektive) Wechselwirkungszentren betrachtet. R_4 ist der Abstand zweier durch vier Bindungen getrennter Wechselwirkungszentren.

(a)   Tragen Sie die Größen $u^B(\vartheta)/k_B$ gegen ϑ sowie $R_4(\vartheta, \vartheta')$ (mit Plot 3D),

$$-\frac{1}{k_B T} \left[\frac{1}{2} u^B(\vartheta) + u^P(\vartheta, \vartheta') + \frac{1}{2} u^B(\vartheta') \right]$$

---

[13]W.L. Jorgensen, J.D. Madura, C.J. Swenson (1984) *Optimized intermolecular potential functions for liquid hydrocarbons*. J. Am. Chem. Soc. **106**, 6638. Das Jorgensen-Potenzial ist nur eine von vielen leicht unterschiedlichen empirischen Potenzialfunktionen für PE. Wer ganz allgemein mehr über empirische Potenzialfunktionen für Moleküle wissen möchte, sei auf die zwar ältere, aber immer noch für den Einsteiger sehr geeignete Referenz [69] verwiesen.

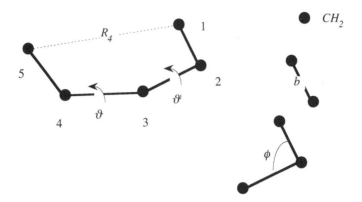

Abbildung 8.5: Illustration der Notation.

und

$$-\frac{1}{k_B T}\left[\frac{1}{2}u^B(\vartheta) + \frac{1}{2}u^B(\vartheta')\right]$$

(jeweils mit ContourPlot) in der ϑ-ϑ'-Ebene (bei $T = 450\,K$) auf. Interpretieren Sie die Resultate – insbesondere auch den Unterschied der beiden letzten Graphen.

(b)   Finden Sie die lokalen Minima von $\left[u^B(\vartheta)/2 + u^P(\vartheta,\vartheta') + u^B(\vartheta')/2\right]/k_B$, und verwenden Sie die *RIS*-Winkel $\vartheta = \pi/3, \pi, 5\pi/3$ (Wo liegen die Minima wirklich?), um die Transfermatrix für PE aufzustellen. Geben Sie die Transfermatrix-Elemente in der Form $e^{const/T}$ an. Wie oben sollte das trans-trans-Element gleich eins sein (also const = 0) sein.

(c)   Als Funktion der Temperatur im Intervall ($10^1\,K$, $10^5\,K$) tragen Sie die mittels der entsprechenden Korrelationsfunktionen berechneten Wahrscheinlichkeiten $P(g_-)$ sowie $P_{r=1}(tt)$ auf. In einer zweiten Auftragung stellen Sie die Wahrscheinlichkeiten $P(tt)$, $P(tg_-)$, $P(g_+g_-)$ und $P(g_+g_+)$ für $r = 0 - 4$ bei $T = 400\,K$ dar.

(d)   Bestimmen Sie die charakteristischen Verhältnisse

$$C_n = \frac{1}{nb^2}\langle R_n^2\rangle \cong \frac{1}{nb^2}\left(\frac{1}{100}\sum_{i=1}^{100} R_{in}^2\right)$$

für $n = 1000$ bei $T = 100\,K$, $450\,K$, $1000\,K$ und $10000\,K$ [14]. Die Größe R_i ist der End-zu-End-Abstand des i-ten 1000mers. Verwenden Sie das nachfolgend angegebene Konstruktionsprogramm. Frage: Reichen die jeweils 100 konstruierten Polymere aus, um vernünftige

---

[14]Wir sprechen vom charakteristischen Verhältnis, obwohl $n \neq \infty$. Aber für $n = 1000$ können wir hier davon ausgehen, dass dies keinen signifikanten Unterschied ergibt.

Abschätzungen für C_{1000} bei den obigen Temperaturen zu berechnen. In anderen Worten – geben Sie Fehlerabschätzungen für die C_{1000} an (vgl. die diesbezügliche Diskussion in Abschnitt 2.4)!

Konstruktion von Polymerkonformationen:

Für PE implementieren Sie den folgenden Algorithmus in *Mathematica* für $m = 3$. Er erzeugt eine Kette aus Bindungen gleicher Länge b. Wählen Sie $b = 1$ und $\phi = 112\pi/180$. Die $\vartheta^{(l)} = (2l - 1)\pi/3$ sind die Torsionswinkel (TW). $P(l \mid k) \equiv P(lk)/P(k)$ sind bedingte Wahrscheinlichkeiten dafür, dass entlang der Polymerkette der TW l auf den TW k folgt. Verwenden Sie Ihr Programm aus Teil (c) zur Berechnung der notwenigen $P(k)$ bzw. $P(lk)$.

1. Wählen Sie eine auf $[0, 1]$ gleichverteilte Zufallszahl z aus.

2. Setzen Sie die Kette auf $\vartheta^{(k)}$ folgend mit

$$
\begin{array}{lll}
\vartheta^{(1)} & \text{fort, falls} & z \le P(1 \mid k) \\
\vartheta^{(2)} & \text{``} & P(1 \mid k) < z \le P(1 \mid k) + P(2 \mid k) \\
\vartheta^{(3)} & \text{``} & P(1 \mid k) + P(2 \mid k) < z \le P(1 \mid k) + P(2 \mid k) + P(3 \mid k) \\
\vdots & \vdots & \vdots \\
\vartheta^{(m)} & \text{fort, falls} & P(1 \mid k) + ... + P(m - 1 \mid k) < z .
\end{array}
$$

D.h. wenn $\vartheta^{(l)}$ auf diese Weise ausgesucht wird, dann erzeugen Sie die Koordinaten des zu $\vartheta^{(l)}$ gehörenden Bindungsvektors $\vec{b} = b\hat{b}$ mittels $\hat{b}_{i+1} = -\hat{b}_i \cos\phi + \hat{b}_i \times \hat{b}_{i-1} \sin\vartheta^{(l)} - (\hat{b}_i \times \hat{b}_{i-1}) \times \hat{b}_i \cos\vartheta^{(l)}$, basierend auf seinen beiden Vorgängern. Die $\hat{b}$ in der Rekursionsrelation sind Einheitsvektoren entlang der Bindungen. Gestartet wird ausgehend von zwei beliebigen aber nichtparallelen Startvektoren, z.B. $\hat{b}_{-1} = (1, 0, 0)$ und $\hat{b}_0 = (0, 1, 0)$ – versuchen Sie, die obige Rekursionsrelation herzuleiten.

3. Machen Sie mit (1.) weiter.

Lösung:

Die Lösung ist in dem nachfolgenden *Mathematica*-Programm zusammengefasst.

```
In[53]:= "Definition des Modellpotentials";

In[54]:= R4[b_, p_, t_, t1_] =
            Sqrt[
              4 b^2+
                2 b^2 (-Cos[p] (3 - 2 Cos[p] + Cos[p]^2 - Sin[p]^2 Cos[t]) -
                    Sin[p]^2 (Cos[t] + Cos[t1] - Sin[t] Sin[t1]) +
                    Sin[p] Sin[2 p] Cos[t/2]^2 Cos[t1])];
```

```
In[55]:= UB[t_] = 355.1 (1 + Cos[t]) - 68.21 (1 - Cos[2 t]) +
              791.6 (1 + Cos[3 t]);
```

```
In[56]:= ULJ[e_, s_, b_, p_, t_, t1_] =
              4 e ((s/R4[b, p, t, t1])^12 - (s/R4[b, p, t, t1])^6);
```

```
In[57]:= H[e_, s_, b_, p_, t_, t1_] =
              (UB[t]/2 + UB[t1]/2 + ULJ[e, s, b, p, t, t1]);
```

```
In[58]:= " * * * * * * * * * * * * * * * Teil (a) * * * * * * * * * * * * * **";
```

```
In[59]:= "Graphische Darstellungen";

         Plot[UB[t], {t, 0, 2π},
           PlotLabel->" UB vs. Torsionswinkel ϑ"]
         Print["Minima von links nach rechts : g-, t, g+"];
```

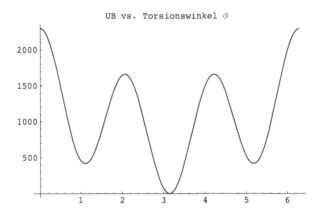

```
Out[59]= -Graphics-
```

Minima von links nach rechts : g-, t, g+

```
In[60]:= Plot3D[R4[1.53, 112/180 π, t, t1], {t, 0, 2 π},
             {t1, 0, 2 π}, PlotPoints → 60, Mesh → False,
             PlotLabel →" R4 vs. benachbarte Torsionswinkel",
             AxesLabel → {ϑ_i, ϑ_j, R4}]
```

R4 vs. benachbarte Torsionswinkel

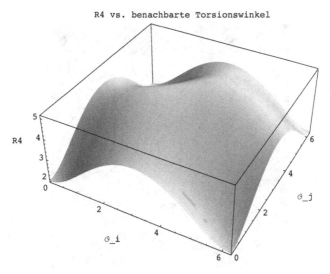

Out[60]= -SurfaceGraphics-

In[61]:= **ContourPlot[-H[3.725, 4, 1.53, 112/180 π, t, t1]/450,**
    {t, 0, 2 π}, {t1, 0, 2 π}, PlotPoints → 60,
    PlotLabel →'' H inklusive Pentaneffekt'']

H inklusive Pentaneffekt

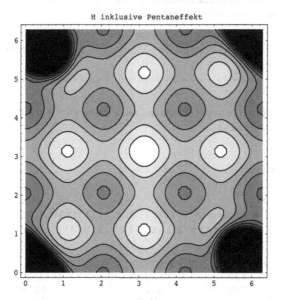

Out[61]= -ContourGraphics-

In[62]:= **ContourPlot[-H[0, 4, 1.53, 112/180 π, t, t1]/450,**
    {t, 0, 2 π}, {t1, 0, 2 π}, PlotPoints → 60,
    PlotLabel →'' H ohne Pentaneffekt'']

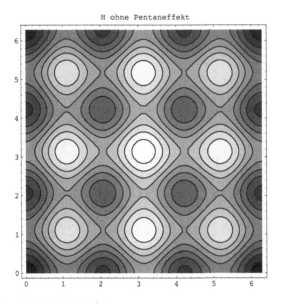

H ohne Pentaneffekt

Out[62]= -ContourGraphics-

In[63]:= "**Es ist erkennbar, dass die Kopplung zu einer**
            starken Unterdrückung der g + g - bzw. g - g+
            Konformationen führt"

Out[63]= Es ist erkennbar, dass die Kopplung zu einer starken
            Unterdrückung der g + g - bzw. g - g + Konformationen führt

In[64]:= " * * * * * * * * * * * * * * * * Teil (b) * * * * * * * * * * * * * * ** ";

In[65]:= "**Wo liegen die exakten Minima und welche Werte**
            haben sie?";

        MatrixForm[
          Table[
            Flatten[
              FindMinimum[H[3.725, 4, 1.53, 112/180 π, t, t1],
                {t, (2 i + 1) π/3}, {t1, (2 j + 1) π/3}]], {i, 0, 2},
              {j, 0, 2}]]

$$
\text{Out[65]=}
\begin{pmatrix}
\begin{pmatrix} 426.12 \\ t \to 1.1228 \\ t1 \to 1.1228 \end{pmatrix} &
\begin{pmatrix} 205.049 \\ t \to 1.10747 \\ t1 \to 3.14155 \end{pmatrix} &
\begin{pmatrix} 816.385 \\ t \to 1.34682 \\ t1 \to 4.93636 \end{pmatrix} \\
\begin{pmatrix} 205.049 \\ t \to 3.14155 \\ t1 \to 1.10747 \end{pmatrix} &
\begin{pmatrix} -2.71859 \\ t \to 3.14159 \\ t1 \to 3.14159 \end{pmatrix} &
\begin{pmatrix} 205.049 \\ t \to 3.14164 \\ t1 \to 5.17572 \end{pmatrix} \\
\begin{pmatrix} 816.385 \\ t \to 4.93636 \\ t1 \to 1.34682 \end{pmatrix} &
\begin{pmatrix} 205.049 \\ t \to 5.17572 \\ t1 \to 3.14164 \end{pmatrix} &
\begin{pmatrix} 426.12 \\ t \to 5.16038 \\ t1 \to 5.16038 \end{pmatrix}
\end{pmatrix}
$$

```
In[66]:= "Zum Vergleich die Werte von H für die RIS - Winkel";
```

```
MatrixForm[
  Table[{H[3.725, 4, 1.53, 112/180 π, π/3 (2 i + 1),
      π/3 (2 j + 1)], N[π/3 (2 i + 1)], N[π/3 (2 j + 1)]},
    {i, 0, 2}, {j, 0, 2}]]
```

$$
\text{Out[66]=} \begin{pmatrix} \begin{pmatrix} 449.64 \\ 1.0472 \\ 1.0472 \end{pmatrix} & \begin{pmatrix} 211.461 \\ 1.0472 \\ 3.14159 \end{pmatrix} & \begin{pmatrix} 1981.88 \\ 1.0472 \\ 5.23599 \end{pmatrix} \\ \begin{pmatrix} 211.461 \\ 3.14159 \\ 1.0472 \end{pmatrix} & \begin{pmatrix} -2.71859 \\ 3.14159 \\ 3.14159 \end{pmatrix} & \begin{pmatrix} 211.461 \\ 3.14159 \\ 5.23599 \end{pmatrix} \\ \begin{pmatrix} 1981.88 \\ 5.23599 \\ 1.0472 \end{pmatrix} & \begin{pmatrix} 211.461 \\ 5.23599 \\ 3.14159 \end{pmatrix} & \begin{pmatrix} 449.64 \\ 5.23599 \\ 5.23599 \end{pmatrix} \end{pmatrix}
$$

```
In[67]:= "Aufstellen der TransferMatrix : Es werden die RIS-
          Winkel aber die exakten Minimalwerte von H
          verwendet!";
```

```
TM[T_] =
  Table[
    Exp[
      (-1/T)
        Part[FindMinimum[
          (H[3.725, 4, 1.53, 112/180 π, t, t1] -
            H[3.725, 4, 1.53, 112/180 π, π, π]),
          {t, π/3 (2 i + 1)}, {t1, π/3 (2 j + 1)}], 1]],
    {i, 0, 2}, {j, 0, 2}];
```

```
MatrixForm[%]
```

$$
\text{Out[67]=} \begin{pmatrix} e^{-428.838/T} & e^{-207.768/T} & e^{-819.104/T} \\ e^{-207.768/T} & e^{0./T} & e^{-207.768/T} \\ e^{-819.104/T} & e^{-207.768/T} & e^{-428.838/T} \end{pmatrix}
$$

```
In[68]:= "* * * * * * * * * * * * * * * * Teil (c) * * * * * * * * * * * * * * *";
```

```
In[69]:= "Auftragung von P(g-) gegen T";
```

```
In[70]:= ListPlot[Table[S = Transpose[Eigenvectors[TM[10^Tlog]]];
          gm = Inverse[S].{{1, 0, 0}, {0, 0, 0}, {0, 0, 0}}.S;
          {Tlog, Pgm = gm[[1]][[1]]}, {Tlog, 1, 5, 0.01}],
        PlotJoined-> True, AxesLabel-> {"Log[T]","P(g-)"}]
```

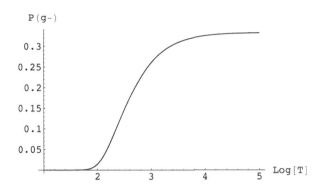

```
Out[70]= -Graphics-

In[71]:= "Auftragung von P(tt)_r = 1 gegen T";

In[72]:= ListPlot[Table[S = Transpose[Eigenvectors[TM[10^Tlog]]];
            l = Eigenvalues[TM[10^Tlog]];
            t = Inverse[S].{{0, 0, 0}, {0, 1, 0}, {0, 0, 0}}.S;
            {Tlog,
              Ptt1 = t[[1]][[1]]^2 +
                  t[[1]][[2]] t[[2]][[1]] (l[[2]]/l[[1]]) +
                  t[[1]][[3]] t[[3]][[1]] (l[[3]]/l[[1]])},
            {Tlog, 1, 5, 0.01}], PlotJoined-> True,
          AxesLabel-> {"Log[T]"," P(tt)_r = 1"}]
```

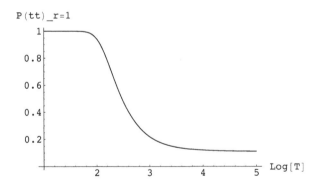

```
Out[72]= -Graphics-

In[73]:= "Weitere Auftragungen";

In[74]:= "Einfache Wahrscheinlichkeiten P(∅)";

In[75]:= S = Transpose[Eigenvectors[TM[400]]];

         l = Eigenvalues[TM[400]];
```

```
In[76]:= "P(t)";

        t = Inverse[S].{{0, 0, 0}, {0, 1, 0}, {0, 0, 0}}.S;

        Pt = t[[1]][[1]]
Out[76]= 0.649885

In[77]:= "P(g-)";

        gm = Inverse[S].{{1, 0, 0}, {0, 0, 0}, {0, 0, 0}}.S;

        Pgm = gm[[1]][[1]]
Out[77]= 0.175058

In[78]:= "P(g+)";

        gp = Inverse[S].{{0, 0, 0}, {0, 0, 0}, {0, 0, 1}}.S;

        Pgp = gp[[1]][[1]]
Out[78]= 0.175058

In[79]:= "Test";

        Pt + Pgm + Pgp
Out[79]= 1.

In[80]:= "Produktwahrscheinlichkeiten P(ơ(0) ơ'(r)) :";

In[81]:= "P(tt) :";
        Pttr[r_] =
            t[[1]][[1]]^2 + t[[1]][[2]] t[[2]][[1]]
            (1[[2]]/1[[1]])^r +
            t[[1]][[3]] t[[3]][[1]] (1[[3]]/1[[1]])^r
        Table[%, {r, 0, 4}];
        ListPlot[%, PlotRange- > {0, 0.7},
          PlotJoined- > True, PlotLabel- >" P(tt) vs. r + 1"]
```

$$Out[81]= 0.42235 + 0.227535 \, (-0.0903655)^r + 2.31464 \times 10^{-32} \, 0.131851^r$$

P(tt) vs. r+1

```
Out[81]= -Graphics-
```

```
In[82]:= "P(tg-) :";

         Ptgmr[r_] = t[[1]][[1]] gm[[1]][[1]]+
            t[[1]][[2]] gm[[2]][[1]] (l[[2]]/l[[1]])^r+
            t[[1]][[3]] gm[[3]][[1]] (l[[3]]/l[[1]])^r

         Table[%, {r, 0, 4}];

         ListPlot[%, PlotRange- > {0, 0.7}, PlotJoined → True,
            PlotLabel →" P(tg-) vs. r + 1"]
```

Out[82]= $0.113767 - 0.113767\,(-0.0903655)^{r} + 6.4943 \times 10^{-17}\,0.131851^{r}$

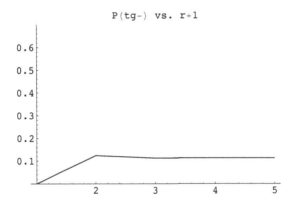

Out[82]= -Graphics-

```
In[83]:= "P(g - g+) :";

         Pgpgmr[r_] = gp[[1]][[1]] gm[[1]][[1]]+
            gp[[1]][[2]] gm[[2]][[1]] (l[[2]]/l[[1]])^r+
            gp[[1]][[3]] gm[[3]][[1]] (l[[3]]/l[[1]])^r

         Table[%, {r, 0, 4}];

         ListPlot[%, PlotRange- > {0, 0.7}, PlotJoined → True,
            PlotLabel →" P(g + g-) vs. r + 1"]
```

Out[83]= $0.0306452 + 0.0568836\,(-0.0903655)^{r} - 0.0875288\,0.131851^{r}$

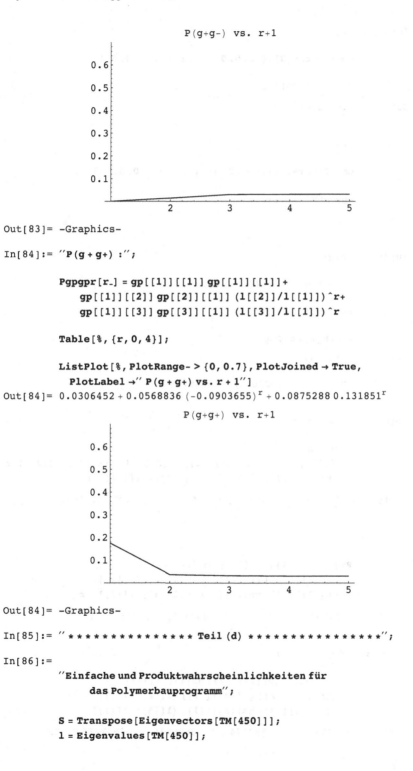

```
Out[83]= -Graphics-

In[84]:= "P(g + g+) :";

          Pgpgpr[r_] = gp[[1]][[1]] gp[[1]][[1]]+
              gp[[1]][[2]] gp[[2]][[1]] (l[[2]]/l[[1]])^r+
              gp[[1]][[3]] gp[[3]][[1]] (l[[3]]/l[[1]])^r

          Table[%, {r, 0, 4}];

          ListPlot[%, PlotRange- > {0, 0.7}, PlotJoined → True,
              PlotLabel →" P(g + g+) vs. r + 1"]
Out[84]= 0.0306452 + 0.0568836 (-0.0903655)^r + 0.0875288 0.131851^r
```

```
Out[84]= -Graphics-

In[85]:= " * * * * * * * * * * * * * * * Teil (d) * * * * * * * * * * * * * * * *";

In[86]:=
          "Einfache und Produktwahrscheinlichkeiten für
              das Polymerbauprogramm";

          S = Transpose[Eigenvectors[TM[450]]];
          l = Eigenvalues[TM[450]];
```

```
In[87]:= "P(t)";

         t = Inverse[S].{{0, 0, 0}, {0, 1, 0}, {0, 0, 0}}.S;

         Pt = t[[1]][[1]]
Out[87]= 0.623006


In[88]:= "P(g-)";

         gm = Inverse[S].{{1, 0, 0}, {0, 0, 0}, {0, 0, 0}}.S;

         Pgm = gm[[1]][[1]]
Out[88]= 0.188497


In[89]:= "P(g+)";

         gp = Inverse[S].{{0, 0, 0}, {0, 0, 0}, {0, 0, 1}}.S;

         Pgp = gp[[1]][[1]]

         P = {Pgm, Pt, Pgp}
Out[89]= 0.188497

Out[89]= {0.188497, 0.623006, 0.188497}


In[90]:= "P(tt) :";

         Pttr[r_] =
           t[[1]][[1]]^2 + t[[1]][[2]] t[[2]][[1]] (l[[2]]/l[[1]])^r+
             t[[1]][[3]] t[[3]][[1]] (l[[3]]/l[[1]])^r
Out[90]= 0.388136 + 0.23487 (-0.0860553)^r - 1.47473×10^-32 0.132052^r


In[91]:= "P(tg-) :";

         Ptgmr[r_] = t[[1]][[1]] gm[[1]][[1]]+
             t[[1]][[2]] gm[[2]][[1]] (l[[2]]/l[[1]])^r+
             t[[1]][[3]] gm[[3]][[1]] (l[[3]]/l[[1]])^r
Out[91]= 0.117435 - 0.117435 (-0.0860553)^r - 9.46509×10^-17 0.132052^r


In[92]:= "P(g - g+) :";

         Pgpgmr[r_] = gp[[1]][[1]] gm[[1]][[1]]+
             gp[[1]][[2]] gm[[2]][[1]] (l[[2]]/l[[1]])^r+
             gp[[1]][[3]] gm[[3]][[1]] (l[[3]]/l[[1]])^r
Out[92]= 0.0355312 + 0.0587174 (-0.0860553)^r - 0.0942486 0.132052^r
```

```
In[93]:= "P(g + g+) :";

         Pgpgpr[r_] = gp[[1]][[1]] gp[[1]][[1]]+
             gp[[1]][[2]] gp[[2]][[1]] (l[[2]]/l[[1]])^r+
             gp[[1]][[3]] gp[[3]][[1]] (l[[3]]/l[[1]])^r

         PP = {{Pgpgpr[1], Ptgmr[1], Pgpgmr[1]},
             {Ptgmr[1], Pttr[1], Ptgmr[1]},
             {Pgpgmr[1], Ptgmr[1], Pgpgpr[1]}};
```
Out[93]= $0.0355312 + 0.0587174 (-0.0860553)^r + 0.0942486\ 0.132052^r$

```
In[94]:= "Bedingte Wahrscheinlichkeiten";

         CP = Table[PP[[i]][[j]]/P[[j]], {i, 1, 3}, {j, 1, 3}]

         MatrixForm[%]


         "check :";

         Sum[PP[[i, j]], {i, 1, 3}, {j, 1, 3}]

         Sum[{CP[[i, 1]], CP[[i, 2]], CP[[i, 3]]}, {i, 1, 3}]
```
Out[94]= {{0.227717, 0.204718, 0.0956644},
          {0.676619, 0.590563, 0.676619}, {0.0956644, 0.204718, 0.227717}}

Out[94]= $\begin{pmatrix} 0.227717 & 0.204718 & 0.0956644 \\ 0.676619 & 0.590563 & 0.676619 \\ 0.0956644 & 0.204718 & 0.227717 \end{pmatrix}$

Out[94]= 1.

Out[94]= {1., 1., 1.}

```
In[95]:= "Beispiel : Bau des Polymers, basierend auf der
             obigen Transfermatrix";

In[96]:= Clear[R, t];
         k = 1;
         b1 = {1, 0, 0};
         b2 = {0, 1, 0};
         R = {0, 0, 0};
         f = 112/180 π;

In[97]:= tab[n_] :=
         Line[Table[z = Random[];
           If[z <= CP[[1]][[k]], l = 1,
             If[z <= CP[[1]][[k]] + CP[[2]][[k]], l = 2, l = 3]];
           k = l; t = (2 l - 1) π/3;
           b3 = N[-b2 Cos[f] + Cross[b2, b1] Sin[t] -
               Cross[Cross[b2, b1], b2] Cos[t]];
           b3 = b3/Sqrt[b3.b3]; R = R + b3; b1 = b2; b2 = b3; R, {n}]];
         Show[Graphics3D[tab[10000]]]
```

```
Out[97]= -Graphics3D-

In[98]:= "Eine Tabelle mit 100 Werten für R_1000^2 wird
            erzeugt";
         RRtab = Table[Clear[R, t]; k = 1; n = 1000; R = {0, 0, 0};
            tab[n]; R.R, {i, 1, 100}];


In[99]:= "Berechnung von C_1000 sowie dessen Fehler,
            basierend auf 100 gebauten PE Polymeren";

         RRave =
            (Sum[RRtab[[i]], {i, 1, Length[RRtab]}]/Length[RRtab]);
         RR2ave =
            (Sum[RRtab[[i]]^2, {i, 1, Length[RRtab]}]/
               Length[RRtab]);
         sig = Sqrt[RR2ave - RRave^2];
         Cn = RRave/n
         dCn = (sig/Sqrt[100])/n
Out[99]= 6.12126

Out[99]= 0.460443

In[100]:= "Liste aller Ergebnisse";


            "100K   C_1000 = 90 + -7";

            "450K   C_1000 = 6.1 + -0.5";

            "1000K   C_1000 = 3.6 + -0.3";

            "10000K   C_1000 = 2.2 + -0.2";
```

Man beachte, dass das charakteristische Verhältnis mit zunehmender Temperatur abnimmt. Physikalisch bedeutet dies, dass mit zunehmender Temperatur die Flexibilität zunimmt. D.h.

die Polymerkontur ändert dann öfter ihre Richtung. Insbesondere scheint $C_\infty \to 2$ für $T \to \infty$ zu gelten. Dies ist korrekt. Man spricht von der frei rotierenden Kette.

Das charakteristische Verhältnis lässt sich übrigens auch innerhalb des Transfermatrix-Formalismus berechnen [65]. Der Vorteil des Konstruktionsprogramms ist jedoch, dass es direkt den Vergleich mit dem Experiment ermöglicht. Die Abbildung 8.6 zeigt Neutronen-streudaten an PE-Schmelzen [15] im Vergleich mit der Theorie. Die theoretischen Intensitäten basieren auf etwa hundert 1000meren, die wie im Aufgabenteil (d) erzeugt und deren Streuintensitäten gemäß Gl. (4.19) berechnet sowie anschließend gemittelt wurden. Die Formfaktoren sind dabei gleich eins gesetzt. Der Vergleich fällt recht gut aus. Eine Hauptanwendung der hier diskutierten Methode ist denn auch die Berechnung von Streuintensitäten entweder für Polymere in Schmelzen oder für Polymere in Lösung.

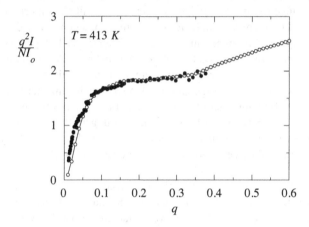

Abbildung 8.6: Reduzierte Intensität, aufgetragen gegen den Betrag des Streuvektors q (vgl. Gl. (4.16)). Die geschlossenen Kreise sind experimentelle Messwerte, während die offenen Kreise wie im Text beschrieben berechnet wurden.

Eine Bemerkung noch zu der oben verwendeten Polymerkonstruktion: Die Konstruktion berücksichtigt lediglich bedingte Wahrscheinlichkeiten, basierend auf unmittelbaren Nachbarpaaren. Prinzipiell können aber auch Tripel oder noch längere Sequenzen von Torsionswinkeln berücksichtigt werden. Allerdings sollte man nicht vergessen, dass die Transfermatrix a priori lediglich kurzreichweitige Wechselwirkungen berücksichtigt!

Drei weitere Bemerkungen zum Abschluss: (i) PE ist das einfachste der realen Polymere. Allgemein wird es mehr als drei *RIS*-Werte für die Torsionswinkel geben. Entsprechend vergößert sich die Transfermatrix. Außerdem kann die Transfermatrix selbst wieder das Produkt mehrerer Matrizen sein, die jeweils nichtäquivalente Torsionswinkel in einer Wiederhol-

[15] G. Lieser, E.W. Fischer, K. Ibel (1975) *Conformation of polyethylene molecules in the melt as revealed by small-angle neutron scattering.* J. Polym. Sci., Polym. Lett. **13**, 39. Quizfrage: Wie ist es möglich, die (mittlere) Konformation einzelner PE-Moleküle zu beobachten, wenn diese in einer Umgebung, bestehend aus anderen PE-Molekülen, eingebettet sind und daher eigentlich unsichtbar sein sollten?

einheit entlang der Polymerkette beschreiben. (ii) Die Transfermatrix-Methode berücksichtigt nur kurzreichweitige Kopplungen. D.h. Polymere, die so wie in der Aufgabe erzeugt werden, können sich selbst durchdringen. Daher ist diese Methode nicht geeignet, wenn langreichweitige Wechselwirkungen wichtig sind! (iii) Die Transfermatrix-Methode ist nicht nur auf Polymere anwendbar! Sie wurde beispielsweise auch zur Lösung des 2D-Ising-Modells verwendet (vgl. Aufgabe 25). Wer allerdings an Polymeranwendungen dieser Methode interessiert ist, dem sei das Buch von Mattice und Sutter [70] oder der Artikel von Flory [16] empfohlen.

8.2 Gitterstatistik von Polymersystemen

Thermodynamische Eigenschaften von Polymersystemen, also beispielsweise Polymerlösungen oder Polymermischungen in der Schmelze, werden häufig mittels Gittermodellen untersucht. Dabei werden die Polymere als Pfade auf einem regelmäßigen Gitter dargestellt. Abbildung 8.7 zeigt z.B. Polymere auf einem quadratischen Gitter. Jedes Polymersegment belegt eine Gitterzelle, wobei ein Segment qualitativ einem oder mehreren Monomeren entspricht. In diesem Beispiel werden einige Gitterzellen auch durch einzelne, nichtverbundene Kugeln belegt, den Lösungsmittelmolekülen. Einige Gitterzellen sind auch ganz leer (vgl. Gittergas). Insgesamt entspricht die Abbildung einem Polymergeflecht bzw. Netzwerk, in dem Lösungsmittel adsorbiert ist, wobei das System aus Polymer plus Lösungsmittel den Raum nicht komplett ausfüllt. Wenn dies jedoch der Fall ist, dann handelt es sich um eine Polymerlösung. Würde man das Lösungsmittel durch ein anderes Polymer ersetzen, so erhielte man eine binäre Polymerschmelze.

In diesem Modell gibt es zwei Arten der Wechselwirkung: ausgeschlossenes Volumen (Gitterzellen sind im Mittel (!) nur einfach besetzt) und Kontaktwechselwirkungen benachbarter Zellen. Der Grund für diese recht groben Vereinfachungen ist die wesentlich verbesserte mathematische Handhabung bei gleichzeitiger Beibehaltung der qualitativen oder sogar quantitativen thermodynamischen Eigenschaften realer Systeme.

Im Folgenden wollen wir einen einfachen Ausdruck für die freie Enthalpie

$$G_G = H_G - T S_G \tag{8.32}$$

eines binären Polymersystems auf einem Gitter herleiten. Die insgesamt N_1 Polymere der Sorte 1 haben jeweils die Länge M (Gitterplätze). Die insgesamt N_2 Polymere der Sorte 2 haben jeweils die Länge M'. Für $M' = 1$ erhalten wir beispielsweise das in Abbildung 8.7 gezeigte System.

Konfigurationsentropie auf dem Gitter:

Wir beginnen mit der Entropie S_G, gegeben durch

$$S_G = k_B \ln \left[\Omega \left(N_1 \right) \Omega' \left(N_2 \right) \right] . \tag{8.33}$$

---

[16]P. J. Flory (1974) *Foundations of rotational isomeric state theory and general method for generating configurational averages*. Macromolecules **7**, 381

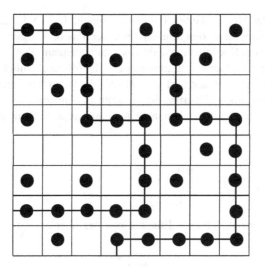

Abbildung 8.7: Polymermoleküle, dargestellt als Pfade aus verbundenen Kugeln, auf einem quadratischen Gitter. Isolierte Kugeln stellen Lösungsmittelmoleküle dar. Leerzellen entsprechen freiem Raum.

Hier ist $\Omega\left(N_1\right)$ die Zahl der Möglichkeiten, die 1-Polymere der Reihe nach auf das Gitter, bestehend aus N_0 ursprünglich leeren Zellen, zu platzieren. Entsprechend ist $\Omega'(N_2)$ die Zahl der Möglichkeiten, anschließend die 2-Polymere ebenfalls auf dem Gitter unterzubringen. Wir schreiben zunächst

$$\Omega(N_1) = \frac{1}{N_1!} \prod_{i=0}^{N_1-1} \omega_{i+1} \tag{8.34}$$

und

$$\Omega'(N_2) = \frac{1}{N_2!} \prod_{i=0}^{N_2-1} \omega'_{i+1} \; . \tag{8.35}$$

Die Größen $(N_1!)$ und $(N_2!)$ tragen wieder der Ununterscheidbarkeit Rechnung. Die Größe ω_{i+1} ist die Zahl der Möglichkeiten, dass $(i+1)$-te 1-Polymer auf dem Gitter zu platzieren, auf dem schon i 1-Polymere untergebracht sind. Analog dazu ist ω'_{i+1} die Zahl der Möglichkeiten, dass $(i+1)$-te 2-Polymer zusätzlich zu den schon vorhandenen N_1 1-Polymeren unterzubringen. Betrachten wir zuerst ω_{i+1} und schreiben

$$\omega_{i+1} = \underbrace{\left(N_0 - Mi\right)}_{T1} \underbrace{q\left(1 - \frac{Mi}{N_0}\right)}_{T2} \underbrace{(q-1)^{M-2}\left(1 - \frac{Mi}{N_0}\right)^{M-2}}_{T3} \; . \tag{8.36}$$

Hier ist $T1$ die Zahl der Möglichkeiten, das erste Segment des $(i + 1)$-ten 1-Polymers zu platzieren. Für das zweite Segment, beschrieben durch den Faktor $T2$, gibt es prinzipiell q Nachbarzellen; q wird auch die Koordinationszahl des Gitters genannt. Die Zahl der Möglichkeiten für das zweite Segment ist hier q, multipliziert mit der Wahrscheinlichkeit, eine leere Zelle zu treffen. Diese Wahrscheinlichkeit ist $(1 - Mi/N_0)$ [17], wenn wir von unkorrelierten freien Zellen ausgehen. Diese grobe Näherung ist die zentrale Annahme unseres Gittermodells [18]. Der letzte Faktor, $T3$, wendet diese Annahme auch auf die restlichen Segmente an [19]. Damit erhalten wir

$$\omega_{i+1} = \left(N_0 - Mi\right)^M \left(\frac{q-1}{N_0}\right)^{M-1} , \qquad (8.37)$$

wobei wir $q \approx q - 1$ verwendet haben. Eine analoge Argumentation liefert

$$\omega'_{i+1} = \left(N_0 - MN_1 - M'i\right)^{M'} \left(\frac{q-1}{N_0}\right)^{M'-1} . \qquad (8.38)$$

Für die Entropie S_G erhalten wir mithilfe der Stirling-Approximation

$$
\begin{aligned}
S_G \;=\; & k_B \Bigg\{ -N_1 \ln N_1 + N_1 + N_1 (M - 1) \ln \left[\frac{q-1}{N_0}\right] \qquad (8.39)\\
& + M \sum_{i=0}^{N_1 - 1} \ln \left[N_0 - Mi\right] - N_2 \ln N_2 + N_2 + N_2 (M' - 1) \ln \left[\frac{q-1}{N_0}\right] \\
& + M' \sum_{i=0}^{N_2 - 1} \ln \left[N_0 - MN_1 - M'i\right] \Bigg\} .
\end{aligned}
$$

Die Summen können näherungsweise in Integrationen umgeschrieben werden. D.h.

$$
\begin{aligned}
\sum_{i=0}^{N_1 - 1} \dots \;\approx\; & \int_0^{N_1} di \ln \left[N_0 - Mi\right] \\
=\; & \frac{1}{M} \int_{N_0 - MN_1}^{N_0} dx \ln x \\
=\; & \frac{1}{M} \left(N_0 \ln N_0 - N_0 - \left(N_0 - MN_1\right) \ln \left[N_0 - MN_1\right] + N_0 - MN_1\right)
\end{aligned}
$$

und

---

[17] Zusätzlich: $Mi + 1 \approx Mi$.
[18] Zusätzlich: $Mi + 2 \approx Mi + 3 \approx \dots \approx Mi + (N_1 - 1) \approx Mi$.
[19] *Mean field*-Modell!

$$\sum_{i=0}^{N_2-1} \ldots \approx \frac{1}{M'}\Big((N_0 - MN_1) \ln [N_0 - MN_1] - (N_0 - MN_1)$$
$$- (N_0 - MN_1 - M'N_2) \ln [N_0 - MN_1 - M'N_2]$$
$$+ N_0 - MN_1 - M'N_2 \Big).$$

Insgesamt erhalten wir nach dem Zusammenfassen der Terme

$$\frac{S_G}{k_B} = -N_1 \ln \left[\frac{N_1}{N_0} \right] - N_2 \ln \left[\frac{N_2}{N_0} \right] \tag{8.40}$$
$$- (N_0 - MN_1 - M'N_2) \ln \left[1 - \frac{MN_1}{N_0} - \frac{M'N_2}{N_0} \right]$$
$$+ \Big(N_1 (M-1) + N_2 (M'-1) \Big) \ln \left[\frac{q-1}{e} \right].$$

Wenn wir mittels $\phi_1 \equiv MN_1/N_0$ und $\phi_2 \equiv M'N_2/N_0$ die Volumenbrüche ϕ_1 und ϕ_2 definieren, wobei $\phi = \phi_1 + \phi_2$ gelten soll, so erhalten wir

$$\frac{S_G}{k_B N_0} = -\frac{\phi_1}{M} \ln \frac{\phi_1}{M} - \frac{\phi_2}{M'} \ln \frac{\phi_2}{M'} - (1 - \phi) \ln [1 - \phi] \tag{8.41}$$
$$+ \Big(\phi_1 \frac{M-1}{M} + \phi_2 \frac{M'-1}{M'} \Big) \ln \left[\frac{q-1}{e} \right].$$

Für viele Anwendungen ist es nützlich, nicht die absolute Entropie $S_G(N_1, N_2)$, sondern die Mischungsentropie

$$\Delta_M S_G = S_G(N_1, N_2) - S_G(N_1, 0) - S_G(0, N_2) \tag{8.42}$$

zu betrachten. Aus Gl. (8.40) erhalten wir leicht die einfache Gleichung

$$\frac{\Delta_M S_G}{k_B} = -N_1 \ln \phi_1 - N_2 \ln \phi_2, \tag{8.43}$$

wobei es keine Leerzellen geben soll ($N_0 = MN_1 + M'N_2$). Diese Gleichung ist für Polymer-Polymer-Mischungen ebenso anwendbar wie für Polymer-Lösungsmittel-Mischungen (d.h. entweder gilt $M = 1$ oder es gilt $M' = 1$) oder für binäre Flüssigkeiten (d.h. $M = 1$ und $M' = 1$). Für $M = 1$ und $M' = 1$ beispielsweise folgt $\phi_1 = N_1/(N_1 + N_2) = x_1$ bzw. $\phi_2 = N_2/(N_1 + N_2) = x_2$ und damit

$$\frac{\Delta_M S_G}{N_0 k_B} = -x_1 \ln x_1 - x_2 \ln x_2. \tag{8.44}$$

Dieses Ergebnis aber ist mit Gl. (1.59) identisch.

Enthalpie auf dem Gitter:

Wir kommen jetzt zum Enthalpiebeitrag in Gl. (8.32). Die Wahrscheinlichkeit, dass ein Gitterplatz von einem Segment eines 1-Polymers belegt ist, ist ϕ_1. Für ein 2-Polymer ist diese Wahrscheinlichkeit ϕ_2. Damit ist die mittlere Anzahl von $1-2$-Kontakten (benachbarte Segmente) gegeben durch

$$\approx \phi_1 \phi_2 N_0 q \;.$$

Analog erhalten wir für die mittlere Anzahl von $1-1$-Kontakten

$$\approx \frac{1}{2} \phi_1 \phi_1 N_0 q$$

bzw. von $2-2$-Kontakten

$$\approx \frac{1}{2} \phi_2 \phi_2 N_0 q \;.$$

Der Faktor 1/2 verhindert die doppelte Zählung der Kontakte. Wenn wir jetzt noch jedem dieser Kontakte eine Kontaktenthalpie h_{12}, h_{11} und h_{22} zuweisen, dann erhalten wir

$$H_G = \left(h_{12}\phi_1\phi_2 + \frac{1}{2} h_{11}\phi_1^2 + \frac{1}{2} h_{22}\phi_2^2 \right) N_0 q \;. \tag{8.45}$$

Es ist jedoch üblich, die folgenden Definitionen zu verwenden:

$$\chi \equiv -\frac{q}{2k_B T}\left(h_{11} + h_{22} - 2h_{12} \right) \tag{8.46}$$

$$\chi_1 \equiv -\frac{q}{2k_B T} h_{11} \tag{8.47}$$

$$\chi_2 \equiv -\frac{q}{2k_B T} h_{22} \;. \tag{8.48}$$

Damit geht Gl. (8.45) über in

$$\frac{H_G}{N_0 k_B T} = \chi\phi_1\phi_2 - \left(\chi_1\phi_1 + \chi_2\phi_2 \right)\phi \;. \tag{8.49}$$

Insbesondere gilt für die Mischungsenthalpie

$$\frac{\Delta_M H_G}{N_0 k_B T} = \chi \phi_1 \phi_2 \; . \tag{8.50}$$

Dies ist intuitiv klar, denn $-h_{11} - h_{22} + 2h_{12}$ bedeutet, dass die Bildung von zwei 1−2-Kontakten das Aufbrechen von je einem 1 − 1- und einem 2 − 2-Kontakt erfordert.

Die Kombination der Gln. (8.44) und (8.50) liefert

$$\Delta_M g_G \equiv \frac{\Delta_M G_G}{N_0 k_B T} = \frac{\Delta_M H_G}{N_0 k_B T} - \frac{\Delta_M S_G}{N_0 k_B} \tag{8.51}$$

und damit die wichtige Gleichung

$$\Delta_M g_G = \frac{\phi_1}{M} \ln \phi_1 + \frac{\phi_2}{M'} \ln \phi_2 + \chi \phi_1 \phi_2 \; . \tag{8.52}$$

Dies ist die Flory-Huggins-Gleichung für binäre Polymermischungen bzw. für Polymerlösungen [20]. Den Spezialfall $M = M' = 1$ hatten wir schon diskutiert (vgl. Gl. (1.88)) [21]. Er beschreibt die Mischung zweier Flüssigkeiten bzw. deren Phasenverhalten (siehe Abbildung 1.21). Für Polymermischungen bzw. Polymerlösungen ist die Diskussion analog. Allerdings haben wir jetzt die zusätzlichen Größen M und M', die das Phasendiagramm beeinflussen.

Aufgabe 28:   Vom Gitter zum Kontinuum

In Aufgabe 13 hatten wir das klassische Gasgemisch mit Wechselwirkung untersucht. Das Hauptergebnis war dort die Gl. (2.78) für die freie Energie, wobei die Wechselwirkungen zwischen den Gasteilchen bis einschließlich dem zweiten Virialkoeffizienten berücksichtigt sind. Im Gittermodell wäre die entsprechende freie Energie

$$F_G = E_G - T S_G \; , \tag{8.53}$$

wobei S_G durch Gl. (8.41) gegeben ist und E durch

$$\frac{E_G}{N_0 k_B T} = \chi \phi_1 \phi_2 - (\chi_1 \phi_1 + \chi_2 \phi_2) \phi \; .$$

Die Kontaktenthalpien h_{12}, h_{11} und h_{22} in den Gln. (8.46), (8.47) und (8.48) sind hier durch die Kontaktenergien $\epsilon_{12}, \epsilon_{11}$ und ϵ_{22} zu ersetzen. Außerdem gilt $M = M' = 1$. Im Gegensatz zur Gl. (2.78) ist die Gittervariante der in Gl. (8.53) für alle Dichten ρ gültig. Allerdings wird die Beschreibung hoher Dichten aufgrund der vernachlässigten Korrelationen in Gl. (8.36) nicht besonders gut sein.

---

[20]Die Größe χ wird auch als Flory-Huggins-Parameter bezeichnet.
[21]Hier gilt $\phi_1 = x_1$ und $\phi_2 = x_2$ (vgl. Gl. (8.44)).

Das Ziel dieser Aufgabe ist es, den Übergang vom Gitter zum Kontinuum zu vollziehen. Für kleine Dichten sollen anschließend die Gln. (8.53) und (2.78) miteinander verglichen werden.

(a)   Ersetzen Sie die Größen N_0, ϕ_1 und ϕ_2 in Gl. (8.53) durch ρ sowie x_s ($s = 1, 2$), und geben Sie das resultierende F_G an. Hinweis: $\rho = N/(N_0 b_0)$, wobei b_0 das Volumen einer Gitterzelle ist und $N = N_1 + N_2$ gilt.

(b)   Entwickeln Sie Ihr Resultat in ρ, und stellen Sie durch Vergleich mit Gl. (2.78) χ, χ_1 und χ_2 als Funktionen von $B_{2,12}, B_{2,11}$ und $B_{2,22}$ dar.

Lösung:

(a)   Betrachten wir zunächst S_G. Wir verwenden $x_1 = N_1/N = \phi_1/\phi$ und $x_2 = N_2/N = \phi_2/\phi$ sowie $\phi = \rho b_0$ in Gl. (8.40) und erhalten

$$-\frac{S_G}{Nk_B} = \underbrace{\frac{N_0}{N}}_{(\rho b_0)^{-1}} \left(\rho b_0 x_1 \ln \left[\rho b_0 x_1 \right] + \rho b_0 x_2 \ln \left[\rho b_0 x_2 \right] + \left(1 - \rho b_0 \right) \ln \left[1 - \rho b_0 \right] \right)$$

$$= \sum_{s=1}^{2} x_s \ln \left[b_0 x_s \right] + \ln \rho + \frac{1 - \rho b_0}{\rho b_0} \ln \left[1 - \rho b_0 \right] \, .$$

Im Fall von E_G folgt analog

$$\frac{E_G}{Nk_B T} = \rho b_0 \big(\chi x_1 x_2 - (\chi_1 x_1 + \chi_2 x_2) \big)$$

$$= \rho b_0 \Big(\left(\chi - \chi_1 - \chi_2 \right) x_1 x_2 - \chi_1 x_1^2 - \chi_2 x_2^2 \Big) \, .$$

D.h. insgesamt gilt

$$\frac{F_G}{Nk_B T} = \ln \rho - 1 + \sum_{s=1}^{2} x_s \ln \left[b_0 x_s \right] + 1 + \frac{1 - \rho b_0}{\rho b_0} \ln \left[1 - \rho b_0 \right] \tag{8.54}$$

$$+ \rho b_0 \Big(\left(\chi - \chi_1 - \chi_2 \right) x_1 x_2 - \chi_1 x_1^2 - \chi_2 x_2^2 \Big) \, .$$

Verglichen mit Gl. (2.78) erkennen wir die ersten drei Terme, wobei $\Lambda_{T,s}^3$ durch b_0 ersetzt ist. Wenn wir uns erinnern, resultierte $\Lambda_{T,s}^3$ aus der kinetischen Energie im Boltzmann-Faktor der klassischen Zustandssumme. Das Gittermodell beinhaltet jedoch keinen solchen Beitrag. Wir können ihn nachträglich hinzufügen, indem wir auf der rechten Seite von Gl. (8.54) den Term

$$\sum_s x_s \ln \left[\Lambda_{T,s}^3 / b_0 \right] \tag{8.55}$$

addieren. Allerdings ist dies in der Regel unnötig. In der Zustandsgleichung sowie für das Phasenverhalten des Systems spielt dieser Term keine Rolle. In diesen Fällen zählt nur der so genannte Konfigurationsbeitrag zur freien Energie, und dieser ist vollständig durch Gl. (8.54) beschrieben.

(b)   Die weiteren Terme $1 + ...$ in Gl. (8.54) beschreiben die Wechselwirkung zwischen den Teilchen aufgrund ihres ausgeschlossenen Volumens sowie aufgrund der Kontaktwechselwirkung. Wir entwickeln den Beitrag des ausgeschlossenen Volumens in ρb_0, d.h.

$$
\begin{aligned}
1 + \frac{1 - \rho b_0}{\rho b_0} \ln\left[1 - \rho b_0\right] &= \frac{\rho b_0}{2} + O\left(\left(\rho b_0\right)^2\right) \\
&= \frac{\rho b_0}{2}\left(x_1 + x_2\right)^2 + O\left(\left(\rho b_0\right)^2\right) .
\end{aligned}
\tag{8.56}
$$

Der direkte Vergleich von Gl. (2.78) mit den Gln. (8.54) und (8.56) liefert unmittelbar

$$
\begin{aligned}
2B_{2,12}/b_0 &= \chi - \chi_1 - \chi_2 - 1 \\
B_{2,11}/b_0 &= -\chi_1 + \frac{1}{2} \\
B_{2,22}/b_0 &= -\chi_2 + \frac{1}{2} .
\end{aligned}
$$

Es sei betont, dass diese Gleichungen für niedrige Dichten gelten. Das Gittermodell insgesamt wird dagegen in der Regel über den vollen Dichtebereich angewandt. In diesem Fall werden die χ-Parameter anders angepasst [22].

8.3   Elastizität von Polymernetzwerken

Polymernetzwerke entstehen durch die chemische Vernetzung von Polymerketten. Entlang einer Polymerkette kann es wenige oder auch viele dieser Vernetzungspunkte geben, deren Abstand zumeist unregelmäßig ist, und die so verschiedene Ketten miteinander fest verbinden. Polymernetzwerke haben je nach Vernetzungsdichte und chemischer Struktur interessante technische Eigenschaften. Sie können beispielsweise Gummies sein oder große Mengen von Flüssigkeit binden (z.B. als absorbierender Stoff in Windeln). Ein Aspekt, den wir hier untersuchen wollen, ist die mathematische Beschreibung der Netzwerkelastizität. Genauer gesagt wollen wir einen Ausdruck herleiten, der den Beitrag der Netzwerkelastizität zur Gesamtentropie beschreibt. Dieser Beitrag sei ΔS^{el}. Er setzt sich aus zwei Teilen zusammen:

$$
\Delta S^{el} = \Delta S^{el,f} + \Delta S^{el,v} .
\tag{8.57}
$$

[22] R. Koningsveld, L. A. Kleintjens, A. M Leblans-Vinck (1987) *Mean-field lattice equations of state*. Macromolecules **91**, 6423

$\Delta S^{el,f}$ ist die Änderung der Entropie des Netzwerks ohne Vernetzung relativ zum undeformierten Gleichgewichtszustand. $\Delta S^{el,v}$ beschreibt die Korrektur zu $\Delta S^{el,f}$, wenn Vernetzungen berücksichtigt werden.

Wir beginnen mit $\Delta S^{el,f}$ und schreiben

$$\Delta S^{el,f} = k_B \ln\left[\frac{\Omega'}{\Omega}\right] . \tag{8.58}$$

Die Größe Ω bezeichnet wieder die Anzahl der Möglichkeiten, N Polymerketten im undeformierten Volumen V unterzubringen. Gestrichene Größen beziehen sich entsprechend auf das deformierte System. Anders als vorher ist es hier günstig, die Ketten nach ihren End-zu-End-Vektoren $\vec{R}_i$ zu gruppieren [23] und zu schreiben

$$\Omega \propto \frac{N!}{\prod_i N_i!} \prod_i p_i^{N_i} . \tag{8.59}$$

Hier ist $\prod_i p_i^{N_i}$ die Wahrscheinlichkeit dafür, dass bestimmte N_i Polymerketten (gleicher Länge) den gleichen End-zu-End-Vektor $\vec{R}_i$ besitzen. Dies bedeutet, dass wenn diese Ketten vom gleichen Ursprung ausgehen würden, dann würden ihre End-zu-End-Vektoren in einem Volumenelement ΔV_i um $\vec{R}_i$ enden. Zusätzlich berücksichtigt der kombinatorische Vorfaktor die Gesamtzahl dieser Gruppierungsmöglichkeiten der N Polymerketten. Gleichung (8.59) beschreibt das Gleichgewicht im undeformierten Fall. Eine elastische Deformation bewirkt eine Umverteilung $N_i \to N_i'$, sodass $\Omega > \Omega'$. D.h.

$$\Omega' \propto \frac{N!}{\prod_i N_i'!} \prod_i p_i^{N_i'} .$$

Mit der Stirlingschen Näherung sowie mit $p_i = N_i/N$, $p_i' = N_i'/N$ und $\sum_i N_i = \sum_i N_i' = N$ folgt

$$\ln\left[\frac{\Omega'}{\Omega}\right] = N \sum_i p_i' \ln\left[\frac{p_i}{p_i'}\right] . \tag{8.60}$$

Zu Beginn dieses Kapitels hatten wir Polymerkonformationen mit Diffusionspfaden verglichen:

• Teilchendiffusion

$\rho(\vec{r}, t)$ ist die Teilchenzahldichte am Ort $\vec{r}$ zur Zeit t.

• Polymeranalogon

$\Delta V P(\vec{R}, n)$ ist die Wahrscheinlichkeit, dass ein Polymerpfad vom Ursprung ausgehend nach n Einheiten im Volumenelement ΔV am Ort $\vec{R}$ endet.

---

[23] Die $\vec{R}_i$ spielen hier eine ähnliche Rolle wie die Richtungen der orientierbaren Teilchen im Kontext der Gl. (6.13).

$\langle \vec{r}^2(t) \rangle = 6Dt$; D: Diffusionskoeffizient

$\langle \vec{R}^2(n) \rangle = C_\infty b^2 n$ (*); C_∞: charakteristisches Verhältnis; b: Länge einer Einheit

$$\rho(\vec{r},t) = N(4\pi Dt)^{-3/2} \exp\left[-\frac{r^2}{4Dt}\right]$$

$$P(\vec{R},n) = \left(\tfrac{2\pi}{3}\langle\vec{R}^2\rangle\right)^{-3/2} \exp\left[-\frac{\vec{R}^2}{2\langle\vec{R}^2\rangle/3}\right]$$

Lösung der Gl. (4.38) mit der Normierung $\int \rho(\vec{r},t)dV = N$.

Hier ist die Normierung $\int P(\vec{R},n)dV = 1$.

(*) Voraussetzungen: (i) Polymere können sich selbst durchdringen. (ii) n ist ausreichend groß.

Im Sinn dieser Analogie gilt

$$p_i = \Delta R_{i,x}\Delta R_{i,y}\Delta R_{i,z}\frac{c^3}{\pi^{3/2}}\exp\left[-c^2\left(R_{i,x}^2 + R_{i,y}^2 + R_{i,z}^2\right)\right] \tag{8.61}$$

mit $c^2 \equiv (2\langle\vec{R}^2\rangle/3)^{-1}$. Für das deformierte System soll entsprechend

$$p_i' = \Delta R_{i,x}'\Delta R_{i,y}'\Delta R_{i,z}'\frac{c^3}{\pi^{3/2}\alpha_x\alpha_y\alpha_z}\exp\left[-c^2\left((R_{i,x}'/\alpha_x)^2 + (R_{i,y}'/\alpha_y)^2 + (R_{i,z}'/\alpha_z)^2\right)\right] \tag{8.62}$$

gelten. Mit Gl. (8.61) und Gl. (8.62) folgt aus Gl. (8.60)

$$
\begin{aligned}
\ln\left[\frac{\Omega'}{\Omega}\right] &= N\ln\left[\alpha_x\alpha_y\alpha_z\right] \\
&\quad -N\sum_i c^2 p_i'\left[R_{i,x}'^2\left(1-\frac{1}{\alpha_x^2}\right) + R_{i,y}'^2\left(1-\frac{1}{\alpha_y^2}\right) + R_{i,z}'^2\left(1-\frac{1}{\alpha_z^2}\right)\right] \\
&= N\ln\left[\alpha_x\alpha_y\alpha_z\right] - N\int dR_{i,x}'dR_{i,y}'dR_{i,z}'\frac{c^3\exp\left[-c^2\left((R_{i,x}'/\alpha_x)^2 + \ldots\right)\right]}{\pi^{3/2}\alpha_x\alpha_y\alpha_z} \\
&\quad \times\left[c^2 R_{i,x}'^2\left(1-\frac{1}{\alpha_x^2}\right) + \ldots\right] \\
&= N\ln\left[\alpha_x\alpha_y\alpha_z\right] - \frac{N}{2}\left(\alpha_x^2 + \alpha_y^2 + \alpha_z^2 - 3\right)
\end{aligned}
$$

bzw.

$$\Delta S^{el,f} = Nk_B\ln\left[\alpha_x\alpha_y\alpha_z\right] - \frac{Nk_B}{2}\left(\alpha_x^2 + \alpha_y^2 + \alpha_z^2 - 3\right). \tag{8.63}$$

Man beachte, $\Delta S^{el,f} = 0$ für $\alpha_x = \alpha_y = \alpha_z = 1$, so wie es sein sollte.

Im Fall einer homogenen Deformation $V' = \alpha^3 V$ gilt

$$\Delta S_{iso}^{el,f} = 3Nk_B\ln\alpha - \frac{3Nk_B}{2}\left(\alpha^2 - 1\right). \tag{8.64}$$

Man erkennt auch leicht, dass die Entropie durch eine Expansion ($\alpha > 1$) reduziert wird, da die Ketten gestreckt werden, wodurch wiederum die Zahl der verschiedenen Pfade, die zwischen Anfangspunkt und Endpunkt möglich sind, reduziert wird. Im Fall einer volumenerhaltenden Deformation in x-Richtung gilt $\alpha_x = \alpha$, $\alpha_y = \alpha_z = \alpha^{-1/2}$ und daher

$$\Delta S_{x-Def}^{el,f} = \frac{Nk_B}{2}\left(3 - \alpha^2 - \frac{2}{\alpha}\right) . \tag{8.65}$$

Wenden wir uns jetzt der Größe $\Delta S^{el,v}$ zu, die eine Korrektur zu ΔS^{el} aufgrund von Vernetzungen darstellt. Wir betrachten ein reguläres Netzwerk aus N Ketten, die $N/2$ Vernetzungspunkte bilden [24]. Nach einem Argument von Flory berücksichtigen wir die dadurch resultierende Entropieveränderung, indem wir Ω bzw. Ω' in Gl. (8.58) mit einem Faktor $(\delta V/V)^{N/2}$ bzw. $(\delta V/V')^{N/2}$ multiplizieren. $\delta V/V$ ist die Wahrscheinlichkeit dafür, dass sich zwei bestimmte Monomere auf zwei Ketten in dem kleinen Volumen δV aufhalten. Physikalisch ist δV das effektive Volumen eines Vernetzungspunktes. Sind die Vernetzungspunkte unabhängig, so ergibt sich $(\delta V/V)^{N/2}$. Entsprechendes gilt auch für das deformierte System. Daraus folgt

$$\Delta S^{el,v} = \frac{Nk_B}{2}\ln\frac{\delta V/V'}{\delta V/V} = -\frac{Nk_B}{2}\ln\left[\alpha_x\alpha_y\alpha_z\right] . \tag{8.66}$$

Insgesamt erhalten wir also

$$\Delta S^{el} = \frac{Nk_B}{2}\left(\ln\left[\alpha_x\alpha_y\alpha_z\right] - \alpha_x^2 - \alpha_y^2 - \alpha_z^2 + 3\right) . \tag{8.67}$$

8.4   Die Flory-Berechnung des Exponenten ν

Wir betrachten ein isoliertes Polymerknäuel mit der unbekannten Ausdehnung R^d, wobei d die Raumdimension ist. Die freie Energie des Polymers in Einheiten von $k_B T$ soll durch

$$f(R) = f^{el}(R) + f^{WW}(R) \tag{8.68}$$

gegeben sein, wobei $R = |\vec{R}|$ ist.

Den elastischen Term $f^{el}(R)$ beschreiben wir durch die elastische Entropie einer einzelnen idealen Kette, gegeben durch

$$f^{el}(R) = -\ln p(\vec{R}, n) + \text{Konstante} , \tag{8.69}$$

wobei $p(\vec{R}, n)$ durch Gl. (8.61) mit $\langle\vec{R}^2\rangle \propto n$ gegeben sein soll. Man beachte dabei, dass die Zahl der Möglichkeiten, den Punkt $\vec{R}$ zu erreichen, proportional zu $p(\vec{R}, n)$ ist.

Den Wechselwirkungsterm $f^{WW}(R)$ beschreiben wir, indem wir die Monomere im Knäuel als verdünntes Gas auffassen. Gemäß Gl. (2.78) gilt dann

---

[24] Hier denken wir an Ketten, die an ihren Enden miteinander vernetzt sind. Bei $N/2$ Vernetzungspunkten entspricht dies einer „Diamantstruktur" des Netzwerks (warum?).

$$f^{WW}(R) = R^d \rho^2 \nu(T) \tag{8.70}$$

mit $\rho = n/R^d$. Hier ist $\nu(T)$ eine Funktion von T mit der Dimension Volumen.

Die Kombination der Gln. (8.68), (8.69) und (8.70) liefert uns

$$f(R) = \frac{3R^2}{2C_\infty b^2 n} + \nu(T) \frac{n^2}{R^d} + \text{Konstante}. \tag{8.71}$$

Die Gleichgewichtsausdehnung R_F berechnen wir aus $df(R)/dR|_{R_F} = 0$. D.h.

$$\frac{3R_F}{C_\infty b^2 n} - d\nu(T) \frac{n^2}{R_F^{d+1}} = 0$$

bzw.

$$R_F^{d+2} \propto n^3.$$

Mit $R_F \propto n^\nu$ folgt

$$\nu = \frac{3}{d+2}. \tag{8.72}$$

Der Wert $\nu = 1$ für $d = 1$ ist offensichtlich korrekt. Trotz der groben Näherungen [25] sind auch die Werte für $d = 2$ und $d = 3$ sehr genau [26]. Der Wert $\nu = 1/2$ für $d = 4$ ist wieder der Exponent der idealen Kette! Und jenseits $d = 4$? Wir erwarten jedenfalls $R_F \geq R_{ideal}$ und daher

$$f^{WW} \leq \nu(T) \frac{n^2}{R_{ideal}^d} \propto \nu(T) n^{2-d/2} \overset{n\to\infty}{\longrightarrow} 0$$

für $d > 4$! Da f^{el} nicht im gleichem Maß verschwindet, kommen wir zu dem Schluss, dass sich die Kette für $d > 4$ ideal verhält.

Man kann nun fragen, was passiert, wenn die Dichte der Monomere größer wird. Wir wollen dieser Frage hier nicht nachgehen, interessierte Leser seien auf das Buch von de Gennes

---

[25] Siehe die eingehende Diskussion in Referenz [66] Kapitel I.

[26] Verglichen mit numerischen Rechnungen. Der Leser hat sich vielleicht schon gefragt, ob es einen Zusammenhang zwischen ν in diesem Kapitel und dem kritischen Exponenten ν in Kapitel 6 gibt. Den gibt es in der Tat. In den ϵ-Entwicklungen der Gln. (6.86) und (6.87) gilt für das Ising-Modell $n = 1$ (nicht mit dem Polymer n in diesem Kapitel verwechseln!); $n = 0$ dagegen beschreibt Polymere (vgl. M.E. Fisher (1974) *The renormalization group in the theory of critical behavior*. Rev. Mod. Phys. **46**, 597 bzw. [53] Abschnitt 9.3, wo diese bemerkenswerte Verbindung, die auf de Gennes zurückgeht, diskutiert ist.). Für α gilt gemäß Gl. (6.87) $\alpha \approx (1/4)\epsilon - (7/128)\epsilon^2$ und für $\epsilon = 1$, d.h. $d = 3$, ist damit $\alpha \approx 0.2$. Einsetzen dieses Wertes in Gl. (6.61) ergibt $\nu \approx 0.6$ in nahezu perfekter Übereinstimmung mit dem Flory-Wert. Dass derartig wenige Terme der ϵ-Entwicklung dies liefern, ist allerdings etwas glücklich.

verwiesen [27], sondern nur ein überraschendes Ergebnis mitteilen. In einer Polymerschmelze gilt ebenfalls wieder $v = 1/2$! D.h. Polymere verhalten sich in der Schmelze ideal.

Aufgabe 29:   Ideale Polymerketten in verdünnter Lösung?

Wir hatten den (Selbst-)Wechselwirkungsanteil der freien Energie der Polymerkette mittels der Analogie zu Gl. (2.78) hergeleitet. Dabei wurde der Virialkoeffizient $B_2(T)$ durch die temperaturabhängige Funktion $v(T)$ ersetzt. Nun wissen wir aber, dass $B_2(T_{Boyle}) = 0$ gilt (vgl. Abbildung (2.2)). Wenn wir annehmen, dass es auch im Fall des Polymerknäuels eine Temperatur T_θ gibt, für die $v(T_\theta) = 0$ gilt, wie lautet dann die resultierende Gl. (8.72)?

Lösung:

Zunächst bemerken wir, dass sich dadurch für $f^{el}(R)$ nichts ändert. Im Fall $f^{WW}(R)$ dagegen käme der nächste Term in Gl. (2.78) ins Spiel, der die Form

$$f^{WW}(R) \propto R^d \rho^3 v'(T) \propto \frac{n^3}{R^{2d}}$$

hat. Daraus folgt jetzt

$$v = \frac{2}{d+1}\,.$$

D.h. $v = 1/2$ für $d = 3$.

Bemerkung: Es ist tatsächlich möglich, die Lösungsmittelbedingungen (d.h. das Lösungsmittel selbst sowie die thermodynamischen Bedingungen) so zu wählen, dass die Monomer-Monomer-Wechselwirkungen im Knäuel verschwinden. Man spricht dann von θ-Bedingungen. Die θ-Bedingungen ermöglichen es, die idealen bzw. ungestörten Polymerkonformationen zu beobachten und so beispielsweise C_∞ zu messen.

8.5   Die *self consistent field*-Methode

Diese Methode ist auf Polymere anwendbar, deren Zustandssumme wie im Fall der Transfermatrix-Methode faktorisiert. Wir betrachten der Einfachheit halber ein eindimensionales Polymer, wie es die Abbildung 8.8 zeigt. Jedes Polymersegment hat die Länge a und kann entlang x bzw. $-x$ orientiert sein. Insgesamt gibt es also 2^n Konformationen für ein Polymer aus n Segmenten. Wir bezeichnen mit $Q_n(x_1, x_n)$ die Zustandssumme für ein solches Polymer, dessen 1. Segment bei x_1 und dessen n-tes Segment bei x_n liegt, dividiert durch 2^n. Die Segmente spüren jeweils das externe Potenzial $u(x_i)$ $(i = 1, ..., n)$. Daher können wir schreiben

---

[27] Siehe auch G. Strobl (1997) *The Physics of Polymers*. Springer.

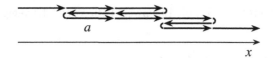

Abbildung 8.8: Ein eindimensionaler Polymerpfad entlang der x-Achse. Die einzelnen Segmente haben die Länge a.

$$Q_{n+1}(x_1, x_{n+1}) = \frac{1}{2} \sideset{}{'}\sum_{x_n} Q_n(x_1, x_n) e^{-\beta u(x_{n+1})} . \tag{8.73}$$

$\sum'_{x_n}$ bedeutet hier die Summe über diejenigen x_n, von denen aus es möglich ist, dass $(n+1)$-te Segment an der Position x_{n+1} zu platzieren.

Wir verwenden nun die folgenden beiden Annahmen: (i) $\beta u(x_i) \ll 1 \; \forall \; i$ [28]; (ii) $u(x)$ verändert sich wenig auf der Längenskala a der Segmente. Damit ist es möglich, die rechte Seite der Gl. (8.73) an der Stelle x_{n+1} zu entwickeln. D.h.

$$\begin{aligned} Q_{n+1}(x_1, x_{n+1}) &= \frac{1}{2} \sideset{}{'}\sum_{x_n} \left\{ Q_n(x_1, x_{n+1}) + (x_n - x_{n+1}) \left. \frac{\partial Q_n(x_1, x)}{\partial x} \right|_{x_{n+1}} \right. \\ &\left. + \frac{1}{2}(x_n - x_{n+1})^2 \left. \frac{\partial^2 Q_n(x_1, x)}{\partial x^2} \right|_{x_{n+1}} + \ldots \right\} \{ 1 - \beta u(x_{n+1}) + \ldots \} \end{aligned} \tag{8.74}$$

bzw.

$$Q_{n+1}(x_1, x_{n+1}) - Q_n(x_1, x_{n+1}) \cong \frac{1}{2} a^2 \left. \frac{\partial^2 Q_n(x_1, x)}{\partial x^2} \right|_{x_{n+1}} - \beta u(x_{n+1}) Q_n(x_1, x_{n+1}) . \tag{8.75}$$

Beim Übergang von Gl. (8.74) zu Gl. (8.75) haben wir $\sum'_{x_n}(x_n - x_{n+1}) = 0$ ausgenutzt und außerdem nur die führenden Terme in den kleinen Größen (im Sinn der obigen Annahmen) berücksichtigt. Wenn wir jetzt noch davon ausgehen, dass n sehr groß ist, und im Sinn eines Übergangs zum Kontinuumsgrenzfall die linke Seite von Gl. (8.75) durch die Ableitung nach n ausdrücken, dann folgt

$$\frac{\partial}{\partial n} Q_n(x', x) = \frac{a^2}{2} \frac{\partial^2}{\partial x^2} Q_n(x', x) - \beta u(x) Q_n(x', x) . \tag{8.76}$$

Zur Lösung dieser partiellen Differenzialgleichung machen wir den plausiblen Ansatz

$$Q_n(x', x) \cong e^{-n\mu_0} \psi_0(x') \psi_0(x) \tag{8.77}$$

---

[28]Diese Annahme ist nicht unbedingt notwendig. Weiter unten erlaubt sie aber den Vergleich mit der Schrödinger-Gleichung.

[29]. Damit erhalten wir aus Gl. (8.76) die Eigenwert-Differenzialgleichung

$$\frac{a^2}{2}\frac{d^2}{dx^2}\psi_0(x) + \left(\mu_0 - \beta u(x)\right)\psi_0(x) = 0 \tag{8.78}$$

mit dem Eigenwert μ_0 [30]. Die Lösung liefert beispielsweise den Konformationsanteil der freien Energie pro Segment

$$\frac{\Delta F_{konf}}{nk_BT} \cong -\frac{1}{n}\ln\left[e^{-n\mu_0}\right] = \mu_0 \tag{8.79}$$

für große n, wobei $\Delta F_{konf} = F_{konf} - F_{konf}^{(frei)}$ mit $F_{konf}^{(frei)}/(nk_BT) = -\ln 2$ ist. Außerdem ist

$$c(x) = \frac{\sum_{x',x'',n'} Q_{n'}(x',x)Q_{n-n'}(x,x'')}{\sum_{x',x''} Q_n(x',x'')} \cong \psi_0^2(x) \tag{8.80}$$

die relative Segmenthäufigkeit am Ort x. Die Gl. (8.80) lässt sich wie folgt verstehen. Die Summe im Zähler umfasst alle Pfade, ausgehend von x', die nach n' Schritten den Punkt x erreichen und von dort in weiteren $n - n'$ Schritten den Punkt x''. Der Nenner zählt alle möglichen Pfade der Länge n zwischen x' und x''. Einsetzen von Gl. (8.77) liefert $\psi_0^2(x)$. Im Folgenden wollen wir die Gln. (8.78), (8.79) und (8.80) anhand von zwei einfachen Beispielen illustrieren.

Zunächst betrachten wir das Beispiel eines 1D-Polymers an einer klebrigen Wand. Wir nehmen an, dass es an der Stelle $x = 0$ eine Wand gibt, an der das Polymer leicht haftet. „Leicht haftet" bedeutet ein schwaches, kurzreichweitiges Adsorptionspotenzial (Reichweite wenige a). Den Bereich des Adsorptionspotenzials in unmittelbarer Nähe der Wand betrachten wir nicht explizit, da dort unsere obige Annahme (ii) u. U. ungültig ist. Vielmehr betrachten wir wesentlich größere Abstände von der Wand, wo die Gl. (8.78) die Form

$$\frac{a^2}{2}\frac{d^2}{dx^2}\psi_0(x) + \mu_0\psi_0(x) = 0$$

annimmt. Da es sich um einen gebundenen Zustand handelt, gilt $\mu_0 < 0$ und für die Lösung weit weg von der Wand

$$\psi_0(x) \propto \exp\left[-\kappa x\right]$$

[29]Begründung: (i) Die freie Energie und damit $-k_BT\ln Q_n$ soll extensiv in n sein. (ii) Die Segmente bei x' und x sind in guter Näherung unkorreliert und ihre Beiträge faktorisieren.
Man beachte die Ähnlichkeit der Gl. (8.76) mit der zeitabhängigen Schrödinger-Gleichung [66]. Insbesondere kann Gl. (8.77) in diesem Kontext als der führende Summand einer Entwicklung nach Eigenfunktionen angesehen werden. Führend bedeutet hier, dass die Differenz zwischen dem Grundzustandseigenwert μ_0 und den folgenden Eigenwerten bei großen n den Grundzustand dominieren lässt (ähnlich der Dominanz des größten Eigenwerts in der Transfermatrix-Methode).
[30]Man beachte die Verwandtschaft mit der stationären Schrödinger-Gleichung.

mit

$$\kappa^2 = -\frac{2\mu_0}{a^2} \; .$$

Die entsprechende Änderung der freien Energie der Kette aufgrund der Adsorption ist

$$\frac{\Delta F_{konf}}{nk_B T} = -\frac{(a\kappa)^2}{2} \; .$$

So weit, so gut! Aber warum spricht man im Zusammenhang mit dieser Methode von *self consistent field* (*SCF*)? Bisher haben wir das Segmentpotenzial $u(x)$ als rein externes Potenzial angesehen. Wie aber schon im Abschnitt 8.4 könnten wir die Segmente beispielsweise miteinander in Wechselwirkung treten lassen, indem wir sie als verdünntes Gas betrachten und $u(x)$ durch ein selbstkonstistentes Potenzial

$$u(x) \propto c(x) = \psi_0^2(x) \tag{8.81}$$

ersetzen. Aus Gl. (8.78) wird dann die nichtlineare Eigenwertgleichung

$$-\frac{a^2}{2}\frac{d^2}{dx^2}\psi_0(x) + \beta v(T)\psi_0^3(x) = \mu_0\psi_0(x) \; . \tag{8.82}$$

Hierin ist $v(T)$ wieder eine entsprechende Funktion der Temperatur. Wir wollen Gl. (8.82) an dieser Stelle nicht weiter diskutieren und verweisen vielmehr auf das Kapitel 9 in Referenz [66].

Aufgabe 30:   Freie Energie in der *SCF*-Methode

(a) Leiten Sie die Beziehung

$$\frac{\Delta F_{konf}}{nk_B T} = \int dx \left[\frac{a^2}{2}\left(\frac{d\psi_0}{dx}\right)^2 + \beta u(x)\psi_0^2(x) \right] \tag{8.83}$$

her, wobei die Nebenbedingung

$$1 = \int dx \, \psi_0{}^2(x) = \int dx \, c(x) \tag{8.84}$$

erfüllt sein muss. Hinweis: Verwenden Sie $\Delta F_{konf} = \Delta E_{konf} - T\Delta S_{konf}$, wobei ΔE_{konf} als Integral über $c(x)$ und $u(x)$ ausgedrückt wird.

(b) Zeigen Sie mithilfe der Methode der unbestimmten Lagrangeschen Multiplikatoren (vgl. Gl. (6.15)), dass aus den Gln. (8.83) und (8.84) wieder die Gl. (8.78) folgt.

Lösung:

(a)

$$
\begin{aligned}
\frac{\Delta S_{konf}}{k_B} &= \frac{\Delta E_{konf}}{k_B T} - \frac{\Delta F_{konf}}{k_B T} \\[2mm]
&\overset{(8.79)}{=} \frac{n}{k_B T} \int dx c(x) u(x) - n\mu_0 \\[2mm]
&= n \int dx c(x) \left[\beta u(x) - \mu_0\right] \\[2mm]
&\overset{(8.78)}{=} n \int dx \frac{a^2}{2} \psi_0(x) \frac{d^2}{dx^2} \psi_0(x) \\[2mm]
&\overset{p.\,I.}{=} -n\frac{a^2}{2} \int dx \left(\frac{d\psi_0(x)}{dx}\right)^2 .
\end{aligned}
$$

Hier steht p. I. für partielle Integration, wobei $\psi_0(x)$ im Unendlichen ($x = \pm\infty$) verschwinden soll. Damit folgt

$$
\frac{\Delta F_{konf}}{nk_B T} = \frac{\Delta E_{konf}}{nk_B T} + \int dx \frac{a^2}{2} \left(\frac{d\psi_0}{dx}\right)^2 .
$$

Mit $n^{-1}\Delta E_{konf} = \int dx c(x) u(x)$ folgt wiederum die Behauptung.

Bemerkung: Um Gl. (8.82) zu erhalten, müsste Gl. (8.83) durch

$$
\frac{\Delta F_{konf}}{nk_B T} = \int dx \left[\frac{a^2}{2}\left(\frac{d\psi_0}{dx}\right)^2 + \frac{1}{2}v(T)\psi_0^4(x)\right]
$$

ersetzt werden. Man erkennt die Ähnlichkeit zur Ginzburg-Landau-Entwicklung der freien Energie in Abschnitt 6.3.

(b)   Das gesuchte $\psi_0(x)$ folgt aus Gl. (8.73) mittels der Variation

$$
0 = \frac{\delta}{\delta\psi_0(x)}\left(\frac{\Delta F_{konf}}{nk_B T} + \lambda\left[\int dx\, \psi_0^2(x) - 1\right]\right),
$$

wobei λ ein Lagrangescher Multiplikator ist. D.h.

$$
\begin{aligned}
0 &= \int dx\left[2\frac{a^2}{2}\frac{d\psi_0(x)}{dx}\frac{d\delta\psi_0(x)}{dx} + 2\beta u(x)\psi_0(x)\delta\psi_0(x) + 2\lambda\psi_0(x)\delta\psi_0(x)\right] \\[2mm]
&\overset{p.\,I.}{=} \int dx\left[-\frac{a^2}{2}\frac{d^2}{dx^2}\psi_0(x) + \left(\beta u(x) + \lambda\right)\psi_0(x)\right]\delta\psi_0(x) .
\end{aligned}
$$

Für beliebiges $\delta\psi_0(x)$ muss daher gelten:

$$\frac{a^2}{2}\frac{d^2}{dx^2}\psi_0(x) + \left(-\lambda - \beta u(x)\right)\psi_0(x) = 0 .$$

Mit $-\lambda = \mu_0$ ergibt sich also wieder Gl. (8.78).

Abschließende Bemerkungen: Die eindimensionale Version der Gl. (8.78) lässt sich problemlos auf höhere Dimensionen und entsprechende Koordinaten (z.B. Kugelkoordinaten) verallgemeinern. Dazu muss lediglich die Taylorentwicklung in Gl. (8.74) für diese Fälle modifiziert werden. Der interessierte Leser sei wieder auf das Buch von de Gennes verwiesen. Auf einem entsprechenden kubischen Gitter lautet Gl. (8.76) beispielsweise

$$\frac{\partial}{\partial n}Q_n(\vec{r}',\vec{r}) = \frac{a^2}{6}\vec{\nabla}_{\vec{r}}^2 Q_n(\vec{r}',\vec{r}) - \beta u(\vec{r})Q_n(\vec{r}',\vec{r}) . \tag{8.85}$$

Eine interessante Anwendung dieser Methode auf lyotrope Polymerflüssigkristalle wird von T. Odijk beschrieben [31]. Die Polymere, um die es hier geht, werden als gleichmäßig biegsam angesehen, vergleichbar einer gekochten Spaghetti [32]. Ihre Konformationen werden charakterisiert durch Tangentialeinheitsvektoren $\vec{s} = (\sin\theta\cos\phi, \sin\theta\sin\phi, \cos\theta)$ entlang der Polymerkontur der Gesamtlänge L. Die z-Achse ist hier eine eventuell vorhandene Vorzugsrichtung, entlang der die Tangentialvektoren im Mittel ausgerichtet sind (vgl. Abschnitt 6.1). Die entsprechende Version der Gl. (8.76) lautet jetzt

$$\frac{\partial}{\partial L}Q_L(\vec{s}',\vec{s}) = \frac{1}{2\mathcal{P}}\vec{\nabla}_{\vec{s}}^2 Q_L(\vec{s}',\vec{s}) - \beta u(\vec{s})Q_L(\vec{s}',\vec{s}) . \tag{8.86}$$

Hier ist $\vec{\nabla}_{\vec{s}}^2 = (\sin\theta)^{-1}\frac{\partial}{\partial\theta}\sin\theta\frac{\partial}{\partial\theta} + (\sin\theta)^{-2}\frac{\partial^2}{\partial\phi^2}$ der Laplace-Operator auf der Einheitskugel. $\mathcal{P}$ ist die so genannte Persistenzlänge, definiert durch die Paarkorrelationsfunktion $\langle\vec{s}(0)\cdot\vec{s}(t)\rangle = \exp[-t/\mathcal{P}]$, worin t den Abstand der Tangentialvektoren entlang der Kontur bezeichnet. Wenn wir analog wie in der Aufgabe vorgehen, dann erhalten wir

$$\begin{aligned}\frac{\Delta F_{konf}}{k_B T} &= \frac{L}{2\mathcal{P}}\int\frac{d\Omega}{4\pi}(\vec{\nabla}_{\vec{s}}\psi_0(\vec{s}))^2 + L\beta\langle u\rangle \\ &= -\frac{L}{8\mathcal{P}}\int\frac{d\Omega}{4\pi}\mathrm{f}^{-1}(\theta)\left(\frac{\partial\mathrm{f}(\theta)}{\partial\theta}\right)^2 + L\beta\langle u\rangle .\end{aligned} \tag{8.87}$$

Hier ist $\mathrm{f} = \psi_0^2$ die Richtungsverteilung der Tangentialvektoren, von der wir annehmen, dass sie nur von θ abhängt [33]. $\langle u\rangle$ ist die mittlere Wechselwirkungsenergie pro Längeneinheit mit

---

[31] T. Odijk (1986) *Theory of lyotropic polymer liquid crystals.* Macromolecules **19**, 2313; siehe auch G.J. Vroege, H.N.W. Lekkerkerker (1992) *Phase transitions in lyotropic colloidal and polymer liquid crystals.* Rep. Prog. Phys. **55**, 1241.

[32] Beispiele solcher Polymere sind DNS-Moleküle oder einfache Polypeptide mit helikaler Struktur, wobei die Helix selbst ein flexibles Stäbchen darstellt.

[33] Die Verteilung ist invariant bezüglich Drehungen um die Vorzugsachse.

dem externen Potenzial u. Diese Gleichung ist das Pendant zu Gl. (6.14), die die freie Energie orientierbarer Teilchen bzw. steifer Stäbe ohne Flexibilität beschreibt. Insbesondere die Orientierungsentropieterme sind die jeweils führenden Terme in den Grenzfällen $L/\mathcal{P} \ll 1$ (Gl. (6.14)) bzw. $L/\mathcal{P} \gg 1$ (Gl. (8.87)).

Eine weitere Anwendung der *SCF*-Methode im Bereich der Phasenübergänge ist die Konformationsumwandlung von Polymeren, z.B. als Funktion der Temperatur (man denke auch an Proteinfaltung). Ein früher, aber lesenswerter Artikel dazu stammt von I. Lifshitz [34].

8.6   Rosenbluth-Monte Carlo für Oligomere

Wir kehren noch einmal zur Monte Carlo-Simulation zurück. Und zwar wollen wir nun möglichst realistische Polymermodelle betrachten. Eine einfache Methode ist das so genannte Rosenbluth-*sampling*, das auf Arianna und Marshall Rosenbluth zurückgeht [35]. Für den hier interessierenden Fall eines Kontinuumsmodells ist das Prinzip in Abbildung 8.9 skizziert. Ausgehend von einer Startkonfiguration, wird das Molekül sukzessive aufgebaut, wobei bei jedem Aufbauschritt die potenzielle Energie des gesamten schon aufgebauten Teilmoleküls berücksichtigt wird. Die Konformation des Moleküls sei wieder durch die Torsionswinkel $\vartheta_1, \vartheta_2, ..., \vartheta_{n-3}$ bestimmt. Zur Vereinfachung gehen wir gemäß der *RIS*-Näherung davon aus, dass ϑ_i nur eine endliche Anzahl (k) von Winkeln annehmen kann. Hier soll wie im Fall von Polyethylen $k = 3$ gelten. Die potenzielle Energie der Polymerkette ist daher eine Funktion der Torsionswinkel entlang der Kette sowie der Position der drei Startatome [36], die den ersten Torsionswinkel festlegen:

$$\mathcal{U}(\{\vec{r}\}) = \mathcal{U}(\{\vartheta\}, \vec{r}_{-1}, \vec{r}_0, \vec{r}_1) \ . \tag{8.88}$$

Für dieses Beispiel lautet das Rosenbluth-Schema:

1. Wähle ein Starttripel $\vec{r}_{-1}, \vec{r}_0, \vec{r}_1$ mit der Wahrscheinlichkeit

$$p_1 = \frac{1}{\omega_1} e^{-\beta u_1} \ , \tag{8.89}$$

worin $\omega_1 \equiv k \exp[-\beta u_1]$ gilt, und u_1 ist die potenzielle Energie dieses (Atom-)Tripels.

2. Wähle die Position des nächsten Atoms i unter Berücksichtigung der k möglichen Torsionswinkel gemäß der Wahrscheinlichkeit

$$p_i = \frac{1}{\omega_i} e^{-\beta u_i} \tag{8.90}$$

[34] I. M. Lifshitz (1969) *Some problems of the statistical theory of biopolymers.* Soviet Physics JETP **28**, 1280

[35] M. N. Rosenbluth, A. W. Rosenbluth (1955) *Monte Carlo simulations of the average extension of molecular chains.* J. Chem. Phys. **23**, 356

[36] Atome bedeutet im Folgenden immer effektive Wechselwirkungszentren (beispielsweise CH_2-Gruppen wie in Aufgabe 27).

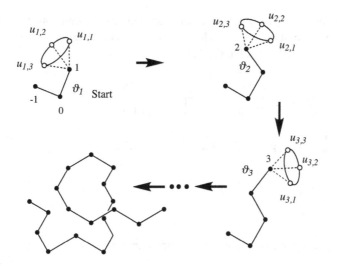

Abbildung 8.9: Kettenaufbauprinzip im Rahmen der Rosenbluth-Methode.

mit

$$\omega_i = \sum_{j=1}^{k} e^{-\beta u_{i,j}} \ . \tag{8.91}$$

3. Setze bei 2. fort.

Hier bezeichnet $u_{i,j}$ die potenzielle Energie des i-ten Atoms in der möglichen Rotationsposition j, und u_i ist die Energie der tatsächlich ausgewählten Position. Soll beispielsweise die Kette in Richtung $j = 2$ wachsen, dann gilt $u_i = u_{i,2}$. Man beachte, dass u_i und $u_{i,j}$ die Wechselwirkungen des Atoms i mit den schon vorhandenen Atomen $i - 1, i - 2, ..., 1, 0, -1$ sowie mit der Umgebung enthalten. ω_i^{-1} ist zunächst lediglich eine Normierungskonstante. Somit ist

$$\mathcal{U}(\{\vartheta\}, \vec{r}_{-1}, \vec{r}_0, \vec{r}_1) = \sum_{i=1}^{n} u_i \tag{8.92}$$

die gesamte potenzielle Energie des Polymers inklusive der intra- und intermolekularen Wechselwirkungen.

Man beachte, dass dieser Algorithmus keine Polymerkonformationen gemäß einer Boltzmann-verteilten Gesamtenergie erzeugt (*non Boltzmann sampling*). Die Wahrscheinlichkeit, nach dem oben angegebenen Algorithmus eine bestimmte Konformation zu erzeugen, ist vielmehr

$$p_R(\{\vec{r}\}) = \prod_{i=1}^{n} p_i = \prod_{i=1}^{n} \frac{e^{-\beta u_i}}{\omega_i} = \frac{e^{-\beta \mathcal{U}}}{\prod_{i=1}^{n} \omega_i} \ . \tag{8.93}$$

Bei der Berechnung von Mittelwerten anhand der mit dem Rosenbluth-Schema erzeugten Konformationen müssen diese daher nach Gl. (7.47) gewichtet werden. Die Wichtungsfunktion $w(\{\vec{r}\})$ erhält man mittels (vgl. Gl. (7.46))

$$w(\{\vec{r}\})^{-1} = \frac{p(\{\vec{r}\})}{p_R(\{\vec{r}\})} = \frac{Q^{-1}e^{-\beta \mathcal{U}(\{\vec{r}\})}}{e^{-\beta \mathcal{U}(\{\vec{r}\})}} \prod_{i=1}^{n} \omega_i = \frac{1}{Q} \prod_{i=1}^{n} \omega_i \, . \tag{8.94}$$

Hier ist Q die kanonische (Konformations-)Zustandssumme. Die Größe

$$W(\{\vec{r}\}) = \prod_{i=1}^{n} \frac{\omega_i}{k} \tag{8.95}$$

definiert den so genannten Rosenbluth-Faktor, und damit gilt

$$w(\{\vec{r}\})^{-1} = \frac{k^n}{Q} W(\{\vec{r}\}) \tag{8.96}$$

für die Wichtungsfunktion. Eingesetzt in Gl. (7.47) ergibt dies den Ausdruck

$$\langle A \rangle = \frac{\langle A(\{\vec{r}\})W(\{\vec{r}\}) \rangle_R}{\langle W(\{\vec{r}\}) \rangle_R} \, , \tag{8.97}$$

der die Konstante k^n/Q nicht mehr enthält.

Das Rosenbluth-Schema ist in unterschiedlichen Monte Carlo-Algorithmen einsetzbar. Beispielsweise können Einzelkettenkonformationen erzeugt werden. Ein weiteres Einsatzgebiet ist der Einsetzen- bzw. Entfernen-Schritt in großkanonischen Monte Carlo-Simulationen von Polymeren. Allerdings ist die Methode nur für relativ kurze Ketten praktikabel (man spricht auch von Oligomeren). Bei langen Kettenmolekülen wird der Rosenbluth-Faktor für viele Konformationen sehr klein und der erhaltene Mittelwert dadurch unbrauchbar. Dies liegt daran, dass die Kette in eine Sackgasse wachsen kann, in der alle u_i große Werte annehmen. Eine Lösung dieses Problems ist die Wichtungsvariante [42].

Der folgende Algorithmus erzeugt nach dem Rosenbluth-Schema Konformationen. Diese werden gemäß einem geeigneten Akzeptanzkriterium ausgewählt, sodass die korrekte Boltzmann-Verteilung folgt.

1. Erzeuge eine neue Konformation nach dem Rosenbluth-Schema und berechne ihren Rosenbluth-Faktor $W^{(neu)}$.

2. Berechne den Rosenbluth-Faktor der alten Konformation $W^{(alt)}$ durch „Nachverfolgen" der alten Konformation.

3. Akzeptiere die neue Konfiguration, wenn

$$\min\left[1, \frac{W^{(neu)}}{W^{(alt)}}\right] \geq \xi \ . \tag{8.98}$$

Wird diese nicht akzeptiert, dann speichere die alte Konfiguration nochmals ab.

4. Setze bei 1. fort.

Es kann jetzt ohne Wichtung über die erhaltenen Konfigurationen gemittelt werden. Es ist auch möglich, nicht die gesamte Kette jedesmal neu zu erzeugen, sondern nur einen Teil der Kette neu nachwachsen zu lassen.

Auch im Fall der Widom-Methode zur Bestimmung des chemischen Potenzials (vgl. Abschnitt 4.3) kann der obige Algorithmus angewandt werden (besonders geeignet für Systeme aus kettenartigen Molekülen). Ein Testmolekül wird dabei nach der Rosenbluth-Methode innerhalb des Systems aufgebaut. Dabei wird der Rosenbluth-Faktor ermittelt. Die $u_{i,j}$ beinhalten die Wechselwirkung des Testmoleküls mit sich selbst und mit den Molekülen im System. Dieser Vorgang wird so lange wiederholt, bis ausreichend Testmolekül- sowie Systemkonfigurationen durchmustert sind, um einen mittleren Rosenbluth-Faktor $\langle W \rangle$ bestimmen zu können. Es besteht dann folgender Zusammenhang zwischen dem chemischen Potenzial und dem mittleren Rosenbluth-Faktor:

$$\beta\mu = \beta\mu_{ideal} - \ln\langle W \rangle \ . \tag{8.99}$$

Diese Gleichung kann wie folgt begründet werden. Einsetzen der Ausdrücke für W aus Gl. (8.95) sowie ω_i aus Gl. (8.91) liefert

$$\beta\mu = \beta\mu_{ideal} - \ln\left\langle \frac{1}{k^n} \sum_K e^{-\beta\mathcal{U}_K} \right\rangle \ .$$

Hier läuft der Index K über alle möglichen Molekülkonformationen (bzw. Kettenkonformationen), und $\mathcal{U}_K$ ist die potenzielle Energie einer solchen Konformation. Man beachte dabei

$$\prod_{i=1}^{n} \sum_{j=1}^{k} e^{-\beta u_{i,j}} = \sum_K e^{-\beta\mathcal{U}_K} \ .$$

Offensichtlich gilt $\sum_K \exp[-\beta\mathcal{U}_K] = k^n$ für $\mathcal{U}_K = 0$, d.h. für die ideale Kette. Die obige Gleichung ist, so wie sie steht, eine Verallgemeinerung der Gl. (4.27) auf Kettenmoleküle (im NVT-Ensemble). Der Einsetzpunkt einer Konformation ist willkürlich gewählt. Die Volumenintegration über die Koordinaten des Einsetzpunktes in Gl. (4.27) ist hier in den Ensemblemittelwert $\langle ... \rangle$ integriert (vgl. Referenz [42] Abschnitt 14.2).

Literaturverzeichnis

[1] P. W. Atkins (1990) *Physikalische Chemie*. VCH

[2] D. Chandler (1987) *Introduction to Modern Statistical Mechanics*. Oxford University Press

[3] R. K. Pathria (1984) *Statistical Mechanics*. Pergamon Press (Der Text ist umfassend und für den Anfänger verständlich gehalten. Modernere Entwicklungen, wie etwa die Theorie der kritischen Phänomene, kommen allerdings nicht mehr vor.)

[4] L. E. Reichl (1984) *A Modern Course in Statistical Physics*. University of Texas Press (Ein sehr umfassendes Lehrbuch – zu umfassend für unsere Zwecke. Es eignet sich aber hervorragend zum gezielten Nachlesen.)

[5] B. Widom (2002) *Statistical Mechanics – A concise introduction for chemists*. Cambridge University Press (Dieses kurze Lehrbuch eignet sich hervorragend für Einsteiger. Der Autor hat immer wieder wichtige Beiträge zum Thema geliefert. Interessant sind daher auch die Akzente, die er hier setzt.)

[6] W. Greiner, L. Neise, H. Stöcker (1987) *Thermodynamik und Statistische Mechanik*. Harri Deutsch (Dieser Text ist im gewissen Sinn ein Pendant zu Widoms Text für Physikstudenten. Er eignet sich ebenfalls gut für Einsteiger.)

[7] T. L. Hill (1986) *An Introduction to Statistical Thermodynamics*. Dover (Beide Bücher von Hill sind Klassiker der 50er-Jahre. Trotz dieses Alters werden sie heute immer noch oft zitiert, da viele Grundlagendetails, die moderne Texte häufig übergehen (– mit dem Wissen, was zum Schluss herauskommen soll –), in ihnen eingehend diskutiert werden. Außerdem betreibt Hill sehr angewandte Theorie und behandelt viele konkrete Beispiele.)

[8] T. L. Hill (1987) *Statistical Mechanics*. Dover

[9] D. L. Goodstein (1985) *States of Matter*. Dover (Der Text ist didaktisch hervorragend. Auch komplexe Sachverhalte sind verständlich beschrieben. Für Anfänger unbedingt zu empfehlen. Empfehlenswert sind auch seine Kommentare zu anderen Lehrbüchern!)

[10] L. D. Landau, E.M. Lifschitz (1979) *Statistische Physik (Teil 1)*. Akademie-Verlag (Wieder ein absoluter Klassiker! Das Problem mit dem Landau/Lifschitz ist, dass er häufig komplexe Zusammenhänge elegant, aber zu kurz für den Anfänger abhandelt. Er ist daher eher für Fortgeschrittene geeignet.)

[11] K. Huang (1987) *Statistical Mechanics*. Wiley (Dies ist eine in Teilen überarbeitete Fassung der Originalversion von 1963. Wesentliche Ergänzungen betreffen die kritischen Phänomene. Der Huang ist ein elegantes, aber nicht ganz einfaches Lehrbuch. Er behandelt relativ ausführlich die Kinetische Theorie (Boltzmann-Gleichung) sowie Transportphänomene, auf die ich hier leider fast ganz verzichten muss.)

[12] L. P. Kadanoff (2001) *Statistical Physics*. World Scientific (Dies ist kein Lehrbuch im eigentlichen Sinn. Aber hier stellt einer der „Großmeister" die moderne statistische Physik aus seinem Blickwinkel dar.)

[13] D. Chowdhury, D. Stauffer (2000) *Principles of Equilibrium Statistical Mechanics*. Wiley-VCH

[14] M. R. Spiegel (1971) *Advanced Mathematics* (Schaum's Outline Series, McGraw-Hill; Die „Schaum's Outline Series" umfasst eine große Zahl von didaktisch (meistens) gut gemachten Universitätstexten u.a. zur Mathematik.)

[15] J. Israellachvili (1992) *Intermolecular and Surface Forces*. Academic Press, Kapitel 16 (Dieses Buch sowie auch die folgende Referenz sind sehr empfehlenswerte Anfängertexte für das heute immer wichtiger werdende Gebiet der „weichen Materie".)

[16] D. F. Evans, H. Wennerström (1994) *The Colloidal Domain – where Physics, Chemistry, Biology, and Technology meet*. VCH

[17] J. M. H. Levelt Sengers (1974) *From van der Waals' equation to the scaling laws*. Physica **73**, 73

[18] H. E. Stanley (1971) *Introduction to Phase Transitions and Critical Phenomena*. Oxford University Press (Das Buch erschien gerade noch vor der Renormierungsgruppe und behandelt daher die darauf aufbauenden Entwicklungen nicht. Trotzdem ist es immer noch zu empfehlen, da es die Grundlagen sehr schön und ausführlich erklärt.)

[19] A. Münster (1974) *Statistische Thermodynamik*. Springer-Verlag, S. 79

[20] D. P. Landau, K. Binder (2000) *A Guide to Monte Carlo-Simulations in Statistical Physics*. Cambridge (Dies ist ein Buch von Experten, für solche die Experten werden wollen. Es ist ungemein ausführlich sowohl was die Methoden als auch was die Anwendungen betrifft. Allerdings ist es eher etwas für Fortgeschrittene.)

[21] J. O. Hirschfelder, C. F. Curtiss, R. B. Bird (1954) *Molecular Theory of Gases and Liquids*. Wiley (Es mag verwundern, dass hier ein Buch von 1954 angegeben wird. Der Hirschfelder-Curtiss-Bird ist aber ein derartig umfassendes Buch zu diesem Thema und zu seiner Zeit, sodass er auch heute noch wertvoll ist. Man darf auch nicht vergessen, dass die Quantentheorie zu dieser Zeit schon voll entwickelt war.)

[22] J.-P. Hansen, I. R. McDonald (1986) *Theory of Simple Liquids*. Academic Press

[23] T. Boublik, I. Nezbeda (1986) *P-V-T behavior of hard body fluids. Theory and experiment*. Collection Czechoslovak Chem. Commun. **51**, 2301

[24] M. P. Allen, D. J. Tildesley (1990) *Computer Simulation of Liquids*. Clarendon Press (Kommentar siehe unten.)

[25] W. G. Hoover (1991) *Computational Statistical Mechanics*. Elsevier (Geschrieben von einem der Pioniere in diesem Feld ist es als Ergänzung zu einer Vorlesung über Statistische Mechanik zu empfehlen.)

[26] A. J. Stone (1996) *The Theory of Intermolecular Forces*. Clarendon Press

[27] M. Abramowitz, I. Stegun (1972) *Handbook of Mathematical Functions* Dover (Sehr empfehlenswerte Sammlung spezieller Funktionen.)

[28] E. Kreyszig (1979) *Statistische Methoden und ihre Anwendungen*. Vandenhoeck & Ruprecht (Didaktisch sehr schön gemachte Einführung.)

[29] H. Goldstein (1980) *Classical Mechanics*. Addison-Wesley (Der „Klassiker" zur klassischen Mechanik.)

[30] R. Hentschke, E. M. Aydt, B. Fodi, E. Stöckelmann, *Molekulares Modellieren mit Kraftfeldern*. Verfügbar via http://constanze.materials.uni-wuppertal.de/Skripten.html

[31] M. P. Allen, D. J. Tildesley (1990) *Computer Simulation of Liquids*. Clarendon Press (Der Text wurde nach seinem Erscheinen schnell zur „Bibel" für „Simulanten", da er gleichermaßen Anfänger, allerdings mit guten Vorkenntnissen in Statistischer Mechanik, wie Fortgeschrittene bedient.); D. Frenkel, B. Smit (1996) *Understanding Molecular Simulation*. Academic Press (Das Buch behandelt insbesondere Simulationstechniken im Zusammenhang mit Monte Carlo. Auch dieses Werk ist sowohl für Anfänger mit Vorkenntnissen in der Statistischen Mechanik als auch für Fortgeschrittene unbedingt zu empfehlen.); J. M. Haile (1992) *Molecular Dynamics Simulation*. Wiley (Dieser Text behandelt die grundlegenden Methodiken für einfache Gase und Flüssigkeiten. Er ist auf einem einfacheren Niveau gehalten als die beiden oben genannten Bücher.); D. C. Rapaport (1995) *The Art of Molecular Dynamics Simulation*. Cambridge University Press (Ähnlich wie bei Haile werden grundlegende Methodiken für einfache Gase und Flüssigkeiten vorgestellt.); R. Haberlandt, S. Fritzsche, G. Peinel, K. Heinzinger (1995) *Molekulardynamik*. Vieweg (Sehr schön einfache Darstellung von Grundlagen und Anwendungen.); D. M. Heyes (1998) *The Liquid State*. Wiley (Bulk- und Grenzflächensimulation einfacher Flüssigkeiten mit Monte Carlo und Molekulardynamik); R. J. Sadus (1999) *Molecular Simulation of Fluids*. Elsevier (Behandelt sowohl Molekulardynamik als auch Monte Carlo – gut und ausführlich, aber teuer); D. Raabe (1998) *Computational Materials Science*. Wiley-VCH (Raabe behandelt Molekulardynamik-Simulationen im größeren Kontext der Simulation von Materialeigenschaften. Dieses Buch eignet sich aber weniger als „Lernbuch" zu diesem Thema.); W. F. van Gunsteren et al.; Hrsg. (1989-) *Computer Simulation of Biomolecular Systems*. ESCOM/Kluwer (Hier werden sehr schön die Grundlagen für die Simulation molekularer Systeme dargelegt – sehr empfehlenswert, wenn man an „richtigen" Molekülen interessiert ist.)

[32] A. Hanslmeier (2002) *Einführung in die Astronomie und Astrophysik*. Spektrum

[33] R. P. Feynman (1972) *Statistical Mechanics*. Addison-Wesley (Dieses elegante und interessante Buch ist nicht für Anfänger geeignet.)

[34] L. D. Landau, E.M. Lifschitz (1976) *Klassische Feldtheorie*. Akademie-Verlag

[35] N. W. Ashcroft, N. D. Mermin (1976) *Solid State Physics*. Saunders College Publishing (Zusammen mit der nachfolgenden Referenz ist dies sicher immer noch eines der besten Lehrbücher zum Thema.)

[36] C. Kittel (1973) *Einführung in die Festkörperphysik*. Oldenbourg

[37] P. W. Atkins, R. S. Friedman (1997) *Molecular Quantum Mechanics*. Oxford University Press (Ein sehr empfehlenswertes Lehrbuch zur Ergänzung insbesondere für Physikstudenten mit Interesse an Quantenchemie.)

[38] L. D. Landau, E. M. Lifschitz (1979) *Quantenmechanik*. Akademie-Verlag

[39] W. A. Steele (1974) *The Interaction of Gases with Solid Surfaces*. Pergamon Press

[40] A. Zangwill (1990) *Physics at Surfaces*. Cambridge University Press

[41] C. H. MacGillary, G. D. Rieck; Hrsg. (1983) *Physical and Chemical Tables*, Intl. Tables for *X*-Ray Crystallography III. Reidel Publishing

[42] D. Frenkel, B. Smit (1996) *Understanding Molecular Simulation*. Academic Press

[43] S. Lipschutz (1968) *Linear Algebra*. Schaum's Outline Series

[44] D. Sornette, N. Ostrowsky, *Lamellar Phases: Effect of Fluctuations (Theory)* in: W. M. Gelbart, A. Ben-Shaul, D. Roux; Hrsg. (1994) Micelles, Mebranes, Micoremulsions and Monolayers. Springer Verlag

[45] D. Nelson, S. Weinberg, T. Piran; Hrsg. (1989) *Statistical Mechanics of Membranes and Surfaces*. World Scientific

[46] P. G. DeGennes, J. Prost (1993) *The Physics of Liquid Crystals*, Claredon Press

[47] F. Y. Wu (1982) *The Potts model* . Rev. Mod. Physics **54**, 235-268

[48] S. Kobe (1998) *Das Ising-Modell gestern und heute*. Physikalische Blätter **54**, 917

[49] S.-K. Ma (1976) *Modern Theory of Critical Phenomena*, Frontiers in Physics. Benjamin/Cummings

[50] J. J. Binney, N. J. Dowrick, A. J. Fisher, M. E. J. Newman (1992) *The Theory of Critical Phenomena*. Clarendon Press

[51] F. J. W. Hahne; Hrsg. (1983) *Critical Phenomena, Lecture Notes in Physics 186*. Springer-Verlag

[52] L. P. Kadanoff (1993) *From Order to Chaos*. World Scientific

[53] J. L. Cardy (1996) *Scaling and Renormalization in Statistical Physics*. Cambridge University Press

[54] C. Domb, M. S. Green bzw. C. Domb, J. Lebowitz; Hrsg. *Phase Transitions and Critical Phenomena*. Academic Press

[55] A. Z. Patashinskii, V. L. Pokrovskii (1979) *Fluctuation theory of phase transitions*. Pergamon

[56] J. L. Cardy in: C. Domb, J. Lebowitz; Hrsg. (1986) *Phase Transitions and Critical Phenomena, Vol. 11*. Academic Press

[57] J. L. Cardy in: E. Brezin, J. Zinn-Justin; Hrsg. (1989) *Fields, Strings and Critical Phenomena*. Les Houches, Session XLIX, 1988, Elsevier

[58] H. Gould, J. Tobochnik (1996) *An Introduction to Computer Simulation Methods*. Addison-Wesley (Dies ist ein auch didaktisch sehr schöner Beitrag zum Thema „Numerische Physik" – dem Anfänger sehr zu empfehlen.)

[59] D. Stauffer, A. Aharony (1995) *Perkolationstheorie*. VCH

[60] H.-O. Peitgen, H. Jürgens, D. Saupe (1992) *Bausteine des Chaos – Fraktale*. Springer

[61] R. Mahnke (1994) *Nichtlineare Physik in Aufgaben*. Teubner

[62] D. Nicholson, N. G. Parsonage (1982) *Computer Simulation and the Statistical Mechanics of Adsorption*. Academic Press

[63] M. E. J. Newman, G. T. Barkema (1999) *Monte Carlo Methods in Statistical Physics*. Clarendon Press

[64] K. Binder; Hrsg. (1995) *Monte Carlo and Molecular Dynamics Simulations in Polymer Science*. Oxford University Press

[65] P. J. Flory (1969) *Statistical Mechanics of Chain Molecules*. Interscience (Wieder ein Klassiker.)

[66] P. G. DeGennes (1979) *Scaling Concepts in Polymer Physics*. Cornell University Press (Jeder, der sich mit der Statistischen Mechanik von Polymeren befassen möchte, sollte sich eine Kopie zulegen – eine sehr elegante Anwendung von Dimensionsanalyse!)

[67] A. Y. Grosberg, A. R. Khokhlov (1994) *Statistical Physics of Macromolecules*. AIP Press

[68] M. Doi, S. F. Edwards (1986) *The Theory of Polymer Dynamics*. Clarendon Press (Ebenso wie der Flory ein Klassiker.)

[69] U. Burkert, N. L. Allinger (1982) *Molecular Mechanics*, ACS Monograph 177. American Chemical Society

[70] W. L. Mattice, U. W. Sutter (1994) *Conformational Theory of Large Molecules*. Wiley

Index